전력시스템

이대희 · 이종갑 · 김준홍 공저

도서출판 태영문화사

머 리 말

현대 산업의 발전과 문화 생활의 근간은 양질의 전력을 장기간에 걸쳐서 안정하게 경제적으로 이용할 수 있었기 때문이다.

이러한 전력의 전송과 공급에 관한 전력시스템은 전기공학의 이론과 응용이 잘 조화된 부분이라 할 수 있고 또 이것을 이룩하기 위해 시설되는 송배전선로는 전기사업의 중요 시설로서 우리들 일상 생활이나 산업 전반에 걸쳐 밀접한 관계를 가지고 있다.

더구나 근래에 대용량 화력 발전소나 원자력 발전소는 용지 취득의 어려움과 공해 등으로 인하여 전력 수요가 많은 곳으로부터 점점 멀어져 가는 추세이다.

그러므로 이들 발전소나 수용가의 전력 수전 요구에 부응하려면 전력 전송의 기술은 더 한층 중요성을 띄게 되었다.

이 책에서는 이해하기 어려운 이론은 되도록 지양하고 누구나 이해하기 쉽게 기술하였고 과년도 출제 빈도가 높은 문제를 엄선하여 자세한 해설과 함께 장의 말미에 수록하였다.

따라서 대학 교재나 산업 현장의 기술자, 전기관련기사시험을 준비하는 수험생에게도 도움이 되도록 하였다.

아무쪼록 이 책이 전력시스템에 많은 관심을 갖는 모든 분들께 좋은 참고서로 도움이 되었으면 하는 바램이다.

끝으로 이책의 출간을 위해 여로모로 도움을 주신 도서출판 태영문화사 사장님과 임직원 여러분께 깊은 감사를 드리며, 역어가는 중에 부족한 점과 잘못된 것은 독자 여러분의 기탄없는 충고를 받아서 보다 나은 책이 되도록 수정 보완하겠다.

저자 씀

차 례

제1장 총 론

제2장 가공 전선로

제3장 지중 전선로

제4장 선로 정수

제5장 코로나

제6장 송전선의 전기적 특성

제7장 전력 원선도

제8장 중성점 접지 방식

제9장 유도장해

제10장 고장 계산법

제11장 안정도

제12장 보호계전기 및 차단기

제13장 이상전압과 그 보호

제14장 배전계통

제15장 배전 선로의 전기적 특성

제16장 부하와 배전 계획

제17장 배전계통의 운용

제18장 배전 선로의 보호

第19장 가공 배전 선로의 구성

총 론 제 1 장

우리들의 가정이나 공장에서 필요로 하는 전등, 전열, 동력등의 전력 수용은 날이 갈수록 증가하고 있으며, 생활 수준의 향상과 산업의 발달은 더욱 많은 전력을 필요로 하고 있다. 그 이유는 전력을 비교적 간단한 설비로써 많은 양을 손쉽게 원하는 곳으로 보낼 수 있으며, 그 조작과 제어등이 다른 어느 형태의 에너지보다도 용이한 장점이 있기 때문이다.

이와 같은 전력을 대량으로 값싸게 얻기 위해서도 수력, 화력 및 원자력 발전소를 많이 건설하지 않으면 안된다. 그런데 화력 발전소나 원자력 발전소는 대부분 전력을 많이 소비하는 공업 지대나 대도시 가까운 곳에 건설되지만, 수력 발전소는 지리적인 조건에 따라 대체로 산간 벽지등에 건설되므로 전력 수용가와는 상당한 거리에 있는 수가 많다.

이런 경우에는 발전소에서 발전한 대전력을 손실이 적은 방법으로 전력 수용지 부근에 있는 1차 변전소로 보내야 하며, 1차 변전소에서는 직접으로 또는 다른 2차 변전소를 통해 수용가에 전력을 수송하게 되고, 수용가에서는 옥내 배전에 의해서 전력을 이용하게 된다.

이와 같이 발전소에서 발전한 전력을 그 소비 장소까지 가져가는 것을 전력 전송(power transmission)이라 하고 다시 구분해서, 송전, 배전이라 한다.

송전과 배전을 명백하게 구별하기는 어려우나 대략 다음과 같이 나누고 있다.

송전(power transmission)이란 발전소에서 다른 발전소, 변전소에서 다른 변전소로 또는 발전소에서 변전소로 접속된 선로에 전력을 수송하는 경우를 말하고, 배전(power distribution)이란 발전소나 변전소에서 다른 발전소나 변전소를 거치지 않고 직접 수용가로 전력을 수송하는 경우를 말한다.

발전소에서부터 1차 및 2차 변전소와 개폐소를 포함하는 전선로 시설을 송전계통, 계통 상호간을 전선로로 연결한 것을 송전망(transmission network), 변전소에서 수용가에 이르는 배전 선로와 시설을 배전망(distribution network)이라 한다.

송전에 있어서는 보통 대전력을 원거리에 높은 효율로 보내야 하며, 송전 선로는 높은 산, 하천, 들판을 지나는 동안 바람, 눈, 비, 벼락 등 자연 현상의 물리적 힘을 겪어야 한다.

배전에 있어서는 넓은 범위로 여러 가지 수용에 응할 수 있는 전력을 공급해야 하고, 배전 시설은 도시의 교통, 전신, 전화, 상하수도, 도시 미관 등을 고려하여 안전하게 해야 한다.

1.1 송배전 선로의 전기방식

송배전의 전기방식은 전송 전류의 종류에 따라서 직류방식과 교류방식으로 나눌 수 있는데, 직류 송전은 송전 전력이 대단히 크고 또 고전압의 경우에는 유리한 점이 많지만 아직은 특수성이 많아서 대부분 교류방식에 의하고 있다. 한편 직류 송전에 있어서도 왕복 모두 해저 케이블로 하는가, 그렇지 않으면 귀로를 해수에 맡기는가의 경우 외에 가공 선로에 의한 직류 송전도 많으므로, 직류 송전에서도 귀로의 유무가 전기방식으로서 중요한 문제가 된다. 또한 교류방식에서도 상수(相數)의 문제가 있다.

1.1.1 교류 송전방식

현재의 전력 전송은 발전에서 배전의 말단까지 거의 교류방식을 이용하고 있는데, 교류방식이 직류방식에 비해서 유리한 점은 다음과 같다.

① 3상 교류 발전기는 그 구조가 비교적 간단하고 효율이 높기 때문에, 거의 모든 발전소는 동기 발전기로써 3상 교류전력을 발생시키고 있다.

② 전력 전송을 합리적이고도 경제적으로 하려면 발전소에서 소비 설비에 이르기까지 가장 적당한 전압으로 할 필요가 있는데, 교류방식에서는 전압 변환을 변압기를 이용하여 수월하고도 효율 좋게 할 수 있다.

③ 유도 전동기를 비롯하여 많은 전동력 · 가전 기기 · 전등 등 전력을 사용하는 부하의 대부분이 교류용으로 만들어지기 때문에, 교류방식으로 하는 것이 합리적이고도 경제적이다.

1.1.2 직류 송전방식

대전력의 장거리 송전이나 케이블에 의한 해저 송전 등의 경우에는 직류 송전 방식이 유리해서 직류 송전 기술의 발달에 따라 세계의 여러 나라에서 실시하고 있는데, 그 특징은 다음과 같다.

① 선로 전압이 같은 실효치의 교류 전압 최대치의 $1/\sqrt{2}$ 이므로 선로 절연이 그 만큼 수월하게 된다. 따라서 가공선의 경우는 애자수나 전선량을 절감할 수 있고 지지물도 경제적으로 되며, 케이블의 경우는 표피 효과나 유전체 손실이 없기 때문에 더욱 유리하다.

② 교류에서는 무효 전력이나 표피 효과 때문에 송전 손실이 크게 되지만, 직류에서는 이들이 없고 역률이 언제나 1이므로 송전 효율이 높게 된다.

③ 직류방식에서는 리액턴스나 송수 양단 전압의 상차각을 고려할 필요가 없기 때문에 안정도의 문제가 없으므로 본질적으로 송전 용량이 제한되지 않는다.

1.1.3 교류 전선로의 전기방식

교류인 경우는 먼저 주파수가 결정되어야 하고, 다음은 단상식으로 하느냐 3상식으로 하느냐가 문제가 된다.

교류 송전 선로에는 특수한 경우를 제외하고는 3상 3선식이 채용되고 있으며, 배전 선로에는 단상 2선식 · 단상 3선식 및 3상 3선식 · 3상 4선식 등이 채용되고 있다.

(1) 단상 2선식

발전소에서 발생된 전력은 모두 전선을 통하여 수용가까지 보내진다. 전선을 사용하는 가장 기초적인 전송 방식은 그림 1-1의 단상 2선식이다.

그림 1-1 단상 2선식

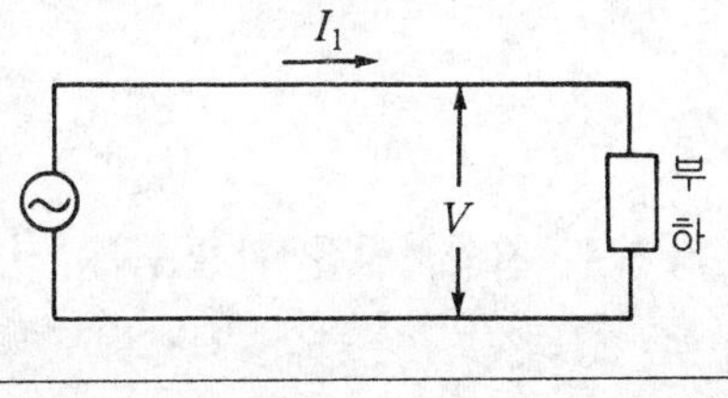

그림 1-2 3상 3선식

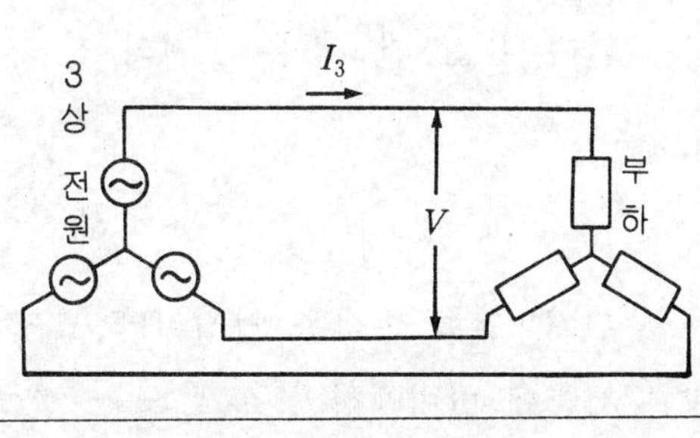

이것은 전선수가 적고, 가선 공사가 간단하고, 공사비가 적게 들지만 대전력 전송에는 그림 1-2의 3상 3선식이 채용되고 있다.

(2) 3상 3선식

3상 3선식은 단상 2선식에 비하여 다음과 같은 장점이 있다.

① 교류 전력의 순시치가 시간적으로 변동하지 않고 항상 일정하게 유지된다.

② 동일 전력을 동일 선간 전압으로 전송할 경우 전선 소요량이 25[%]적게 든다.

③ 동일 출력의 발전기로서는 단상보다 3상의 경우가 소형으로 설계할 수 있고 특성도 좋다.

④ 동일 출력의 전동기로서는 단상보다 3상의 경우가 소형으로 설계할 수 있고 완전한 회전 자계가 간단히 얻어지므로 제작이 용이하고 효율도 좋다.

⑤ 정류할 때 맥동이 적은 직류를 얻기 쉽다.

⑥ 단상 교류가 필요할 때 3상 회로에서 쉽게 얻을 수 있다.

1.1.4 소요 전선량

전송 전력 P, 전송 손실 P_l가 같을 때 필요한 전선량을 비교해 보면 다음과 같다.

(1) 단상 2선식

P와 P_l을 다음과 같이 표시할 때,

$$P = VI\cos\theta, \quad P_l = 2I^2R$$

여기서, R은 전선 1선당의 저항이다. 전송 거리 l, 단면적을 A, 저항률을 ρ라 하면,

$$R = \rho\frac{l}{A}$$

로 표시된다. 소요 전선량은 전선의 전 단면적 $2A$에 비례한다. 즉

$$2A = \frac{4P^2\rho l}{P_l V^2 \cos^2\theta} \tag{1-1}$$

전송 전력, 전송 손실을 일정히 하고 전송할 경우 전압, 역률이 클수록 전선 소용량은 제곱에 반비례하며 적게 드는 것을 알 수 있다.

(2) 3상 3선식

P와 P_l을 다음과 같이 표시할 때,

$$P = \sqrt{3}\, VI\cos\theta, \quad P_l = 3I^2R$$

필요한 전선의 전 단면적은 다음과 같다.

$$3A = \frac{3P^2\rho l}{P_l V^2 \cos^2\theta} \tag{1-2}$$

식 (1-1)과 식 (1-2)를 비교할 때 선간 전압, 전송 전력, 전송 손실이 같을 때 3상 3선식은 단상 2선식의 75[%]의 전선량으로 된다. 3상 4선식은 중성 선분만큼 소용량이 증가되고, 다른 3선과 똑같은 굵기의 중성선을 사용하면 전체의 전선량은 단상 2선식의 경우와 같은 것이 된다.

1.1.5 각종 전기방식에 대한 비교

여러 가지 전기방식에 있어서 회로내의 최대 선간 전압을 V[V], 선전류를 I[A], 역률 $\cos\theta$를 일정하게 하는 경우의 각 방식의 송전 전력을 P[W], 1선당의 송전 전력을 P_1[W]이라 하여 비교 하면 표 1-1과 같다. 여기서 단상 3선식과 3상 4선식의 중성선은 외선의 굵기와 같은 것으로 하였고 3상 3선식은 Y결선으로 하나 △결선으로 하나 마찬가지이며 n은 우수로서 어느 결선으로 해도 좋다.

표 1-1 각종 송전방식에 따른 1선당의 송전 전력

송 전 방 식		송 전 전 력 P[W]	매선조의 송전 전력	
			송전 전력 P_1[W]	비율
	직류 2선식	VI	$VI/2$	100
교류방식	단상 2선식	$VI\cos\theta$	$VI\cos\theta/2$	100
	2상 4선식	$2VI\cos\theta$	$VI\cos\theta/2$	100
	2상 3선식	$\sqrt{2}\,VI\cos\theta$	$\sqrt{2}\,VI\cos\theta/3$	94
	3상 3선식	$\sqrt{3}\,VI\cos\theta$	$\sqrt{3}\,VI\cos\theta/3$	115
	3상 4선식	$\sqrt{3}\,VI\cos\theta$	$\sqrt{3}\,VI\cos\theta/4$	87
	대칭 n상 n선식	$nVI\cos\theta/2$	$VI\cos\theta/2$	100

표 1-1에서 알 수 있는 바와 같이 교류 3상 3선식이 1선당의 송전 전력이 최대이므로, 교류 송전은 모두 이 방식에 의하고 있다.

1.2 송배전 전압

전력 계통의 발전과 함께 송전 전압은 상승을 계속하여 우리 나라도 1977년도에 345[kV]송전이 시작되었다.

1.2.1 전압의 종별

전기 공작물의 위험의 정도는 전원 용량의 대소에도 관계되지만 대체로 전압의 고저에 의한 것이다. 그래서 전기설비기술기준에서는 전압을 위험의 정도에 따라 저압, 고압, 특별 고압의 3종으로 분류하여, 전기 공작물의 시설에 대해 그 공사 방법을 구별하고 있다.

저압 : 직류 750[V]이하, 교류 600[V]이하.

고압 : 직류 750[V]넘고~7,000[V]이하, 교류 600[V]넘고~7,000[V]이하

특별고압 : 7,000[V]넘는 것. 초과

1.2.2 교류 표준전압

일정한 거리에 일정한 전력을 전송하는 데는 가장 경제적인 송전 전압이 있다. 그러나 송전 전압을 대개의 경우에 가장 알맞는 값을 임의로 선택하는 것이 더욱 경제적으로 되는 것은 아니다. 즉, 송전 전압을 몇 가지의 표준 전압으로 통일하여 기계 기구·애자·지지물 등을 규격화함과 동시에, 다른 송전 선로와의 연결을 용이하게 하여 전력 계통의 단순화를 도모하는 것이 좋다. 이 표준전압(standard voltage)은 송전 선로를 대표하는 선간 전압으로서, 이른바 공칭전압(nominal voltage)이라 한다.

이것은 장거리 송전선일 때는 송수 양단 전압이나 선로 도중의 전압은 서로 다르기 때문에 전선로를 대표하는 송전 전압을 말한다. 우리 나라의 표준전압은 다음과 같다.

배전전압 : 110, 220(220/380), 440, 3300(3300/5700), 6600(6600/11400), 13200

송전전압 : 22000(22000/38000), 66000, 154000, 220000, 345000[V], 765[kV]

위의 괄호안의 전압은 전선로의 (상전압/선간 전압)을 표시한 것이다.

이들은 전선로의 수전단 전압에 대하여 각각 10[%]만큼 높은 전압으로 된다는 것을 나타내고 있다. 전선로에 따라서는 수전단 전압보다도 15[%] 높은 전압으로 하는 것이 선로 사정상 좋을 때가 있는데, 이 경우를 선로의 최고 전압이라 한다.

1.2.3 송전 전압의 선정

표준 전압 중에서 어느 것으로 할 것인가를 검토하는 경우에는 상세한 경제 비교가 행하여지지만, 대략의 값을 구하는 데는 Still의 식이나 고유 부하법, 송전 용량 계수법 등이 일반적으로 쓰이고 있다.

Alfred Still의 식은 송전 전압을 V[kV], 송전 거리를 l[km], 송전 전력을 P [kW]라 하면 다음과 같다.

$$V = 5.5\sqrt{0.6l + 0.01P} \qquad (1\text{-}3)$$

이 식은 많은 실예를 종합해서 구한 송전 전압의 경제적 개산치를 나타내는 것으로서, 대략의 겨냥을 하는 데는 편리하나, 장거리 송전 선로에서는 적합하지 못하다.

1.2.4 배전 전압

배전 전압은 경제성을 주로 하고, 보수의 어려움이나, 공급 신뢰도등에 따라 결정되지만, 역사적인 관습이 크게 영향해서 각 국이 가지 각색인 것을 채용하고 있다.

우리 나라의 고압 배전 전압으로서는 오랫동안 △결선 3상 3선식의 3.3[kV]배전이였으나, 급격한 수요 증가에 대응하여 공급력을 증강하기 위해 3상 3선식 6.6[kV], 3상 4선식 $5.7(3.3\times\sqrt{3})$, $11.4(6.6\times\sqrt{3})$, $22.9(6.6\times2\times\sqrt{3})$[kV] 등으로 승압하여 쓰고 있다. 이 중에서 22.9[kV]가 가장 많다. 그리고 근래 서울을 위시하여 대도시의 비대화로 수요 밀도가 급격히 증대함에 따라, 기설 설비로는 전력 유통 능력의 한계를 넘어 나날이 늘어나는 수요를 감당할 수 없게 되자, 특히 도심지의 대량 수용가에 대해서는 154[kV]급 변전소에서 직접 22[kV]로 배전하는 방식을 채택하고 있다. 또한 부하 밀도가 높은 지역에서는 지중화의 경제성도 찾을 수 있다는 점에서 22[kV] 지중 배전을 실시하여 오고 있는데, 그 회선수가 늘어나고 있다.

저압 배전 전압도 종래 100[V], 200[V]가 쓰여져서, 전등 부하 등에서는 100[V] 단상 2선식, 동력 부하에는 200[V] 3상 3선식 및 100[V], 200[V]의 양쪽을 공급할 수 있는 단상 3선식과 3상 4선식이 주였지만, 전력 수요의 급증 때문에 2차 배전 전압의 승압이 불가피하게 되자, 외국의 선례에 따라 220/380[V]의 3상 4선식이 신설 지역은 물론, 기설 지역에서도 이 방식으로 바꿀 계획으로 되어 있다. 또한 빌딩, 공장등의 구내 배선으로 240/415[V], 265/460[V]등의 3상 4선식도 보급되어 있다.

1.2.5 송전 전력과 송전 전압과의 관계

송전 전압이 송전 전력에 어떻게 영향을 주며, 왜 점차로 고전압을 쓰게 되는가의 이유를 알아보기로 한다. 지금, 3상 3선식의 송전 선로에 있어서 수전단의 선간 전압을 V[V], 선전류를 I[A], 상전압과 상전류 사이의 위상각 θ로 정하여지는 부하의 역률을 $\cos\theta$, 수전 전력을 P[W], 송전 손실률을 p, 송전 거리를 l[km], 1선당의 저항을 R[Ω]이라 하면, $P=\sqrt{3}\,VI\cos\theta$[W]이므로

$$p=\frac{3I^2R}{P}=\frac{\sqrt{3}IR}{V\cos\theta} \tag{1-4}$$

$$\therefore R=\frac{pV\cos\theta}{\sqrt{3}I}=\frac{pV^2\cos^2\theta}{P}\,[\Omega] \tag{1-5}$$

여기서, 전류 I가 전선 단면을 균일하게 흐른다 하고, 그 단면적을 A[cm²], 저항률을 ρ[Ω·mm²/m]라 하면,

$$R=\rho\frac{l}{A}=\frac{pV^2\cos^2\theta}{P}\,[\Omega] \tag{1-6}$$

$$\therefore A=\frac{\rho lP}{pV^2\cos^2\theta}\,[\mathrm{cm}^2] \tag{1-7}$$

그래서 전선 재료의 밀도를 σ[kg/cm³]라 하면, 전선의 전중량 W[kg]는

$$W=3\sigma lA=\frac{3\rho\sigma l^2P}{pV^2\cos^2\theta}\,[\mathrm{kg}] \tag{1-8}$$

로 되어서, 일정의 P, l, p 및 ρ, σ인 전선 재료에 대해서는, 소요의 전선 중량은 전압과 역률의 곱의 제곱에 반비례한다는 것을 알 수 있다.

따라서, W를 일정, 즉 같은 전선을 사용했다고 하면 식 (1-8)에서 다음과 같이 된다.

$$P = \frac{WpV^2\cos^2\theta}{3\rho\sigma l^2} = 3lA\delta \cdot \frac{pV^2\cos^2\theta}{3\rho\sigma l^2} = \frac{pAV^2\cos^2\theta}{\rho l}\,[\mathrm{W}] \qquad (1\text{-}9)$$

그러므로 ρ, l, $\cos\theta$를 일정하게 하면 수전 전력은 선간 전압의 제곱에 비례한다. 수전 전력에 어떤 비율의 선로 손실을 가한 송전 전력도 또한 이와 같으므로, 대전력을 전송하는 데는 높은 전압으로 하지 않으면 안 되는 이유를 알 수 있다.

연 습 문 제

문제 1. 우리나라의 배전방식으로 가장 많이 사용되고 있는 것은?

㉮ 단상 2선식 ㉯ 3상 3선식 ㉰ 3상 4선식 ㉱ 2상 4선식

[답] ㉰

문제 2. 변전소의 설치 목적이 아닌 것은?

㉮ 경제적인 이유에서 전압을 승압 또는 강압한다.

㉯ 발전전력은 집중 연계한다.

㉰ 수용가에 배분하고 정전을 최소화한다.

㉱ 전력의 발생과 계통의 주파수를 변환시킨다.

풀이 변전소는 전압을 승압 또는 강압하는 곳으로 계통을 연계하고 조류를 제어한다.

[답] ㉱

문제 3. 변전소의 역할에 대한 설명으로 옳지 않은 것은?

㉮ 유효전력과 무효전력을 제어한다. ㉯ 전력을 발생하고 분배한다.

㉰ 전압을 승압 또는 강압한다. ㉱ 전력조류를 제어한다.

[답] ㉯

문제 4. 전력계통의 전압을 조정하는 가장 보편적인 방법은?

㉮ 발전기의 유효전력 조정 ㉯ 부하의 유효전력 조정

㉰ 계통의 주파수 조정 ㉱ 계통의 무효전력 조정

[답] ㉱

문제 5. 교류 송전 방식에 대한 직류 송전 방식의 장점에 해당되지 않는 것은?

㉮ 기기 및 선로의 절연에 요하는 비용이 절감됨

㉯ 전압 변동률이 양호하고 무효 전력에 기인하는 전력 손실이 생기지 않음

㉰ 안정도의 한계가 없으므로 송전 용량을 높일 수 있음

㉱ 고전압, 대전류의 차단이 용이함

풀이 직류 차단기가 현재 개발되어 있지 않다. [답] ㉱

문제 6. 직류 송전 방식의 장점이 아닌 것은?

㉮ 회전 자계가 쉽게 얻어진다.

㉯ 역률은 항상 1이므로 송전효율이 높다.

㉰ 리액턴스의 강하가 생기지 않는다.

㉱ 지중 송전의 경우에는 유전체손을 고려하지 않아도 된다.

풀이 회전 자계는 교류에서만 얻어진다. [답] ㉮

문제 7. 송전 전압을 높일 때 발생하는 경제적 문제 중 옳지 않은 것은?

㉮ 송전 전력과 전선의 단면적이 일정하면 선로의 전력 손실이 감소된다.

㉯ 절연 애자의 개수가 증가한다.

㉰ 변전소에 시설할 기기의 값이 고가로 된다.

㉱ 보수 유지에 필요한 비용이 적어진다.

풀이 보수 유지에 필요한 비용이 많이 든다. [답] ㉱

문제 8. 다음 식은 무엇을 결정할 때 쓰이는 식인가?

$$5.5\sqrt{0.6l+\frac{P}{100}}$$

단, l은 송전 거리[km], P는 송전 전력[kW]이다.

㉮ 송전 전압　　㉯ 송전선의 굵기

㉰ 역률개선시 콘덴서의 용량　　㉱ 발전소의 발전 전압

풀이 still의 식(경제적인 송전 전압) [답] ㉮

문제 9. 전송 전력이 400[MW], 송전 거리가 200[km]인 경우의 경제적인 송전 전압은 몇 [kV]인가?

㉮ 645 ㉯ 353 ㉰ 173 ㉱ 57

풀이 Still의 식 $=5.5\sqrt{0.6l+0.01P}$

$=5.5\sqrt{0.6\times200+0.01\times400\times10^3}=353[\text{kV}]$ [답] ㉯

문제 10. 송전거리 50[km], 송전전력 5000[kW]일 때의 송전전압은 대략 몇 [kV] 정도가 적당한가?

㉮ 10 ㉯ 30 ㉰ 50 ㉱ 70

풀이 경제적 전압 $E=5.5\sqrt{0.6l+\frac{P}{100}}=5.5\sqrt{0.6\times50+\frac{5000}{100}}=49.19\fallingdotseq50[\text{kV}]$ [답] ㉰

문제 11. 62000[kW]의 전력을 60[km] 떨어진 지점에서 송전하려면 전압은 몇 [kV]로 하면 좋은가?

㉮ 66 ㉯ 110 ㉰ 140 ㉱ 154

풀이 경제적 전압 $E=5.5\sqrt{0.6l+\frac{P}{100}}=5.5\sqrt{0.6\times60+\frac{62000}{100}}=140.86\fallingdotseq140[\text{kV}]$

[답] ㉰

문제 12. 공칭전압은 그 선로를 대표하는 선간전압을 말하고, 최고전압을 정상운전시 선로에 발생하는 최고의 선간전압을 나타낸다. 다음표에서 공칭전압에 대한 최고전압이 옳은 것은?

표 준 전 압

	공칭전압[kV]	최고전압[kV]
㉮	3.3/5.7Y	3.5/6.0Y
㉯	6.6/11.4Y	6.9/11.9Y
㉰	13.2/22.9Y	13.5/25.8Y
㉱	22.38Y	25/45Y

풀이 공칭전압과 계통 최고전압 사이에는 다음과 같은 관계가 있다.

공칭전압[kV]	3.3	6.6	22.9	66	154	345	765
최고전압[kV]	3.6	7.2	25.8	72.5	170	362	800

[답] ㉰

문제 13. 우리나라의 전력계통에서 송전전압을 나타내는 것은?

㉮ 표준전압 ㉯ 최고전압 ㉰ 선간전압 ㉱ 수전단전압

풀이 공칭전압이란 KSC 0501에 의해 송전선로의 전압은 선간전압으로 표기한다. [답] ㉰

문제 14. 우리나라에서 현재 사용되고 있는 송전전압에 해당되는 것은?

㉮ 150[kV] ㉯ 220[kV] ㉰ 345[kV] ㉱ 500[kV]

풀이 현재 우리나라에서 사용되고 있는 표준전압은 다음과 같다.

① 배전전압 : 110, 200, 220, 380, 440, 3300, 6600, 13200, 22900[V]

② 송전전압 : 22000, 66000, 154000, 220000, 275000, 345000, 765000[V] [답] ㉰

문제 15. 송전 거리, 전력, 손실률 및 역률이 일정하다면 전선의 굵기는?

㉮ 전류에 비례한다.

㉯ 전압의 제곱에 비례한다.

㉰ 전류에 역비례한다.

㉱ 전압의 제곱에 역비례한다.

풀이 전선의 단면적이 A, 전압이 V라면

$$A \propto \frac{1}{V^2}$$

[답] ㉱

문제 16. 3상 3선식 송전 선로에서 송전 전력 P[kW], 송전 전압 V[kV], 전선 단면적 A[mm2], 송전 거리 l[km], 전선의 고유저항 $\rho[\Omega \cdot \text{mm2/m}]$, 역률 $\cos\theta$일 때, 선로 손실 P_l은 몇 [kW]인가?

㉮ $\dfrac{\rho l P^2}{A V^2 \cos^2\theta}$ ㉯ $\dfrac{\rho l P^2}{A^2 V \cos^2\theta}$ ㉰ $\dfrac{\rho l P}{A V^2 \cos^2\theta}$ ㉱ $\dfrac{\rho l P}{A^2 V \cos^2\theta}$

풀이 전력 손실 $P_l = 3I^2R = 3\left(\frac{P}{\sqrt{3}V\cos\theta}\right)^2 \cdot R$

$$P_l = \frac{P^2}{V^2\cos^2\theta} \cdot \rho\frac{l}{A}$$

$$P_l = \frac{\rho l P^2}{AV^2\cos^2\theta}$$

[답] ㉮

문제 17. 종단에 V[V], P[kW], 역률 $\cos\theta$인 부하가 있는 3상 선로에서, 한 선의 저항이 R[Ω]인 선로의 전력 손실 [kW]은?

㉮ $\frac{R\times10^6}{V^2\cos\theta}P^2$ ㉯ $\frac{3R\times10^3}{V^2\cos^2\theta P}$ ㉰ $\frac{\sqrt{3}R\times10^3}{V^2\cos\theta}P^2$ ㉱ $\frac{R\times10^3}{V^2\cos^2\theta}P^2$

풀이 $P=\sqrt{3}VI\cos\theta$에서

$$I = \frac{P\times10^3}{\sqrt{3}V\cos\theta}$$

전력 손실 $P_l = 3I^2R = \frac{P^2R}{V^2\cos^2\theta}\times10^3$[kW]

[답] ㉱

문제 18. 154[kV]의 송전 선로의 전압을 345[kV]로 승압하고 같은 손실률로 송전한다고 가정하면 송전 전력은 승압전의 몇 배인가?

㉮ 2 ㉯ 3 ㉰ 4 ㉱ 5

풀이 송전 전력은 전압의 제곱에 비례하므로

$$P = KV^2 = K\left(\frac{345}{154}\right)^2 = 5K$$

[답] ㉱

가공 전선로 제 2 장

전력을 전송하는 전선로를 분류하면 가공 전선로와 지중 전선로로 분류할 수 있는데, 이 중에서도 가공 전선로가 대부분을 차지하고 있다. 가공 전선로는 전선과 이것을 대지로부터 절연하는 애자, 이들을 지지하는 지지물로 이루어져 있고, 지중 전선로는 전력 케이블과 이것을 지지하는 공작물로 이루어져 있다.

2.1 가공 전선

전선은 전력을 안전하고 효율 좋게 보내는 구실을 해야 하므로, 가공 전선은 다음과 같은 조건을 구비할 필요가 있다.

① 전기적으로 도전율이 높을 것.
② 기계적 강도가 강할 것.
③ 부식하지 않을 것.
④ 비중이 적을 것.
⑤ 접속하기 쉬울 것.
⑥ 가격이 싸고 구하기 쉬울 것.

등이다. 그러나, 이러한 모든 조건이 구비된 전선은 없으므로, 사용하는 곳에 따라, 알맞은 것을 고르게 된다.

송전용의 전선에는 단선이 쓰이는 수도 있으나, 굵은 단선은 만들기 곤란하고, 가요성이 적기 때문에 공사하기에도 불편하므로, 지름 5[mm] 이상은 거의 연선을 사용한다. 그런데 주로 하나의 소선을 중심에 두고, 동심원으로 각층에 소선을 배열하여 꼰 연선이 쓰인다.

2.1.1 가공 전선의 종류

가공 전선에 쓰이는 전선은 대부분이 나전선이며, 구조상으로는 단선, 연선, 중공 연선, 재질상으로는 단금속선, 합금선, 쌍금속선, 합성 연선 등으로 나눌 수 있다.

(1) 단 선

원형 단면의 한 줄을 도체로 한 것으로서, 주로 배선 선로에 쓰이며, 0.1[mm]~12[mm]까지 42종류로 구분되어 있다.

(2) 연 선

같은 굵기의 소선을 여러 가닥의 동심 원주 위에 배열한 것으로, 중심에 한줄, 다음 층은 6가닥, 다음은 12가닥으로, 6가닥씩 증가하도록 되어 있다. 단선은 지름을 [mm]로 표시하나, 연선의 공칭 단면적[mm^2]은 소선의 단면적에 소선수를 곱한 값에서, 소숫점 이하를 정리한 단면적으로 나타낸다.

그림 2-1

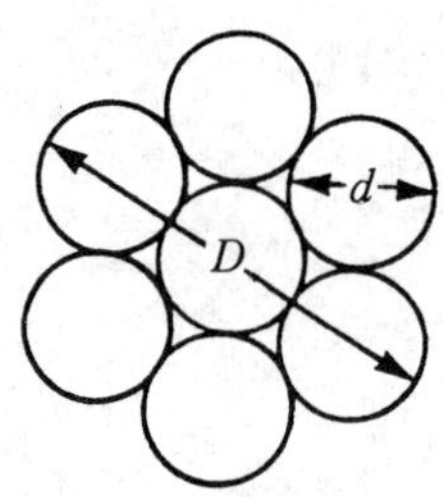

그림 2-1과 같은 동심 연선이 많이 사용되고 있다. 동심 연선의 총소선수에는 다음과 같은 일정한 법칙이 있다.

소선의 지름이 같은 동심 연선에서 가닥수 N, 총층수를 n, 소선의 지름을 d [mm] 소선 1선의 단면적을 A[mm^2], 연선과 같은 소선 1선의 중량을 w[kg], 저항을 r[Ω], 중량 연입률을 K_1, 저항 연입률을 K_2 라고 한다면

소선 총수	$N=3n(1+n)+1$
연선의 외경	$D=(2n+1)d$[mm]

연선 단면적 $A = \pi r^2 \cdot N = \frac{\pi D^2}{4} \times N[\text{mm}^2]$

연선 중량 $W = (1 + K_1) Nw[\text{kg}]$

연선 저항 $R = (1 + K_2) \frac{r}{N} [\Omega]$

(3) 중공 연선

초고압 송전선에서는 코로나의 발생을 방지하기 위해서 지름이 큰 것을 쓰지 않으면 안된다. 따라서, 단면적을 증가시키지 않고, 외경만 필요한 만큼 크게한 것이 중공 연선(hollow stranded wire)이다. 이 전선에는 그림 2-2와 같이 I형과 H형이 있는데, I형은 중심에서 I형의 나사 모양의 지지물을 두고, 그 주위에 원형 소선을 배열한 것이고, H형은 특수 단면의 경동 소선을 서로 물려서 중공 원형으로 한 것이다.

이 전선의 특색은 ① 코로나손이 적다. ② 단면적을 경제적으로 이용할 수 있다. ③ 리액턴스가 적다. ④ 다루는데 불편하다는 점 등이다.

그림 2-2 중공 연선

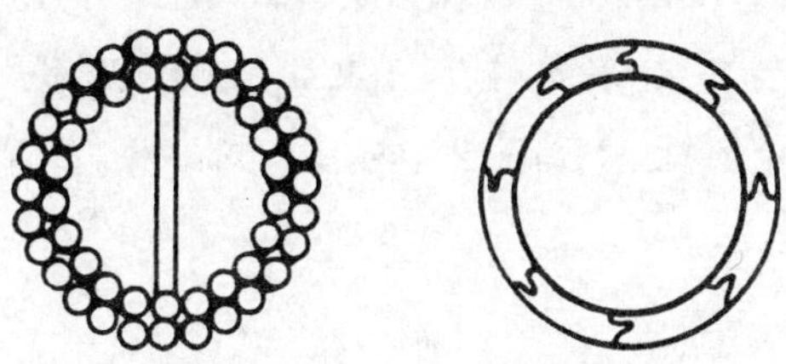

(a) I형 (b) H형

(4) 단금속선

동, 알루미늄, 철 등과 같이 한가지만의 종류로 된 전선을 단금속선이라 한다. 여기에는 경동선(hard-drawn copper conductor, HDCC), 경알루미늄선, 철선, 강선 등이 있다.

경동선은 연동선에 비해서 도전율은 나쁘지만 인장 강도가 크기 때문에 가공선에는 경도선이 쓰인다. 보통으로 쓰이는 경동선의 도전율은 20[℃]에서 96~98[%], 인장 강도는 35~48[kg/mm^2]이다.

경알루미늄선은 도전율이 60[%] 정도, 인장 강도는 16~18[kg/mm^2], 비중은 2.7이다. 이것과 같은 저항의 동선과 비교하면 무게는 동의 절반, 직경은 1.3배 정도이지만, 장력 강도는 불과 70[%] 정도밖에 안 되므로, 단독으로는 쓰이지 않고 강심 알루미늄선의 소선으로 쓰이고 있다.

철선 및 강선은 도전율이 적으므로, 그대로는 전선으로 사용할 수는 없으나, 인장 강도가 크므로 철선은 지선으로, 강선은 가공 지선 또는 강심 알루미늄의 심선으로 사용된다. 철선과 강선의 인장 강도는 각각 35~45 및 55~145[kg/mm^2]이며, 도전율은 각각 16[%] 및 12[%]정도이다.

(5) 합금선

전선으로서 특히 인장 강도를 크게 할 목적으로 동 또는 알루미늄에 다른 금속을 배합하여 만든 전선을 **합금선**이라 한다. 이들 중에서 도전율이 비교적 좋고, 인장 강도가 큰 것을 들면, 규동선(silicon bronze wire)은 도전율이 40~50[%], 인장 강도가 54~68[kg/mm^2], 알루미늄 합금선은 도전율 52[%]이상, 인장 강도가 31.5[kg/mm^2] 이상이다.

(6) 쌍금속선

두 가지 종류의 금속을 융해 부착시킨 것으로, 대표적인 것이 강선을 중심으로 하고 그 주위를 동으로 피복 융착시킨 것으로, 보통 도전율은 40[%] 정도, 인장 강도는 90~120[kg/mm^2] 정도이다. 탑 사이의 거리가 긴 송전 선로나, 보안용의 통신선 등에 쓰인다.

(7) 합성 연선

두 가지 종류 이상의 금속선으로 연선을 만든 것으로서, 강심 알루미늄 연선(alu-minium cable steel reinforced, A.C.S.R)이 대표적인 것이다. 즉, 도전율이 높은 알루미늄을 인장 강도가 큰 강선의 주위에 배열시켜, 전체적인 강도를 크게 한 것이다. 강심 알루미늄선은 같은 저항값을 가진 경동 연선보다 외경은 약 1.4배, 무게는 약 0.8배, 인장 강도는 약 1.7배 이므로, 가볍고 강하여 하천 횡단 등의 긴 경간에 좋으며, 외경이 큰 점은 코로나 방지에 좋으므로, 경동 연선 다음으로 가장 많이 사용되고 있다.

그림 2-3

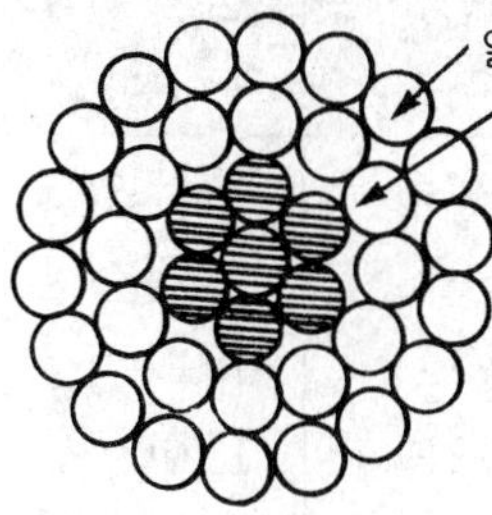

(8) 복도체

초고압 송전선에서, 종래 1상에 한 줄씩 사용하던 송전선을 1상에 2줄 이상(실제로는 3줄 4줄) 사용하는 전선 방식을 **복도체 방식**이라 한다. 복도체에서는 이를 구성하는 전선을 소도체라고 한다. 복도체는 이와 동일 단면적을 가진 단도체(1상 1선의 도체를 가리킨다.)보다도 코로나 손실이 적고, 리액턴스가 작아지며, 정전용량이 크므로 서어지 임피던스가 작게 되어 송전용량을 증가시킬 수 있는 잇점이 있다.

(9) 지 선

가공 송전 선로에서는 번개에 의한 피해를 방지하기 위해서 전력을 수송하는 전선의 윗부분에 하나 또는 두 줄의 접지된 선을 가설한다. 이것을 **가공 지선**(over-head ground wire)이라 한다. 여기에는 보통 때는 전류가 흐르지 않으므로, 전기적 특성보다 인장 강도나 내구력 등의 기계적인 강도가 커야 한다. 가공 지선에는 아연 도금 강연선, 동 합금선, 강심 알루미늄 연선 등이 사용되며 연소의 소선 수는 7개, 소선의 직경은 2.6, 2.9, 3.2, 3.5, 4.0, 4.5[mm] 등이다.

가공 지선의 피뢰 작용을 더욱 효과적으로 하기 위해서, 철탑마다 접지하고, 철탑의 기초 부분에서 철탑에 전선을 접속하여 선로와 평행하게 땅 속에 묻어서 접지 저항을 낮게 한다. 이것을 **매설 지선**(counter poise)이라 하며, 7/3.2[mm] 정도의 아연 도금 절연선이 쓰인다.

표 2-1 강심 알루미늄 연선의 특성

공칭단면적 [mm²]	소선 수/소선 지름[mm]		인장 하중 [kg]	무 게 [kg/km]	전기 저항 [Ω/km]
	알루미늄	강 철			
520	54/3.5	7/3.5	15600이상	1969	0.0559
410	26/4.5	7/3.5	13890이상	1673	0.0702
330	26/4.0	7/3.1	10930이상	1320	0.0888
240	30/3.2	7/3.2	10210이상	1110	0.120
200	30/2.9	7/2.9	8620이상	911.7	0.147
160	30/2.6	7/2.9	6990이상	732.8	0.182
120	30/2.3	7/2.3	5550이상	573.7	0.232

(10) 전선의 안전율

전선에 장력을 가하면 늘어난다. 그러나, 전선의 탄성 한도를 지나면 끊어지고 만다. 전선이 끊어질 때의 장력을 인장 하중이라 하며, 단위 면적에 가해지는 하중이 인장 강도이다. 전선에 허용되는 최대 장력은 인장 강도를 안전율로 나눈 값을 취한다. 안전율은 경동선에서는 2.2이상, 다른 전선은 2.5이상으로 한다.

2.1.2 전선 굵기의 선정

송전 전압과 송전 전력이 정하여지면, 이것에 대하여 어떤 굵기의 전선을 사용할 것인가 문제로 된다. 전선의 굵기는 다음에 기술하는 사항에 대하여 충분히 검토한 뒤, 그 중에서 최대치를 취하는 것이 합리적이다.

(1) 코로나(corona)

전선의 굵기가 항상 코로나가 발생하지 않는 굵기의 것이어야 한다.

(2) 전압 강하(voltage drop)

전선의 굵기가 너무 작으면 저항이나 인덕턴스 등이 그만큼 커져서 전압 강하도 그에 따라 커진다.

(3) 기계적 강도

전선의 굵기를 작게 하면 기계적 강도도 작아지므로 굵기에 한도가 있다. 고저압 가공 전선의 굵기에 대해서는 전기설비기술기준에 보안성의 견지에서 기계적 강도의 최저 한도를 정하고 있는데, 표 2-2의 굵기의 경동선 또는 이와 동등 이상의 세기 및 굵기의 것을 쓰도록 규정하고 있다. 표 2-2에서 고압의 것이 저압의 경우보다 굵은 것을 쓰도록 하고 있는데, 이것은 고압의 것이 위험이 크기 때문이다.

표 2-2 가공전선의 굵기의 한도

<table>
<tr><th colspan="2">전 압</th><th>시 설 장 소</th><th>전선 종류</th><th>전선의 굵기</th></tr>
<tr><td colspan="2" rowspan="2">고 압</td><td>시 가 지</td><td>경동선</td><td>5[mm] 이상</td></tr>
<tr><td>시가지외</td><td>경동선</td><td>4[mm] 이상</td></tr>
<tr><td rowspan="4">저
압</td><td rowspan="2">400[V]미만</td><td>시 가 지</td><td colspan="2" rowspan="2">2.6[mm] 이상의 절연전선
또는 3.2[mm]이상의 나경동선</td></tr>
<tr><td>시가지외</td></tr>
<tr><td rowspan="2">400[V]이상</td><td>시 가 지</td><td colspan="2">5[mm]이상의 경동선</td></tr>
<tr><td>시가지외</td><td colspan="2">4[mm]이상의 경동선</td></tr>
</table>

(4) 허용 전류(allowable current)

전선에 전류를 통하면 저항에 의한 발열 때문에 전선의 온도는 주위 온도보다 높게 된다. 전선의 온도가 어떤 한도 이상으로 올라가면 전선의 여러 가지 성능을 저하시킨다. 이 온도의 한도를 최고 허용 온도라 하고, 이것에 상당하는 전류를 허용 전류 또는 안전 전류라 한다.

허용 전류는 전선의 재료, 구조, 표면의 상태, 주위의 온도, 일사의 상태, 바람, 비 등에 따라서 현저하게 달라진다. 여러 가지 전선에 대한 시험 결과, 단시간의 과부하에 대해서는 100[℃]로 잡고 있으나, 연속 사용의 경우 접속 개소의 열화 등을 고려해서 허용 온도를 90[℃]로 억제하는 것이 표준으로 되어 있다. 허용 전류의 계산에는 주위 온도 40[℃], 일사량 0.1[W/cm^2], 풍속 0.5[m/s], 전선의 표면 방산 계수를 완전 흑체의 90[%]로 잡는 것이 보통인데, 표 2-3은 그 계산 결과이다.

표 2-3 가공 송전선의 안전 전류

선종	공칭단면적[mm²]	안전 전류[A]
경동연선	250	755
	200	660
	150	540
	100	420
	75	350
	55	290
	38	225
	22	160
A·C·S·R	610	1075
	520	965
	480	925
	410	835
	330	720
	250	615
	240	595
	200	525
	170	475
	160	455

(5) 경제적 단면적

경제적인 전선 단면적을 구하는 데에는 켈빈(Kelvin)의 법칙이 있는데, 그것은 전선의 단위 길이내에서의 년간 손실 전력량에 대한 요금(p_1)과 단위 길이의 전선비에 대한 금리·상각비 등의 년간 경비 (p_2)가 같게 되는 전선 단면적이 가장 경제적으로 된다는 것이다. 즉, 전선의 면적 A[mm²]라 하면, $p_1 = k_1/A$, $p_2 = k_2 A$이므로 $p_1 + p_2$를 최소로 하는 A는 $d(p_1 + p_2)/dA = 0$로 놓아서 풀이하면 되기 때문에 $p_1 = p_2$로 된다.

지금 전선값을 M[원/kg], 전력 요금을 N[원, kW년], 전선비에 대한 년간 경비의 비율을 p, 전류 밀도를 C[A/mm²]라 하면, 동의 밀도 8.89×10^{-3}[kg/m-mm²], 저항율 1/55[Ω/m-mm²]이므로

손실 $I^2R=\{(CA)^2/55A\}\times 10^{-3}$[kW/m]

무게 $W=8.89\times 10^{-3}A$[kg/m]

따라서, 켈빈의 법칙에 의하여

$$\{(CA)^2/55A\}\times 10^{-3}N=8.89\times 10^{-3}A\times Mp$$

$$\therefore C=\sqrt{\frac{8.89\times 55Mp}{N}}\,[\mathrm{A/mm^2}] \qquad (2\text{-}1)$$

이것이 **경제적 전류 밀도**이다. 이 식을 도입함에 있어서 송전 손실의 값은 년간 평균치를 취해야 하므로 최대 전력에 대한 전류 밀도는 송전 선로의 이용도를 고려해서 조금 높게 잡아도 좋다. 장거리의 송전 선로에서는 송전 용량은 전압과 길이로써 거의 정해지므로 전선의 굵기를 결정하는 데는 경제적 전류 밀도에 의한다.

식 (2-1)은 경동선에 대한 것이지만, 알루미늄선을 쓸 경우도 똑 같은 방법으로 산출할 수 있다.

그런데, 경제적 견지에서 전선의 굵기를 검토하는 경우, 단지 경제적 단면적의 이론치만에 구애되지 말고, 전선의 굵기를 변화시켰을 때의 년지출의 증감도 계산해서, 실제적인 관점에 입각하여 결정하지 않으면 안 된다.

【예제 1】 경동선을 77[kV]의 송전선에 사용할 경우 최대 송전 전력을 20,000[kW], 역률을 0.8로 하면 얼마만한 굵기의 전선이 가장 경제적으로 되겠는가? 단, 전선 1[kg]의 간격을 1,500[원/kg], 전기 요금은 9[원/kWh], $p=0.1$이라고 한다.

풀이 켈빈의 법칙에 따라

$$C=\sqrt{\frac{8.89\times 55\times 1,500\times 0.1}{365\times 24\times 9}}=0.97[\mathrm{A/mm^2}]$$

송전 선로의 년간 이용률을 60[%]라고 하면 가장 경제적인 전류 밀도는

$$C=\frac{0.97}{0.6}=1.62[\mathrm{A/mm^2}]$$

한편 전선에 흐르는 전류는

$$I=\frac{20,000}{\sqrt{3}\times 77\times 0.8}=187[\mathrm{A}]$$

따라서, 구하고자 하는 가장 경제적인 전선의 굵기는

$$A = \frac{187}{1.62} = 115[\mathrm{mm}^2]$$

그러므로, 결국 경동선의 규격으로부터 125[mm^2]의 경동선을 사용하여야 한다.

2.1.3 전선에 가하여지는 하중

(1) 빙설이 적은 지방

빙설이 적은 지방에서는 고온계에 있어서는 갑종풍압하중을, 저온계에서는 병종풍압하중을 적용하도록 되어 있다. 즉, 전선의 자중과 전선의 수직 투영 면적 1[m^2]당 갑종 풍압 하중으로서 76[kg] (다도체의 경우는 68[kg])의 수평 풍압 하중과의 합성 하중을 취한다. 그래서 전선에 가하여지는 풍압을 w_w[kg/m]라 하면, 전선의 자중과의 합성 하중 W_a[kg/m]는 그림 2-4에서

그림 2-4 고온계 합성 하중

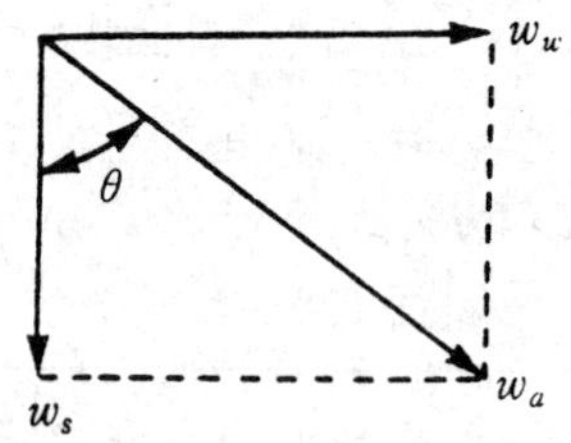

$$\left.\begin{aligned} W_a &= \sqrt{w^2 + {w_w}^2}\,[\mathrm{kg/m}] \\ \theta &= \tan^{-1}\frac{w_w}{w}\,[\text{도}] \end{aligned}\right\} \qquad (2\text{-}2)$$

여기서, θ는 W_a의 작용하는 방향과 연직선에 대한 각이며, W_a를 고온계 하중(summer loading condition)이라고도 한다.

(2) 빙설이 많은 지방

고온계에서는 물론 갑종 풍압 하중을 적용하지만, 저온계에서는 위의 합성 하중을 생각하는 외에 전선 주위에 6[mm]두께로 비중 0.9의 빙설이 부착했을 때, 이 부착한 상태에서 수직 투명 면적 1[m^2]당 38[kg] (다도체인 경우 34[kg])의 풍압

을 생각한 경우의 하중인 을종풍압하중을 취한다. 따라서, 빙설에 의한 하중 w_i는 전선의 외경을 d[mm]라 하면,

$$w_i = \left\{ \frac{\pi}{4}(d+2\times 6)^2 - \frac{\pi}{4}d^2 \right\} \times 0.9 \times 10^{-3}$$
$$= 0.017d + 0.102 \text{[kg/m]}$$

로 되어서 전선 무게 w에 가하여지고, 또 두께가 6[mm] 늘어난 경우의 풍압 w_{iw}는 다음과 같이 된다.

$$w_{iw} = 38(d+2\times 6)\times 10^{-3} = 0.038d + 0.456 \text{[kg/m]}$$

따라서, 전선이 받는 전하중 W_b는 아래와 같다.

$$\left.\begin{aligned} W_b &= \sqrt{(w+w_i)^2 + (w_{iw})^2} \text{[kg/m]} \\ \theta &= \tan^{-1}\frac{w_{iw}}{w+w_i} \text{[도]} \end{aligned}\right\} \qquad (2\text{-}3)$$

이 W_b를 저온계 하중(winter loading condition)이라 하고, 이 때의 풍압 w_{iw}를 앞에서 말한 을종 풍압 하중이라 한다. 빙설이 많은 지방에서는 고온계 하중 및 저온계 하중의 양쪽을 계산해서 조건이 나쁜 것을 택하여 설계한다.

2.1.4 전선의 배열

지지물에 전선을 배열하는 경우 그 배치 방법에는 3각 배열, 수평 배열, 수직 배열등이 있으며, 지지물의 구조, 애자의 종류, 선로의 회선수 및 지리적 조건 등을 고려하여 결정 선정한다.

그림 2-5

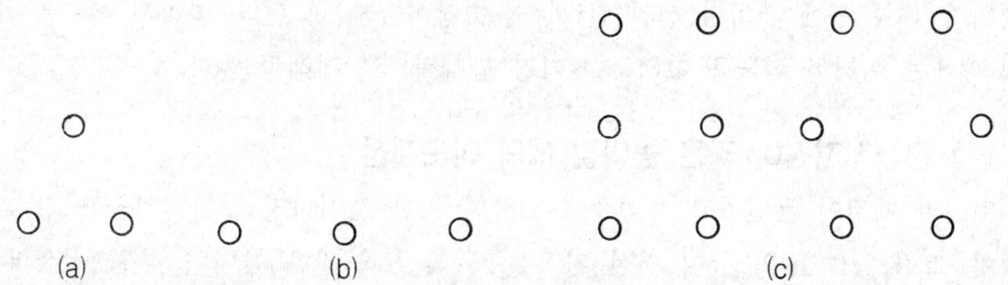

(1) 3각 배열

그림 2-5의 (a)와 같이 삼각형으로 배치하는 것이며 비교적 낮은 전압의 송전 선로에 사용하며 1회선용 철탑, 목주, 철주, 철근 콘크리트주나 핀애자를 사용하는 경우에 많이 사용된다.

(2) 수평 배열

그림 2-5의 (b)와 같이 수평으로 어떤 간격을 두어서 비치하고 이것은 고압 배전 선로에서 가장 일반적으로 사용하는 방식이다. 1회선용 철탑 및 목조 등에 사용한다. 또 빙피(氷被) sleet의 탈락에 의하여 전선이 도약될 우려가 있는 곳, 장경간의 장소, 바람이 강하여 전선이 접근할 우려가 있는 곳 등에도 많이 사용된다.

(3) 수직 배열

그림 2-5의 (c)와 같이 수직 방향으로 배열하는 방식으로 2회선 이상의 경우에 많이 채용된다. 이것도 전선의 폭이 좁은 것이 특징이며, 전선의 처짐이 있을 경우 즉 전선에 빙설이 부착되었을 경우의 처짐의 불평등이나 어떤 충격으로 인한 반동 등에 의한 상하선의 혼선을 방지하기 위하여 전선을 동일 수직 선상에 배치하지 않고 그림 (c)와 같이 전선의 수평 방향으로 약간 편위시키는 경우가 있다.

2.1.5 전선의 이도

일반적으로 가공 전선로의 전선은 강도 계산상 어느 정도 늘어지도록 가설하는데 이것을 이도(dip)라 한다. 이도는 전선의 길이가 일정하여도 온도의 차에 의해 전선의 팽창 및 수축, 전선에 부착되는 빙설의 무게, 풍압, 하중 등에 의하여 겨울철에 전선이 수축하여 이도는 더 작게 되어 그 때문에 전선의 장력은 증가한다. 반대로 겨울철에 이도를 크게 해 놓으면 여름철에 전선이 팽창하여 이도가 과대해져서 도로, 선로, 통신선 및 그밖의 것들과 접근, 교차, 접촉등을 하게 되어 위험이 생기며, 태풍 등에 의하여 선간 단락등의 고장이 생기게 된다. 따라서 이도를 계산할 때에는 이러한 점들을 고려하여 가장 합리적으로 정해야 한다.

(1) 전선지지점이 같은 높이일 때의 이도계산

전선의 재질이 균일하고 유연성이 있으며 또한 늘어나지 않는 비탄성이라 가정하자. 그림 2-6 (a)와 같이 전선 지지점 A 및 B가 같은 높이인 경우, 전선의 최저점 N에서 x[m] 떨어진 P점에 있어서의 힘의 관계는 그림 (b)와 (c)에서 다음과 같이 된다.

그림 2-6 전선의 이도(양지지점이 수평인 경우)

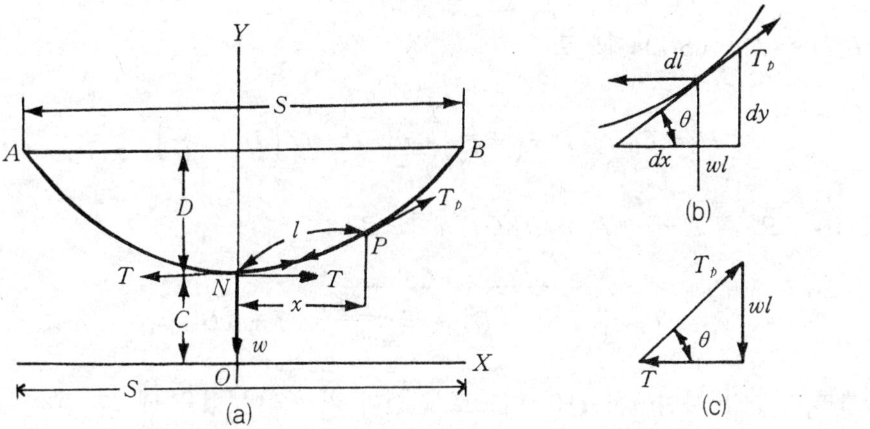

$$\tan\theta = \frac{dy}{dx} = \frac{wl}{T} \tag{2-4}$$

단, w는 전선 중량[kg/m], l은 그림 2-6의 $N-P$의 길이이고 T는 전선 최저점 N에 있어서의 수평 방향으로 전선이 받는 장력[kg]인데, 여기서 $l \fallingdotseq x$라 놓고, 최저점 N이 원점 0와 일치되도록 좌표축을 잡으면, 식 (2-4)에서

$$dy = \frac{w}{T}xdx \qquad \therefore y = \int_0^x \frac{w}{T}xdx = \frac{wx^2}{2T} \tag{2-5}$$

이 식은 전선의 곡선이 포물선임을 나타내고 있다. 만일 전선 실제 길이 $l \fallingdotseq x$란 가정을 두지 않으면 커티너리 곡선이 된다.

그러므로 식 (2-5)에서 $x = S/2$이면 $y = D$로 된다. 따라서

$$D = \frac{wS^2}{8T}\,[\text{m}] \text{ 또는 } T = \frac{wS^2}{8D}\,[\text{kg}] \tag{2-6}$$

전기설비기술기준에 의하면 고압 가공 전선은 케이블을 제외하고 안전률(safety factor)이 경동선은 2.2이상, 그 밖의 전선은 2.5이상이라고 규정하고 있다.

식 (2-6)은 경간이 S인 경우, 수평 장력을 T로 하기 위한 이도 D를, 또 이도

D로 했을 때의 전선의 수평 장력 T를 계산하는 것이다.

그런데 전선 지지점 A 및 B에서의 장력 T_A 및 T_B는 지지점에 가까와 질 수록 지지해야 할 자중이 커지므로 최대로 되고, 양 지지점의 높이가 같기 때문에 $T_A = T_B$로 된다. 그래서 전선의 실제 길이를 L이라 하면,

$(L/2)^2 \fallingdotseq D^2 + (S/2)^2$이므로

$$T_A = T_B = \sqrt{T^2 + \left(\frac{wL}{2}\right)^2} \fallingdotseq \sqrt{T^2 + w^2\left(D^2 + \frac{S^2}{4}\right)}$$

로 된다. 또 식 (2-6)에서 $S^2 = 8DT/w$이므로

$$T_A = T_B \fallingdotseq \sqrt{T^2 + w^2D^2 + \frac{w^2 8DT}{4w}} = T + wD[\mathrm{kg}] \tag{2-7}$$

그리고 경간 사이에서 D의 이도로 전선이 가선되어 있을 때 그 실제 길이 L은, 그림 2-6에서

$$\frac{dl}{dx} = \sec\theta = \sqrt{1 + \left(\frac{dy}{dx}\right)^2} = \sqrt{1 + \left(\frac{wx}{T}\right)^2} \fallingdotseq 1 + \frac{w^2x^2}{2T^2}$$

$$\therefore l = \int_0^x \left(1 + \frac{w^2x^2}{2T^2}\right)dx = x + \frac{w^2x^3}{6T^2}$$

그러므로 위 식에 식 (2-5)의 T를 대입하면 $l = x + \dfrac{2y^2}{3x}$ 로 되는데, 여기에 $x = S/2$, $y = D$이면 $L = 2l$이므로

$$L = S + \frac{8D^2}{3S}[\mathrm{m}] \tag{2-8}$$

(2) 전선지지점의 고저차가 있는 경우의 이도계산

그림 2-7과 같이 전선 지지점 A, B에 고저차가 있는 경우, 경간 AB의 중점에 있어서의 이도를 사이도라 한다.

이 사이도는 같은 경간에서 A와 B가 같은 높이 및 수평 장력이 같은 경우의 이도와 같다. 즉, 그림 2-6의 D는 그림 2-7의 D_c와 같다는 것이다.

그림 2-7 사이도(斜弛度)

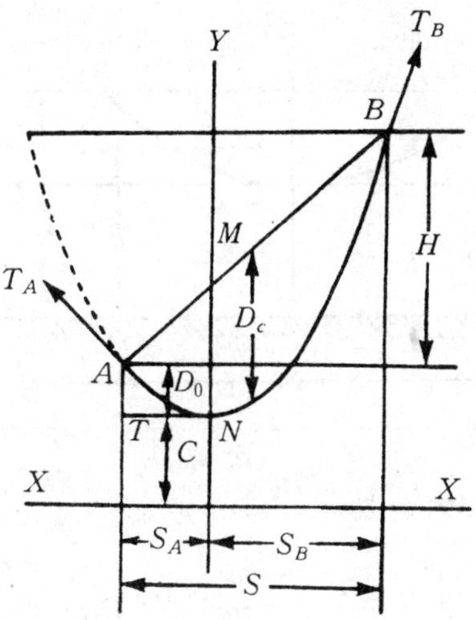

그런데, 실제의 가선 공사를 함에 있어서 사이도의 실측이 어려운 경우에는 그림 2-7의 수평 이도 D_0[m]를 다음의 계산식에서 구하여, 이것에 의해서 가선 공사를 할 때가 있다. 즉 D_0는 다음의 식으로 계산한다.

$$D_0 = D_c\left(1 - \frac{H}{4D_c}\right)^2 [\text{m}] \tag{2-9}$$

그리고, 전선 지지점 A, B에서의 장력 T_A, T_B는 다음과 같다.

$$\left.\begin{aligned} T_A &= T + wD_0[\text{kg}] \\ T_B &= T + w(D_0 + H)[\text{kg}] \end{aligned}\right\} \tag{2-10}$$

(3) 전선의 지표상의 평균 높이

그림 2-8과 같이 최저점 N을 원점 0으로 하여 좌표축을 잡고, 전선의 높이를 y라 하면 식 (2-5)에서

$$y \fallingdotseq \frac{wx^2}{2T}, \quad D \fallingdotseq \frac{wS^2}{8T} = y_{(x=s/2)}$$

그림 2-8 경간 S는 AB간의 거리임

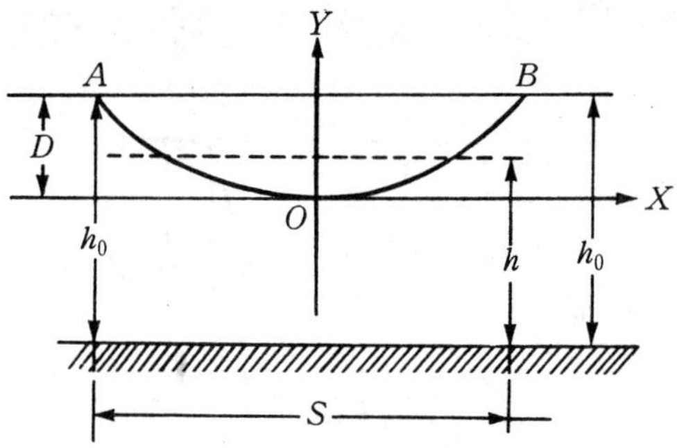

이 전선의 높이 y의 평균치 y_e는

$$y_e = \frac{1}{S/2}\int_0^{S/2} \frac{wx^2}{2T}\,dx = \frac{wS^2}{24T} = \frac{D}{3}\,[\mathrm{m}] \tag{2-11}$$

따라서, 전선의 평균 지상 높이 h는

$$h = (h_0 - D) + \frac{D}{3} = h_0 - \frac{2}{3}D[\mathrm{m}] \tag{2-12}$$

전선 지지점에 고저차가 있는 경우의 지지점 지상 높이를 각각 h_a, h_b라 하면

$$h = \frac{h_a + h_b}{2} - \frac{2}{3}D[\mathrm{m}] \tag{2-13}$$

(4) 온도와 이도와의 관계

온도가 상승하면 전선은 팽창하므로 이도가 커지지만, 이도가 증가하면 장력이 줄어지므로, 전선은 탄성 때문에 약간 오그라들게 된다. 그래서 온도 변화가 이도에 미치는 영향을 정확하게 구하려면, 전선의 온도에 대한 신축 및 탄성을 고려해야 하지만, 탄성에 의한 영향은 적기 때문에, 온도에 의한 전선의 신축만을 생각하기로 한다.

전선의 온도 상승을 t, 전선의 선팽창 계수를 α, 전선의 온도 상승전의 길이를 L_1, 온도 상승후의 길이를 L_2라 하면, 전선의 팽창에 의한 늘어남은 $\alpha tL_1 \fallingdotseq \alpha tS$이므로, $L_2 = L_1 + \alpha tL_1 \fallingdotseq L_1 + \alpha tS$로 되고, D_1는 팽창전의 이도, D_2는 팽창후의 이도라 하면,

$$L_1 = S + \frac{8D_1^2}{3S}, \quad L_2 = S + \frac{8D_2^2}{3S}$$

그러므로, 이들의 관계에서 D_2는 다음과 같이 된다.

$$S + \frac{8D_2^2}{3S} = S + \frac{8D_1^2}{3S} + \alpha tS, \quad D_2^2 = D_1^2 + \frac{3}{8}S^2\alpha t$$

$$\therefore D_2 = \sqrt{D_1^2 + \frac{3}{8}S^2\alpha t}\,[\text{m}] \tag{2-14}$$

【예제 2】 330[mm²] ACSR선이 경간 300[m]에서 이도가 7.4[m]였다고 하면, 이 때 전선 실제의 길이는 얼마로 되겠는가?

풀이 식 (2-8)에 의하면

$$L = S + \frac{8D^2}{3S} = 300 + \frac{8 \times 7.4^2}{3 \times 300} = 300.487[\text{m}]$$

즉, 전선 실제의 길이는 경간보다 겨우 48.7[cm] (0.16[%])만 더 긴 데 지나지 않는다.

【예제 3】 평평한 곳에서 같은 장력으로 가선된 2경간의 이도가 각각 4[m] 및 9[m]였다. 여기서, 중간 지지점에서 전선이 떨어져서 처지게 되었다고 하면 이도는 얼마로 되겠는가? 단, 지지점의 높이는 모두 다 같다고 하고 전선의 신장은 무시하는 것으로 한다.

풀이 기본식 (2-8)로부터 S_1부분의 전선의 길이 L_1 및 S_2부분의 길이 L_2는 다음과 같이 된다.

$$L_1 = S_1 + \frac{8D_1^2}{3S_1}$$

$$L_2 = S_2 + \frac{8D_2^2}{3S_2}$$

따라서, 2경간의 전선의 길이 L은

$$L = L_1 + L_2 = (S_1 + S_2) + \frac{8}{3}\left(\frac{D_1^2}{S_1} + \frac{D_2^2}{S_2}\right)$$

여기서, 전선의 신장을 무시할 수 있다면 중간 지지점이 없을 경우의 전선의 길이

L은 그림 2-9로부터 다음과 같이 표시할 수 있다.

그림 2-9

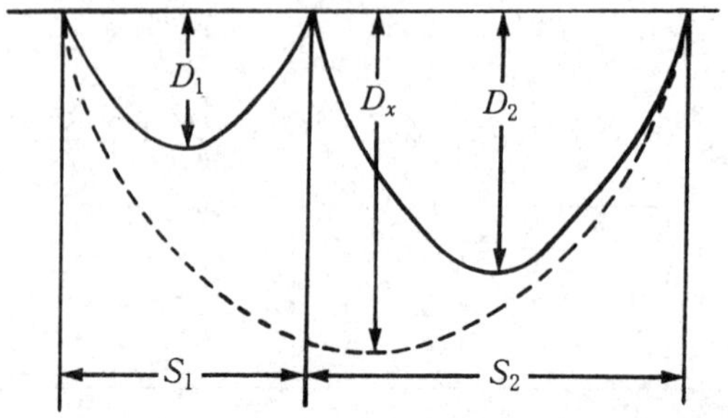

$$S = S_1 + S_2$$

$$L = S + \frac{8{D_x}^2}{3S} = (S_1 + S_2) + \frac{8{D_x}^2}{3(S_1 + S_2)}$$

따라서,

$$\frac{8}{3}\left(\frac{{D_1}^2}{S_1} + \frac{{D_2}^2}{S_2}\right) = \frac{8{D_x}^2}{3(S_1 + S_2)}$$

즉,

$${D_x}^2 = \left(\frac{{D_1}^2}{S_1} + \frac{{D_2}^2}{S_2}\right)(S_1 + S_2)$$

한편 문제의 뜻으로 부터 경간 S_1의 부분과 S_2의 부분의 전선의 장력은 같으므로

식 (2-6)으로부터 $\frac{w{S_1}^2}{8D_1} = \frac{w{S_2}^2}{8D_2}$

$$\therefore \frac{S_2}{S_1} = \sqrt{\frac{D_2}{D_1}} = \sqrt{\frac{9}{4}} = 1.5$$

이것을 ${D_x}^2$의 계산식에 대입하면

$${D_x}^2 = \left(\frac{4^2}{S_1} + \frac{9^2}{1.5S_1}\right)(S_1 + 1.5S_1) = \left(4^2 + \frac{9^2}{1.5}\right)(1 + 1.5) = 175$$

$$\therefore D_x = \sqrt{175} \fallingdotseq 13.23[\text{m}]$$

【예제 4】 그림 2-10과 같이 고저차가 없고, 같은 경간에 전선이 가설되어 있다. 지금 가운데 지지점 B에 있어서 전선이 지지점에서 떨어졌다고 하면 전선의 이도는 전선이 떨어지기 전의 몇배로 되는가?

그림 2-10

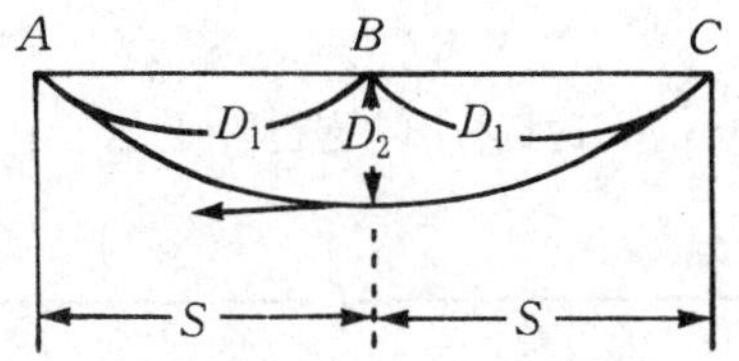

풀이 처음 전선의 이도를 D_1이라 하면

$$D_1 = \frac{wS^2}{8T}$$

점 B에서 전선이 떨어진 후의 이도를 D_2라 하면 AC간의 전선의 길이는 변하지 않으므로 AB간의 전선 길이 2배가 AC간의 길이로 된다.

즉, $2\left(S + \frac{8{D_1}^2}{3S}\right) = 2S + \frac{8{D_2}^2}{3 \times 2S}$

$\therefore D_2 = 2D_1$

즉, 전선의 이도는 처음의 2배로 된다.

2.1.6 전선의 진동과 도약

(1) 전선의 진동

송전 선로는 평야 지대, 산악 지대, 해안선, 계곡 및 하천의 횡단등 여러 가지 자연, 기상 조건의 장소를 통과하기 때문에 전선은 이들의 영향을 받아서 여러 가지 원인에 의하여 진동하게 된다.

전선에 생기는 진동 중에서 가장 무서운 것은 미풍으로 생기는 진동이다. 가공 전선에 미풍(약 5[m/s]이하)이 측면에서 불어오는 전선 배후에 와류가 생겨서 전선에 연직 방향으로 기계적인 교번력(交番力)을 준다. 이것이 전선의 고유 진동수와 일치되면, 공명 진동을 일으켜 진폭이 직경의 0.5~2배 이상에 달하는 종파진동이 생긴다.

그림 2-11 유수와 진동 방향

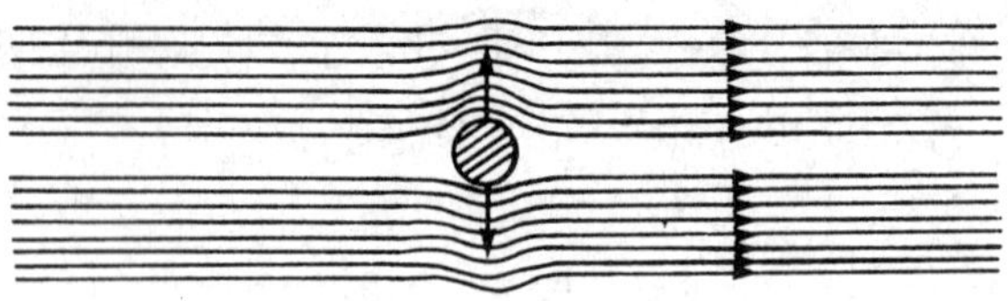

그림 2-12 경간의 진동

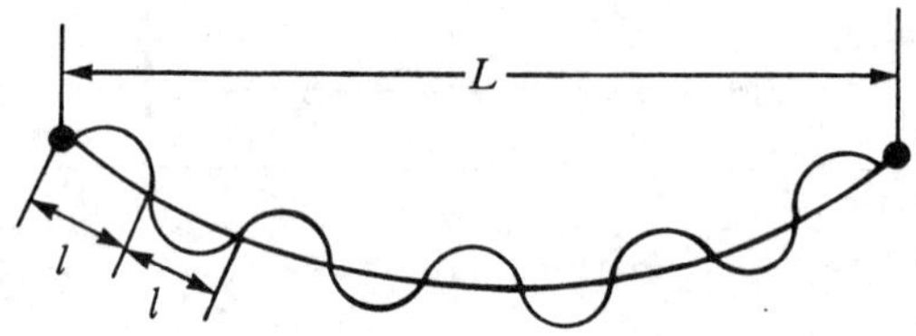

진동의 주파수는 5~30[Hz], 파의 루우프(loop)길이는 3~10[m] 정도이다. 이 진동은 평지에서 장경간인 장소에 직경이 큰데 비하여 중량이 가벼운 중공 동선 및 강심 알루미늄 연선에 내장 장소보다 현수가 있는 곳에 또는 낮보다 일몰 후에 일어나기 쉽다. 이 진동이 발생하면 비록 진폭은 적지만 오랜 세월 계속하면 응력을 되풀이 주어 전선을 피로 열화시키고, 클램프(clamp) 내부에서 소선이 단선되어 송전선 사고의 원인이 된다. 동선 및 강선은 내진성이 크지만 알루미늄선은 내진성이 적기 때문에 단선되기가 쉽다.

따라서, 진동의 방지책으로는 다음과 같은 것들이 있다.

(가) 아아머 로드(armour rod) : 그림 2-13과 같이 전선과 같은 종류의 선으로써 적당한 테이퍼로 1~3[m] 길이의 것의 8~10 가닥을 전선의 지지점 부근에서 전선 위에 꼬임 방향으로 감아붙인 것인데, 선단으로 갈수록 가늘어진다.

그림 2-13 아아머 로드

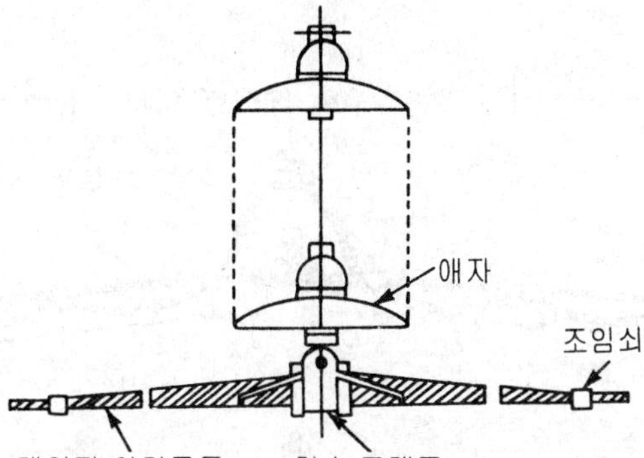

(나) 댐퍼(damper) : 클램프 가까이에 붙여서 진동 에너지를 흡수하여 전선 진동의 발생을 막으려 하는 것이 목적인데, 그림 2-14 (a)에 보이는 스톡브리지 댐퍼(stock bridge damper)는 아연 도금한 강연선의 양단에 추를 붙인 것으로서, 이것을 전선 지지점에 가장 가까운 진동 루우프 길이의 1/2~1/3에 붙인다.

그림 2-14 댐 퍼

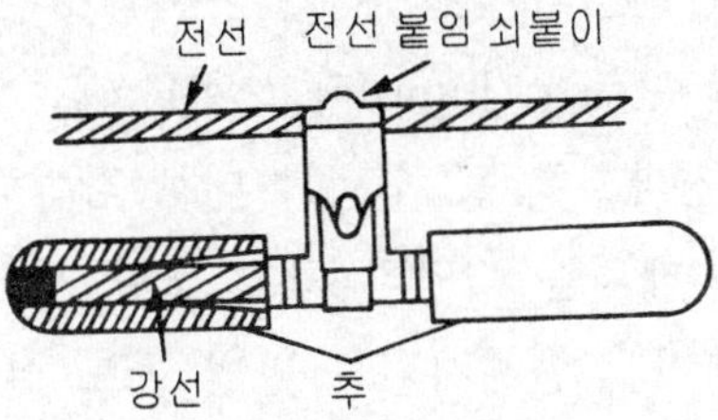

(a) 스톡브리지 댐퍼

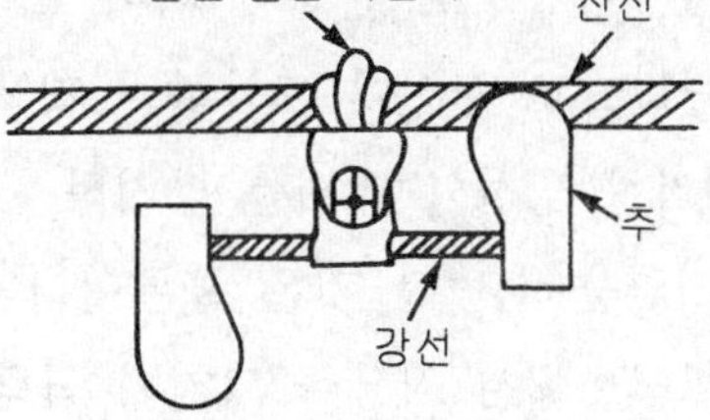

(b) 토오셔널 댐퍼

또 그림 (b)에 보이는 토오셔널 댐퍼(torsional damper)는 역시 아연 도금한 강연선의 양단에 가지 모양의 추를 서로 반대 방향으로 붙인 것인데, 1~2개를 연직선에서 60°로 클램프의 양단에 단다.

(다) 베이트 댐퍼(bate damper) : 가공 지선의 진동 방지에 널리 채용되고 있는 것으로, 그림 2-15와 같이 가공 지선의 지지점 부근에 가공 지선과 같은 선을 한 쪽에 5.5~7.5[m]정도로 첨선한 것이다. 가공 지선은 본선보다 오히려 심한 미풍진동을 일으키는 경우도 있다. 그런데 베이트 댐퍼는 붙이기가 수월해서 가는 전

선의 진동 방지에 효과가 있으며, 또 지선이 단선된 경우에는 보강 효과도 기대된다.

그림 2-15 베이트 댐퍼

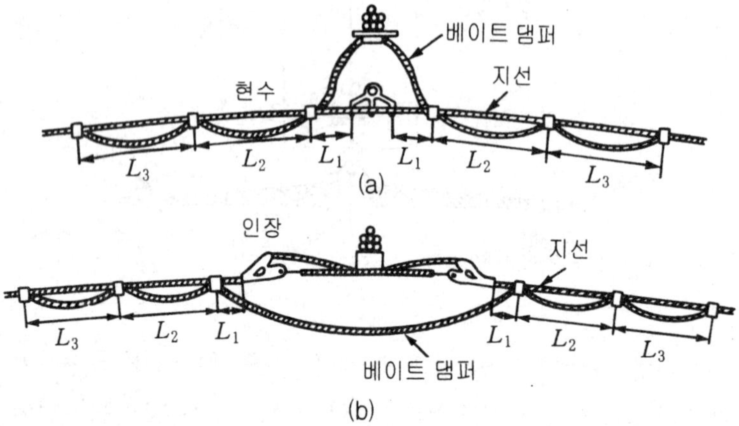

(2) 전선의 도약

전선의 주위에 많은 빙설이 부착하면 그 중량 때문에 단선되거나 또는 부착력의 부동으로 상하 배열 전선의 간격이 적어져서 섬락을 일으키거나, 부착 빙설이 탈락하는 반동으로 전선에 튀어 올라가 상부의 전선과 혼탁되는 경우가 생긴다. 빙설 탈락으로 전선이 도약하는 것을 슬리트 점프(sleet Jump)라고 한다.

이러한 빙설의 피해를 방지하려면 선로의 경과지를 될 수 있는대로 강설량이 적은 지역을 선택할 것은 물론이거니와 전선의 배치를 적당히 하고 또한 부착 빙설은 발전소에서 적당한 크기의 단락 전류를 흘러서 용해시키는 방법 등도 실시하고 있다.

2.2 애 자

전선을 지지물에 고정시키는 경우 전선과 지지물은 전기적으로 충분히 절연되어야 하는데 그 절연체로서 애자(insulator)가 사용된다.

따라서 애자는 전기적 절연을 유지하면서, 지지물에 전선을 고정시킬 수 있는 충분한 기계적 강도를 갖추어야 한다. 보통 애자는 다음과 같은 조건을 구비하여야 한다.

① 선로 전압과 이상 전압에 대해서 충분한 절연 내력이 있어야 한다.

② 비, 눈, 안개 등에 대해서도 충분한 절연 저항이 있으며 누설 전류는 적어야 한다.

③ 전선의 제무게와 바람, 눈 등의 하중에 대해서, 충분한 기계적 강도를 가지고 있어야 한다.

④ 온도의 갑작스러운 변동에도 견디고 습기를 흡수하지 않으며, 오랜 시일이 지나도 전기적 성능과 기계적 성능이 나쁘게 되지 않아야 한다.

⑤ 가격이 싸고, 다루기 쉬워야 한다.

이들의 조건을 만족시키기 위해서, 경질 자기로 만든 애자가 일반적으로 많이 사용되고 있으며, 이 밖에 유리 애자와 Pylex유리 애자가 있다. 유리 애자는 자기 애자에 비하여 만들기가 쉽고, 가격이 저렴하며, 절연력이 크고, 내부가 잘 보이는 장점이 있으나, 온도의 변화에 약하고 표면에 수분이 붙는 등의 결점이 있다. Pylex유리 애자는 온도의 변화에 대해서 보통의 유리보다 강하고 또 유전체 손실이 적은 장점이 있다.

2.2.1 애자의 종류

애자에는 그 형태, 재질, 사용 장소에 따라서 여러 종류의 것이 제작 사용되고 있다. 주로 가공 전선로의 절연용으로 사용되고 있는 것에 대해서만 설명한다.

표 2-4 애자의 종류

분류방법	애 자 명 칭
형태에 의한 분류	① pin 애자(pin type insulator) ② 현수 애자(suspension type insulator) ③ 태상 애자(post insulator) ④ 분태 애자(shackle insulator) ⑤ knob 애자(knob insulator) ⑥ 장간 애자(long rod insulator)
재질에 의한 분류	① 자기 애자(porcelain insulator) ② 유리 애자(glass insulator) ③ 석영 애자(quarty insulator) ④ 합성 수지(resin insulator)

분 류 방 법	애 자 명 칭
사 용 장 소	① 보통형 ② 특수형 내무 애자(fog type) 내진 애자(dust proof type) 내연무 애자(smog type)

(1) 핀 애자(pin type insulator)

그림 2-16과 같이 2~4층의 갓을 시멘트로 붙여, 중심에 핀을 붙인 것이다. 갓 모양의 부분을 셀(shell)이라 하며, 사용 전압이 높아지면 셀의 층 수를 증가하든지 직경을 크게 하지만, 어느 정도 이상의 전압에서는 모양과 무게가 커지고, 기계적으로도 약하게 된다. 특별 고압 핀 애자는, 사용되는 전선로의 공칭 전압을 [kV]로 나타낸 숫자로 호수를 부른다. 가령, 20호의 핀 애자는 15~25[kV]에 쓰이는 애자가 된다. 특별 고압용 핀 애자로은 10, 20, 30, 40, 50, 60호가 있다.

그림 2-16 핀 애자

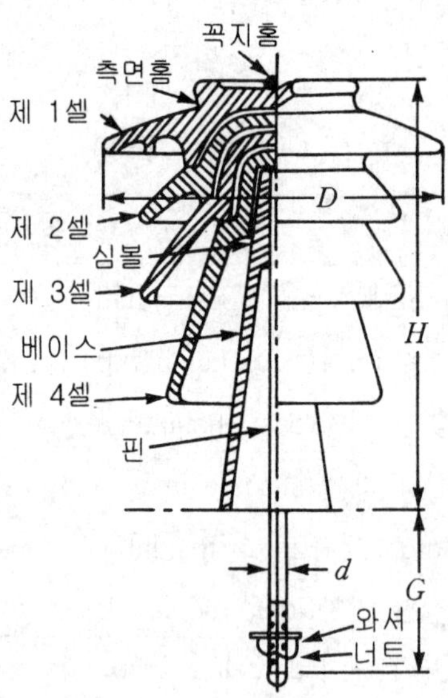

핀 애자의 장점을 들면 다음과 같다.

① 지지물을 작게 할 수 있다.

② 저전압의 경우 현수 애자보다 애자의 비용이 저렴하다.

③ 핀 만을 교환할 수가 있다.

(2) 현수 애자

40[kV]이상의 철탑 송전 선로나 장력이 가하여지는 곳은 전압에 관계 없이 현수 애자를 쓴다. 현수 애자에는 클레비스(clevis)형과 보올 소켓(ball socket)형이 있으며, 이들은 지지물에 매달려 전선을 받치는 것으로, 사용 전압에 따라 적당한 개수를 접속하여 쓴다. 이 애자의 크기는 자기 부분의 직경으로 나타내며, 보통 표준은 직경 254[mm], 높이 146[mm]이다. 70[kV] 이하의 선로에는 직경 180[mm], 높이 108[mm]를 쓰며, 애자의 최대 사용 하중은, 254[mm]는 3000[kg], 180[mm]는 1500[kg]이다. 만일 전선의 최대 사용 장력이 애자의 최대 사용 하중을 넘을 때는 애자를 2~3개 병렬로 접속한다.

그림 2-17

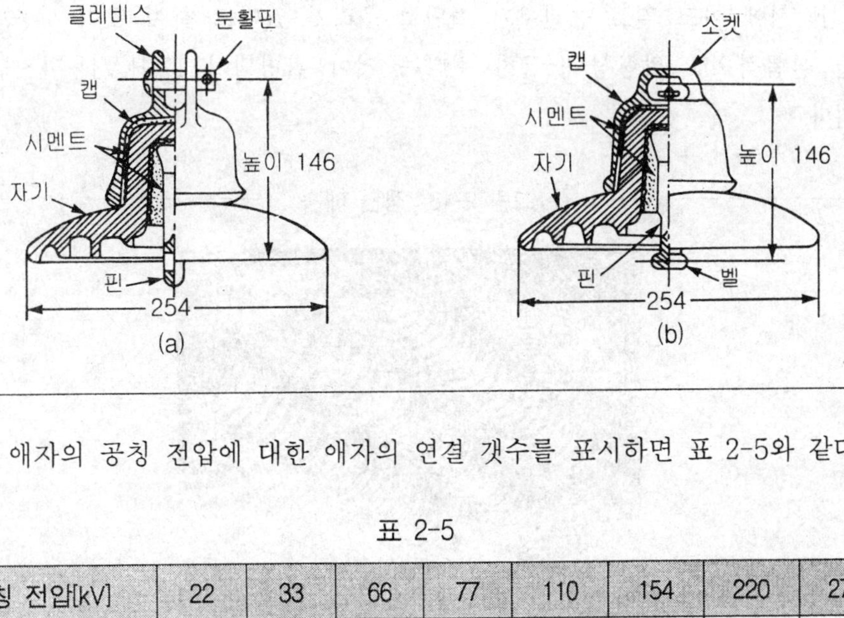

현수 애자의 공칭 전압에 대한 애자의 연결 갯수를 표시하면 표 2-5와 같다.

표 2-5

공칭 전압[kV]		22	33	66	77	110	154	220	275
현수애자	250[mm]	2~3	2~3	4~5	5~6	7~8	9~10	11~12	14~15
연결개수	180[mm]	2~3	3~4	5~6	6~7				

현수 애자의 장점은 다음과 같다.

① 송전 전압에 맞도록 애자의 연결 갯수를 임의로 조절할 수 있다.

② 하중이 큰 경우에는 2연 또는 3연으로 하여 사용할 수 있다.

③ 연결된 애자 전부가 동시에 불량하게 되는 일은 없으므로 불량품만 교환하면 된다.

④ 핀 애자에 비해 열화가 적다.

⑤ 예비 애자의 수를 줄일 수 있고(전압이 다른 송전 선로에 대하여 예비 애자를 공통으로 할 수 있다.) 핀 애자에 비하여 다량 생산과 운반이 용이하다.

⑥ 경간 상호간의 전선 하중에 불평형이 생겼을 때 애자연이 기울어지게 되므로 그 불평균 장력을 완화할 수 있다.

(3) 장간 애자(long rod insulator)

이것은 그림 2-18과 같이 긴 봉상 자기체의 양 끝에 클레비스(clevis)형과 핀형의 갭을 장치하고 상하에 연결용 쇠붙이를 장치한 것이며, 초고압용으로는 이것을 수개(2~3개) 연결하여 사용한다. 장간 애자는 원래 독일에서 발명되었으나 종래의 것은 섬락시에 아크 열로 중간부가 절단될 우려가 있다고 하여 많이 사용하지 않았지만 실험적으로 위험성이 극히 적다는 것이 판명되어 110[kV]용까지는 많이 사용된다.

그림 2-18 장간 애자

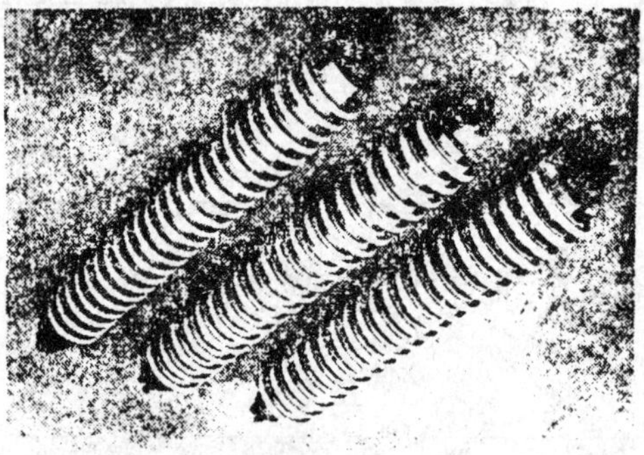

장간 애자의 장점과 단점을 살펴보면 다음과 같다.

장간 애자의 장점

① 자연 열화가 거의 없으므로 불량 애자 검출 작업이 거의 필요치 않다.

② 자기이므로 전기 관통이 전혀 없다.

③ 자기부가 길기 때문에 날짐승 등에 의한 사고가 적어서 신뢰도가 높다.

④ 단일 사용의 경우에는 중간에 금속부가 없어서 아크가 애자연에 생기는 경향이 적으므로 위험성이 적고 초호각의 설계도 간단하다.

⑤ 2연 또는 3연으로 사용이 가능하다.

⑥ 애자의 오손이 적고 내무성이 우수하다.

장간 애자의 단점

① 설치와 운반이 곤란하다.

② 예비 애자를 공통으로 사용할 수 없으므로 예비 애자의 수가 많아진다.

위와 같이 애자의 최대의 특징은 염해 등에 대하여 우선 효과가 크고 보수 및 점검이 용이하기 때문에 염분이나 먼지가 많은 지방, 이상 전압에 의하여 애자 파손이 많은 지방의 송전 선로에 적합하다.

(4) 기 타

이 밖에도 특수형 애자로서 해안 지대나 먼지가 많은 지방에서는 내염 애자 또는 내진 애자(dust proof insulator) 등이 사용되고 있으며 염분이나 먼지 등이 애자 표면에 붙어 있을 경우, 안개가 끼거나 이슬비가 내리면 습기가 가해지므로 애자의 절연 내력이 저하되어 때로는 섬락(flashover)사고를 일으키게 되는 수가 있으므로 이런 오손을 방지하기 위하여 내무 애자(smog insulator) 등이 많이 사용되고 있는데 그림 2-19는 내무 애자를 나타낸 것이다.

그림 2-19

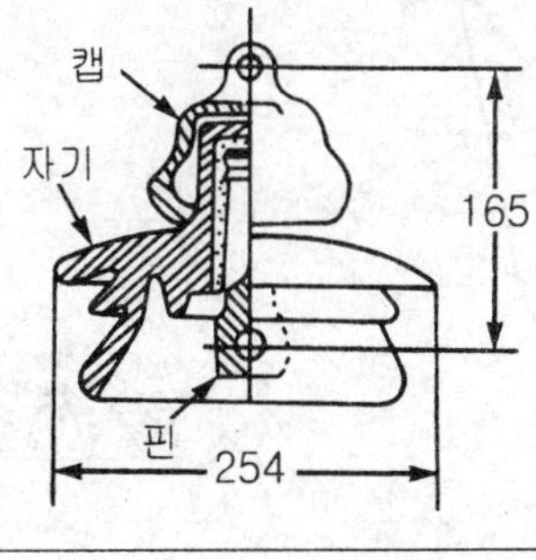

2.2.2 애자의 전기적 및 기계적 특성

애자는 전기적으로 필요한 절연을 확보함과 동시에 전선에서 받는 하중에 대해서도 충분한 기계적 강도를 갖지 않으면 안 된다.

(1) 애자의 정전용량

핀 애자는 전선과 핀 사이에, 현수 애자는 갭과 핀 또는 보올 사이에 각각 정전용량이 존재한다. 특히 빗물 등으로 인하여 자기편의 표면이 젖게 되면, 마치 평행판 콘덴서의 극판 면적이 커진 것과 같이 되어, 정전용량이 증대하게 된다. 그 값은 건조 상태에서 20호(20[kV]급용) 핀 애자가 14~16[pF], 원판형 현수 애자의 1개는 40~44[pF]이고, 10개련에서는 8~9[pF] 정도이다.

(2) 애자의 누설거리와 섬락거리

애자의 자기편의 표면에 따라서 양 전극간을 잇는 최단 거리를 누설거리(leaka-ge path)라 하고, 또 애자의 표면에 접하는 공기를 통해서 양 전극간을 잇는 최단 거리를 섬락거리(flashover path)라 한다. 그림 2-20에서 점선 a, b로 나타낸 거리를 누설 거리라 하고, $A+B+C$(핀 애자) 또는 $A+B$(현수 애자)를 건조섬락거리라 한다. 비가 오거나 하여 표면이 젖어 있으면 $D+E+C$ 또는 B와 같이 섬락 거리가 줄어지는데 이것을 주수섬락거리라 한다. 이들 거리가 증가하면 애자의 누설 저항이 크게 되어 섬락 전압이 높아진다.

그림 2-20 애자의 누설 거리 및 섬락 거리

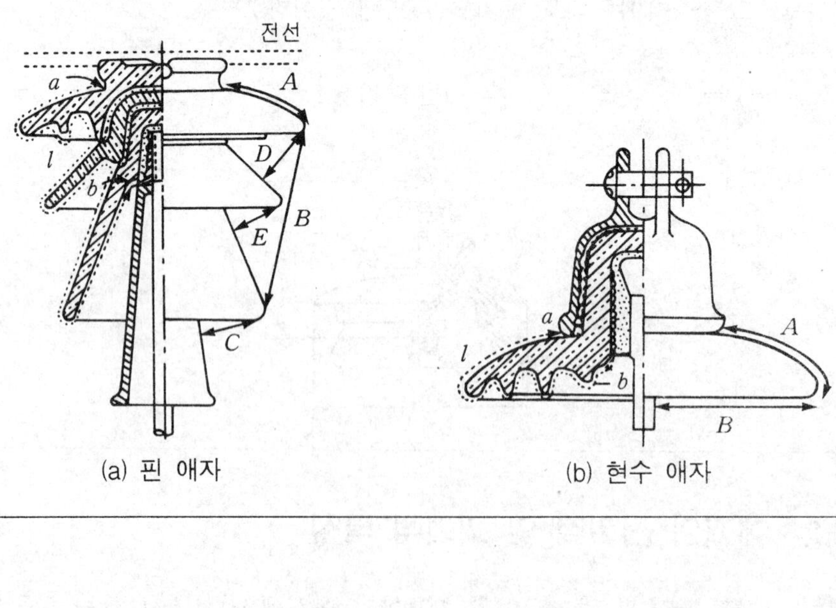

(a) 핀 애자 (b) 현수 애자

(3) 애자연의 전압분포

애자에 소정의 전압이 주어지면, 핀 애자는 각 자기층의 정전용량과 누설 저항에 따라서 전압이 분포되고, 현수 애자에서는 각 단위 애자 자신의 정전용량은 거의 일정하지만, 애자와 전선사이 및 철탑의 정전용량이 다르므로 각 단위 애자의 부담 전압이 상위하게 된다.

그림 2-21 애자연의 등가 회로

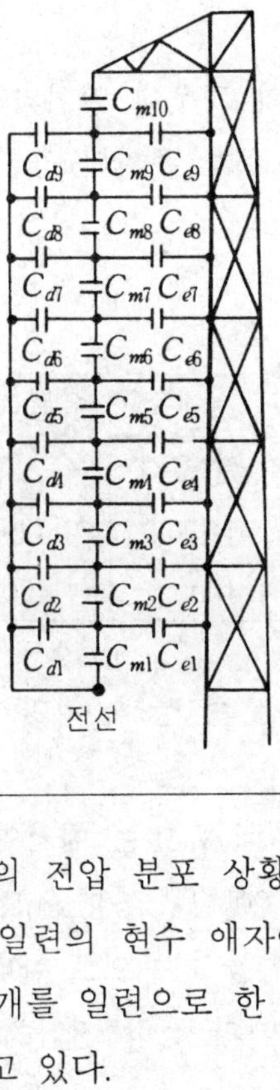

그림 2-22 애자연의 분담 전압

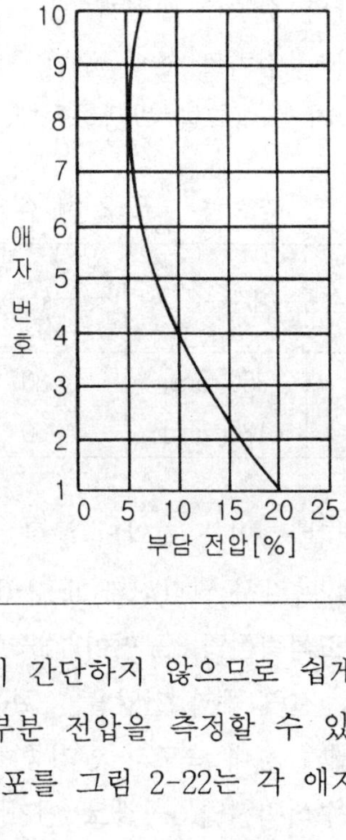

핀 애자의 전압 분포 상황은 자기편의 형상이 간단하지 않으므로 쉽게 구하기 어려우나, 일련의 현수 애자에서는 각 단위의 부분 전압을 측정할 수 있다. 그림 2-21은 10개를 일련으로 한 경우의 정전용량 분포를 그림 2-22는 각 애자의 분담을 나타내고 있다.

애자연의 절연 내력과 연결 개수와의 관계는 다음의 연효율(string effciency) η로 나타낸다.

$$\eta = \frac{V_n}{nV_1} \times 100[\%] \tag{2-15}$$

단, V_1 : 애자 1개의 섬락 전압[kV]

V_n : n개연의 섬락 전압[kV]

n : 애자 연결 개수

연효율을 1.0에 가깝도록 하면, 각 단위 애자의 부담 전압이 같게 되므로 그 만큼 선로의 절연은 향상 된다. 중요한 선로에는 차폐장치(shielding device)를 애자연의 상하에 붙여서, 송전선이 섬락을 일으켰을 때 전선과 애자를 손상하지 않도록 한다. 이 차폐 장치를 함으로써 애자연 상하의 정전 용량이 크게 되어, 애자연으로서의 전압 분포가 고르게 되므로 선로의 절연이 좋아진다.

(4) 애자의 섬락전압

핀 애자의 경우는 전선과 핀 사이에, 또 현수 애자의 경우에 일련의 상하에 전압을 가하여 점차로 높여 주면, 애자가 건전할 때는, 애자 주위의 공기를 통하여 드디어는 지속 아크를 발생하는데 이것을 섬락이라 한다.

표 2-6 섬락 전압과 유중 파괴 전압

현수 애자		섬락 전압[kV]			유중파괴 전압
		건조	주수	50[%] 충격	[kV]
종 류	250[mm]	80	50	125	140 이상
	180[mm]	60	32	100	120 이상

섬락 전압은 인가 전압의 종류, 애자의 형상, 치수, 오손 상태, 외기 밀도, 온도 및 습도에 따라서 달라진다(표 2-6 참조).

(가) **건조섬락전압** : 표면이 깨끗하고, 충분히 건조된 애자 또는 애자연의 양전극간에 사용 전력 주파 전압을 가했을 때의 실효치로서, 20[℃], 760[mmHg]의 기압, 65~85[%]의 상대 습도의 공기중에 있어서의 섬락 전압을 기준으로 한다.

(나) **주수섬락전압** : 빗물로 애자 표면이 젖어 있을 때의 섬락 전압치인데, 비가 내리는 모양과 비슷하게 하기 위하여, 저항률 $\rho = 10 \pm 2[\Omega \cdot \text{cm}]$의 물을 불변 수압으로 매분 3[mm]의 비율로써 애자축에 45°로 주수하면서 애자 양 전극간에 전력 주파수의 전압을 가했을 때의 섬락 전압 실효치이다.

(다) **충격섬락전압** : 애자의 전선측에 정극성의 표준 충격 전압을 가했을 때의 섬락 전압치로서, 섬락 회수가 전압 인가 회수의 50[%]로 되는 값을 취하여 50[%] 충격섬락전압(50[%] impulse flashover voltage)이라 하는데, 역시 (가)에서 기술한 바와 같은 기술 공기 상태에서의 값을 표준으로 한다. 만일, 공기 밀도 δ가 온

도 t[℃] 및 기압 b[mmHg]에 의해서 달라졌다고 하면 $\delta = 0.386b/(273+t)$에 비례하는 것으로 하여 보정하면 된다.

(라) 유중파괴전압 : 애자를 절연유에 담그고 양 전극간에 전력 주파 전압을 가하여, 자기를 관통하여 절연을 파괴시키는 전압을 유중 파괴 전압이라 하는데, 공기중에서는 섬락하기 전에 자기의 절연 파괴을 가져 오는 일은 없다.

(5) 애자의 기계적 강도

애자의 자기, 쇠붙이 및 시멘트 등의 이질적인 집성체이다. 주체인 자기는 압축강도는 크기만 장력에는 약하므로, 자기와 쇠붙이와의 조립 구조물로서는, 압축 강도를 최대한으로 활용할 것을 고려하여야 하나 선로용 현수 애자의 경우는 반드시 이렇게만은 되지 않기 때문에 다음과 같은 최소 한도의 기계적 강도가 요구된다. 또한 자기는 급변이나, 외부에서의 충격에 대해서도 충분한 저항을 가져야만 한다.

(가) 핀 애자 : 사용 상태로서의 하중은 전선 하중 및 착빙에 의한 수직 압축력, 전선 방향과 직각의 풍압, 전선간의 전자락에 의한 벤딩 모우먼트, 전선 방향으로서의 불평형 하중 등이 있으나, 자기부 보다도 핀이나 베이스가 약점이므로, 규정의 하중을 가하여 시험한 경우, 생기는 편위가 5°이내로서 애자 각부에 이상이 있어서는 아니 된다.

(나) 현수애자 : 현수 모양으로 해서 사용하므로, 장력 하중(tension load)을 증가시켜 가면, 먼저 콧터가 굽거나 끊겨지며, 접착부가 빠지는 경우가 있다. 표준 현수 애자의 기계적 강도는 현행 규격 (KS)에서는 애자의 과전 파괴 하중치는 250[mm] 클레비스형에서는 12[t]이상, 250[m] 보올 소켓형에서는 12[t]이상(1호) 및 16.5[t]이상(2호), 또 180[mm] 클레비스형에서는 6[t]이상(1호) 및 7.5[t]이상(2호)으로 정해져 있다.

2.2.3 애자의 열화

(1) 애자의 열화

애자는 장기간 사용하는 동안에 다음에 설명하는 여러 가지 원인으로 절연 내력과 절연 저항의 저하로 전기적 특성이 열화되고 인장 강도가 저하하여 기계적으로도 열화된다. 또 이것은 사용 상태나 설치된 위치에 따라 다르며 현수 애자는 년평균 약 0.1~2[%], 핀 애자는 약 3~4[%] 정도 열화된다.

현수 상으로 설치된 현수 애자연에서는 제일 윗쪽이 가장 열화되기 쉽고 인장상의 애자연에서는 전선에 가까운 애자가 열화되기 위운 경향이 있다.

(2) 애자의 열화원인

(가) 온도의 영향 : 갑작스런 온도의 차이가 생겼을 경우 팽창 계수가 다른 자기, 철, 시멘트 등의 각 부에는 응력(stress)이 생기고, 이것이 애자의 열화 원인이 된다.

(나) 시멘트의 화학적인 팽창 : 장기간의 사용으로 시멘트 공기중의 수분이나 탄산 가스등을 흡수하여 경화 팽창을 하게 되며 이것이 자기에 응력을 주어 열화의 원인이 된다.

(다) 전기적 응력과 코로나에 의한 영향 : 선로 전압으로 생기는 전기적 응력 이외에 이상 전압으로 높은 응력을 받으면 자기가 열화한다. 핀 애자는 자기 층의 설계가 나쁘면 그 공간의 자기가 큰 응력을 받아 코로나를 발생한다. 또 가는선으로 전선을 자기부에 잡아 매기 때문에 높은 전기적 응력을 받아 코로나가 발생하기 쉽다.

(라) 애자 제작의 결함 : 자기, 시멘트 등의 불량품을 사용 했을 경우나 접결 방법의 불완전 등으로 인하여 불량 애자는 시간의 경과에 따라 급격히 열화한다.

(3) 불량 애자의 검출

열화된 애자를 검출하는 방법에는 정전중에 하는 방법과 송전중에 하는 방법이 있는데 표 2-7과 같다.

표 2-7 불량 애자 검출법의 종류

선로의 상태	검출기의 명칭	측정의 대상
정전중(사선)	회로 시험기(1,000[V], 2,000[MΩ]) 유도 코일	절연 저항
송전중(활선)	수화기 정류기가 있는 교류용 전류계 라디오 수신기 Buzz stick	누설 전류 〃 국부 방전 전압 분포

선로의 상태	검출기의 명칭	측정의 대상
송전중(활선)	방전 캡	전압 분포
	에이스로미터	〃
	고주파 진동 회로와 네온관	〃
	방전음의 청음기식	방전음

그림 2-23 유도 코일을 사용하는 불량 애자 검출기

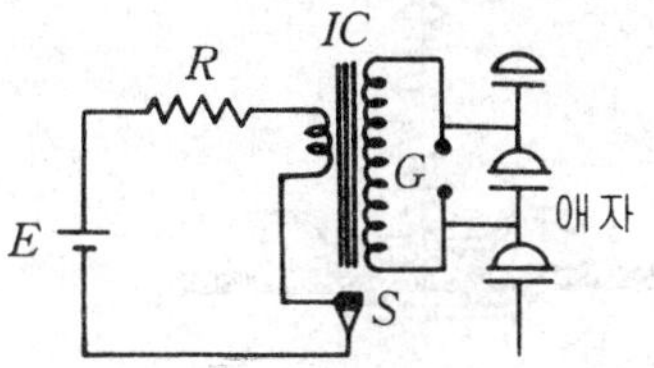

그림 2-24 고주파 진동 회로와 neon관법

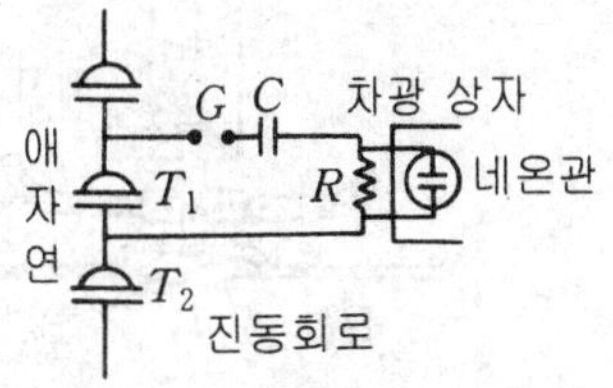

정전시에 검출하려면 그림 2-23과 같이 유도 코일을 사용하여 고압 단자를 각 애자의 갭과 핀 사이에 접속시켜 절연 내력을 측정하며 G의 방전 상태로서 애자의 양부를 판정한다.

또 송전중에 하는 검출은 그림 2-24와 같이 고주파 진동 회로와 네온관을 장치하고 2개의 단자 T_1, T_2를 애자의 갭과 핀에 접촉시켜 갭 G와 콘덴서 C에 고주파 진동 전류를 흘리면 그 대소에 따라 네온관이 발광하는데 그 발광의 정도로서 애자의 양부를 판정한다.

2.2.4 애자의 보호

낙뢰 등으로 애자연에 이상 전압이 가해져서 섬락이 생겼을 경우 아크 때문에 애자의 자기부와 전선에 손상을 주는 경우가 많게 되는데 이 손상을 방지하기 위하여 초호 장치를 하게 된다.

이것은 모양에 따라 소호각(arcing horn)과 소호환(arcing ring)이 있으며 애자연 상하에서 그림 2-25와 같이 전극을 낸 것이다.

이것을 사용함으로서 아크는 애자연 상하의 쇠붙이 사이에 생겨서 자기부에는 영향을 미치지 않게 되고 전선만을 보호하기 위해서는 전선측에만 작은 초호각을 사용하면 된다.

그림 2-25

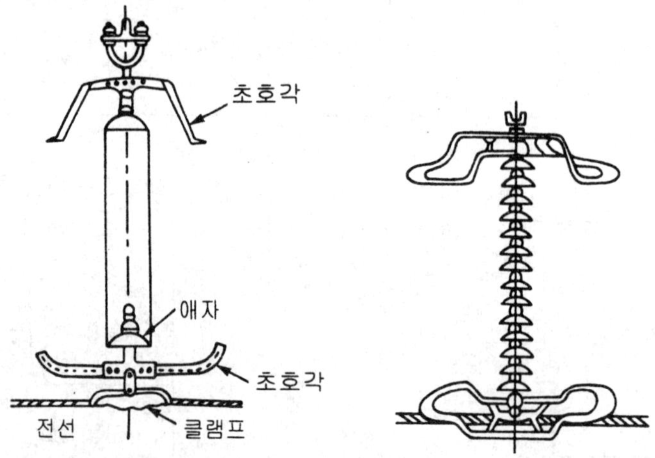

(a) 초호각

(b) 초호환

154[kV]이하의 송전선에서 0.1초의 고속도 차단을 시키는 곳에서는 현수 애자의 자기부에 아크가 영향을 준다 하더라도 자기부가 파괴되는 일은 없으므로 이와 같은 초호 장치는 필요하지 않게 된다. 그러나 초고압 선로에서는 애자의 수도 많아지고, 애자의 길이도 길어지며 또 선로의 중요성도 증대됨으로 고속도 차단을 하는 경우에도 보통 초호 장치를 하고 있다.

2.3 지지물

가공 송전 선로의 지지물에는 철탑, 철주, 철근 콘크리트주, 목주 등이 있다. 일반적으로 송전 선로는 고전압 대전력을 수송하므로, 선간 거리가 길고, 전선의 지표상 높이가 높으며, 굵은 전선을 사용하게 된다. 따라서, 지지물은 큰 것으로 기계적 강도가 충분히 커야 한다. 대전력 중요 송전 선로에는 대개 철탑을 사용하고 송전 용량이 적은 선로에는 철주, 철근 콘크리트주 또는 목주를 사용한다.

지지물의 건설에는 많은 비용이 소요되므로, 지지물의 재질에 따라서 적절한 방부 대책을 마련하여 사용 수명을 늘린다.

2.3.1 지지물의 종류

(1) 철 탑

아연 도금을 한 앵글, 강관 또는 강판 등을 리벳이나 볼트로 죄어 조립한다.

철탑(steel tower)은 전압, 회선수, 전선의 굵기, 가공 지선수, 경간의 길이, 경과지의 지형 등에 따라서 여러 가지 모양의 것이 쓰인다.

(가) 모양에 따른 분류

① 사각 철탑 : 수평 단면이 정사각형을 이루며, 네 면이 같은 꼴을 가진다. 이 철탑은 어느 방향에서나 같은 기계적 강도를 가지며, 주로 2회선용으로 사용된다.

② 직사각형 철탑 : 수평 단면이 직사각형이며, 서로 마주 보는 두 면의 모양과 기계적 강도는 같으며, 주로 1회선 및 3회선용으로 쓰인다.

③ 갠트리(gantly)철탑 : 문의 모양을 한 H형 철탑으로 전차 선로 또는 도로나 하천 등을 횡단하는 선로에 쓰인다.

④ 회전형 철탑 : 철탑의 중앙부 이상을 넓게 한 것으로, 전압이 높을 때 1회선 철탑으로 흔히 쓰인다.

그림 2-26은 각종 철탑의 모양을 나타낸 것이다.

그림 2-26 각종 철탑

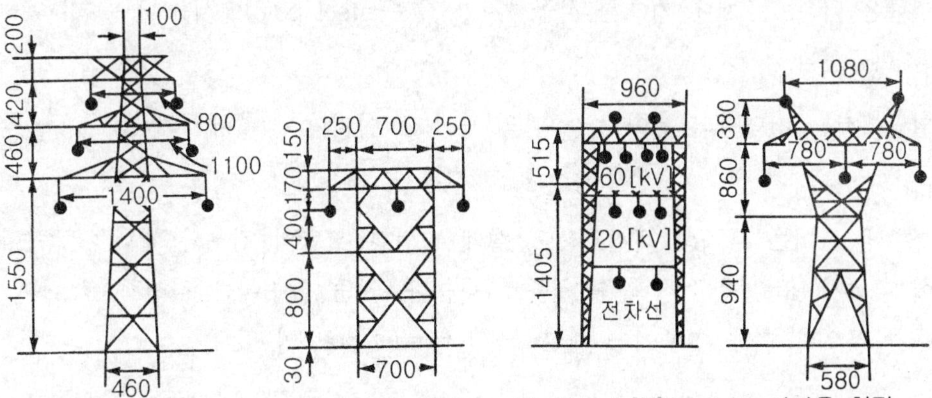

(a) 사각 철탑 140[kV] 2회선용 (b) 직사각형 철탑 140[kV] 2회선용 (c) 갠트리 철탑 60[kV] 2회선용 (d) 회전용 철탑 200[kV] 1회선용

(나) 용도에 따른 분류

철탑을 용도에 따라서 표준 철탑과 특수 철탑으로 나누기도 한다.

표준 철탑은 송전 선로의 표준 경간에 사용되는 철탑으로, 다음과 같이 직선형, 각도형, 인류형, 내장형 및 보강형 등이 있다.

① **직선형** : 선로의 직선 부분 또는 수평 각도가 3° 이하인 곳에 쓰이며, 현수애자는 현수련으로 연결하여 사용하고, A철탑이라고도 한다.

② **각도형** : 전선로 중 수평각도가 3°를 넘는 장소에 쓰이는 철탑으로, 수평 각도가 20° 이하 되는 부분에 쓰이는 것은 B철탑, 30°이하 되는 부분에 쓰이는 것은 C철탑이라 하며, 애자는 내장형으로 하여 사용된다.

③ **인류형** : 송전단 및 수전단에 쓰이는 철탑으로 D철탑이라고도 한다. 또, 수평각도가 50°까지 되는 장소에 사용되기도 한다.

④ **내장형** : 전선로의 지지물 양쪽의 경간차가 큰 장소에 쓰이며, E철탑이라고도한다.

⑤ **보강형** : 전선로의 직선 부분을 보강하는 데 쓰인다.

특수 철탑은 표준형 이외의 것으로, 표준형의 종류에 준해서 직선형, 각도형, 인류형, 내장형, 보강형으로 분류된다.

최근에는 철탑의 중량을 줄이고 제작하기 쉽게 강관에 콘크리트를 주입한 부재를 사용한 MC 철탑을 쓰기도 한다.

(2) 철 주

철탑은 각 주 주재에 기초를 시공하지만, 철주(steel pole)에서는 공통 기초 하나만을 시공한다.

철탑에서는 지면상의 폭이 높이의 약 $\frac{1}{5}$ 정도 이지만, 철주에서는 $\frac{1}{10} \sim \frac{1}{15}$ 정도이다.

철주에 쓰이는 부재의 재질, 강도, 설계 방법은 철탑의 경우와 같다. 철주는 용도에 따라서 표준 철주와 특수 철주로 나눈다. 표준 철주에는 직선주, 각도주, 내장주가 있으며, 특수 철주에는 채널 포울(channel pole)이 있다.

(3) 목 주

목주(wooden pole)는 철탑이나 철주에 비하여 기계적 강도는 떨어지지만, 운반, 건주, 가선 작업이 쉬우므로 소규모의 송전 선로, 가공 배전 선로에 주로 쓰인다.

목주의 재료로는 전나무가 많이 사용된다. 길이와 말구의 직경으로 그 크기를 나타내며, 직경의 증가율은 0.9[%]를 표준으로 하고 있다. 목주로는 보통 길이 7~

18[m], 말구의 직경 12[cm]이상 되는 것에 크레오소오트(creosote), 말레나이트(malenite), 황산동 등의 방부제를 주입하여 사용한다. 이렇게 방부 처리된 주입주는 목재의 수명이 약 2배 정도 길어져, 보통 15~18년은 쓸 수 있다.

그림 2-27 목주의 종류

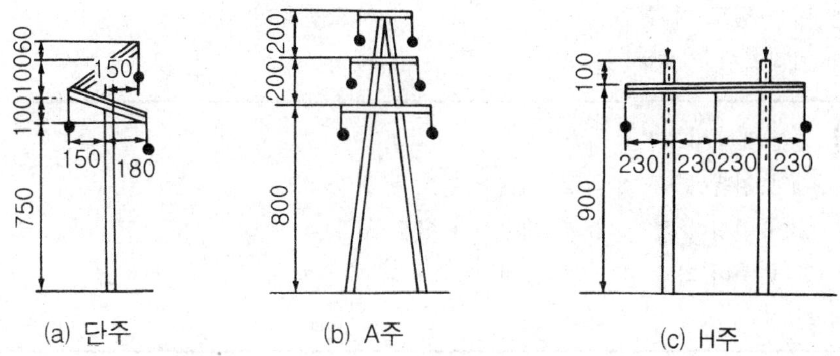

목주는 구조상 단주와 조합 목주로 나눈다. 조합 목주는 그 모양에 따라서 그림 2-27과 같이 A주, H주 등으로 구분한다.

(4) 철근 콘크리트주

철근 콘크리트주(reinforced concrete pole)는 항구적인 구조물로, 철탑에 비하여 강제가 적게 들어 값이 싸며, 기계적 강도도 목주보다 훨씬 크다. 그러나, 현지에서의 건립 작업에 어려움이 있는 결점이 있다.

목주와 마찬가지로 단주 또는 A주, H주 등의 조합 구조로 하여 사용한다. 철근 콘크리트주는 용도에 따라서 철탑에서와 같이 표준형과 특수형으로 나누며, 각각 직선형, 각도형, 인류형, 내장형, 보강형으로 분류된다.

연 습 문 제

문제 1. 가공 전선로에 사용되는 전선의 구비 조건으로 바람직하지 못한 것은?

㉮ 비중(밀도)이 클 것　　㉯ 도전율이 높을 것

㉰ 기계적인 강도가 클 것　　㉱ 내구성이 있을 것

풀이 전선의 구비조건

① 도전율이 클 것　② 기계적 강도가 클 것

③ 유연성이 클 것　④ 내구성이 있을 것

⑤ 비중이 작을 것　⑥ 값이 쌀 것

[답] ㉮

문제 2. ACSR는?

㉮ 경동 연선　　㉯ 강심 알루미늄 연선

㉰ 중공 동선　　㉱ 경알루미늄 연선

풀이 ACSR(Aluminium Condutor Steel Reinforced)의 약자이다. [답] ㉯

문제 3. ACSR은 동일한 길이에서 동일한 전기저항을 갖는 경동연선에 비하여 어떠한가?

㉮ 바깥지름과 중량이 모두 크다.　　㉯ 바깥지름은 크고 중량은 작다.

㉰ 바깥지름은 작고 중량은 크다.　　㉱ 바깥지름과 중량이 모두 적다.

[답] ㉯

문제 4. 장거리 경간을 갖는 송전선로에서 전선의 단선을 방지하기 위하여 사용하는 전선은?

㉮ 경알루미늄선　㉯ 경동선　㉰ 중공전선　㉱ ACSR

[답] ㉱

문제 5. 3상 수직배치인 선로에서 오프셋(off-set)을 주는 이유는?
㉮ 유도 장해 감소 ㉯ 난조 방지 ㉰ 철탑 중량 감소 ㉱ 단락방지

풀이 오프셋은 상하 전선의 단락을 방지하기 위하여 철탑 지지점의 위치를 수직에서 벗어나게 함을 말한다. [답] ㉱

문제 6. 가공 전선로의 전선 진동을 방지하기 위한 방법으로 옳지 않은 것은?
㉮ 토셔널 댐퍼(torsional damper)의 설치
㉯ 스프링 피스톤 댐퍼와 가튼 진동 제지권을 설치
㉰ 경동선을 ACSR로 교환
㉱ 클램프나 전선 접촉기 등을 가벼운 것으로 바꾸고, 클램프 부근에 적당한 전선을 첨가

풀이 지름에 비하여 가벼운 중공 전선이나 강심 알루미늄 전선(ACSR)은 진동의 원인이 된다. [답] ㉰

문제 7. 전선의 표피효과에 관한 기술 중 맞는 것은?
㉮ 전선이 굵을수록, 또 주파수가 낮을수록 커진다.
㉯ 전선이 굵을수록, 또 주파수가 높을수록 커진다.
㉰ 전선이 가늘수록, 또 주파수가 낮을수록 커진다.
㉱ 전선이 가늘수록, 또 주파수가 높을수록 커진다.

풀이 표피효과(skin effect)는 도체의 중심으로 갈수록 전류의 밀도가 낮아지는 현상을 말한다. [답] ㉯

문제 8. 전선의 고유 진동의 주파수[Hz]는, 전선 진동의 루프의 길이를 l[m], 전선 장력을 T[kg] 전선의 중량을 W[kg/m], 중력가속도 g[m/s²]라 할 때 옳은 것은?
㉮ $\frac{1}{2l}\sqrt{\frac{Tg}{W}}$ ㉯ $\frac{1}{2T}\sqrt{\frac{gl}{W}}$ ㉰ $\frac{1}{2g}\sqrt{\frac{Tl}{W}}$ ㉱ $\frac{1}{2W}\sqrt{\frac{Tg}{l}}$

[답] ㉮

문제 9. 다음 중 캘빈의 법칙이 적용되는 것은?

㉮ 경제적인 송전 전압을 결정하고자 할 때

㉯ 일정한 부하에 대한 계통 손실을 최소화 하고자 할 때

㉰ 경제적 송전선의 전선의 굵기를 결정하고자 할 때

㉱ 화력 발전소군의 총 연료비가 최소가 되도록 각 발전기의 경제 부하 배분을 하고자 할 때

풀이 캘빈의 법칙

$$C=\sqrt{\frac{WMP}{\rho N}}$$

여기서, C : 전류밀도 ρ : 전선의 저항률

W : 전선의 중량 N : 전선량의 가격

[답] ㉰

문제 10. 가공송전선로를 가선할 때에는 하중조건과 온도조건을 고려하여 적당한 이도(dip)를 주도록 하여야 한다. 다음 중 이도에 대한 설명으로 옳은 것은?

㉮ 이도가 작으면 전선이 좌우로 크게 흔들려서 다른 상의 전선에 접촉하여 위험하게 된다.

㉯ 전선을 가선할 때 전선을 팽팽하게 가선하는 것을 이도를 크게 준다고 한다.

㉰ 이도를 작게 하면 이에 비례하여 전선의 장력이 증가되며 심할 때는 전선 상호간이 꼬이게 된다.

㉱ 이도의 대소는 지지물의 높이를 좌우한다.

[답] ㉱

문제 11. 양 지지점의 높이가 같은 전선의 이도를 구하는 식은? 단, 이도 d[m], 수평장력 T [kg], 전선의 무게 W [kg/m], 경간 S[m]이다.

㉮ $d=\frac{WS^2}{8T}$ ㉯ $d=\frac{SW^2}{8T}$ ㉰ $d=\frac{8WT}{S^2}$ ㉱ $d=\frac{ST^2}{8W}$

풀이 $d=\frac{WS^2}{8T}$ [m]이며, 이때 전선의 실제 길이 L[m]가 경간 S[m]보다 약간 길다면

$L=S+\frac{8D^2}{3S}$ [m]가 된다.

[답] ㉯

문제 12. 가공전선로에서 전선의 단위 길이당 중량과 경간이 일정할 때 이도는 어떻게 되는가?

㉮ 전선의 장력에 반비례한다. ㉯ 전선의 장력에 비례한다.
㉰ 전선의 장력의 2승에 반비례한다. ㉱ 전선의 장력의 2승에 비례한다.

풀이 전선의 이도 $D=\dfrac{WS^2}{8T}$ 이므로 경간이 일정할 때 전선의 이도는 장력(T)에 반비례한다.

[답] ㉮

문제 13. 전선 양측의 지지점의 높이가 동일한 경우 전선의 단위길이당 중량을 W[kg], 수평장력을 T[kg], 경간을 S[m], 전선의 이도를 D[m]라 할 때 전선의 실제 길이 L[m]를 계산하는 식은?

㉮ $S+\dfrac{8S^2}{3D}$ ㉯ $S+\dfrac{8D^2}{3S}$ ㉰ $S+\dfrac{3S^2}{8D}$ ㉱ $S+\dfrac{3D^2}{8S}$

[답] ㉯

문제 14. 경간 200[m]의 가공 전선로가 있다. 전선 1[m]당의 하중은 2.0[kg], 풍압하중은 없는 것으로 하면 인장 하중 4000[kg]의 전선을 사용할 때 이도 및 전선의 실제 길이는 각각 얼마인가? 단, 안전율은 2.0으로 한다.

㉮ 이도 : 5, 길이 : 200.33 ㉯ 이도 : 5.5, 길이 : 203.3
㉰ 이도 : 7.5, 길이 : 222.3 ㉱ 이도 : 10, 길이 : 201.33

풀이 $D=\dfrac{WS^2}{8T}=\dfrac{2\times200^2}{8\times\dfrac{4000}{2}}=5[\text{m}]$

$L=S+\dfrac{8D^2}{3S}=200+\dfrac{8\times7.2^2}{3\times200}=200.33[\text{m}]$ [답] ㉮

문제 15. 공칭 단면적 200[mm²], 전선 무게 1.838[kg/m], 전선의 바깥지름 18.5[mm]인 경동 연선을 경간 200[m]로 가설하는 경우 이도[m]는? 단, 경동 연선의 인장 하중은 7910[kg], 빙설하중은 0.416[kg/m], 풍압 하중은 1.525[kg/m]이고, 안전율은 2.2라 한다.

㉮ 3.28 ㉯ 3.78 ㉰ 4.28 ㉱ 4.78

풀이 $W=\sqrt{(W_c+W_i)^2+W_w^2}=\sqrt{(1.838+0.416)^2+1.525^2}=2.72$[kg/m]

$D=\dfrac{8T}{WS^2}=\dfrac{2.72\times200^2}{8\times\dfrac{7910}{2.2}}=3.78$[m] [답] ㉯

문제 16. 전주 사이의 경간이 50[m]인 가공전선로에서 전선 1[m]되는 중량이 0.37[kg], 전선의 이도가 0.8[m]이라면 전선의 수평장력은 몇 [kg]인가?

㉮ 80 ㉯ 120 ㉰ 145 ㉱ 165

풀이 수평장력 $T=\dfrac{WS^2}{8D}=\dfrac{0.37\times50^2}{8\times0.8}=144.5\fallingdotseq145$[kg] [답] ㉰

문제 17. 19/1.8[mm] 경동연선의 바깥지름은 몇 [mm]인가?

㉮ 34.2 ㉯ 10.8 ㉰ 9 ㉱ 5

풀이 $D=(2n+1)d=$이층권 이므로 $D=(2\times2+1)\times1.8=9$[mm] [답] ㉰

문제 18. 송전선에 댐퍼(damper)를 다는 이유는?

㉮ 전선의 진동 방지 ㉯ 전자 유도 감소

㉰ 코로나의 방지 ㉱ 현수애자의 경사 방지

풀이 댐퍼는 진동 억제 장치이며 지지점 가까운 곳에 설치한다. [답] ㉮

문제 19. 가공전선로의 전선 진동을 방지하기 위한 방법으로 옳지 않은 것은?

㉮ 토쇼널 댐퍼의 설치

㉯ 스프링 피스톤 댐퍼와 같은 진동 제지권을 설치

㉰ 경동선을 ACSR로 교환

㉱ 클램프나 전선접촉기 등을 가벼운 것으로 바꾸고 클램프 부근에 적당히 전선을 첨가

풀이 경동선을 ACSR로 교환하면 전선이 가벼워서 진동이 더 잘 발생한다. [답] ㉰

문제 20. 애자가 갖추어야 할 구비조건으로 옳은 것은?

㉮ 온도의 급변에 잘 견디고 습기도 잘 흡수하여야 한다.

㉯ 지지물에 전선을 지지할 수 있는 충분한 기계적 강도를 갖추어야 한다.

㉰ 비, 눈 안개등에 대해서도 충분한 절연저항을 가지며, 누설전류가 많아야 한다.

㉱ 선로 전압에는 충분한 절연내력을 가지며, 이상전압에는 절연내력이 매우 적어야 한다.

풀이 애자가 갖추어야 할 조건

① 선로의 상규전압에 대해서는 물론 여러 가지 사고로 발생하는 내부 이상전압에 대해서도 충분한 절연내력을 가질 것

② 비, 눈, 안개등에 대해서도 필요한 전기적 표면저항을 가지고 누설전류가 적을 것

③ 전선의 자중, 바람, 눈 등의 외력에 대하여 충분한 기계적 강도를 가질 것

④ 온도의 급변에 견디고 습기를 흡수하지 않을 것 [답] ㉯

문제 21. 우리나라에서 가장 많이 사용하는 현수애자의 표준은 몇 [mm]인가?

㉮ 160 ㉯ 250 ㉰ 280 ㉱ 320

풀이 우리나라에서 사용되는 현수애자의 종류는 191[mm](배전용), 254[mm](송배전용), 280[mm], 320[mm]가 있다. 그 중 254[mm]를 가장 많이 사용되고 있다. [답] ㉯

문제 22. 애자의 전기적 특성에서 가장 높은 전압은?

㉮ 건조섬락 전압 ㉯ 주수섬락 전압

㉰ 충격섬락 전압 ㉱ 유중파괴 전압

풀이 건조섬락 전압 80[kV], 주수섬락 전압 50[kV]

충격섬락 전압 125[kV], 유중파괴 전압 140[kV]이상 [답] ㉱

문제 23. 250[mm] 현수애자 1개의 건조섬락 전압은 몇 [kV] 정도인가?

㉮ 50 ㉯ 60 ㉰ 80 ㉱ 100

풀이 254[mm] 현수애자의 전기적 특성은 다음과 같다.

건조섬락전압	주수섬락전압	충격섬락전압	유중파괴전압	누설거리
80[kV]	50[kV]	130[kV]	110[kV]	280[mm]

[답] ㉰

문제 24. 154[kV] 송전선로에 10개의 현수애자가 연결되어 있다. 다음 중 전압 부담이 가장 적은 것은?

㉮ 철탑에 가장 가까운 것 ㉯ 철탑에서 3번째

㉰ 전선에서 가장 가까운 것 ㉱ 전선에서 3번째

풀이 154[kV] 송전선로에서 현수애자의 전압부담은 전선에서 가까이 있는 것부터 1번째 애자 22[%], 2번째 애자 17[%], 3번째 애자 12[%], 4번째 애자 10[%] 그리고 8번째 애자가 약 6[%] 마지막 애자가 8[%] 정도의 전압을 부담하게 된다. [답] ㉯

문제 25. 가공전선로에 사용하는 현수애자련이 10개라고 할 때 전압 부담이 최소인 것은?

㉮ 전선에서 8번째 애자 ㉯ 전선에서 5번째 애자

㉰ 전선에서 3번째 애자 ㉱ 전선에서 1번째 애자

[답] ㉮

문제 26. 현수애자 4개를 1련으로 한 66[kV] 송전선로가 있다. 현수애자 1개의 절연저항은 1500[MΩ] 이 선로의 경간이 200[m]라면 선로 1[km]당의 누설콘덕턴스는 몇 [℧]인가?

㉮ 0.83×10^{-9} ㉯ 0.83×10^{-4} ㉰ 0.83×10^{-3} ㉱ 0.83×10^{-2}

풀이 1[km]당 지지물 경간이 200[m]이므로 지지물 수는 5개가 된다.

따라서 1[km]당 합성저항 R[Ω]은 $R=\dfrac{4\times1500\times10^6}{5}=\dfrac{6}{5}\times10^9$[Ω]

콘덕턴스 $G=\dfrac{1}{R}=\dfrac{5}{6}\times10^{-9}=0.83\times10^{-9}$[℧] [답] ㉮

문제 27. 소호각(arcing horn)의 역할은?

㉮ 애자의 파손을 방지한다.
㉯ 풍압을 조절한다.
㉰ 송전 효율을 높인다.
㉱ 고 주파수의 섬락전압을 높인다.

풀이 이상전압 발생시 애자의 파손을 막기 위해 소호각을 설치한다. [답] ㉮

문제 28. 소호환(arcing ring)의 설치목적은?

㉮ 애자련의 보호
㉯ 클램프의 보호
㉰ 이상전압 발생의 방지
㉱ 코로나손의 방지

풀이 아킹혼의 기능은
① 내뢰보호 ② 코로나 보호 ③ 애자분담전압 완화 ④ 내아크 보호로서
그 설치목적은 애자를 섬락사고로부터 보호하기 위함이다. [답] ㉮

문제 29. 송전선에 낙뢰가 가해져서 애자에 섬락이 생기면 아크가 생겨 애자가 손상되는 경우가 있다. 이것을 방지하기 위하여 사용되는 것은?

㉮ 댐퍼
㉯ 아아모로드(armour rod)
㉰ 가공지선
㉱ 아킹혼(arcing horn)

[답] ㉱

문제 30. 현수 애자의 연효율(string efficiency) η[%]는? 단, V_1은 현수애자 1개의 섬락전압, n은 1련의 사용 애자수이고 V_n은 애자련의 섬락전압이다.

㉮ $\eta = \dfrac{V_n}{nV_1} \times 100[\%]$
㉯ $\eta = \dfrac{nV_1}{V_n} \times 100[\%]$
㉰ $\eta = \dfrac{nV_n}{V_1} \times 100[\%]$
㉱ $\eta = \dfrac{V_1}{nV_n} \times 100[\%]$

[답] ㉮

문제 31. 250[mm] 현수애자 한 개의 건조섬락전압은 80[kV]이다. 이것을 10개 직렬로 접속한 애자련의 건조섬락전압이 650[kV]일 때, 연능률(string efficiency)은?

㉮ 1.2308 ㉯ 1.0123 ㉰ 0.8125 ㉱ 0.1230

풀이 연능률 $\eta = \frac{V_n}{nV_1} = \frac{650}{10 \times 80} = 0.8125$ [답] ㉰

문제 32. 250[mm] 현수애자 10개를 직렬로 접속한 애자연의 건조섬락전압이 590[kV]이고, 연효율(string efficiency) 0.74이다. 현수 애자 한 개의 건조 섬락 전압은 약 몇 [kV]인가?

㉮ 80 ㉯ 90 ㉰ 100 ㉱ 120

풀이 연효율 $\eta = \frac{V_n}{nV_1} \times 100$에서 $\eta = \frac{590}{10 \times V_1} = 0.74$

$\therefore V_1 = \frac{590}{10 \times 0.74} = 80[\text{kV}]$ [답] ㉮

문제 33. 전선로의 지지물 양쪽의 경간차가 큰 장소에 사용되며, 일명 E형 철탑이라고도 하는 표준철탑의 일종은?

㉮ 직선형 철탑 ㉯ 내장형 철탑 ㉰ 각도형 철탑 ㉱ 인류형 철탑

풀이 직선형 철탑(A형) : 수평각도 3° 이하의 개소에 사용되는 철탑
직선형 철탑(B형) : 수평각도 3° 초과되는 개소에 사용되는 철탑
직선형 철탑(D형) : 가섭선이 인류되는 곳에 사용되는 철탑 [답] ㉯

문제 34. 직선 철탑이 여러기로 연결될 때에는 10기마다 1기의 비율로 넣는 철탑으로서 선로의 보강용으로 사용되는 철탑은?

㉮ 각도 철탑 ㉯ 인류 철탑 ㉰ 내장 철탑 ㉱ 특수 철탑

풀이 직선 철탑이 연속하는 경우 10기 이하마다 1기씩 내장애자장치의 내장형 철탑 또는 그 이상의 강도를 갖는 철탑을 사용하여 전선로를 보강하여야 한다. [답] ㉰

지중 전선로 제 3 장

3.1 지중 전선로

지중 전선로는 전력 케이블을 지중에 매설해서 송배전하는 선로를 말한다.

가공 전선로에 비하여 기상 조건에 의한 영향과 사고시에 인축 및 건축물에 미치는 위험이 적고 화재에 대해서도 안전하며 송배전의 신뢰도가 높다. 또한 교통 그밖의 보안상 위험이 없고, 도시 미관상에도 좋으며 약전류 전선에 유도 장해를 주지 않는 등의 장점이 있다.

이에 대하여 전력 케이블의 값이 비싸고 지하에 매설하는데 따른 공사비가 많이 소요되고 사고가 발생했을 때 고장점의 검출이 어려우며, 복구에도 시간이 많이 소요되는 단점이 있다.

따라서 우리 나라에서도 대도시를 중심으로 그 사용 범위가 점차 확대되어 가고 있으며 동시에 사용 전압도 급속히 높아져 22[kV]급은 물론이고, 66[kV] 및 154[kV]급까지 실제로 사용되고 있다.

3.1.1 지중 전선로의 송전 방식

지중 송전 계통의 전기 방식에 대한 접속 방법, 즉 송전 방식을 분류하면 탠덤식, 방사상식 및 환상식으로 나눌 수 있다.

(1) 탠덤식(tandem system)

그림 3-1 (a)와 같이 1차 또는 2차 변전소에서 나온 지중 케이블이 도중의 2차 또는 배전 변전소를 차례로 통과하여 가는 방식이다. 계통이 적을 때에는 지중선의 루우트수 · 선수가 적어서 건설비가 다른 방식에 비하여 적게 드는 잇점이 있지

만, 계통이 커지면 병렬 선수의 증대에 따라 1조당의 허용 전류가 적게 되고, 선택 차단 구간 수가 증가해서 계전기의 동작이 불확실하게 되거나, 고장의 계속 시간이 길어져 서비스의 저하를 초래한다.

또한 배전 변전소의 개폐 기기가 많아져서, 설비가 복잡하게 되어, 오히려 건설비가 많이 들고 운용이 번잡하게 된다. 이 방식은 변전소의 원격 감시 제어 등, 자동화 촉진의 추세에 따라 바람직하지 못한 방식이다.

그림 3-1 지중 전선로의 송전 방식

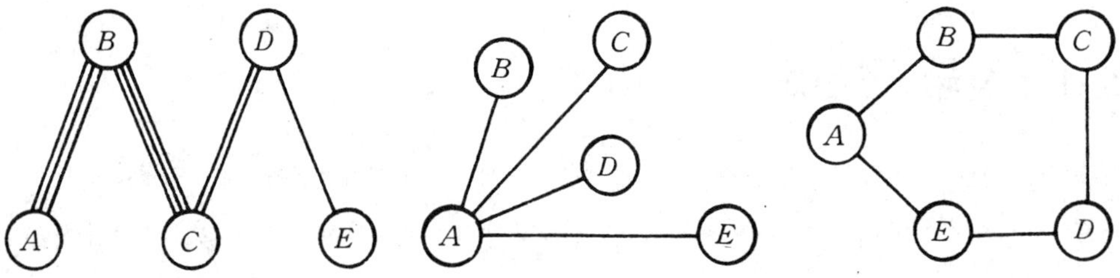

A : 송전단 변전소 B, C, D, E : 배전 변전소

(a) 탠덤식 (b) 방사상식 (c) 환상식

(2) 방사상식(radial system)

그림 3-1 (b)와 같이 1차 변전소에서 몇 개의 2차 변전소 또는 배전 변전소에 방사상으로 전력을 공급하는 방식이다. 이 경우 각 변전소의 설비는 간단하게 된다. 지중 전선로의 경과지가 제각기 따로 되어 있어서, 공사비가 많이 들뿐 아니라 운용과 보수에 어려움이 많지만, 고전압 지중 송전 계통에서 하나의 중요한 기본 형식이다.

(3) 환상식(loop system)

그림 3-1 (c)와 같이 동일 모선을 기점·종점으로 하여 몇 개의 변전소 혹은 특고 수용가 등을 거쳐서 지중 송전 선로를 환상식으로 구성하는 방식이다. 표시 선식 보호 방식이나 기타 적당한 보호 방식을 적용함으로써, 정전이 없고 전압 변동이 적은 최고의 서비스를 확보하게 된다. 또, 가령 특고 수용가가 서로 가까이 많이 모여 있을 때는 설비의 합리화를 기할 수 있어서 경제적으로도 유리한 방식이다.

3.1.2 지중 전선로의 배전 방식

우리 나라 배전 선로의 거의가 가공 전선로이지만, 동일 장소에 많은 회선을 시설할 수 있다던가, 협소한 곳에서 안전하게 시설하여 고장을 줄일 수 있다던가의 외에 미관상 우수한 것 등의 이유에서 다음과 같은 곳에는 지중 전선로가 채용된다. ① 변전소에서 나오는 고압 급전선 ② 고압 수용가에 공급하는 전용선 또는 준전용선 ③ 빌딩가·번화가 등의 가공 전선로에서 분기하여 고압 수요가에 공급하는 인입선 ④ 특히 부하 밀도가 높은 지역 ⑤ 기타 가공 전선로의 건설이 불가능한 곳.

구미의 여러 도시에서는 일정한 지역에 한해서 가공 전선로의 건설이 불허된 곳도 있어서 고저압 모두 지중 전선로가 발달되어 있다.

3.1.3 전력 케이블의 구조

전력 케이블은 도체, 절연물, 피복 및 외장으로 구성되어 있다.

(1) 도 체

도체로는 연동의 연선이 많이 쓰이며, 같은 케이블 내의 심선수에 따라서 단심, 2심 및 3심 케이블이라 불린다. 도체는 소선을 꼬아 합쳐 용량이 작은 것은 원형, 큰 것은 반원형, 부채꼴의 단면을 한 것이 쓰인다. 또 중공 도체, 압축 도체, 분할 도체도 쓰는 경우가 있다.

(2) 절연물

절연물로는 양질의 크라프트(kraft)지, 부틸(butyl) 고무, 폴리에틸렌 (polyethy-lene) 등이 쓰인다. 절연지의 다공질성을 메우기 위하여 침투성의 합침의 합침 혼합물과 절연유가 병용된다.

OF케이블에는 경질 경우의 절연유를 사용한다. 또, 절연층의 주위에는 동 테이프, 금속 테이프, 카아본지 등의 차폐 테이프를 감을 때가 있다.

(3) 차폐층

도체의 주위에 감은 절연체의 전계의 세기를 각 방면에 균일하게 하기 위하여 정전 차폐를 한다. 이것을 차폐층이라 하며, 도전성을 띤 금속 테이프, 카아본지 또는 얇은 동 테이프 등이 쓰인다.

(4) 시이드

절연물을 보호하고 전기적 특성을 유지하기 위해서 심선의 주위에 보호 피복을 한다. 이 보호 피복을 시이드(sheath)라 하고, 재료로는 납, 납 합금, 알루미늄, 클로로프렌, 염화비닐 등이 사용된다.

(5) 외 장

도체 및 절연물을 기계적, 화학적 외상으로부터 보호하기 위하여 외장을 한다. 이것에는 바깥쪽에 하는 보강 띠와 전반에 사용되는 방식층이 있다.

보강띠에는 경동 테이프, 황동 테이프가 쓰이고 있으나, 최근에는 스테인레스강(stainless steel) 테이프가 사용되고 있다. 방식층에는 클로로프렌 고무, 폴리에틸렌, 반경질 비닐 등을 사용한다.

3.1.4 전력 케이블의 종류

(1) 벨트 케이블

그림 3-2와 같이 절연한 심선 두 묶음 또는 세 묶음을 개재물과 같이 원형으로 꼬아 그 위에 절연지를 감은 다음, 절연성 혼합물을 스며들게 하고, 연피 등 필요에 따라 외장을 한 구조이다.

그림 3-2 벨트 케이블

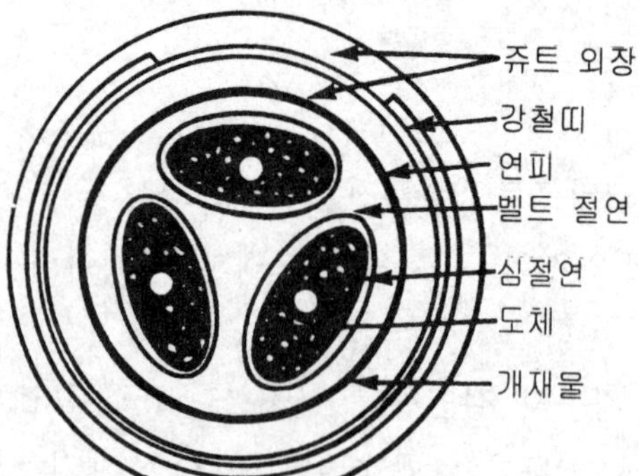

절연한 심선을 합하여 그 위에 또 절연하는 것을 벨트 절연(belt insulation)이라 한다. 심선의 단면은 부채꼴 또는 반원형으로 하여 개재물을 줄이고 있다.

이 케이블은 절연층 사이에 공극(air gap)이 생기고, 절연 내력이 낮으나 가격이 싸고 다루기 쉽다. 사용 전압은 10~20[kV] 정도이다.

(2) SL 케이블

SL 케이블(separately leaded cable)은 그림 3-3과 같이, 각 심 절연을 한 위를 납으로 피복한 다음 삼으로 짠 테이프(hessian tape)로 벨트 절연을 하고, 강철띠로 보호 피복을 한 것이다. 절연성은 좋으나 기름의 수축, 팽창으로 연피 하부에서 공극이 생겨 코로나가 발생할 때가 있다. 사용 전압은 20~30[kV] 정도이다.

그림 3-3 SL 케이블

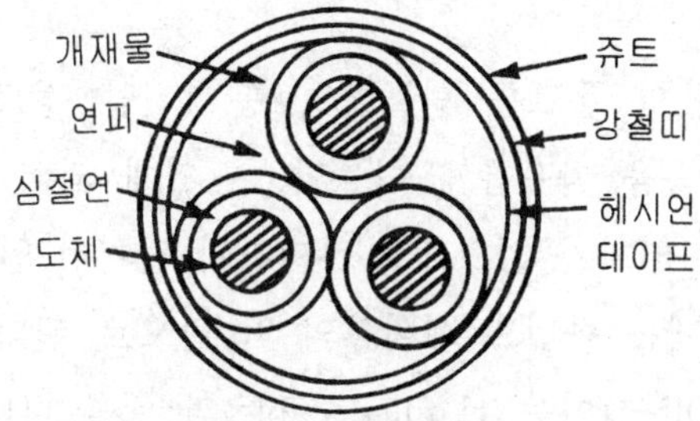

(3) H 케이블

그림 3-4와 같이 SL 케이블의 연피 대신에 각 심 절연의 주위에 금속 종이 또는 동 테이프로 정전 차폐를 하고 개재물로 공간을 메운 다음, 납 피복과의 전기적 접촉이 잘 되도록 가느다란 동선이 들어 있는 금속 테이프로 감아 그 위에 납 피복과 보호 피복을 한 것이다.

벨트 케이블에 비해서 두께가 얇고 열방산이 좋으므로, 도체의 굵기가 같은 경우에는 송전 용량을 벨트 케이블에 비해서 증가시킬 수 있으며, 사용 전압은 20~30[kV] 정도이다.

그림 3-4 H 케이블

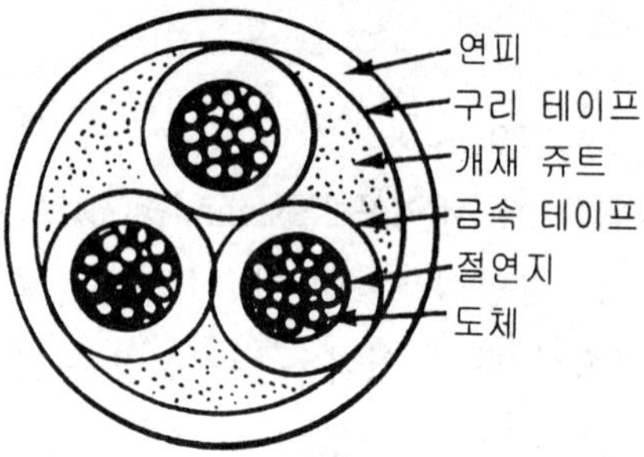

(4) OF 케이블

케이블의 내부에 기름의 통로를 만들어 보통 1기압 정도의 압력으로 절연유를 충만시켜 절연유가 이 속을 자유롭게 이동할 수 있게 되어 있으므로, 절연 특성은 매우 우수하다. 또, 전리 열화가 없으므로 장기간에 걸쳐서 안정하며 신뢰도가 높다.

이 케이블의 절연 두께는 솔리드 케이블의 약 반으로 된다. 사용 전압은 100[kV] 이상이다. 그림 3-5는 OF 케이블(oil filled cable)의 예를 나타낸 것이다.

그림 3-5 OF 케이블

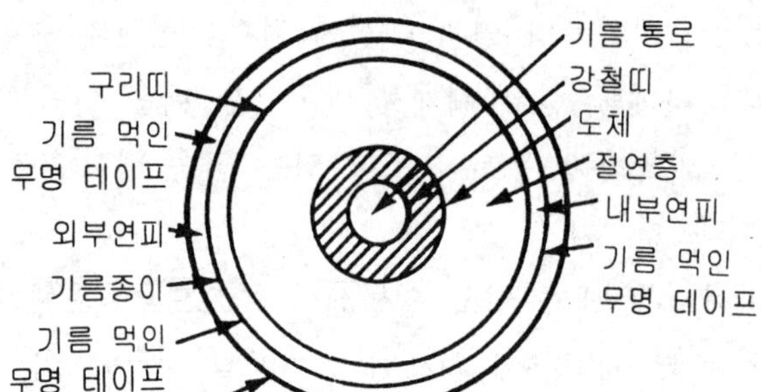

(5) 파이프형 가스 압력 케이블

강철의 파이프 안에 H형 또는 SL형의 케이블을 넣고, 절연물의 층 사이에 공간이 생기는 것을 방지하기 위해서 파이프 속을 진공으로 한 다음, 12~14[kg/cm^2] 정도의 압력으로 질소 가스를 넣은 것이다. 사용 전압은 100[kV]이상이다. 그림 3-6은 파이프형 가스 압력 케이블(pipe type gas pressure cable)의 예를 나타낸 것이다.

그림 3-6 파이프형 가스 압력 케이블

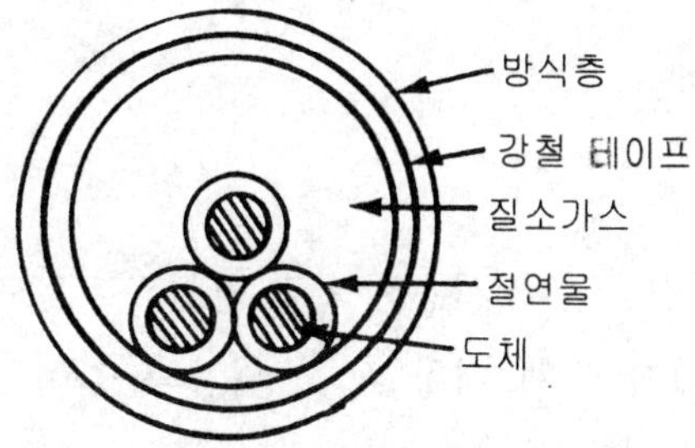

(6) 유압 케이블

파이프형 가스 압력 케이블의 질소 가스 대신에 절연유를 사용하는 것이며, OF 케이블과 대략 같은 성능을 가지고 있으며, 사용 전압은 60~340[kV]정도이다.

(7) CV 케이블(가교 폴리에틸렌 절연 비닐 시이드 케이블)

폴리에틸렌은 전기적, 기계적, 가요성, 내코로나성 및 내수성이 우수하나, 내열성이 약하여 105~115[℃] 정도에서 연화된다. 폴리에틸렌의 우수한 성질은 그대로 유지하고, 내열성을 높인 것이 가교 폴리에틸렌(cure polyethylene)으로, 250[℃]에서도 변형되지 않고 연속 90[℃]에서 사용할 수 있다. 외장에는 비닐, 연피, 폴리에틸렌 시이드, 강띠, 외장, 비닐 방식, 철선 외장 등이 있다. 그림 3-7은 CV 케이블의 예를 나타낸 것이다.

그림 3-7 CV 케이블

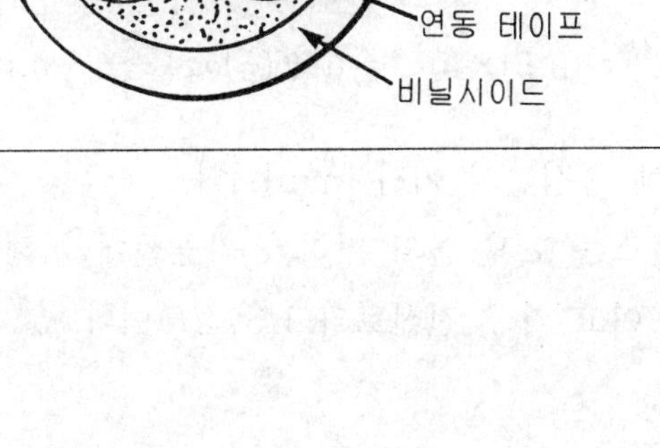

3.2 케이블의 전기적 특성

3.2.1 선로정수

(1) 도체 저항

도체는 일반적으로 연동선이 사용되므로 연입 후 온도, 표피 및 근접 효과에 의한 저항 증가도 고려해서 도체 저항 R_c는 다음과 같이 표시된다.

$$R_c = \frac{K_1 K_2 K_3}{58 A \eta} \times 10^3 [\Omega/\text{km}] \qquad (3\text{-}1)$$

여기서, A : 도체 단면적[mm^2], η : 도전율[p.u], 소선 직경 2[mm]이상은 0.99, 2~0.5[m]는 0.98, K_1 : 연입에 의한 증가율(소선을 꼽아 합쳐서 1.02~1.03), K_2 : 저항 온도 계수에 의한 증가 $\{1+0.004+(t-20)\}$, K_3 : 교류에 기인하는 표피 효과 및 근접 효과에 의한 증가율(60[Hz]에서 단면적 250[mm^2]이하는 1.0)이다.

(2) 절연 저항

단심 케이블 차폐를 한 단면이 원형인 선심의 절연 저항 R_i는 다음 식으로 계산된다.

$$R_i = \frac{\rho}{2\pi} \log \frac{D}{d} \times 10^{-5} = \frac{2.303}{2\pi} \rho \log_{10} \frac{D}{\times} 10^{-5} [\text{M}\Omega/\text{km}] \qquad (3\text{-}2)$$

여기서, ρ : 절연 저항율(고무 10^{15}[Ω · cm], 폴리에틸렌 10^{16}[Ω · cm], 유침지 10^{15}[Ω · cm] 20[℃]), d : 도체 직경[mm], D : 절연체 외경[mm]이다. 또한 절연 저항은 온도 상승과 더불어 대수적으로 저하된다.

(3) 인덕턴스

다심 케이블의 인덕턴스 L은 다음 식으로 계산된다.

$$L = \left(2 \log_e \frac{2S}{d} + 0.5\right) \times 10^{-1} = 0.4605 \log_{10} \frac{2S}{d} + 0.05 [\text{mH/km}] \qquad (3\text{-}3)$$

여기서, S는 도체 중심간의 거리 [mm]이다.

케이블의 인덕턴스는 도체 간의 거리가 가공선에 비해서 극히 가까우므로 0.2~0.45[mH/km] 정도이고 가공 전선로의 1/3 정도이다.

(4) 정전용량

단심형, H형, SL형 케이블의 정전용량은 다음 식으로 구한다.

$$C = \frac{0.02413\varepsilon_s}{\log_{10}\frac{D}{r}} [\mu\text{F/km}] \tag{3-4}$$

여기서, ε_s는 절연층의 비유전율, R은 연피의 내경[m], r는 심선의 반경 [m]이다.

전력 케이블은 연피의 안쪽 반경이 작고, 절연층의 비유전율이 3.4~4.9 정도이므로, 그 정전용량은 가공 전선로의 경우의 20~25배로 된다. 3심 벨트 케이블의 정전용량은 계산이 복잡하므로 다음과 같이 측정하여 계산한다.

그림 3-8 정전용량의 계산

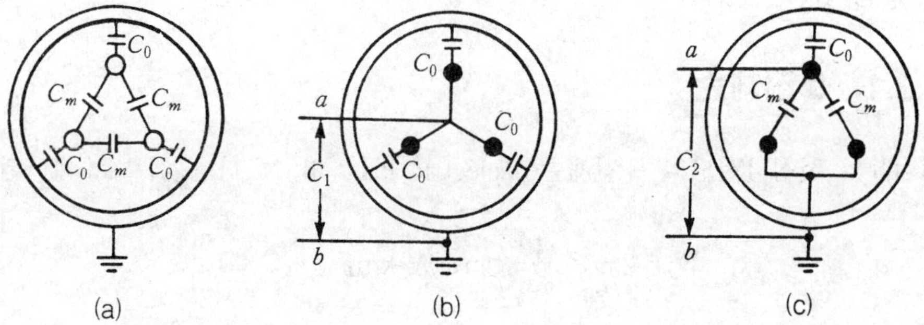

그림 3-8의 (a)와 같이 도체 상호간 및 도체와 대지 사이의 정전용량을 각각 C_m, C_0라 하면 다음과 같이 된다.

$$\left.\begin{aligned} &\text{그림 (b)에서} \quad C_1 = 3C_0 \\ &\qquad \therefore C_0 = \frac{C_1}{3} \\ &\text{그림 (c)에서} \quad C_2 = C_0 + 2C_m \\ &\qquad \therefore C_m = \frac{C_2 - C_0}{2} = \frac{3C_2 - C_1}{6} \end{aligned}\right\} \tag{3-5}$$

따라서, 작용 정전용량 C는 다음과 같이 된다.

$$C = 3C_m + C_0 = 3 \times \frac{3C_2 - C_1}{6} + \frac{C_1}{3} = \frac{9C_2 - C_1}{6} \tag{3-6}$$

(5) 충전 전류

케이블의 충전 전류 I_c[A]는 심선의 작용 정전용량 C[F/km], 선간 전압 V[V], 주파수를 f[Hz]라 하면 다음과 같다.

$$I_c = 2\pi f C \frac{V}{\sqrt{3}} \text{[A/km]} \tag{3-7}$$

3.3 케이블의 손실

케이블의 손실에는 도체 중의 I^2R의 도체손, 절연체의 유전체손, 시이드의 시이드손 등이 있다.

3.3.1 유전체손

케이블의 선심 1선당의 유전체손(deelectric loss) W_d는 다음 식으로 계산된다.

$$\begin{aligned} W_d &= 2\pi f C_n \frac{V^2}{3} \tan\delta \text{[W/km]} \\ &= 2\pi f C_n \frac{V^2}{3} \tan\delta \times 10^{-5} \text{[W/km]} \end{aligned} \tag{3-8}$$

여기서 f : 주파수[Hz], C_n : 작용 정전 용량[μF/km], V : 최고 선간 전압[kV], $\tan\delta$: 유전 정접(부틸 고무 0.03, 폴리에틸렌 · 가교 폴리에틸렌 0.01, 솔리드 케이블 0.02, 저가스압 케이블 0.01, OF케이블 0.005)이다.

그림 3-9 강제 냉각부에 의한 송전용량의 증가 예

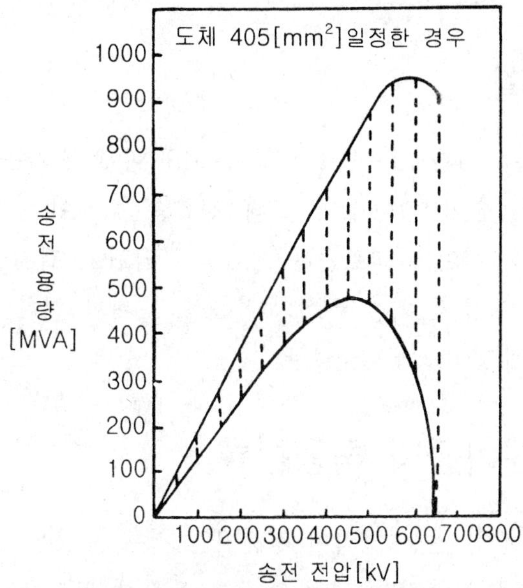

위 식에서 알수 있는 바와 같이 유전체손 W_d는 전압의 제곱에 비례하므로 22[kV] 이상에서는 무시할 수가 없다. 도체 단면적 405[mm^2] 초고압 케이블의 송전 전압과 송전용량과의 관계는 그림 3-9와 같다. 이 그림에서 강제 냉각을 하지 않았을 경우 송전용량은 송전 전압 450[kV] $= V_M$에서 최대가 되고, 이 이상의 전압에서는 유전체손으로 감소하기 시작하여 648.5[kV] $= \sqrt{2} \times V_M$에서 영이 된다.

강제 냉각시키면 케이블의 방열 저항은 그 절연체의 열저항 뿐이되므로 송전 전압이 585[kV]($= V_M \times 1.3$)가 될 때까지 송전용량은 증가한다. 이 때의 초대 송전용량은 945[MVA]$\fallingdotseq$480[MVA] $\times\sqrt{1.3}\times 1.3^2$이 되어 냉각시키지 않았을 경우의 약 2배가 된다. 이와 같은 이유로 현재의 절연체에 있어서의 500[kV] 케이블이 되면 강제 냉각시키지 않으면 비경제적이다.

또 OF 케이블용 유침지의 $\tan\delta$는 80[℃]까지는 0.3[%] 정도로 적지만 100[℃]를 넘으면 급격히 증가되기 시작하여 120[℃]에서 방열량보다도 유전체손 쪽이 많아지면 절연체의 온도는 가속적으로 상승하여 열 파괴에 이른다. 따라서 OF 케이블은 80[℃]를 넘지 않도록 하고 있다. 최근 대화력 발전소가 건설됨에 따라 발전소 출구에서 60[kV], 140[kV] 케이블이 송전되는데 선수가 많아져서 발전소 출구는 밀접 포설이 되어 상호 가열로 온도가 높아져서 유전체손은 급증되는 위험이 있어 강제 냉각법이 고안되었다.

3.3.2 연피손실

도체의 교번 자계에 의한 금속 시이드(sheath) 내에 생기는 손실이고 시이드와 전류손과 시이드 회로손이 있다. 시이드와 전류손은 케이블 단면의 금속 시이드 내에 생기는 손실이고 시이드 회로손은 케이블의 양단을 접지할 때 케이블의 길이 방향에 생기는 순환 전류에 의한 손실인데 모두 도체의 전류 및 주파수에 비례하고 시이드의 저항률에 반비례한다.

3.4 전력 케이블의 허용전류

가공 전선에서는 선재, 전선 규격이 정해지면 전류 용량은 일정하나 지중선에서는 땅 속에 묻기 때문에 복잡한 열적 요소를 포함한 토양을 비롯하여 각종 주위 조건의 영향이 커서 같은 전선, 같은 규격의 케이블도 포설 방식, 포설 조수 등에 의하여 크게 변화한다.

그러므로, 지중 전선로의 허용 전류는 각 선로마다, 조건이 다른 구간마다의 산출이 필요하게 된다. 또, 전력 케이블의 허용 전류는 상시 허용 전류, 단시간 허용 전류, 순시 허용 전류의 세 가지로 나눌 수 있다.

따라서, 전력 케이블의 허용 전류에 영향을 주는 요소로서는

① 케이블의 형식, 심선의 수, 절연물의 무게

② 매설의 깊이, 토양의 온도와 건습의 상태

③ 포설의 방법

④ 도체의 저항, 기타의 손실

등인데, 이 중에서 영향력이 가장 큰 것은 토양의 온도이다. 또, 구멍수가 많은 관로식에서는 직매식에 비하여 전류 용량이 약간 적게 된다.

허용 전류의 산출 식을 구해 보자.

지금, 직매 케이블에 대하여 최고 온도를 T_c[℃] 대지 기저 온도를 T_g[℃], 도체에서 대지 기저 온도대 사이의 1[cm]당 저항을 R_{th}[℃/W/cm]라 하고, 케이블 도체에서 발생하는 1[cm] 당의 열량을 W[W/cm]라 하면

$$W = \frac{T_c - T_g}{R_{th}} \tag{3-9}$$

이 때 도체에서 흐르는 전류를 I[A], 도체 저항을 R[Ω], 심선수를 n이라 하면

$$W = nI^2R \tag{3-10}$$

그러므로 식 (3-9)와 식 (3-10)에서

$$\frac{T_c - T_g}{R_{th}} = nI^2R$$

$$\therefore I = \sqrt{\frac{T_c - Tg}{nRR_{th}}} \tag{3-11}$$

그러나 실제는 발열량 W 이외의 유전체 손실 W_d가 가해지게 되므로 허용 전류 I는

$$I = \sqrt{\frac{1}{nR}\left(\frac{T_c - T_g}{R_{th}} - W_d\right)} \tag{3-12}$$

가 된다.

3.5 전력 케이블의 포설

지중 전선로의 건설비는 일반적으로 가공 전선에 비하여 훨씬 많이 든다. 따라서 건설에 임해서는 될 수 있는대로 선로 길이에 단축해야 하지만, 다음과 같은 도로는 가급적 피하는 것이 좋다.

① 건설 또는 보수에 불편한 좁은 길

② 굴착에 많은 금액의 공비를 요하는 경질 포장 도로 및 지하수가 많은 도로

③ 교통이 번잡하여서 작업이 어려운 도로

④ 만곡 혹은 고저가 심한 도로

⑤ 전식의 우려가 있는 도로

⑥ 사도 또는 사유지

3.5.1 포설방식

케이블을 육지에 포설하는 데는 직접 매설식(직매식), 관로 인입식(관로식) 및 암거식이 있고, 하천을 횡단하는 경우에는 경과지 부근의 다리에 첨가하는 교량첨가식 또는 케이블 전용의 다리에 포설하는 전용교식 및 수저를 횡단하는 수저식 등이 있다.

(1) 직매식

지중에 철근 콘크리트제 긴통 또는 토관을 묻고, 그 안에 케이블을 넣거나, 또는 CD케이블을 직접 지중에 매설하는 방식이다.

그림 3-10 직매식

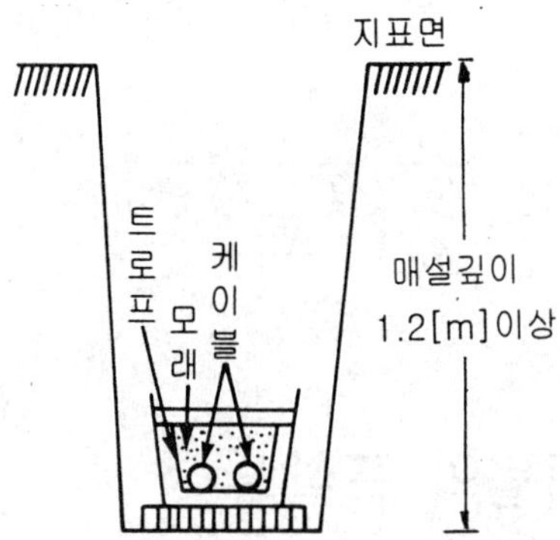

그런데 흙이 묻히는 깊이는 중량물의 압력을 받는 곳에서는 1.2[m] 이상으로 하도록 규정하고 있다(그림 3-10 참조).

소용량으로 조수가 적은 경우에 적합한 포설 방식으로서, 공사비가 싸고, 다소 굴곡된 선로의 포설도 가능하며 공기가 짧은 특징이 있지만, 보수·점검 및 증설이 어렵고, 외상을 받기 쉬우며, 신뢰성이 떨어지는 결점이 있기 때문에, 말단 부분으로서 굴착이 용이한 곳에 국부적으로 적용될 때가 많다.

(2) 관로식

적당한 간격마다 맨홀을 마련하여, 그 사이를 관으로 연결해서 케이블을 끌어넣는 포설 방식인데, 외상을 받을 염려가 적고, 증설·점검이 편리하며, 20 공정도까지 건설이 가능하지만, 공사비가 많이 들고, 공사 기간이 긴 것 외에, 열의 방산이 나빠서 허용 전류가 감소되는 결점이 있다.

(3) 암거식

20조 이상 다수의 케이블을 포설할 때, 혹은 전화 케이블, 가스관, 수도관 등 다른 지중 매설물과 공설을 요하는 부분(공동구)에서는 지중에 터널을 구축해서 그 안에 포설하는 방식이다.

그림 3-11 공동구 포설의 예

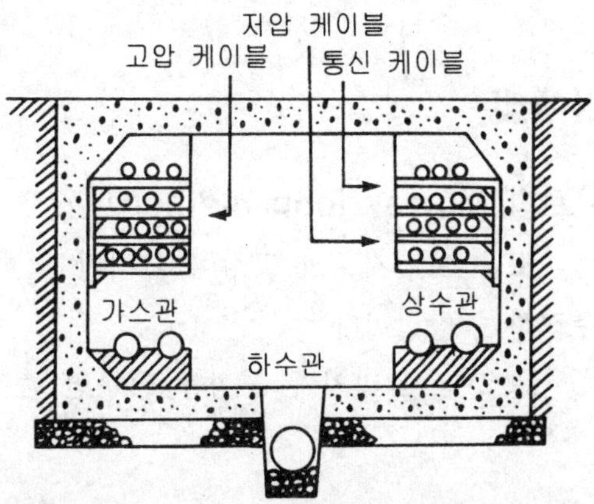

이것은 다수의 케이블을 포설할 수 있고, 보수·점검이 편리하며, 열의 방산도 잘 되지만, 환기·배수·조명 등의 부대 설비를 필요로 하기 때문에, 공동구는 경우가 다르지만, 건설비가 가장 많이 드는 결점이 있다. 그림 3-11은 공동구의 예이다.

3.6 전력 케이블 선로의 고장개소의 탐색

3.6.1 고장의 원인

지중 전선로의 고장을 분류하면 1~3심이 단선되는 경우, 1~3심이 완전 지락 또는 불완전 지락되는 경우 및 이것들이 동시에 일어나는 경우들이 있는데 이들의 원인은 다음과 같다.

① 외상이나 외부로부터의 과열

② 지반이 내려 앉을 경우의 손상

③ 다른 케이블의 고장 전류나 그의 아크로 인한 손상

④ 무리한 굴곡이나 접속부의 연공의 불량

⑤ 절연물의 자연 열화

⑥ 연피의 전식 및 화학적 부식

⑦ 과부하, 이상 전압에 의한 절연 파괴

통계에 의하면 대부분의 사고는 접속부의 접촉 불량 및 부식으로 인한 경우가 많은데, 이것은 사고수의 약 20[%] 정도이고 다음은 자연 열화인데 약 10[%] 정도이다.

3.6.2. 고장탐색법

(1) 머어리 루우프법(Murray loop method)

이 방법은 휘이트 스토운 브리지로서 고장점 까지의 도체의 저항을 측정하여 고장 개소의 위치를 추정하는 방법이다.

그림 3-12와 같이 접속하고 브리지가 평형을 이루면 측정 장소에서 고장점까지의 거리 x는

$$x = \frac{Q}{Q+P} \times 2L[\text{m}] \tag{3-13}$$

여기서, L은 케이블의 길이 [m] P, Q는 비례변 저항치 이때 만약 지락 저항이 수백 [Ω] 이하이면 45[V] 건전지 1~3개를 사용하면 되고, 그 이상으로 높아지면 캐노트론 정류관으로 정류시킨 2,000~3,000[V]를 사용할 필요가 있다.

그림 3-12

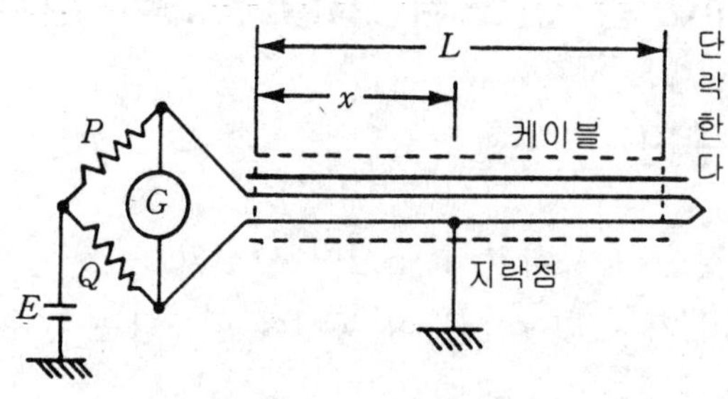

1선이 건전하고 다른 선이 지락되었을 경우나 2선 단락의 경우에는 상기와 같은

방법으로 수색하면 되고 만일 3선이 단락되었을 경우에는 다른 케이블을 사용하면 된다.

(2) 정전용량의 측정에 의한 방법

3심이 모두 단선되고 지락, 단락이 아닌 경우 또는 1심~2심이 단선되고 지락, 단락이 아닌 경우는 케이블의 정전용량을 측정하여 고장점을 발견할 수가 있다.

그림 3-13

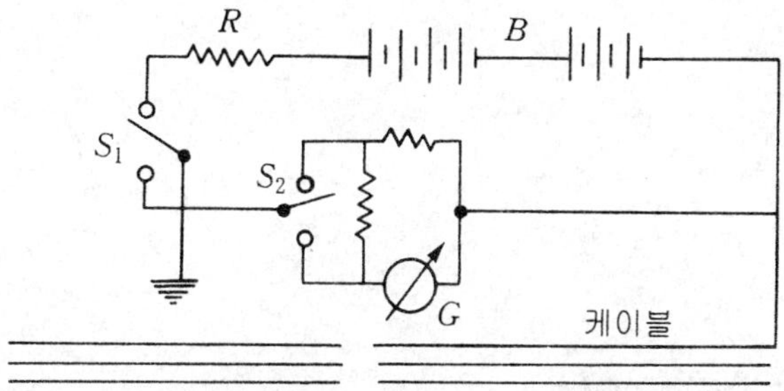

그림 3-13과 같은 접속에 의해서 먼저 전지 B로 케이블을 충전시킨 후 탄동 검류계 G를 걸쳐서 이것을 단락시키고 G의 눈금을 α라고 하면 정전용량 $C[\mu F]$는

$$C = KE\alpha \qquad (3\text{-}14)$$

여기서, K : 탄동 계수 E : 전지의 전압[V]

이때 선로 전장의 정전용량의 값을 알고 있으면 고장점까지의 거리를 측정하여 그 값으로서 길이의 비를 알 수 있다. 또한 같은 원리로 직독 정전용량를 써서 정전용량을 측정하기도 한다.

(3) 탐색 코일로 하는 방법

지락 고장의 경우에는 케이블의 1단에서 주파수 600[Hz] 전후의 단독 전류를 흘리고 지상에서는 수색 코일에 증폭기와 수화기를 가지고 케이블에 따라 수색한다. 고장 개소에서 전원측 사이에서는 단독 전류의 진동음을 들을 수 있으나 고장 개소를 지나서는 진동음은 적어지므로 고장 개소는 판명된다.

수색 코일은 2×3×10[cm] 정도의 철심에 0.5[mm] 정도의 에나멜선을 3000회 정도 감은 것이다.

(4) 펄스에 의한 측정법

케이블의 한쪽에서 펄스를 보내면 고장점에서는 케이블의 서어지 임피던스가 급속히 변화하므로 펄스의 일부는 반사되어 돌아온다.

이 시간을 측정하면 펄스의 케이블 내에서의 전파 속도는 변화가 생기므로 이것으로 고장 개소를 찾을 수 있다.

연 습 문 제

문제 1. 케이블의 전력 손실과 관계가 없는 것은?

㉮ 도체의 저항손 ㉯ 유전체손 ㉰ 연피손 ㉱ 철손

풀이 케이블의 손실

① 저항손 ② 유전체손 ③ 연피손 [답] ㉱

문제 2. 케이블의 연피손의 원인은?

㉮ 표피작용 ㉯ 히스테리시스 현상

㉰ 전자유도작용 ㉱ 유전체손

풀이 단심케이블에 교류를 흘리면, 도체 회로로 부터의 전자유도작용으로 연피에 전압이 유기되고, 또 와전류가 흐르게 되어 손실이 생긴다. 이러한 연피손은 연피의 저항률이 작을수록 전류의 크기나 주파수가 클수록, 또 1회선을 형성하는 각상의 단심 케이블의 이격거리가 클수록 큰 값을 나타낸다. [답] ㉰

문제 3. 유전체손이 가장 많은 전선은?

㉮ 석도금 절연 전선 ㉯ 고무 절연 전선

㉰ 케이블 ㉱ 나전선

[답] ㉰

문제 4. 주파수 f, 전압 E일 때 유전체 손실은 다음 어느 것에 비례하는가?

㉮ E/f ㉯ fE ㉰ f/E^2 ㉱ fE^2

풀이 $W_d = 2\pi fCE^2 \tan\delta \quad \therefore \; W_d \propto fE^2$ [답] ㉱

문제 5. 지중전선로인 전력 케이블의 고장검출방법으로 머어리(Murray) 루우프법이 있다. 이 방법을 사용하되 교류전원, 수화기를 접속시켜 찾을 수 있는 고장은?

㉮ 1선 지락 ㉯ 2선 단락 ㉰ 3선 단락 ㉱ 1선 단선

[답] ㉮

문제 6. 지중 케이블에 있어서 고장점을 찾는 방법이 아닌 것은?

㉮ 머리 루프 시험기에 의한 방법 ㉯ 메거에 의한 측정 방법

㉰ 수색 코일에 의한 방법 ㉱ 펄스에 의한 측정 방법

풀이 지중 케이블 고장 수색법

① 머리 루프법

② 정전용량의 측정으로 발견하는 법

③ 수색 코일로 하는 방법

④ 펄스로 하는 방법

⑤ 음향으로 고장점을 측정하는 방법

[답] ㉯

문제 7. 단심 케이블의 파동 임피던스[Ω]는? 단, r는 도체의 반지름[m], R는 케이블의 중심에서 연피까지의 반지름[m], ε은 절연체의 유전율이다.

㉮ $\frac{\sqrt{\varepsilon}}{138}\log_{10}\frac{R}{r}$ ㉯ $\frac{\sqrt{138}}{\varepsilon}\log_{10}\frac{R}{r}$

㉰ $\frac{138}{\varepsilon}\log_{10}\frac{R}{r}$ ㉱ $\frac{\varepsilon}{138}\log_{10}\frac{R}{r}$

[답] ㉯

문제 8. 케이블을 부설한 후 현장에서 절연내력 시험을 할 때 직류로 하는 이유는?

㉮ 절연 파괴시까지 피해가 적다. ㉯ 절연내력은 직류가 크다.

㉰ 시험용 전원의 용량이 적다. ㉱ 케이블의 유전체손이 없다.

[답] ㉱

문제 9. OF케이블의 유압은 얼마인가?

㉮ 0.001[kg/cm²] ㉯ 0.1~0.2[kg/cm²]
㉰ 0.3~0.7[kg/cm²] ㉱ 1[kg/cm²]이상

풀이 OF(oil filed)케이블은 다른 어떤 케이블보다 신뢰성이 높고 경제적이며, 66~500[kV]에 걸쳐 사용하여 유압은 1[kg/cm²]정도이다. [답] ㉱

문제 10. 그림과 같이 각 도체와 연피간의 정전용량이 C_0 , 각 도체간의 정전용량이 C_m인 3심 케이블의 도체 1조당 작용 정전용량은?

㉮ $C_0 + C_m$

㉯ $3(C_0 + C_m)$

㉰ $3C_0 + C_m$

㉱ $C_0 + 3C_m$

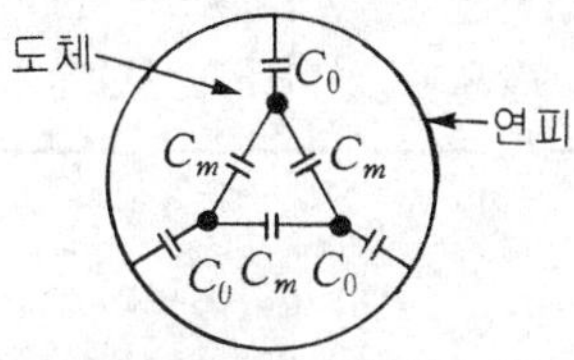

풀이 가공전선에서의 작용 정전용량을 구하는 식과 같다. [답] ㉱

문제 11. 선택배류기는 어느 전기설비에 설치 하는가?

㉮ 급전선 ㉯ 가공 통신 케이블
㉰ 가공 전화선 ㉱ 지하 전력 케이블

풀이 전식작용을 방지하는 목적으로 지중전력케이블에 사용한다. [답] ㉱

문제 12. 최근 전력 계통에 전력 케이블의 사용이 많아지고 있다. 그래서 계통의 전압 조정 및 보호 방식에 대하여 많은 문제점이 발생하고 있는데, 이들에 대하여 기술한 것 중 옳은 것은?

㉮ 적당한 개소에 분로용 콘덴서를 설치하여 무효전력을 흡수토록 하고 전압 변동률을 줄인다.

㉯ 계통이 정전용량이 커져 경부하시에는 페란티 효과(Fdrranti effect)로 인하여 전압상승이 발생할 가능성이 많아진다.

㉰ 중성점 접지 방식의 경우 종류에 따라서는 고장시 반파의 정류 전류가 흐르고 대지 정전용량이 커져서 영상 임피던스도 커진다.

㉱ 접지 사고시 과도 지락 전류가 작아서 지락 보호에 대해서는 가공 선로와 같은 무리를 할 필요가 없다.

[답] ㉯

문제 13. 지중선 계통은 가공선 계통에 비하여 인덕턴스와 정전용량은 어떠한가?

㉮ 인덕턴스, 정전용량이 모두 크다.

㉯ 인덕턴스, 정전용량이 모두 작다.

㉰ 인덕턴스는 크고 정전용량은 작다.

㉱ 인덕턴스는 작고 정전용량은 크다.

풀이 지중선 계통은 가공선 계통에 비해서 선간 거리가 수십 배 작으므로 인덕턴스는 작고 정전용량은 크다.

[답] ㉱

선로 정수 제 4 장

송전 선로는 저항, 인덕턴스, 누설 콘덕턴스 및 정전 용량의 4정수를 가진 하나의 연속된 전기 회로로서, 송전 선로의 전기 특성을 계산하는 데는 이 선로 정수(line-constnat)를 먼저 충분히 이해하고, 응용 능력을 습득할 필요가 있다.

선로 정수는 전선의 종류, 굵기, 전선의 배치에 따라 정해지는 것으로써, 송전 전압, 전류 혹은 역률 등에 의하여 영향을 받지 않는 것이 원칙이다. 그러나, 전류 밀도가 커지면 발열로 인한 온도 상승으로 저항이 증가하고, 또 고전압 송전 선로에서 코로나가 발생하면 정전 용량이 다소 증가하거나, 누설 콘덕턴스가 커지는 일이 있으나 이것은 특별한 경우라고 생각한다.

4.1 저 항

균일한 단면적을 가진 직선상 도체의 저항 R은 그 길이 l에 비례하고, 단면적 A에 반비례한다. 즉

$$R = \rho \frac{l}{A} [\Omega] \qquad (4\text{-}1)$$

로 표시 되는데, 여기서, 비례 정수 ρ는 그 물질의 단위 단면적, 단위 길이의 저항을 나타내고, 이것을 **체적 저항률**(volume resistivity)이라 한다. 그 값은 물질의 종류, 온도등에 따라서 정해진 단위 질량의 물질을 균일한 단면적의 단위 길이로 늘렸을 때의 저항으로서, 물질의 저항률을 나타낼 때가 있다. 이것을 **질량저항**(mass resistivity)이라 하는데, 이 값은 체적 저항률에다 비중을 곱한 것이 된다.

일반적으로 체적 저항률을 **저항률**(resistivity, speciffic resistance) 또는 비저항이라 한다.

전선의 저항은 재질의 순도와 가공 방법과 가공 회수에 따라서도 많이 달라진다. 즉 순도가 높을수록 저항이 적어져서 도전율(conductivity)이 크게 되고 또 가공 회수가 많을수록 저항이 커지게 되어 도전율이 감퇴 된다.

그런데, 경동선 및 경알루미늄선의 도전율은 97[%] 및 61[%]이고 동선은 특수한 경우를 제외하고는 쓰여지지 않지만 도전율은 약 10[%]에 지나지 않는다. 또한 기준 도전율에 있어서의 체적 저항률을 다른 표현 즉, $l=1$[m], $A=1$[mm^2]이라면 표준 연동의 것은 $\rho=\frac{1}{58}$ [Ω · mm^2/m]이므로 만일, 도전율이 C[%]일 때는

$$\rho=\frac{1}{58}\times\frac{100}{C}\,[\Omega\cdot \text{mm}^2/\text{m}] \tag{4-2}$$

이다.

위의 기준 도전율이나 저항률은 모두 20[℃]를 기준으로 하고 있는데, 보통의 전선용 금속 도체는 온도 상승에 따라서 저항이 증가한다. 지금 어떤 전선의 온도 t_0[℃]에서의 저항을 R_{t0}, 온도 t[℃]에서의 저항을 R_t라 하면

$$R_t=R_{t0}\{1+\alpha(t-t_0)\}\,[\Omega] \tag{4-3}$$

의 관계가 있다.

온도 계수 α도 대체로 20[℃]에서의 값을 기준으로 하지만, 다른 온도 t[℃]일 때의 계수 α_t는 식 (4-4)와 같이 다소 변화하는데, 일반적인 경우의 저항 변화는 20[℃]에서의 계수를 써도 큰 차는 없다.

$$\alpha_t=\frac{1}{\frac{1}{\alpha_{20}}+(t-20)} \tag{4-4}$$

표준 연동의 온도 계수는 20[℃]에서 1deg에 대하여 0.00393(=1/254.5)이다. 도전율이 C[%]인 동선의 온도 계수 α_c는 $0.00393\times C/100$로 하여 구할 수 있다.

그런데, 도전율 97[%]인 경동선의 온도 계수는 0.00381로 된다. 또한 20[℃]에서의 알루미늄선의 온도 계수는 0.0040이다.

4.1.1 표피효과

이것은 전선에 전류가 흐를 경우, 직류일 때는 전선의 단면중 어느 부분이나 전

류 밀도가 다 같아서 전선의 굵기는 전부 전류의 통로로 유효하게 쓰여진다. 그러나 교류인 경우에는 전선 중심부 일수록 자력선 쇄교수가 많아서 인덕턴스가 크게 된다. 그러므로, 리액턴스가 크게 되기 때문에 중심부에는 전류가 통하기 어렵게 되고, 전선 표면에 가까울수록 통하기 쉬워진다. 그래서 전선의 유효 단면적이 줄게 되어, 교류인 경우의 실효저항(effective resistance)이 증가하는 결과가 된다. 이것을 표피효과라라 한다. 표 4-1에 표피효과의 일예를 나타냈는데, 이 표를 보면, 전선 단면적이 커짐에 따라서 R/R_0이 커진다는 것을 알 수 있고, 또 주파수가 높아지면 더욱 크게 된다는 것을 알 수 있다. 또한 전선의 온도가 높을수록 표피효과가 적어지는 이유는 온도가 높게 되면 온도 계수에 의한 저항 증가가 있기 때문에 표피효과에 따른 저항의 증가률이 낮아진다.

표 4-1 경동선의 교류 저항과 직류 저항의 비

단면적 [mm²]	R/R_0(교류 저항/직류 저항)					
	50[Hz]			60[Hz]		
	50[℃]	65[℃]	75[℃]	50[℃]	65[℃]	75[℃]
500	1.015	—	—	1.073	—	—
1000	1.192	1.175	1.164	1.262	1.242	1.225

4.1.2 근접효과

표피효과에서는 도체를 1본으로 고찰하였는데 왕복선에서는 그림 4-1 (a)와 같이 방향이 다르므로 전류도 바깥쪽으로 모인다.

그림 4-1

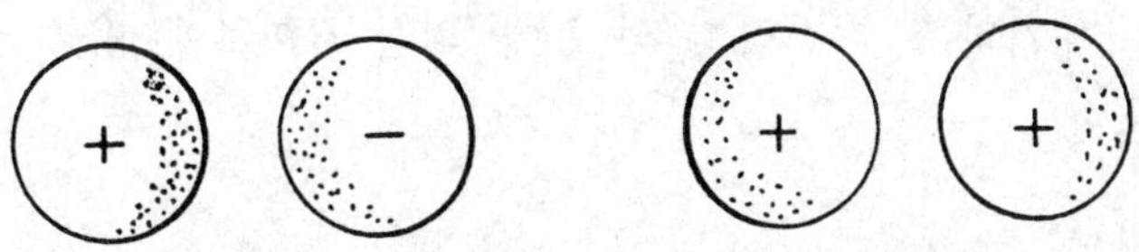

(a) (b)

또한 두 선에 같은 방향의 전류가 흐르면 그림 (b)와 같이 전선의 안쪽에 전류가 모여서 표피효과와 같은 현상을 볼 수 있는데 이것을 근접효과(proximity effe

-ct)라고 한다. 연선에서는 전선이 꼬여지게 되므로 이것을 무시할 수 있으며, 보통의 전선에서도 실제로는 이것의 작용은 무시하여도 좋다.

4.2 인덕턴스

회로에 전류가 흐려면 그 회로는 자신의 전류에 의해서 생긴 자속과 쇄교(interlink)하고, 전류가 변화하면 자속 쇄교수가 변화하여 회로내에 자속의 변화를 방해하는 방향으로 기전력 e가 유기되는데, 그 크기는 전류 i의 시간적 변화의 비율에 비례하므로

$$e = -L\frac{di}{dt}\,[\mathrm{V}] \tag{4-5}$$

로 표시된다. 이 비례 상수 L을 이 회로의 자기 인덕턴스(self inductance)라 한다. 또 역기전력 e는 쇄교 자속 ϕ의 시간적 변화의 비율로 나타내어지므로

$$e = -\frac{d\phi}{dt}\,[\mathrm{V}] \tag{4-6}$$

로 된다. 위 두 식에서

$$L = \frac{d\phi}{di}\,[\mathrm{H}] \tag{4-7}$$

또 투자율이 일정하면

$$L = \frac{\phi}{i}\,[\mathrm{H}] \text{ 또는, } \quad \phi = Li\,[\mathrm{Wb}] \tag{4-8}$$

의 관계가 있다. 다음에 A, B, 두 회로에 전류 i_a, i_b가 흐르고 있을 때 i_b에 의해서 A회로에 유기되는 기전력 e_a와 i_b에 의한 B회로에 유기되는 기전력 e_b는 각각 다음과 같다.

$$e_a = -M\frac{di_b}{dt}, \quad e_b = -M\frac{di_a}{dt}\,[\mathrm{V}] \tag{4-9}$$

이 M[H]의 값은 서로 같은데, 이것을 AB 양회로 사이의 상호 인덕턴스(mutual inductance)라 한다.

4.2.1 직선 도선 주위의 자속

왕복 2선의 평행 직선 도선에 I[A]의 전류가 흐르면, 1권(one turn)의 코일과 같이 I[AT]의 기자력을 생기게 해서, 도선을 돌려 감는 자속을 만든다. 귀로의 도선이 극히 먼 곳을 통하고 있어서(대지 귀로의 경우도 포함함) 그 영향을 무시할 수 있을 때는 왕복의 도선을 돌려 감는 자속은 도선을 축으로 하는 동심 원통의 모양으로 분포된다.

(1) 도선의 외부

그림 4-2와 같이 도선의 중심 0에서 x[m]의 거리에 있는 길이 1[m]의 원통형 자로를 생각하면, 도선에 I[A]의 전류를 흘릴 때 원통위의 자계의 세기 H는 비오 · 사바아르의 법칙에 의하여 전류의 방향과 직각으로 다음과 같이 된다.

그림 4-2 도선 외부의 자속

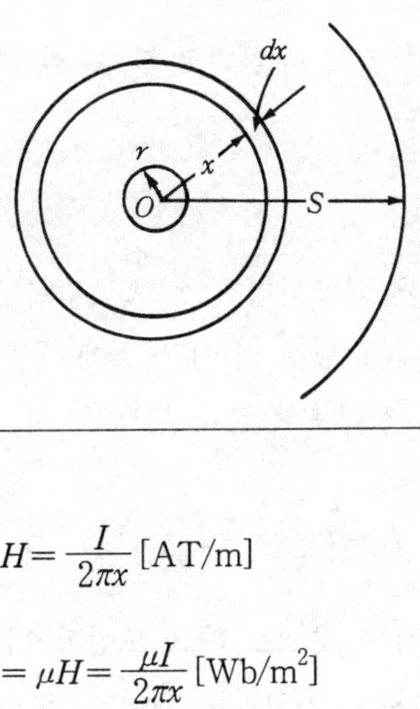

$$H=\frac{I}{2\pi x}\,[\text{AT/m}]$$

$$\therefore\ B=\mu H=\frac{\mu I}{2\pi x}\,[\text{Wb/m}^2] \qquad (4\text{-}10)$$

여기서, 자로의 투자율 μ는 진공의 투자율을 μ_0, 비투자율을 μ_s라 하면 $\mu=\mu_s\mu_0$인데, 공기의 투자율은 진공의 투자율과 거의 같아서 $\mu_s=1$이므로 $\mu=\mu_0=4\pi\times10^{-7}$이다. 그러므로

$$B = \frac{4\pi \times 10^{-7} \times I}{2\pi x} = \frac{2I}{x} \times 10^{-7} dx \,[\mathrm{Wb/m^2}] \tag{4-11}$$

길이 1[m]의 원통의 단면 $1 \times dx[\mathrm{m^2}]$의 부분을 통하는 자속 $d\phi$는

$$d\phi = Bds = B \times (1 \times dx) = \frac{2I}{x} \times 10^{-7} dx \,[\mathrm{Wb}] \tag{4-12}$$

로 된다. 여기에 전류 I[A]를 흘렸을 때의 자속 쇄교수 ϕ_0는 다음과 같다.

$$d\phi_0 = I \times d\phi = \frac{2I^2}{x} \times 10^{-7} dx \,[\mathrm{A \cdot Wb}] \tag{4-13}$$

도선의 반경을 r[m]이라 하면 그 외부에서 반경 S[m]까지의 범위내에 있는 도선 외부 자속 쇄교수 $d\phi_0$를 $x=r$에서 $x=S$까지 적분한 것이므로 길이 1[m]당

$$\phi_0 = 2I^2 \times 10^{-7} \int_r^s \frac{dx}{x} = 2I^2 \times 10^{-7} \log_e \frac{S}{r} \,[\mathrm{A \cdot Wb}] \tag{4-14}$$

이다. S를 무한대로 놓으면 ϕ_0도 무한대로 되나, 실제로는 귀로의 영향이 있기 때문에 그렇게는 되지 않는다.

(2) 도선의 내부

전류 I가 단면을 균일하게 분포하여서 통하고 있는 반경 r[m]의 도선에 있어서, 그림 4-3과 같이 중심 O에서 반경 x[m]의 곳에 두께 dx[m], 길이 1[m]의 동심 원통을 생각하면 반경 x의 원내부의 전류 I_x는

$$I_x = I\frac{\pi x^2}{\pi r^2} = I\frac{x^2}{r^2} \,[\mathrm{A}] \tag{4-15}$$

이다. 이것이 축상에 집중하는 것으로 하고 도선의 비투자율을 μ_s라 하면, 축에서 x[m]의 거리에 전류의 방향과 수직으로 생기는 자속 밀도 B는 다음과 같이 된다.

$$B = \mu H = \mu_0 \mu_s \frac{I}{2\pi x} = \frac{2\mu_s I x}{r^2} \times 10^{-7} \,[\mathrm{Wb/m^2}] \tag{4-16}$$

그림 4-3 도선 내부의 자속

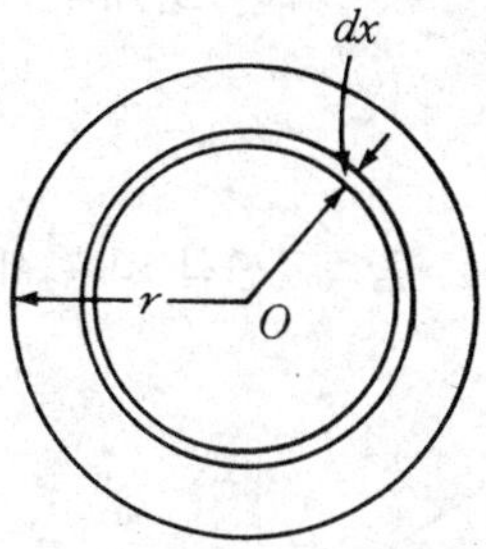

따라서, 이 도선내에서, 축에서 x[m]의 거리에 있어서 고려되는 미소의 두께 dx [m]로서 도선에 따라 1[m]의 단면에 I_x를 돌려 감아서 생기는 자속 $d\phi$는

$$d\phi = B\times(1\times dx) = \frac{2\mu_s I}{r^2}\times 10^{-7}\times x dx\,[\mathrm{Wb}] \qquad (4\text{-}17)$$

로 된다. 지금 I[A]로 할 때, $I_x = Ix^2/r^2$[A]가 통하는 도선부는 1회권이라고는 보지 않고, 그 단면적에 비례한 x^2/r^2회권이라 생각할 수 있으므로, 도선내의 길이 1[m]당의 전자속 쇄교수 ϕ_i는, 식 (4-17)의 $d\phi$에 Ix^2/r^2을 곱하여 얻어지는 쇄교수를 $x=0$에서 $x=r$까지 적분한 것이 된다.

$$\phi_i = \frac{2\mu_s I^2}{r^4}\times 10^{-7}\int_0^r x^3 dx = \frac{\mu_s I^2}{2}\times 10^{-7}\,[\mathrm{A\cdot Wb}] \qquad (4\text{-}18)$$

이와 같이 해서 왕복 도선 내외에 있어서 길이 1[m]당의 전자속 쇄교수는 식 (4-14)와 식 (4-18)에서 다음의 식과 같이 된다.

$$\phi = \phi_i + \phi_0 = \left(\frac{\mu_s}{2} + 2\log\frac{S}{r}\right)I^2\times 10^{-7}[\mathrm{A\cdot Wb}] \qquad (4\text{-}19)$$

4.2.2 왕복 2선의 인덕턴스

그림 4-4에서와 같이 D[m]의 간격으로서 반경 r[m]의 두 전선 a, b가 평형으로 가설되어 있고, a선에 $+I$[A], b선에 $-I$[A]의 전류가 흐르고 있는 경우를 생각한다. 먼저 a선의 전류에 의한 자속과 a선과의 전쇄교수는 b선을 무시하고 a선

중의 $+I$[A]에 의하여 생긴 전자속과 a선과의 쇄교수 ϕ_{aa}를 구하면 된다. 즉 1[m]당의 ϕ_{aa}는 먼곳의 점 P까지의 거리 S_i내의 범위에 대하여는 식 (4-19)에 의하여 다음과 같이 된다.

그림 4-4 왕복 2선의 자속 쇄교수

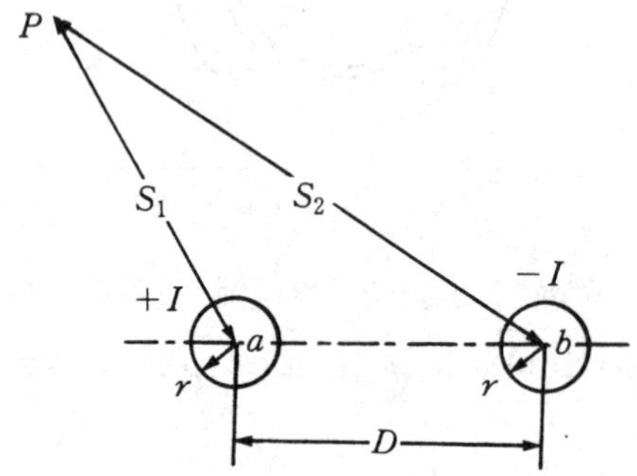

$$\phi_{aa}=\left(\frac{\mu_s}{2}+2\log\frac{S_1}{r}\right)I^2\times10^{-7}\,[\mathrm{A\cdot Wb}] \tag{4-20}$$

다음에 b선의 전류에 의한 자속과 a선의 전류와의 쇄교수 ϕ_{ab}는 b선에서 반경 D의 외측에서 거리 S_2인 P점까지의 범위의 자속에 의하는 것이므로 식 (4-14)에서 다음과 같다.

$$\phi_{ab}=-2\log\frac{S_2}{D}I^2\times10^{-7}[\mathrm{A\cdot Wb}] \tag{4-21}$$

길이 1[m]당의 a선의 전류와의 전쇄교수 ϕ_a는 $S_1=S_2=S>D$로 볼 수 있을 정도로 거리 S를 크게 잡으면

$$\begin{aligned}\phi=\phi_{aa}+\phi_{ab}&=\left(\frac{\mu_s}{2}+2\log\frac{S}{r}-2\log-\frac{S}{D}\right)I^2\times10^{-7}\\&=\left(\frac{\mu_s}{2}+2\log\frac{D}{r}\right)I^2\times10^{-7}[\mathrm{A\cdot Wb}]\end{aligned} \tag{4-22}$$

로서, 이것이 a선의 길이 1[m]당의 인덕턴스 L_a를 나타내게 되고, b선에 대해서도 같은 결과가 된다. 또 식 (4-22)의 우변의 $\mu_s/2$는 그 내부의 자속 쇄교수에 의한 것으로써, 도선의 굵기에는 관계없이 보통의 경동선이나 강심 알루미늄 연선에

서는 $\mu_s=1$로 볼 수 있으므로, 대체로 전선 1조의 단위 길이당 인덕턴스는 $I=1$ [A]로 놓아서 다음 식으로 나타낼 수 있다.

$$L=L_a=L_b=\left(\frac{1}{2}+2\log\frac{D}{r}\right)\times 10^{-7}\,[\mathrm{H/m}]$$

$$=0.05+0.4605\log_{10}\frac{D}{r}\,[\mathrm{mH/km}] \qquad (4\text{-}23)$$

식 (4-23)의 L은 왕복선, 즉 단위 전류 $\dot{I}$와 $-\dot{I}$가 흐르고 있는 경우의 인덕턴스인데 평형 상태의 교류 단상 2선식 또는, 직류 2선식의 1조 1[km]당의 인덕턴스로서, 이것을 특히 작용 인덕턴스(working inductance)라 한다. 그런데 식 (4-23)의 우변 제1항의 0.05는 제2항의 수치에 비해서 극히 적은 값이므로 약산에서는 이것을 무시해도 실용상 큰 지장이 없다.

4.2.3 3상 1회선 송전 선로의 인덕턴스

동일 반경 r의 3전선 a, b, c가 D의 간격으로 정 3각형으로 배치되어 평형 3상 교류 $\dot{I}_a$, $\dot{I}_b$, $\dot{I}_c$가 흐르고 있는 것으로 한다. a선의 자속 쇄교수는 $\dot{I}_a$에 의한 쇄교수와 $\dot{I}_b$ 및 $\dot{I}_c$에 의한 자속중 a선에 쇄교하는 것과의 합이 되는데, 평형 3상 교류 전류는 $\dot{I}_a+\dot{I}_b+\dot{I}_c=0$이고, 선간 거리가 같으므로, 후자는 $\dot{I}_a+\dot{I}=-\dot{I}_a$인 전류가 b 및 c선이 집중해서 a선에서 D의 거리에 있는 전선에 흐르는 경우의 $\dot{I}_a$와의 자속 쇄교와 같다.

그림 4-5 선간 거리가 같지 않은 3상 1회선 송전선

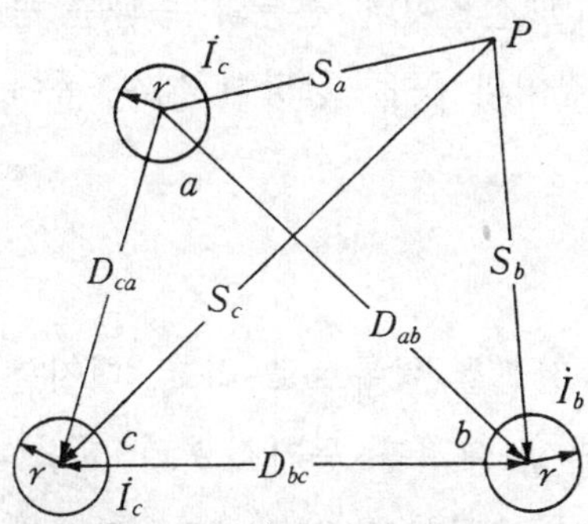

그림 4-6 연 가

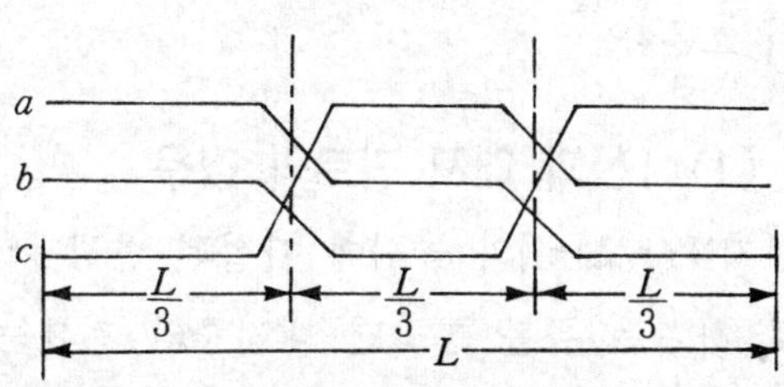

따라서, 정 3각형 배치일 때에는, 왕복2선의 인덕턴스와 같은 결과가 되어서 각 전선의 인덕턴스는 식 (4-23)의 L로 된다.

그러나, 보통의 3상 송전 선로는 선간 거리를 같게 하지 않는 것이 일반적이다. 즉 그림 4-5에서와 같이 2등변 3각형으로 각 전선이 배치되기 때문에, 가령 평형 3상 전류라 하더라도, 3전선의 자속 쇄교수는 각각 그 값을 달리 하므로, 송전 선로의 전선 길이에 대하여 기회 균등하게 배치한다. 즉 그림 4-6과 같이 전길이를 3등분해서, 각상에 속하는 전선이 전구간을 통하여 각 위치를 일순하도록 도중의 개폐소나 철탑에서 연가를 하여 선로 전체로서의 정수가 각상 평형되도록 한다. 이렇게 한 경우에는 연선의 인덕턴스의 평균치를 취하여 선간거리 $D=\sqrt[3]{D_{ab}D_{bc}D_{ca}}$로 되는 기하학적 평균 거리를 취함으로써 식 (4-23)과 똑같이 1선의 중성점에 대한 작용 인덕턴스가 계산된다.

4.2.4 3상 3선식 2회선의 인덕턴스

3상의 2회선 병가 송전선의 경우에 있어서도, 각 회선에 대칭 3상 전류를 흘리는 것으로 하고, 각 회선내 및 양회선 상호간에 완전 연가를 한 경우에는 다른 회선의 존재를 무시해서 3상 1회선의 경우와 같이 작용 인덕턴스의 계산이 된다.

4.2.5 대지 귀로의 인덕턴스

전류가 전선만에 흐르고 대지에는 흐르지 않는 상태의 인덕턴스를 바로 작용 인덕턴스라 하는데, 이것은 정상 운전시 및 3상 단락, 선간 단락등의 계산에 쓰여진다. 그러나 1선 지락, 2선 지락 및 단선 등의 경우에는 대지를 회로의 일부로 하여 전류가 흐르므로, 작용 인덕턴스는 그대로 사용할 수가 없다. 대지는 완전한 도체는 아니고, 땅속을 흐르는 전류는 대지 내부의 도전율이나 전류의 주파수 등에 따라서, 지표면 밑 수백에서 수천[m]에 이르는 깊이의 곳을 상당히 넓은 폭에 걸쳐서 흐른다.

(1) 1선과 대지 귀로의 경우

지표상 h[m]의 높이에 가설된 반경 r[m]의 전선을 왕복로로 하고, 대지를 귀로로 하여 전류를 통하면 대지중의 전류는, 편의상 이것과 등가적으로 그림 4-7과 같이 지표면 밑 H[m]인 깊이의 곳에 집중해서 흐른다고 생각한다. 그렇게 하면 식 (4-17)에 의해서 전선 단위 길이당 인덕턴스는 다음과 같이 된다.

$$L_{11} = \left(\frac{1}{2} + 2\log\frac{h+H}{r}\right) \times 10^{-7} [\text{H/m}] \tag{4-24}$$

H의 값은 보통 h에 비하여 대단히 크며, 상등대지면의 깊이는 $H_e = (h+H)/2$ [m]의 위치로 가상할 수 있는데, 이 값은 상용 주파수에서, 산악 지대 900[m], 산지 600[m], 평지 300[m]정도이지만, 주파수가 높게 되면 감소한다.

그림 4-7 1선과 대지 귀로

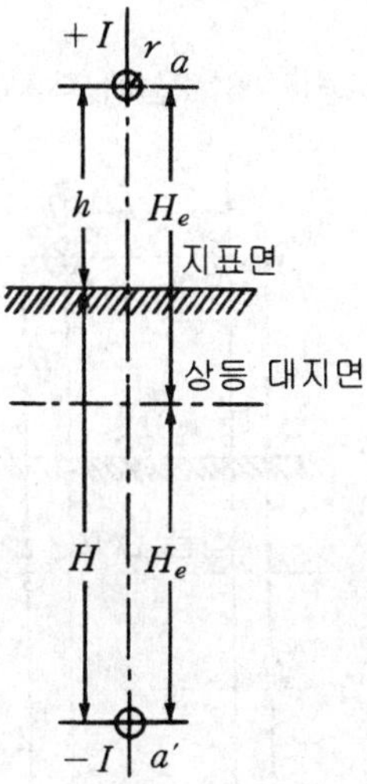

지표면 밑 H의 깊이에 귀로의 도선을 가정한 것의 실제의 전류 통로는 a'를 중심으로 반경 H정도의 큰 원형 단면적을 가지는 것이고, 그 왕복로에 해당하는 가공 전선의 지표상 h는 이것에 비하여 매우 적기 때문에 $h+H \fallingdotseq H$이므로 $\log\{(h+H)/H\} \fallingdotseq 0$로 되어서 대지 귀로 자신의 인덕턴스 L_g는

$$L_g = \frac{1}{2} \times 10^{-7} [\text{H/m}] \tag{4-25}$$

따라서, 식 (4-24)와 식 (4-25)를 가산해서 대지를 귀로로 하는 가공 전선의 L_e는 다음 식으로 산출할 수 있다.

$$\left.\begin{aligned} L_e &= \left(1+2\log\frac{h+H}{r}\right)\times 10^{-7}[\mathrm{H/m}] \\ &= 0.1+0.4605\log_{10}\frac{2H_e}{r}\,[\mathrm{mH/km}] \end{aligned}\right\} \tag{4-26}$$

(2) 2선과 대지 귀로

그림 4-8과 같이 반경 r[m]의 두 전선 a, b가 선간 거리 D[m]로 나란히 지표상 h[m]의 높이에 가설 되어 각각 $+I_a$, $+I_b$인 전류가 대지를 귀로로 해서 흐르는 것으로 한다.

그림 4-8 2선과 대지 귀로

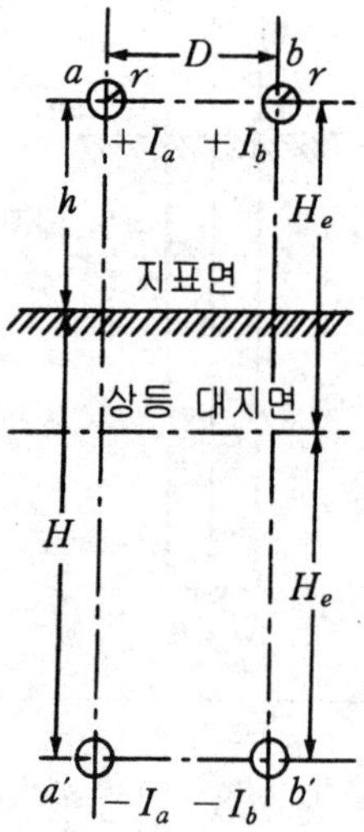

P점을 각 전선에서 대단히 먼 곳에 잡아 P점과 각 전선과의 수직 거리를 S[m]라 하면 $+I_a$, $-I_a$ 및 $+I_b$, $-I_b$에 의하여 생긴 P점까지의 자속과 a선과의 전쇄교수는 식 (4-22)에 준하여 a선의 1[m]당에 대하여

$$
\left.\begin{aligned}
\phi_a &= \left\{\left(\frac{1}{2}+2\log\frac{S}{r}\right)I_a-\left(2\log\frac{S}{2H_e}\right)I_a+\left(2\log\frac{S}{D}\right)I_b\right. \\
&\quad \left.-\left(2\log\frac{S}{\sqrt[k]{D^2+(2H_e)^2}}\right)I_b\right\}I_a\times 10^{-7} \\
&= \left\{\left(\frac{1}{2}+2\log\frac{2H_e}{r}\right)I_a+\left(2\log\frac{\sqrt{D^2+(2H_e)^2}}{d}\right)\sqrt{I_b}\right\}I_a\times 10^{-7}
\end{aligned}\right\} \quad (4\text{-}27)
$$

$D \ll H_e$이므로 $\sqrt{D^2+(2H_e)^2} \fallingdotseq 2H_e$로 놓고, a, b 양 전선을 왕복선으로 해서 $I_a=-I_b=1$[A]로 하여, 위 식에서 a선의 인덕턴스 L_a를 구하면

$$
\left.\begin{aligned}
L_a &= \left\{\left(\frac{1}{2}+2\log\frac{2H_e}{r}\right)-2\log\frac{2H_e}{D}\right\}\times 10^{-7} \\
&= \left\{\left(1+\log\frac{2H_e}{r}\right)-\left(\frac{1}{2}+2\log\frac{2H_e}{D}\right\}\times 10^{-7} \\
&= L_e-L_e' = \left(\frac{1}{2}+2\log\frac{D}{r}\right)\times 10^{-7}\,[\mathrm{H/m}]
\end{aligned}\right\} \quad (4\text{-}28)
$$

단, $L_e' = \left(\frac{1}{2}+2\log\frac{2H_e}{D}\right)\times 10^{-7}$

b선의 인덕턴스 L_b도 L_a와 같다. 지름 $L_a=L_b=L$이라 하면 식 (4-23)과 일치한다. 이 L은 a, b 양 전선을 왕복선으로 하는 경우, 1선의 인덕턴스를 나타내는 것으로서 역시 작용 인덕턴스라 하는데, 실용상 대지의 존재에는 관계없이 결정된다. 이것에 대하여 L_e 및 L_e'는 각각 대지를 귀로로 하는 1선을 자기 및 상호 인덕턴스라 한다.

다음에 식 (4-27)에 있어서 $I_a=I_b=1$[A]로 놓아서, a, b 양 전선을 일괄하여 대지를 공통 귀로로 하는 경우, 1선당의 인덕턴스를 구하면, 대지 귀로의 영향으로서의 인덕턴스의 식 (4-25)는 $I_a+I_b=2$[A]이므로 2[A]의 전류에 의한 자속이 a선의 1[A]를 쇄교하기 때문에 $2L_g=1\times 10^{-7}$로 되어서 이것도 가산하여

$$\left.\begin{aligned} L_{e_2} &= \left\{\left(1+2\log\frac{2H_e}{4}\right)+\left(\frac{1}{2}+2\log\frac{2H_3}{D}\right)\right\}\times 10^{-7} \\ &= L_e+L_e' = \left\{\frac{3}{2}+2\log\frac{(2H_e)^2}{rD}\right\}\times 10^{-7}[\text{H/m}] \\ &= 0.15+0.4605\log_{10}\frac{(2H_e)^2}{rD}[\text{mH/km}] \end{aligned}\right\} \tag{4-29}$$

2선 병렬의 일괄치는 이것이 1/2을 취하면 된다.

이와 같이 3상 3선식 송전선에서 3선을 일괄하여 대지를 공통 귀로로 하는 경우, 1선당의 인덕턴스 L_{e_3}를 구하면

$$L_{e_3} = L_e+2L_e' = \left\{\frac{4}{2}+2\log\frac{(2H_e)^3}{rD^2}\right\}\times 10^{-7}[\text{H/m}] \tag{4-30}$$

로 되고, 3상 2회선 송전선에서도 6선을 일괄한 1선당의 대지 귀로의 인덕턴스 L_{e_6}는, 다른 회선에서의 유도 인덕턴스 L_e''를 고려하여 다음과 같이 된다.

$$L_{e_6} = L_e+2L_e'+3L_e'' = L_e+5L_e' = \left\{\frac{7}{2}+\log\frac{(2H_e)^6}{rD^5}\right\}\times 10^{-7} \tag{4-31}$$

이들 값은 대략는 $L_e = 2.4$[mH/km], $L_e' = L_e'' = 1.1$[mH/km], $L = L_e - L_e' = 1.3$[mH/km] 정도이다.

4.3 정전용량

4.3.1 정전용량

선로에는 전선 상호간 또는 대지 사이에 정전용량(capacitance)이 있기 때문에 선로에 전압이 걸려 있으면 반드시 충전 전류가 흐른다.

(1) 왕복 2선간의 정전용량

반경 r[m]의 무한장 직선상의 2도체 a, b가 그림 4-9와 같이 D[m]의 간격으로 병행 가선 되어서 그 단위 길이당 각각 $+Q$[C/m] 및 $-Q$[C/m]의 전하가 주어졌다고 하자. 지금 $D \gg r$이라 하면 전하는 각 전선의 중심선 상에 집중되어 있

는 것으로 다룰 수 있으므로, a, b 전선상의 전하에 의해서 P점에 생기는 전계의 세기 E_a, E_b는 다음과 같다.

그림 4-9 왕복 2도선의 정전용량

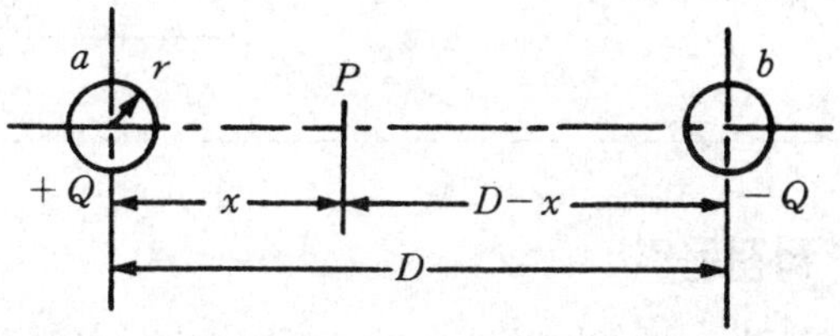

$$E_a = \frac{2Q}{x} \times 9 \times 10^9 [\mathrm{V/m}]$$

$$E_b = -\frac{2Q}{d-x} \times 9 \times 10^9 [\mathrm{V/m}]$$

따라서, P점의 전계의 세기는 $E = E_a - E_b$이고, 전선 a, b간의 전위차 V_{ab}는, $D \gg r$이므로, $\frac{(D-r)}{r} \fallingdotseq \frac{D}{r}$ 로 놓으면

$$\left.\begin{aligned} V_{ab} &= \int_r^{D-r} E dx = 2Q \times 9 \times 10^9 \left(\log \frac{D-r}{r} - \log \frac{r}{D-r} \right) \\ &= 4Q \times 9 \times 10^9 \log \frac{D}{r} [\mathrm{V}] \end{aligned}\right\} \tag{4-32}$$

이것에서 전선 a, b간의 단위 길이당의 정전용량은 $C_{ab} = Q/V_{ab}$로 되는데, 그림 4-10에서 1선과 중성점간의 정전용량, 즉 작용 정전용량(working capacitance)은 $C = 2C_{ab}$이므로

$$C = \frac{1}{2\log \frac{D}{r} \times 9 \times 10^9} = \frac{0.02413}{\log_{10} \frac{D}{r}} [\mu\mathrm{F/km}] \tag{4-33}$$

그림 4-10 3선과 중성점간의 정전용량

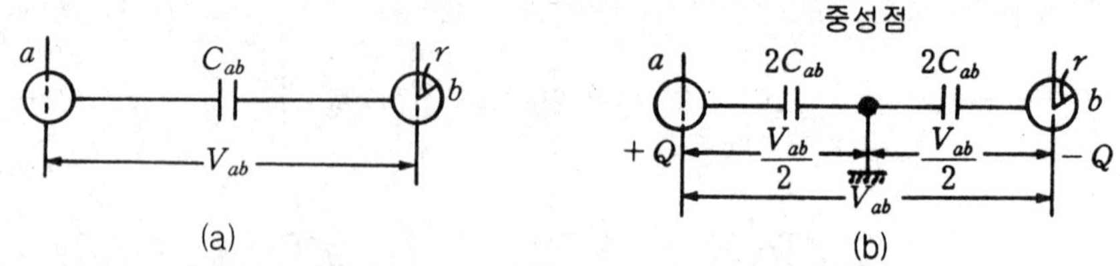

(2) 대지 귀로의 정전용량

그림 4-11과 같이 반경 r[m]의 전선 a가 지표상 h[m]의 곳에 가선되어 여기에 $+Q$[C/m]의 전하가 주어졌을 때, 대지는 영전위이므로 그 전기력선의 분포에서 $-Q$[C/m]의 전하를 가진 a' 선이 a의 영상으로 지표면 밑 h[m]의 곳에 있다고 생각 할 수 있다. aa' 간은 $2h$이므로 전선 a의 대지 정전용량 C_s는 식 (4-33)에 의하여 다음과 같이 된다.

$$C_s = \frac{1}{2\log(2h/r)} \times \frac{1}{9} = \frac{0.02413}{\log_{10}(2h/r)} \text{ [}\mu\text{F/km]} \tag{4-34}$$

실제의 대지 표면은 완전한 도체가 아니므로 정전용량에 대한 상당 대지면은 지질, 수분 및 날씨 등에 따라서 달라지는데, 전선의 지표상의 높이의 2~4배 정도라 한다.

그림 4-11 1선의 대지 정전 용량

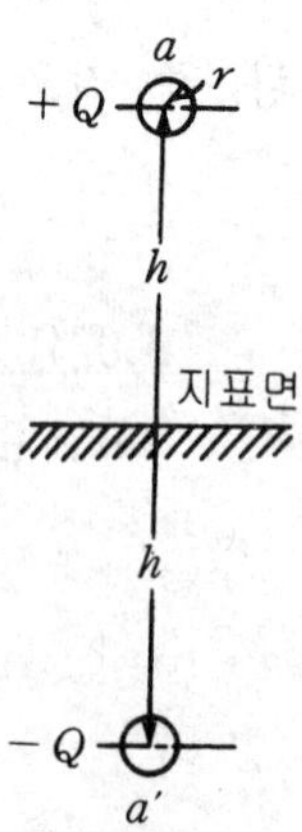

4.3.2 복도체 가공 송전 선로의 선로정수

최근 대용량 초고압 송전선에는 복도체(plural or double conductor) 가공 송전 방식이 채용되고 있다. 복도체란 3상 송전선로에서 1상의 전선이 2줄 이상으로 한 것을 말한다.

우리나라에서도 154[kV], 345[kV] 가공 송전선에는 복도체를 사용하고 있다.

복도체 송전선의 이점은 단도체 방식과 비교하면

① 송전선의 인덕턴스는 20[%]정도 감소되고 정전용량은 20[%] 증가하므로 송전용량을 증대 시킬수 있다.

② 등가 단면적이 증가함으로 전선 표면의 전위 경도를 저감시켜서 코로나 개시 전압을 높여 주므로서 코로나 손실을 감소 시킬수 있다.

③ 선로 계통에 안정도를 증대 시킬수 있다.

(1) 인덕턴스

소도체의 반지름을 r[m], 소도체수를 n, 소도체 간격을 S[m]라고 할 때 도선 내부의 자속 쇄교수에 의한 것은 단도체의 $1/n$로 되고 등가 반지름은 $r_e = \sqrt[n]{rS^{n-1}}$ 과 같이 증대된다.

복도체의 도체 소선이 일반적으로 n도체식의 작용 인덕턴스가 $\mu_s = 1$일 때 L_n은

$$L_n = \frac{0.05}{n} + 0.4605 \log_{10} \frac{D}{\sqrt[n]{rS^{n-1}}} \text{[mH/km]}$$

2도체에서는 $L_2 = 0.025 + 0.4605 \log_{10} \frac{D}{\sqrt{rS}}$ [mH/km]

3도체에서는 $L_3 = 0.0167 + 0.4605 \log_{10} \frac{D}{\sqrt[3]{rS^2}}$ [mH/km]

4도체에서는 $L_4 = 0.0125 + 0.4605 \log_{10} \frac{D}{\sqrt[4]{rS^3}}$ [mH/km]

단, 4도체의 경우 소도체 상호간의 기하학적 평균거리 S는

$$S = \sqrt[3]{S_0 \times 2\sqrt{S_0} \times S_0} = \sqrt[6]{2} \times S_0$$

이다.

(2) 정전용량

정전용량 계산에 있어서도 등가 반지름 r_e는 인덕턴스 공식을 이용하여 대입하면 된다. 즉, 작용 정전용량 C_n은

$$C_n = \frac{0.02413}{\log_{10}\frac{D}{\sqrt[n]{rS^{n-1}}}} [\mu\text{F/km}]$$

2도체에서는 $C_2 = \frac{0.02413}{\log_{10}\frac{D}{\sqrt{rS}}} [\mu\text{F/km}]$

3도체에서는 $C_3 = \frac{0.02413}{\log_{10}\frac{D}{\sqrt[3]{rS^2}}} [\mu\text{F/km}]$

4도체에서는 $C_4 = \frac{0.02413}{\log_{10}\frac{D}{\sqrt[4]{rS^3}}} [\mu\text{F/km}]$

단, 4도체의 경우 소도체 상호간의 기하학적 평균 거리 S는

$$S = \sqrt[3]{S_0 \times 2\sqrt{S_0} \times S_0} = \sqrt[6]{2} \times S_0$$

이다.

일반적으로 복도체의 선로 정수는 단도체에 비해서 인덕턴스 L은 약 20~30[%]정도 감소되고 정전용량은 반대로 약 20~30[%] 증가되고 있다.

4.3.3 누설 콘덕턴스

애자의 누설 저항은 건조시에 대단히 커서, 그 역수인 누설 콘덕턴스(leakage conductance)는 매우 적으므로 송전선의 특성을 검토할 때의 선로 정수로서는 실요상 고려할 필요가 없다. 우천시에는 상당한 누설 전류가 흐르는 일도 있으나, 예외의 일이다. 송전선의 전압 인가에 앞서서 누설 저항을 절연 저항계로 측정하는 일도 있지만, 일반적으로 장거리이고, 유도 등의 위험 전압이 발생하는 수가 있으므로 보통은 행하지 않는다.

이 밖에 코로나 발생에 수반하는 손실을 등가적으로 누설 콘덕턴스로 생각하는 경우도 있다.

1선의 누설 콘덕턴스를 g[℧/km], 대지 정전용량을 C[F/km]라 하면 병렬 어드미턴스 $\dot{Y}$는 다음과 같이 된다.

$$\dot{Y} = g + j\omega C[℧/\text{km}] \tag{4-35}$$

【예제 1】 7/3.7[mm]인 경동 연선(반경 0.555[cm])을 그림 4-12와 같이 배치한 연가의 66[kV] 1회선 송전선이 있다. 1[km]당의 작용 인덕턴스, 작용 정전용량 및 대지 정전용량을 구하여라. 또, 선간 전압 66[kV], 길이 100[km], 주파수 60[Hz]일 경우의 충전 전류를 구하여라.

그림 4-12

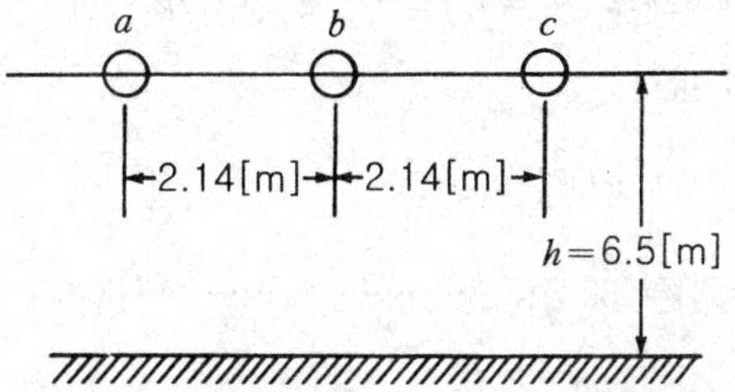

풀이 $D_{12} = D_{23} = 2.14[\text{m}]$, $D_{13} = 4.28[\text{m}]$ 따라서, 전선간의 기하 평균 거리

$D = \sqrt[3]{2.14 \times 2.14 \times 4.28} = 2.7[\text{m}]$

$r = 0.555[\text{cm}]$, $h = 6.5[\text{m}]$이므로

작용 인덕턴스는

$$L = 0.05 + 0.4605 \log_{10} \frac{2.70}{0.0055} = 1.2874[\text{mH/km}]$$

작용 정전용량은

$$C_n = \frac{0.02413}{\log_{10} \dfrac{2.70}{0.00555}} = \frac{0.02413}{2.6871} = 0.00898\,[\mu\text{F/km}]$$

대지 정전용량은

$$C_s = \frac{0.02413}{\log_{10} \dfrac{8 \times 6.50^2}{0.00555 \times 2.70^2}} = \frac{0.02413}{4.7348} = 0.005096\,[\mu\text{F/km}]$$

충전 전류는

$$I_c = \frac{66,000}{\sqrt{3}} \times 2\pi \times 60 \times 0.00898 \times 100 \times 10^{-6} = 12.9[\text{A}]$$

【예제 2】 3상 1회선의 송전 선로에 3상 전압을 인가해서 충전하였을 때 전선 1조에 흐르는 충전 전류는 32[A], 또 3선을 일괄해서 이것과 대지간에 전기와 같은 값의 선간 전압의 $\frac{1}{\sqrt{3}}$을 인가해서 충전하였을 때 충전 전류는 60[A]였다. 이 때 전선 1조의 대지 정전용량과 선간용량과의 비를 구하여라.

풀이 3상 3선식 선로에서는 작용 정전용량(C_n)과 대지 정전용량(C_s) 및 선간 정전용량(C_m)과의 사이에는 $C_n = C_s + 3C_m$의 관계가 있다. 지금 선간 전압을 V라고 하면 문제의 뜻에 따라

$$\omega C_n \frac{V}{\sqrt{3}} = \omega(C_s + 3C_m)\frac{V}{\sqrt{3}} = 32 \quad \cdots\cdots\cdots\cdots ①$$

$$3\omega C\frac{V}{\sqrt{3}} = \sqrt{3}\,\omega C_s V = 60 \quad \cdots\cdots\cdots\cdots ②$$

식 ②로 부터 $\omega V = \frac{60}{\sqrt{3}\,C_s}$

이것을 식 ①에 대입해서 정리하면

$$60\frac{C_m}{C_s} + 20 = 32 \qquad \therefore \frac{C_m}{C_s} = \frac{1}{5}$$

【예제 3】 반경 6[mm]인 경동선을 사용한 3상 1회선 전선로가 있다. 2[m]간격으로 정 3각형 배치된 경우 수평 선상에 일직선으로 2[m]간격으로 배치된 경우에 대해서 각 전선의 인덕턴스를 계산하여라.

풀이 · 정 3각형 배치된 경우

이 경우는 각 전선의 인덕턴스는 같고 이것을 L이라 하면 전선의 반경 및 간격을 같은 단위로 하여

$$L = 0.4605\log_{10}\frac{2}{0.006} + 0.05 = 0.4605 \times 2.5228 + 0.05$$

$$= 1.2113[\text{mH/km}]$$

· 수평 배치된 경우

이 경우는 중앙과 바깥쪽 전선의 인덕턴스가 다르고 중앙 전선은 정 3각형 배치한 경우와 같다. 바깥쪽 전선의 인덕턴스를 L'라 하면

$$L' = 0.4605\log_{10}\frac{\sqrt{2}\times 2}{0.006} + 0.05 = 0.4605 \times 2.6749 + 0.05$$

$= 1.2818[\text{mH/km}]$

또한 연가를 하면 각 선의 인덕턴스는 평균된 값이 나온다. 이것을 L''라 하면

$$L'' = 0.4605 \log_{10} \frac{\sqrt[3]{2} \times 2}{0.006} + 0.05 = 0.4605 \times 2.6232 + 0.05$$

$= 1.2580[\text{mH/km}]$

연 습 문 제

문제 1. 송전 선로의 선로 정수가 아닌 것은 다음 중 어느 것인가?

㉮ 저항 ㉯ 리액턴스

㉰ 정전용량 ㉱ 누설 콘덕턴스

풀이 송전 선로는 $R-L-C-G$의 연속적 전기회로이다. [답] ㉯

문제 2. 그림과 같이 D[m]의 간격으로 반경 r[m]의 두전선 a, b가 평행으로 가선되어 있는 경우 작용인덕턴스는 몇 [mH/km]인가?

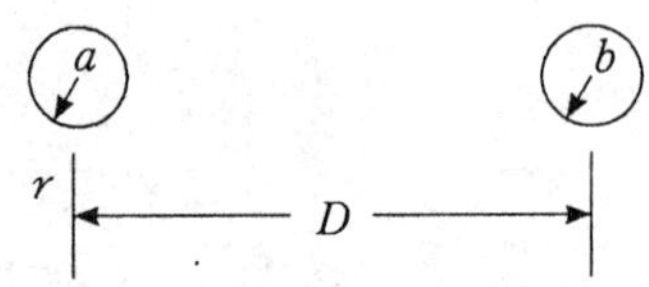

㉮ $L=0.05+0.4605\log_{10}\frac{D}{r}$

㉯ $L=0.05+0.4605\log_{10}(rD)$

㉰ $L=0.05+0.4605\log_{10}\frac{2D}{r}$

㉱ $L=0.05+0.4605\log_{10}\left(\frac{1}{rD}\right)$

[답] ㉮

문제 3. 반지름 r[m]인 전선 A, B, C가 그림과 같이 수평으로 D[m] 간격으로 배치되고 3선이 완전 연가된 경우 각 선의 인덕턴스는?

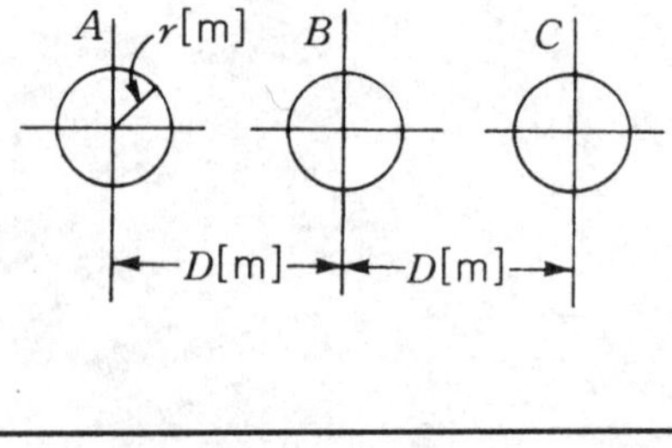

㉮ $L=0.05+0.4605\ \log_{10}\frac{D}{r}$

㉯ $L=0.05+0.4605\ \log_{10}\frac{\sqrt{2}D}{r}$

㉰ $L=0.05+0.4605\ \log_{10}\frac{\sqrt{3}D}{r}$

㉱ $L=0.05+0.4605\ \log_{10}\frac{\sqrt[3]{2}D}{r}$

풀이 기하 평균 거리(GMD)는 수평배치가 되어 있으므로

$D^e=\sqrt[3]{D\cdot D\cdot 2D}=\sqrt[3]{2}\cdot D$

$$\therefore\ L=0.05+0.4605\log_{10}\frac{\sqrt[3]{2}\cdot D}{r}$$ [답] ㉱

문제 4. 3상 3선식 송전 선로의 선간거리가 D_1, D_2, D_3[m], 전선 직경이 d[m]로 연가된 경우에 전선 1[km]의 인덕턴스는 몇 [mH]인가?

㉮ $0.05+0.4605\ \log_{10}\frac{\sqrt[3]{D_1\,D_2\,D_3}}{d}$

㉯ $0.05+0.4605\ \log_{10}\frac{2\sqrt[3]{D_1\,D_2\,D_3}}{d}$

㉰ $0.05+0.4605\ \log_{10}\frac{d\ \sqrt[3]{D_1\,D_2\,D_3}}{2}$

㉱ $0.05+0.4605\ \log_{10}\frac{d}{\sqrt{D_1\ D_2\ D_3}}$

풀이 기하 평균 거리(GMD)는 삼각형 배치가 되어 있으므로

$$D^e=\frac{\sqrt[3]{D_1,D_2,D_3}}{r}=\frac{2\ \sqrt[3]{D_1,D_2,D_3}}{d}$$

$$\therefore\ L=0.05+0.4605\ \log_{10}\frac{2\ \sqrt[3]{D_1,\ D_2,\ D_3}}{d}$$ [답] ㉯

문제 5. 3상 3선식에서 전선의 선간거리가 각각 1[m], 2[m], 4[m]라고 할 때 등가 선간거리는 몇 [m]인가?

㉮ 1 ㉯ 2 ㉰ 3 ㉱ 4

풀이 등가 선간거리 $D_m=\sqrt[3]{D_1D_2D_3}=\sqrt[3]{1\times2\times4}=2$[m] [답] ㉯

문제 6. 전선 a, b, c가 일직선으로 배치되어 있다. a와 b, b와 c 사이의 거리가 각각 5[m]일 때 이 선로의 등가 선간거리는 몇 [m]인가?

㉮ 5 ㉯ 10 ㉰ $5\sqrt[3]{2}$ ㉱ $5\sqrt{2}$

풀이 일직선 배치이므로 기하학적 등가 선간거리은 $D_m=\sqrt[3]{2}D=\sqrt[3]{2}\times5$ [답] ㉰

문제 7. 그림과 같은 전선의 배치에서 등가 선간거리(기하학적 평균거리)는?

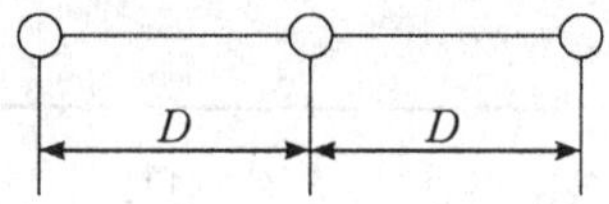

㉮ $\sqrt{2}D$　　㉯ $\sqrt{3}D$

㉰ $\sqrt[3]{3}D$　　㉱ $\sqrt[3]{2}D$

[답] ㉱

문제 8. 3상 3선식 송전선에서 바깥지름 20[mm]의 경동연선을 그림과 같이 일직선 수평배치로 하여 연가를 했을 때, 1[km]마다의 인덕턴스는 약 몇 [mH/km]인가?

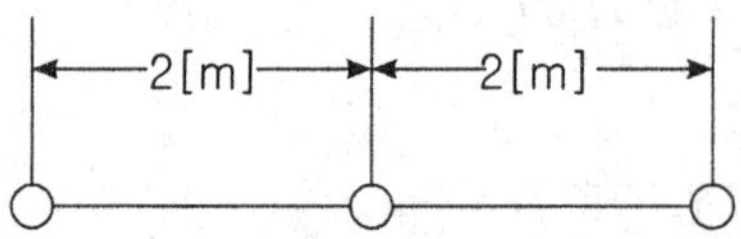

㉮ 1.16　　㉯ 1.32　　㉰ 1.48　　㉱ 1.64

풀이 $L = 0.4605\log_{10}\dfrac{\sqrt[3]{2}D}{r} + 0.05 = 0.4605\log_{10}\dfrac{\sqrt[3]{2}\times 200}{2/2} + 0.05 = 1.16$[mH/km]

[답] ㉮

문제 9. 복도체에 있어서 소도체의 반지름을 r[m], 소도체 사이의 간격을 s[m]라고 할때 2개의 소도체를 사용한 복도체의 등가 반지름은?

㉮ $\sqrt{rs}$　　㉯ $\sqrt{r^2 s}$　　㉰ $\sqrt{rs^2}$　　㉱ rs

풀이 복도체의 인덕턴스

$L_m = \dfrac{0.05}{n} + 0.4605\log_{10}\dfrac{D}{\sqrt[n]{rs^{n-1}}}$ 에서

두 개의 소도체인 복도체의 인덕턴스

$L_e = 0.025 + 0.4605\log_{10}\dfrac{D}{\sqrt{rs}}$ [mH/km]

[답] ㉮

문제 10. 송전 선로의 인덕턴스는 등가 선간 거리(그림 참조) D가 증가하면 어떻게 하는가?

㉮ 증가한다. ㉯ 감소한다.

㉰ 변하지 않는다. ㉱ D에 비례하여 증가한다.

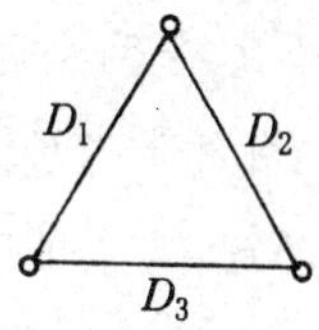

$D=(D_1 D_2 D_3)^{\frac{1}{3}}$

풀이 $L=0.4605 \log_{10}\frac{D}{r}+0.05$[mH/km]에서 등가 선간 거리 D가 증가하면 L도 증가한다.

[답] ㉮

문제 11. 단상 2선식 배전선로에서 대지 정전용량을 C_s, 선간 정전용량을 C_m이라 할 때 작용 정전용량 C_n은?

㉮ C_s+C_m ㉯ C_s+2C_m ㉰ $2C_s+C_m$ ㉱ C_s+3C_m

[답] ㉯

문제 12. 3상 3선식 선로에 있어서 각선의 대지 정전용량이 C_s[F] 선간 정전용량이 C_m[F]일 때 1선의 작용 정전용량[F]은?

㉮ $2C_s+C_m$ ㉯ C_s+2C_m ㉰ $3C_s+C_m$ ㉱ C_s+3C_m

[답] ㉱

문제 13. 3상 3선식 배치의 송전선로가 있다. 선로가 연가되어 각 선간 정전용량은 0.009[μF/km], 각선의 대지 정전용량은 0.003[μF/km]라고 하면 1선의 작용 정전용량[μF/km]은?

㉮ 0.03 ㉯ 0.018 ㉰ 0.012 ㉱ 0.006

풀이 작용 정전용량 $C_w=C_s+3C_m=0.003+3\times 0.009=0.03$[μF/km] [답] ㉮

문제 14. 그림과 같은 대지 정전용량과 상호 정전용량을 갖는 3상 송전선에서 a상과 b상 사이의 상호 정전용량을 정전계수 K로 표시하면?

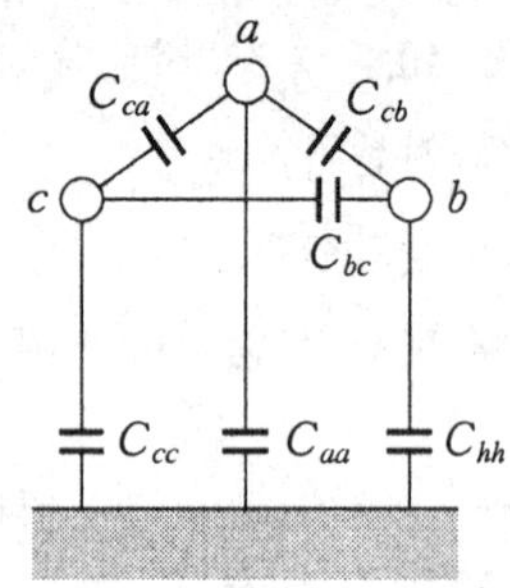

㉮ $C_{ab}=K_{ab}$ ㉯ $C_{ab}=K_{aa}+K_{ab}+K_{ac}$

㉰ $C_{ab}=-K_{ab}$ ㉱ $C_{ab}=K_{bb}+K_{bc}+K_{ba}$

풀이 $C_{aa}=K_{aa}+K_{ab}+K_{ac}$ $C_{bb}=K_{ba}+K_{bb}+K_{bc}$

$C_{CC}=K_{ca}+K_{cb}+K_{cc}$ $C_{ab}=-K_{ab}=-K_{ba}$

$C_{bc}=-K_{bc}=-K_{cb}$ $C_{ca}=-K_{ca}=-K_{ac}$

여기서 K_{aa}, K_{bb}, K_{cc} : 용량계수, K_{ab}, K_{ac}, K_{ba}, $K_{bc}\cdots$: 유도계수 [답] ㉰

문제 15. 전선 4개의 도체가 4각형으로 배치되어 있을 때 기하평균 거리는 얼마인가? 단, 각 도체간의 거리는 d라 한다.

㉮ d ㉯ $4d$ ㉰ $\sqrt[3]{2}\,d$ ㉱ $\sqrt[6]{2}\,d$

풀이 $\sqrt[6]{d\cdot d\cdot d\cdot d\cdot \sqrt{2}d\cdot \sqrt{2}d}=\sqrt[6]{2}d$

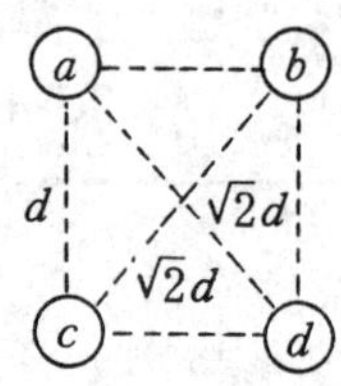

[답] ㉱

문제 16. 4각형으로 배치된 4도체 송전선이 있다. 소도체의 반지름 1[cm], 한변의 길이 32[cm]일 때 소도체간의 기하학적 평균 거리[cm]는?

㉮ $32\times 2^{1/3}$ ㉯ $32\times 2^{1/4}$ ㉰ $32\times 2^{1/5}$ ㉱ $32\times 2^{1/6}$

풀이 $D_m=\sqrt[6]{2}S$이므로 $D_m=\sqrt[6]{2}\times 32=32\times 2^{\frac{1}{6}}$ [답] ㉱

문제 17. 송전선의 정전용량 선간 거리를 D, 전선의 반지름을 r이라 할 때?

㉮ $\log\frac{D}{r}$에 비례한다.　　㉯ $\log\frac{D}{r}$에 반비례한다.

㉰ $\log\frac{r}{D}$에 비례한다.　　㉱ $\log\frac{r}{D}$에 반비례한다.

풀이 $C_w = \dfrac{0.02413}{\log_{10}\dfrac{D}{r}}$ [μF/km]이므로 정전용량은 $\log_{10}\frac{D}{r}$에 반비례한다. [답] ㉯

문제 18. 소도체 두 개로 된 복도체 방식 3상 3선식 송전선로가 있다. 소도체의 지름 2[cm], 소도체 간격 16[cm], 등가 선간거리 200[cm]인 경우 1상당 작용 정전용량은 몇 [μF/km]인가?

㉮ 0.14　　㉯ 0.014　　㉰ 0.02413　　㉱ 0.04826

풀이 정전용량 $C_2 = \dfrac{0.02413}{\log_{10}\dfrac{D}{\sqrt{rs}}} = \dfrac{0.02413}{\log_{10}\dfrac{200}{\sqrt{\frac{2}{2}\times 16}}} = 0.0142[\mu\text{F/km}]$ [답] ㉯

문제 19. 등가 선간 거리 9.37[m], 공칭 단면적 330[mm²], 도체 외경 25.3[mm], 복도체 ACSR인 3상 송전선의 인덕턴스는 몇 [mH/km]인가? 단, 소도체 간격은 40 [cm]이다.

㉮ 1.001　　㉯ 0.010　　㉰ 0.100　　㉱ 1.100

풀이 $L_n = \dfrac{0.05}{n} + 0.4605\log\dfrac{D}{\sqrt[n]{rS^{n-1}}}$

$= \dfrac{0.05}{2} + 0.4605\log\dfrac{9370}{\sqrt{12.65\times 400}}$

$= 1.0011[\text{mH/km}]$ [답] ㉮

문제 20. 3상 1회선 송전선의 대지 정전용량은 전선의 굵기가 동일하고 완전히 연가되어 있는 경우에는 얼마인가? 단, r[m] : 도체의 반지름, D[m] : 도체의 등가 선간 거리, h[m] : 도체의 평균 지상 높이이다.

㉮ $\dfrac{0.02413}{\log_{10}\dfrac{4h^2}{rD}}$　　㉯ $\dfrac{0.02413}{\log_{10}\dfrac{4h^2}{rD^2}}$

㉰ $\dfrac{0.02413}{\log_{10}\dfrac{8h^3}{rD^2}}$　　㉱ $\dfrac{0.02413}{\log_{10}\dfrac{8h^3}{rD^3}}$

풀이 대지 정전용량

$$C = C_{11} = C_{22} = C_{33} = K + 2K' = \frac{1}{P+2P'} = \frac{0.2413}{\log_{10}\dfrac{8h^3}{rD_e^2}}\ [\mu\text{F/km}]$$ [답] ㉰

문제 21. 22[kV], 60[Hz] 1회선의 3상 송전선의 무부하 충전 전류[A]를 구하면? 단, 송전선의 길이는 20[km]이고, 1선 1[km]당 정전용량은 0.5[μF]이다.

㉮ 약 12　　㉯ 약 24　　㉰ 약 36　　㉱ 약 48

풀이 충전 전류

$$I_c = 2\pi fcl\frac{V}{\sqrt{3}} = 2\pi\times 60\times 0.5\times 10^{-6}\times 20\times\frac{22000}{\sqrt{3}} = 48[\text{A}]$$ [답] ㉱

문제 22. 길이가 35[km]인 단상2선식 전선로의 유도리액턴스는?(단, 전선로 단위길이당 인덕턴스는 1.3[mH/km/선], 주파수 60[Hz]이다.)

㉮ 17　　㉯ 26　　㉰ 34　　㉱ 68

풀이 유도리액턴스 $X_L = \omega L = 2\pi fL[\Omega]$이므로

$$X_L = 2\pi\times 60\times 1.3\times 10^{-3}\times 35\times 2 = 34[\Omega]$$ [답] ㉰

문제 23. 전선에서 전류의 밀도가 도선의 중심으로 들어갈수록 작아지는 현상은?

㉮ 페란티 효과　　㉯ 표피 효과　　㉰ 근접 효과　　㉱ 접지 효과

풀이 ① 페란티 현상 : 선로에 충전전류가 흘러 수전단전압이 송전단전압보다 높아지는 현

상

② 표피효과 : 전선 표면에 가까워질수록 전류가 많이 흐르는 현상

③ 근접효과 : 같은 방향의 전류는 바깥쪽으로 다른 방향의 전류는 안으로 집중하는 현상

[답] ㉯

문제 24. 송배전선로의 작용 정전용량에 사용되는 계산은?

㉮ 1선 지락고장시 고장전류 계산

㉯ 정상운전시 선로의 충전전류 및 조류 계산

㉰ 선간단락 고장시 고장전류 계산

㉱ 인접 통신선의 정전유도전압 계산

[답] ㉯

문제 25. 초고압 송전 선로에 단도체 복도체를 사용할 경우에 적합하지 않은 것은?

㉮ 전선의 작용 인덕턴스를 감소시킨다.

㉯ 선로의 작용 정전용량을 증가시킨다.

㉰ 전선 표면의 전위 경도를 저감시킨다.

㉱ 전선의 코로나 임계 전압을 저감시킨다.

풀이 코로나 임계 전압을 증가시킨다. [답] ㉱

문제 26. 복도체를 사용하면 송전용량이 증가하는 가장 주된 이유는 다음 중 어느 것인가?

㉮ 코로나가 발생하지 않는다.

㉯ 선로의 작용 인덕턴스는 감소하고 작용 정전용량은 증가한다.

㉰ 전압강하가 있다.

㉱ 무효전력이 적어진다.

풀이 $P=\frac{V_s \cdot V_r}{X}\sin\delta$ 에서 인덕턴스의 감소가 송전용량 증가에 주가된다. [답] ㉯

문제 27. 연가를 하는 주된 목적은?

㉮ 미관상 필요　　㉯ 선로 정수의 평형
㉰ 유도뢰의 방지　　㉱ 직격뢰의 방지

풀이 연가의 목적

① 선로 정수의 평형
② 유도 장해의 방지
③ 직렬 공진의 방지이며,

연가는 전선로 길이를 3배수로 서로 치환 가선하는 방식이다. [답] ㉯

문제 28. 연가해도 효과가 없는 것은?

㉮ 선로정수의 평형　　㉯ 유도뢰의 방지
㉰ 정전용량 감소　　㉱ 각상의 임피던스 평형

풀이 연가를 실시하면 전선이 등가높이가 평균화 되어서 대지 정전용량이 감소하고 선로 정수가 평형되므로 통신선의 유도장해를 감소시키게 된다. [답] ㉯

문제 29. 3상 3선식 송전선을 연가할 경우 일반적으로 전체 선로 길이의 몇 배수로 등분해서 연가하는가?

㉮ 5　　㉯ 4　　㉰ 3　　㉱ 2

풀이 3상 3선식에는 상이 셋이므로 3상의 선로 정수를 평형시키려면 3배수로 하여야 한다.

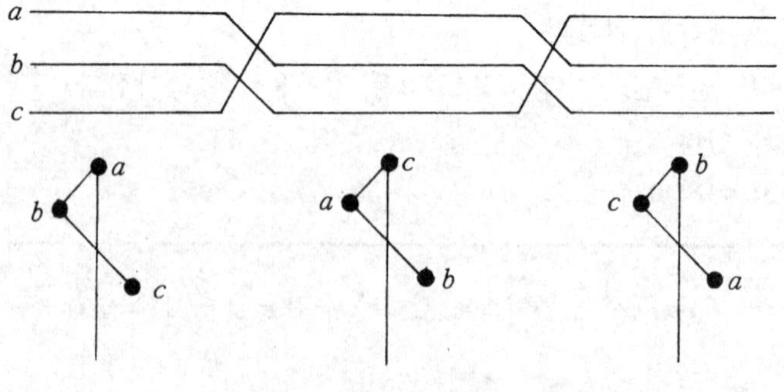

[답] ㉰

문제 30. 선로정수를 전체적으로 평형되게 하고, 근접통신선에 대한 유도장해를 줄일 수 있는 방법은?

㉮ 딥(dip)을 준다. ㉯ 연가를 한다.

㉰ 복도체를 사용한다. ㉱ 소호 리액터 접지를 한다.

[답] ㉯

문제 31. 3상 수직 배치인 선로에서 오프-셋트(Iff-set)를 설치하는 이유는?

㉮ 전선의 진동억제 ㉯ 단락 방지

㉰ 철탑 중량 감소 ㉱ 전선의 풍압 감소

풀이 오프셋은 피빙도약으로 인한 상하선의 단락을 방지하기 위해, 전선이 수직배치인 개소에서 오프셋하게 된다. [답] ㉯

문제 32. 오프셋을 하는 주된 이유는?

㉮ 불평형 전압의 유도방지 ㉯ 지락사고 방지

㉰ 전선의 진동방지 ㉱ 상하선의 혼촉방지

풀이 피빙도약으로 인한 상하선의 단락을 방지하기 위해 전선이 수직 배치인 개소에서 오프셋하게 된다. [답] ㉱

제 5 장 코로나

송전 선로에서는 송전 전압을 높이기만 하면 전선이 굵지 않아도 그만큼 많은 전력을 전송할 수 있다. 그러나, 전압이 높게 되면 너무 가는 전선을 사용하는 것은 허용되지 않는다. 왜냐 하면, 전선 표면의 전위 경도가 커져서 코로나(corona)가 발생하기 때문이다.

이것은 공기를 절연물로 하고 있는 가공 송전선에서는 어쩔 수 없는 일이다. 공기중에는 1[cm^3]당 약 200~1000쌍의 이온(ion)이 포함되어 있어서, 극히 미약한 도전성을 갖고 있으나 송전 공학에서는 보통 공기를 절연물로 보아도 좋다. 그렇지만 그 절연 내력에는 한도가 있어서 표준 온도 20[℃], 표준 기압 760[mmHg]에 있어서는 직류로 약 30[kV/cm]의 전위 경도가 되면 공기는 절연이 파괴된다. 이것을 정현파 교류의 실효치로 환산하면 21.1[kV/cm]정도로 되는데, 이 값을 **파열극한 전위 경도**(disruptive critical potential gradient)라 한다. 평판 전극 사이에 전압을 가한 경우에는 전 갭을 통하여 전위 경도가 균일하므로 이것이 상기의 한도를 넘으면 그 공간내의 절연성이 상실되어서 불꽃 방전을 일으킨다. 한편, 송전 선로의 전선 표면의 근방에서 전극간의 일부분에 있어서만 전위 경도가 위의 한도를 넘을 때는, 그 곳만의 공기 절연이 파괴되고, 전체로서는 섬락까지에 이르지는 않는다. 이와 같이 공기의 절연이 부분적으로 파괴되어서 낮은 소리나 엷은 빛을 내는 방전 현상을 **코로나**라 한다.

송전 전로에 코로나가 발생하면, 선로 근방에서의 라디오 수신에 장해를 주기도 하고, 또 전력 손실이 생겨서 송전 효율을 저하시키는 등 여러 가지 나쁜 영향을 가져 온다.

코로나는 또 전선이나 초호각, 클램프 등에서 발생하는 기중 코로나와 애자의 캡 및 핀의 쇠붙이와 자기의 접합부 사이에서 발생하는 연면 코로나로 나눌 수 있다.

일반적으로 고전압 송전 선로를 건설할 때에 상규 전압하에서는 코로나 방전이 발생하지 않도록 설계상 고려하고 있지만 건설중에 생기는 전선 표면의 손상이나 공간에 노출되어 있으므로 해서 받는 외적 영향 즉, 오손, 비, 눈 등에 의하여 전력 설비에서 코로나가 발생하는 경우가 많다. 이들의 발생원과 그 방전 종별 및 발생 원인을 살펴 보면 표 5-1과 같다.

표 5-1 전력설비에서 발생하는 코로나 방전

발 생 원	방전종별	발 생 원 인
전 선	기중코로나	표면의 손상, 부착물, 비, 눈, 안개 등
애자, 애관	연면코로나	과전압의 불평균, 전위 분포의 불균일, 오손, 비, 눈, 안개 등
애자 장치의 쇠붙이	기중코로나	표면의 손상, 부착물, 비, 눈, 안개 등
스페이서, 슬리이브 등의 쇠붙이	기중코로나	표면의 손상, 부착물, 비, 눈, 안개
기기의 과전단부의 쇠붙이	기중코로나	표면의 손상, 부착물, 비, 눈, 안개

5.1 코로나 임계전압

코로나의 발생 조건은 전선의 표면에 있어서, 교류 실효치로서 21.1[kV/cm]인 전위 경도가 생겼을 때 코로나가 발생하므로, 전선에 얼마의 전압이 걸리면 이와 같은 경위 경도가 되는가, 즉 코로나의 임계 전압으로 되는가를 알아보자.

표면이 매끈한 반경 r[m]의 전선 표면에 단위 길이당 Q[C/m]의 전하가 있을 때, 그 표면의 전위 경도 g[V/m]는 다음과 같이 된다.

$$g=\frac{Q}{2\pi\varepsilon r}\doteqdot\frac{2Q}{r}\times 9\times 10^{9}[\text{V/m}] \tag{5-1}$$

여기서, ε은 공기의 유전률($\varepsilon\doteqdot\varepsilon_0$)로서 8.855×10^{-12}[F/m]이다.

이 값이 파열 극한의 전위 경도 g_0[V/m]를 넘으면 코로나가 발생한다.

지금 상전압의 실효치 E인 3상 송전선에 대해서 생각하면 선간 거리 D[m] 및 전선 지상 높이 h[m]는 다 같이 전선의 반경 r[m]에 비해서 대단히 크므로 전선 주위의 전계 분포는 균일하게 되어 식 (5-1)이 성립한다고 볼 수 있다. 그래서 전선의 중성점에 대한 정전용량, 즉 작용용량을 단위 길이당 C[F/m]라고 하면 전하 Q는 $Q=CE$[C/m]로 나타낼 수 있다. 이것과 작용용량의 식을 식 (5-1)에 대입하면

$$g=\frac{CE}{2\pi\varepsilon r}\fallingdotseq\frac{2CE}{r}\times 9\times 10^{9}=\frac{E}{r\log\frac{D}{r}}\text{[V/m]} \tag{5-2}$$

식 (5-2)를 E[kV], r[cm], D[cm], g[kV/cm]인 단위로 나타내고, 또 대수는 상용 대수를 바꾸어 쓰면

$$g=\frac{E}{r}\times\frac{0.4343}{\log_{10}\frac{D}{r}}\text{[kV/cm]} \tag{5-3}$$

그러므로, 평상의 운전 상태에 있어서 선로의 중성점에 대한 코로나의 임계 전압 E_0[kV]는 식 (5-3)의 g를 $g_0=21.1$로 놓아서 풀이하면

$$21.1=\frac{0.4343}{r\log_{10}\frac{D}{r}}E_0$$

$$\therefore E_0=24.3\times 2r\times\log_{10}\frac{D}{r}=24.3d\log_{10}\frac{2D}{d}\text{[kV]} \tag{5-4}$$

로 된다. 여기서, $d=2r$(직경)이다.

그런데 식 (5-4)는 전선 단면이 진원(true circle)이고, 또 표준 기상 상태로 한 것이데, 실제로는 연선을 쓰고 있고, 기상 조건도 대단히 나쁜 경우가 있으므로, 코로나 발생의 임계 전압도 달라진다. 따라서, 전선 표면의 성질로서는 m_0라는 계수를 쓰고, 또 기상 조건의 다름은 m_1이라는 계수를 써서 나타내고 있다.

m_0의 값으로는, 연선수가 많을수록 전선 표면에 적은 반경의 돌출부가 많아져서 코로나 방전이 일어나기 쉽게 되므로, 새것의 깨끗한 단선을 1이라고 하면, 표면이 더러워진 단선에서는 0.93~0.98, 7가닥 연선에서는 0.83~0.87, 19가닥에서 61가닥까지는 0.80~0.85정도로 된다.

또 m_1의 값은 맑을 때를 1, 비, 눈, 안개 등일 때를 0.8로 하고, 또 표준 기상에

서 벗어난 경우를 생각하여 $\delta=0.386b/(273+t)$를 곱하여 식 (5-4)를 다음과 같이 변형한다.

$$E_0=24.3m_0m_1\delta d\log_{10}\frac{2D}{d}\,[\mathrm{kV}] \tag{5-5}$$

물론, 표준 기상 상태에서는 $\delta=1$이지만 온도가 올라가거나 기압이 내려가면 δ는 어느 정도 적어진다. 특히 송전 선로는 그 경과지에 표고(標高)가 큰 곳이 많이 있다. 해면에서 표고가 500[m]일 때는 기압이 711[mmHg], 1000[m]에서는 668[mmHg], 2000[m]에서는 590[mmHg]이라는 저기압이 되므로 산악 지대를 지나는 송전 선로는 코로나 임계 전압이 낮아진다.

또한, 식 (5-5)를 보면 알 수 있는 바와 같이 코로나의 임계 전압을 좌우하는 것은 전선의 굵기와 선간 거리인데, 선간 거리도 선로의 전압이 결정되면 경제적으로 정하여지기 때문에, 결국 코로나를 좌우하는 것은 전선의 굵기이다. 그래서 고전압의 송전선에서는 ACSR이 많이 쓰이고, 또 중공 동선도 출현하게 되었다.

표 5-2는 송전선의 각종 전선에 대하여 맑을 때의 코로나 임계 전압 계산 결과이다.

표 5-2 코로나의 임계 전압

전선 종류	공칭단면적 [mm²]	조 성 [소선수/mm]	지 름 [mm]	임계전압 $\sqrt{3}E_0$[kV]	선간거리 [m]
ACSR	410	61/3.1	27.9	249	5
	330	61/2.8	25.2	227	5
	240	37/3.2	22.4	205	5
	200	37/2.9	20.3	189	5
	160	37/2.6	18.2	172	5
경동연선	250	19/4.1	20.5	195	5
	200	19/3.7	18.5	179	5
	180	19/3.5	17.5	171	5
	150	19/3.2	16.0	158/153	5/4
	100	7/4.3	12.9	129	4
중공동선	200		26.0	247	6.7

주 : 선간 거리 5[m]는 154[kV]급, 4[m]는 110[kV]급

이 표의 임계 전압은 $m_1=1$, $\delta=1$로 해서 계산한다.

위의 코로나 임계 전압의 산출식은 평상시와 평형 3상의 상전압에 대한 것이지만, 중성점이 고저항 또는 소호 리액터 접지 방식인 경우에 1선 지락이 생기면, 건전상의 대지 전압은 $\sqrt{3}$배의 선간 전압과 같은 정도로 상승하기 때문에 평상시에는 코로나가 발생하지 않더라도, 이러한 대지 전압의 상승에 의하여 대단한 코로나가 발생하는 경우가 많이 있다.

5.2 코로나 손실

전선 표면의 전위 경도가 커져서 코로나가 발생하게 되면 이에 따른 코로나 손실이 나타난다. 미국의 F.W. Peek씨는 실험적으로 3상 3선식 정3각형 배치의 송전선의 코로나 손실 계산식을 다음과 같이 나타내었다.

$$P=\frac{241}{\delta}(f+25)\sqrt{\frac{d}{2D}}(E-E_0)^2\times 10^{-5}[\text{kW/km/line}] \tag{5-6}$$

여기서

E : 전선의 대지 전압[kV]	D : 선간 거리[cm]
E_0 : 코로나 임계 전압[kV]	d : 전선의 직경[cm]
f : 주파수[Hz]	δ : 상대 공기 밀도

또 식 (5-6)을 전류 표면의 전계의 세기로 표시하면

$$P=\frac{1.286}{\delta}(f+25)\sqrt{\frac{d}{2D}}\left(\log_{10}\frac{2D}{d}\right)^2\left(\frac{d}{2}\right)^2$$
$$(E-E_0 m_0 m_1\delta)^2\times 10^{-2}[\text{kW/km/line}] \tag{5-7}$$

가 된다.

또 코로나 손실에 관하여 다음과 같은 실험식도 발표되어 있지만 거의 같은 결과이다.

$$P=\frac{0.375}{\delta}(f+25)\left(\frac{d}{2}\right)^2(E-E_0 m_0 m_1\delta)^2\times 10^{-2}[\text{kW/km/line}] \tag{5-8}$$

여기서 m_0는 전선의 표면 상태에 따라 정해지는 계수로서 연선수와 표면의 상

태에 따라 정해지는 것이며 표 5-3에서 보면 연선수가 많을수록 또 표면이 고르지 않으면 코로나가 발생하기 쉽다는 것을 알 수 있다.

표 5-3 전선의 표면계수 m_0

전선 표면의 상태	m_0
닦은 단선	1
표면이 거친 단선	0.98~0.93
7본 연선	0.87~0.83
19본~61본 연선	0.85~0.80

그리고 m_1은 날씨에 따라 정해지는 계수로서 밝은 날은 1.0, 비오는 날은 0.8을 취한다. 또 $\overline{O}$는 온도와 기압에 의한 계수로서 상대 공기 밀도를 나타내며 보통 문제로 되는 범위에서는 기온 t[℃]에서 기압을 b[mmHg]라면

$$\overline{O} = \frac{0.386b}{273+t}$$

로 나타나는데 기압 b[mmHg]는 높이에 관계되며 표 5-4와 같다.

표 5-4 표고와 기압과의 관계

표면에서의 높이[m]	760
0	760
500	711
1,000	668
1,500	627
2,000	590

가공 송전 선로에 사용되는 여러 가지 전선의 개인 날의 코로나 임계 전압은 표 5-5와 같다.

송전 선로의 설계에서 임계 전압을 좌우하는 것은 선간 거리 D와 전선의 지름 d인데 D는 사용 전압에 따라 거의 정해지게 되므로 보통 d에 의하여 좌우된다고 볼 수 있다. 고지를 통과하는 부분의 전선을 특히 굵게 하고 또 초고압 전선로에서의 중공 동선이나 강심 연선을 사용하는 것은 이러한 이유 때문이다.

표 5-5 코로나 임계전압($m_1 = 1$, $\overline{O} = 1$)

전선의 종류	공칭단면적 [mm²]	조성소선수 [mm]	외 경 [mm]	코로나임계선간 전압 $3E_0$[kV]	선간거리 [m]
강심A1선	410	61/3.1	27.9	249	5
	330	61/2.8	25.2	227	5
	240	37/3.2	22.4	205	5
	200	37/2.9	20.3	185	5
	160	37/2.9	18.2	172	5
경강연선	250	19/4.1	20.5	195	5
	200	19/3.7	18.5	179	5
	180	19/3.5	17.5	171	5
	150	19/3.2	16.0	158/153	5/4
	100	7/4.3	12.9	129	4
	55	7/4.3	9.6	100/96	4/3
	22	7/2.0	6.0	64	3

즉 송선 선로의 굵기를 결정하는데는 도체의 허용 전류, 전압 강하, 저항손 등을 고려하여 결정하는 것이 당연하지만 전선비를 절약하기 위하여 가는 전선을 사용하게 되면 평상시에 코로나가 발생하고 코로나 손에 의한 전력 손실 이외에 여러 가지 장해가 뒤따르게 된다. 그러므로 건설비와 평상시의 코로나 손등에 고려하여 가장 경제적인 전선의 굵기를 결정하여야 한다.

5.3 코로나 잡음

송전 선로에서 악천후 등의 경우에, 전선 또는 애자 쇠붙이의 첨단부로부터 순간적인 코로나 방전이 발생하면 급격한 방전 전류를 동반한다.

이 때는 방전점 부근의 공간에 국부적인 전자계가 형성되고, 또 선로를 따라서 방전점의 좌우로 향하여 펄스(pulse)성인 진행파에 의한 전자계가 형성된다. 이와 같은 코로나 방전점이 선로에 많이 발생하면 시간적으로, 또는 송전 선로의 위치에 따라서 복잡한 전자파를 방사하는데, 대단히 넓은 범위의 주파수 스펙트럼(frequency spectrum)을 가지므로, 라디오나 텔레비젼의 시청에 장해를 주기 때문에, 이러한 코로나 방전에 의한 잡음을 코로나 잡음(corona noise)이라 한다.

코로나·펄스는 상용 주파의 정의 반파에서 생기는 것이 부하 반파에서 생기는 것보다 파고치가 높고, 그림 5-1과 같이 보통 정파의 최대치에 이르는 직전에 많이 발생한다고 한다. 또, 도체 직경이 클수록 그 도체상의 돌기한 1점에 대해서는, 그 부근의 전계의 저하가 느슨해지기 때문에 자기 전계에 의한 스트리이머(strea-mer)는 멀리 뻗치고, 코로나·펄스가 크게 되어서 장해도 심하게 된다.

그림 5-1 코로나 발생

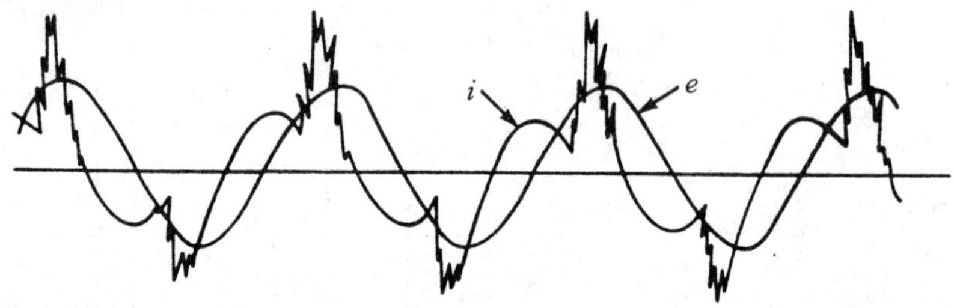

코로나 잡음의 전계의 세기는 대체로 1[MHz] 이상에서는 저하한다고 한다. 따라서 주로 라디오 파대에 장해를 많이 주고, 단파대나 텔레비젼대에 대한 영향은 비교적 적다고 볼 수 있다. 또 비, 눈, 안개 등의 천후에서는 맑거나 구름에 비해서 10~20[dB]정도 증가하여 최대 30[dB]까지도 변화한다. 비의 양이 0~20[mm/hr]의 범위에서 잡음이 급상승하고 그 뒤는 거의 포화하는 경향이 있다.

코로나 잡음의 방지 대책으로는 코로나의 발생을 억제하는 것이다. 그러므로, 그 첫째로 전선 코로나에 대해서는 전선 표면의 전위 경도를 적게 하기 위하여 전선 단면적을 크게 하는 것이지만, 초고압 이상의 송전 선로에서는 복도체가 채용되므로, 단도체의 경우보다 상당히 전위 경도를 저하시킬 수가 있어서, 코로나 잡음의 레벨을 적게할 수 있다.

그 다음은 애자 및 애자 쇠붙이에서의 코로나인데, 현수 애자연에 의하는 경우, 차폐각 또는 차폐환을 달아서, 애자에 가하여지는 전압 분포를 균등화하면 특정 애자의 전압이 상승하는 일이 없게 되므로, 쇠붙이에서의 코로나를 방지 할 수 있게 된다. 핀애자에서는 전선을 지탱하고 있는 자기편의 표면에 반도체 도료를 섞은 유약을 쓰는 등의 방법에 의하여 어느 정도 애자 코로나를 줄일 수 있다.

그런데, 고전압의 송전 선로가 배전 선로와 교차하거나, 또는 근접하게 되면 송전 선로에서의 코로나·펄스가 유도에 의하여 배전 선로에 전파하므로, 광범위하게 코로나 잡음의 영향을 미치기 때문에, 이러한 교차나 근접을 될 수 있는 대로 피하여야 한다.

코로나 잡음은 라디오 잡음이라 할 정도로 라디오나 텔레비젼 수신에 장해가 크기 때문에, 방송 신호의 전압 S[dB]과 잡음 전압 N[dB]과의 차, 즉 S/N비를 적어도 30[dB]이상으로 해야 하지만, S가 크면 라디오나 텔레비젼의 시청에 지장을 주지 않게 된다.

5.4 코로나에 의한 영향

송전 선로에 코로나가 발생하면, 앞에서 말한 장해외에도 다음과 같은 나쁜 영향을 끼치기도 한다. 물론 고전압의 진행파를 저감시켜 주는 이익이 없는 것도 아니다.

5.4.1 중성점 접지 방식과 코로나

중성점이 직접 접지되어 있으면, 1선 지락 사고가 일어나더라도 건전상의 전압 상승이 지극히 적으므로, 특별히 코로나 발생 문제에 유의할 필요는 없지만 고저항 또는 소호 리액터 접지에서는 건전상의 대지 전압이 급상승하게 되어, 전선의 전위 경도가 커지기 때문에 코로나 발생이 현저하게 일어나고 코로나손도 커진다.

특히 소호 리액터 접지 계통에서는 1선 지락시에 중성점 전압과 동상의 코로나 전류가 지락점을 통하기 때문에, 가령 소호 리액터가 완전히 병렬 공진을 시키고 있다 하더라도 이러한 전류를 소거할 수 있는 것이 없으므로, 고장 전류로서 잔유하여 아크가 꺼지지 않는 경우가 있고, 또 전력선 반송 계전기에 오동작을 일으킨다.

또, 코로나가 발생하면, 코로나 전류의 고조파분, 특히, 제3고조파는 중성선을 귀로로 하는 영상 전류이므로 유도 장해의 원인이 된다.

5.4.2 전선의 부식

코로나에 의하여 오존(O_3) 및 산화 질소(NO)가 생기는데, 수분이 있으면 산화 질소는 초산(HNO_3)으로 되어서 전선이나 바인드선(bind wire)을 부식케 한다. 특히 핀애자를 쓰는 송전선에서는 주의할 필요가 있다.

끝으로, 송전 선로에는 여러 가지 원인으로 고전압의 진행파가 발생하는데, 이 때에는 언제나 코로나가 따르게 되므로, 뇌서어지에 대한 감쇠 효과는 대부분 코로나 방전에 의한 것이다. 이것이 코로나로 인한 하나의 잇점이지만, 결점인 코로나손 및 코로나 잡음의 영향쪽이 더 커서, 코로나의 발생을 피하지 않으면 안된다.

연 습 문 제

문제 1. 3상 3선식 송전 선로에서 코로나의 임계전압 E_0[kV]의 계산식은?

단, $d=2r=$전선의 지름[cm], $D=$전선(3선)의 평균 선간거리[cm]이며 전선 표면계수, 날씨계수, 상대 공기밀도 등의 영향계수는 곱하지 않는 것으로 한다.

㉮ $E_0=24.3d\log_{10}\dfrac{D}{r}$　　㉯ $E_0=24.3d\log_{10}\dfrac{r}{D}$

㉰ $E_0=\dfrac{24.3}{d\log_{10}\dfrac{D}{r}}$　　㉱ $E_0=\dfrac{24.3}{d\log_{10}\dfrac{r}{D}}$

풀이 $E_0=24.3m_0 m_1\delta d\log_{10}\dfrac{2D}{d}$

여기서, m_0 : 전선의 표면계수　m_1 : 날씨계수

δ : 상대 공기밀도　d : 전선의 지름

D : 선간거리

$\therefore\ E_0=24.3d\log_{10}\dfrac{2D}{2r}=24.3d\log\dfrac{D}{r}$　[답] ㉮

문제 2. 송전 선로에서 코로나 임계전압이 높아지는 경우는 다음 중 어느 것인가?

㉮ 온도가 높은 경우　㉯ 상대 공기밀도가 작을 경우

㉰ 전선의 직경이 큰 경우　㉱ 기압이 낮은 경우

풀이 기압이 낮아지거나 온도가 높아지면 임계전압이 저하된다.　[답] ㉰

문제 3. 표준 상태의 기온, 기압하에서 공기의 절연이 파괴되는 전위 경도는 정현파 교류의 실효값 [kV/cm]으로 얼마인가?

㉮ 40　㉯ 30　㉰ 21　㉱ 12

풀이 절연 파괴 전위경도는 직류에 있어서는 30[kV/cm], 교류에 있어서는 교류 최대값이 30[kV/cm]이므로 실효값은 $30/\sqrt{2}$[kV/cm], 즉 21[kV/cm]이다.　[답] ㉰

문제 4. 코로나 방지 대책으로 적당하지 않은 것은?

㉮ 전선의 바깥 지름을 크게 한다. ㉯ 선간거리를 증가시킨다.

㉰ 복도체를 사용한다. ㉱ 가선금구를 개량시킨다.

풀이 코로나의 방지 대책

① 전선의 지름을 크게 한다.

② 복도체를 사용한다.

③ 가선금구를 개량한다.

④ 가선시에 전선 표면의 금구를 손상시키지 않게 한다.

방지 대책과 임계 전압식에서 보면 모두 해당이 되나 선간거리를 증대시키려면 철탑을 보강시키야 하므로 경제적 측면에서 부적당 하다. [답] ㉯

문제 5. 송전선로에서 코로나가 발생하면 전선이 부식된다. 다음의 무엇에 의하여 부식되는 것인가?

㉮ 산소 ㉯ 질소 ㉰ 수소 ㉱ 오존

풀이 코로나가 일어나면 공기절연이 유리되면서 O_3(오존)이 발생하며 주위의 빗물과 화학적 반응에 의해 초산이 형성되므로 전선이 부식된다. [답] ㉱

문제 6. 송전 선로에 복도체나 다도체를 사용하는 주된 목적은?

㉮ 뇌해 방지 ㉯ 건설비 절감 ㉰ 진동 방지 ㉱ 코로나 방지

풀이 코로나의 영향

① 전력 손실 ② 코로나 잡음 ③ 고주파 전압, 전류의 발생

④ 소호 리액터에 대한 영향 ⑤ 전력선 반송장치에 영향

⑥ 전선의 부식 ⑦ 진행파의 파고값 감쇠 [답] ㉱

문제 7. 복도체에 대한 설명으로 옳지 않은 것은?

㉮ 같은 단면적의 단도체에 비하여 인덕턴스는 감소하고 정전용량은 증가한다.

㉯ 코로나 개시전압이 높고 코로나 손실이 적다.

㉰ 단락시 등의 대전류가 흐를 때 소도체간에 반발력이 생긴다.

㉱ 같은 전류용량에 대하여 단도체보다 단면적을 적게 할 수 있다.

[답] ㉰

문제 8. 송전선의 코로나손과 가장 관계가 깊은 것은?

㉮ 상대 공기 밀도　　㉯ 송전선의 정전용량

㉰ 송전 거리　　㉱ 송전선의 전압 변동률

풀이 Peek의 식

$$P_c = \frac{241}{\delta}(f+25)\sqrt{\frac{d}{2D}}(E-E_0)^2 \times 10^{-5} \text{[kW/km/선]}$$

δ : 상대 공기 밀도

[답] ㉮

문제 9. 송전선로의 코로나 손실을 나타내는 Peeck식에서 E_0에 해당하는 것은?

㉮ 코로나 임계전압　　㉯ 전선에 감하는 대지전압

㉰ 송전단전압　　㉱ 기준 충격절연 강도전압

풀이 Peek의 실험식에서 코로나 손실은

$$P_c = \frac{241}{\delta}(f+25)\sqrt{\frac{d}{2D}}(E-E_0)^2 \times 10^{-5} \text{[kW/km/선]}$$

δ : 상대공기밀도, f : 주파수, d : 전선의 직경[cm], D : 전선의 선간거리[cm], E : 전선에 걸리는 대지 전압[kV], E_0 : 코로나 임계전압[kV]

[답] ㉮

문제 10. 단도체를 사용한 송전선로가 있다. 단도체를 사용했을 때와 비교할 때 옳은 것은?(단, L은 작용 인덕턴스이고, C는 작용 정전용량이다.)

㉮ L과 C 모두 감소한다.　　㉯ L과 C 모두 증가한다.

㉰ L은 감소하고, C는 증가한다.　　㉱ L은 증가하고, C는 감소한다.

풀이 복도체나 다도체를 사용할 때 장점

① 인덕턴스가 감소하고 정전용량이 증대된다.

② 코로나 임계전압이 높아진다.

③ 송전전력이 증대되고 조상설비 용량이 감소한다. [답] ㉰

문제 11. 소도체의 반지름이 r[m] 소도체간의 선간거리가 d[m]인 2개의 소도체를 사용한 345[kV] 송전선로가 있다. 복도체의 등가반경은?

㉮ $\sqrt{rd}$ ㉯ $\sqrt{rd^2}$ ㉰ $\sqrt{r^2d}$ ㉱ rd

[답] ㉮

문제 12. 복도체 선로에서 소도체의 지름이 8[mm]이고, 소도체 사이의 간격이 40[cm]일 때 등가 반지름은 몇 [cm]인가?

㉮ 2.8 ㉯ 3.6 ㉰ 4.0 ㉱ 5.7

풀이 등가반경 $r_2=\sqrt{rS}=\sqrt{0.4\times40}=4$[cm] [답] ㉰

송전선의 전기적 특성 제 6 장

송전선의 평상 운전시의 여러 가지 특성 즉 송전단, 수전단이나 선로의 임의의 지점의 전압, 전류, 전력, 무효 전력, 역률, 전압 강하, 전력 손실 등을 정확히 계산하려면 선로의 저항, 인덕턴스, 정전용량 및 누설 콘덕턴스가 균일하게 분포된 분포정수회로(distributed constant circuit)로 취급하지 않으면 안된다.

그러나 선로의 길이가 짧은 경우에는 선로 정수가 한 곳 또는 여러 곳에 집중된 집중정수회로(lumped constant circuit)로 취급해도 관계 없다.

① 수십 [km]정도의 짧은 송전 선로에서는 정전용량과 누설 콘덕턴스를 무시하고 저항과 인덕턴스만이 한 곳에 집중되어 있다고 생각해도 된다.

② 길이가 50~100[km]정도의 중거리 송전 선로에서는 누설 콘덕턴스를 무시하고 정전용량을 선로의 중앙 또는 양단에 집중되어 있다고 생각해도 대체로 만족한 결과를 얻을 수 있다.

③ 선로가 더욱 길어진 장거리 송전 선로에서는 분포정수회로로 취급해야 한다.

송전 선로는 거의 3상 3선식이고, 그 운용은 정태시가 대부분이므로 예기치 않는 고장 상태를 제외하고는 언제나 평형 상태에 있으므로 3상 대칭 회로로 생각해도 좋다. 따라서, 이 때의 전기적 계산에는 1선과 중성선간의 1상, 즉 등가단상회로로 취급해서 계산하면 된다.

6.1 전압 강하와 전압 변동률

6.1.1 전압 강하

전선로에 전압이 가해졌을 때 송전단(sending end)의 전압 $\dot{E}_s$는 수전단(receiv

-ing end)의 전압 $\dot{E}_r$보다 높고, 또 위상각은 앞서 있다. 따라서, 전압 강하를 계산할 때에는 $\dot{E}_s = E_s\varepsilon^{j\theta}$, $\dot{E}_s = E_r$로 해서 전압의 절대치의 차를 취한다. 보통 선간 전압으로 나타내어서 전압 강하(voltage drop) v[V]는

$$v = \sqrt{3}(E_s - E_r) \tag{6-1}$$

로 된다. 즉 발전소와 변전소의 배전반의 전압계의 지시차가 전압 강하로 된다. 중요한 송전선에서는 부하의 증감에 관계없이 자동 전압 조정기(AVR)를 갖추어 송수 양단의 전압을 언제나 일정하게 유지하면서 운전하므로, 이와 같은 선로에서는 전압 강하는 일정한 것이 된다.

또, 전압 강하율(percentage voltage drop)[%]은

$$\text{전압 강하율} = \frac{E_s - E_r}{E_r} \times 100[\%] \tag{6-2}$$

로 되는데, 이것은 발전소는 변전소보다 몇 [%] 높은 전압으로 운전하는 가의 비율을 나타내는 것이다.

6.1.2 전압 변동률

전부하시에 수전단을 개방했을 때의 수전단 전압의 크기를 E_0, 전부하시의 수전단 전압의 크기를 E_r이라 하면, 전압 변동률[%]은 다음과 같다.

$$\text{전압 변동률} = \frac{E_0 - E_r}{E_r} \times 100[\%] \tag{6-3}$$

그러므로, 전압 변동률이란 전부하가 변전소에서 차단되었을 경우, 개방 단자의 전압은 차단전의 전압보다 몇 [%] 높아지는가를 나타내는 것이다. 그러므로, 이것은 부하가 변화했을 때에 변전소의 전압 변동의 정도를 아는 하나의 척도가 되는 것이다. 전압 강하률의 최대치는 주요 간선 송전 선로는 10[%]정도, 최고 전압에서는 15[%]정도이고, 분기선이나 발전소 사이의 연락선 등은 5[%]가 표준으로 되어 있다. 선로가 길어지거나, 초고압 송전선 등에서는 선로의 정전용량이 크게 작용하여 수전단이 차단되어도 상당한 충전 전류가 흘러서 전압 변동률은 전압 강하률보다 훨씬 크게 된다.

【예제 1】 어떤 송전 선로에서 송전단 전압이 66000[V], 수전단 전압은 61000[V]이다. 여기서, 수전단의 부하를 끊은 경우의 수전단 전압이 63000[V]라면 이 회로의 전압 강하율과 전압 변동률을 구하여라.

풀이 송전단 전압을 $\dot{E}_s$, 수전단 전압을 $\dot{E}_r$라 하면,

$$\text{전압 강하율} = \frac{E_s - E_r}{E_s} \times 100 = \frac{66000 - 61000}{61000} \times 100 \fallingdotseq 8.2[\%]$$

또한, 전부하시에 수전단을 개방했을 때 수전단 전압을 E_0, 전부하시의 수전단 전압을 E_r라 하면

$$\text{전압 변동률} = \frac{E_0 - E_r}{E_r} \times 100 = \frac{63000 - 61000}{61000} \times 100 \fallingdotseq 3.28[\%]$$

6.2 단거리 송전 선로

전선로의 길이가 20~30[km]정도의 단거리 송전선에는 누설 인덕턴스와 정전 용량을 무시하고 그림 6-1에 나타낸 바와 같이 저항과 인덕턴스가 한 곳에 집중한 집중 회로로 다루면 편리하다.

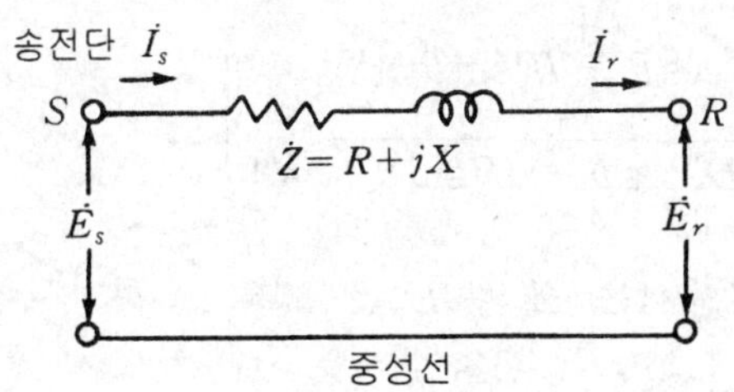

그림 6-1 단거리 송전선

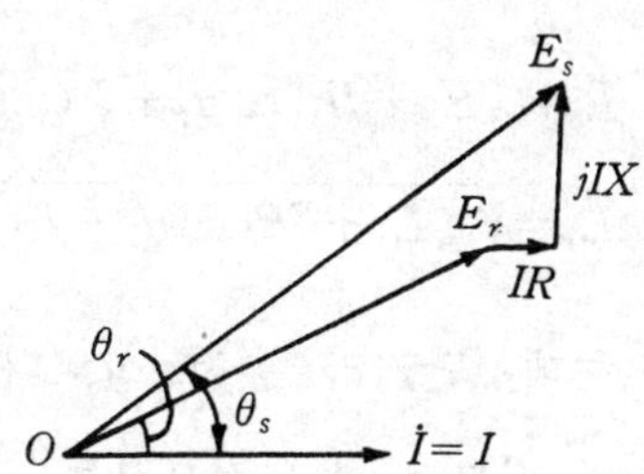

그림 6-2 전압 전류의 벡터도($\dot{I}$ 기준)

그림에서

$\dot{E}_s$, $\dot{E}_r$: 송전단 및 수전단의 상전압 [V]

$\dot{I}_s$, $\dot{I}_r$: 송전단 및 수전단의 선전류 [A]

$\cos\theta_s$, $\cos\theta_r$: 송전단 및 수전단의 역률

P_s, P_r : 송전단 및 수전단의 3상 전력 [W]

R, X : 전선 1조당의 저항 및 유도 리액턴스 [Ω]라 하면, 전류는 송전단과 수전단이 같으므로 $\dot{I}_s = \dot{I}_r = \dot{I}$로 되고, $\dot{I}$를 기술 벡터로 잡으면 그림 6-2에서 다음과 같은 계산식을 얻을 수 있다.

$$\left.\begin{aligned} \dot{I}_s &= (E_r \cos\theta_r + IR) + j(E_r \sin\theta_r + IX)[\mathrm{V}] \\ E_s &= \sqrt{(E_r \cos\theta_r + IR)^2 + (E_r \sin\theta_r + IX)^2}[\mathrm{V}] \end{aligned}\right\} \quad (6\text{-}4)$$

수전단 전압 $\dot{E}_r$을 기준으로 한 벡터도를 그리면 그림 6-3과 같다.

그림 6-3 $\dot{E}_r$을 기준으로 한 벡터도

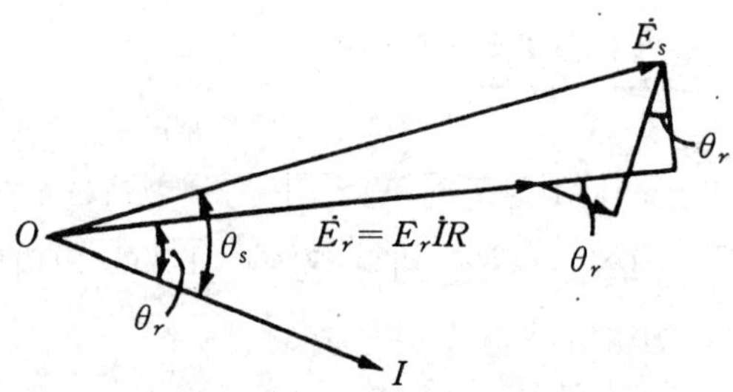

그림 6-3에서

$$\left.\begin{aligned} \dot{E}_s &= (E_r + IR\cos\theta_r + IX\sin\theta_r) + j(IX\cos\theta_r - IR\sin\theta_r)[\mathrm{V}] \\ \dot{E}_r &= \sqrt{(E_r + IR\cos\theta_r + IX\sin\theta_r)^2 + (IX\cos\theta_r - IR\sin\theta_r)^2}[\mathrm{V}] \end{aligned}\right\} \quad (6\text{-}5)$$

로 되는데, 단거리 송전 선로나 배전 선로에서는 $\dot{E}_s$와 $\dot{E}_r$은 거의 겹쳐져서 $\theta_s \fallingdotseq \theta_r$로 되므로, 실용적으로는 식 (6-5)의 제2항을 무시하면

$$E_s \fallingdotseq E_r + I(R\cos\theta_r + X\sin\theta_r)[\mathrm{V}] \quad (6\text{-}6)$$

로 된다. 따라서, 송전단의 선간 전압을 $V_s(=\sqrt{3}E_s)$, 수전단 전압을 $V_r(=\sqrt{3}E_r)$라 하면, 식 (6-6)은

$$V_s \fallingdotseq V_r + \sqrt{3}I(R\cos\theta_r + X\sin\theta_r) \quad (6\text{-}7)$$

가 된다.

그러므로, 전압 강하 v는

$$v = V_s - V_r \fallingdotseq \sqrt{3}I(R\cos\theta_r + X\sin\theta_r)[\text{V}] \tag{6-8}$$

로 되고, 전압 강하율은 다음과 같이 된다.

$$\varepsilon = \frac{V_s - V_r}{V_r} \times 100 = \frac{\sqrt{3}I}{V_r}(R\cos\theta_r + X\sin\theta_r) \times 100[\%] \tag{6-9}$$

송전단 역률은

$$\cos\theta_s = \frac{E_r\cos\theta_r + IR}{\sqrt{(E_r\cos\theta_r + IR)^2 + (E_r\sin\theta_r + IX)^2}} \tag{6-10}$$

그리고, 수전단 전력은

$$P_r = 3E_rI\cos\theta_r = \sqrt{3}\,V_rI\cos\theta_r[\text{W}] \tag{6-11}$$

로 되고, 선로 손실을 $P_l = 3I^2R[\text{W}]$라 하면, 송전단 전력은 다음과 같이 된다.

$$P_s = \sqrt{3}\,V_sI\cos\theta_s = P_r + 3I^2R[\text{W}] \tag{6-12}$$

【예제 2】 3상 3선식 가공 송전 선로가 있다. 전선로 길이에 대하여 전선 1선의 저항은 15[Ω], 리액턴스는 20[Ω]이고, 수전단의 선간 전압은 30[kV], 부하 역률이 0.8인 경우, 전압 강하율은 10[%]라 하면 이 송전 선로는 몇 [kW]까지 수전할 수 있는가?

풀이 지금 송전단 전압을 V_s라 하면 전압 강하율식에서

$$\varepsilon = \frac{V_s - V_r}{V_r} \times 100, \quad 10 = \frac{V_s - 30000}{30000} \times 100$$

$$\therefore V_s = 33000[\text{V}]$$

선로 전류를 I[A]라 하면 $V_s \fallingdotseq V_r + \sqrt{3}I(R\cos\theta_r + X\sin\theta_r)$

식에서

$$33000 - 30000 = \sqrt{3} \times I \times (15 \times 0.8 + 20 \times 0.6)$$

$$\therefore I = \frac{3000}{\sqrt{3} \times (15 \times 0.8 + 20 \times 0.6)} = \frac{1.25}{\sqrt{3}}[\text{A}]$$

따라서, 수전할 수 있는 전력 P_r는

$$P_r=\sqrt{3}\,V_r I\cos\theta_r=\sqrt{3}\times 30000\times\frac{125}{\sqrt{3}}\times 0.8\times 10^{-3}=3000[\mathrm{kW}]$$

6.3 중거리 송전 선로

송전 선로의 길이가 50~100[km]정도에서는 누설 콘덕턴스는 무시할 수 있으나 정전용량의 영향은 무시할 수 없다. 따라서 정전용량은 선로에 고르게 분포되어 있으나 취급하기가 어려우므로, 전 어드미턴스 $\dot{Y}$를 전부 중앙에 집중해 있다고 생각하는 것과 송수 양단에 $\frac{\dot{Y}}{2}$씩 집중해 있는 것으로 생각하여 다음에 설명하는 T회로 및 π회로로 해서 계산해도 된다.

6.3.1 T회로

그림 6-4 (a)와 같이 정전용량을 표시하는 병렬 어드미턴스 $\dot{Y}$를 중앙에 두고, 선로의 임피던스 $\dot{Z}$를 이등분해서 양단에 접속한 등가 회로를 만들어 각 부분의 전압, 전류를 그림 6-4 (a)와 같이 정하면 다음과 같은 관계를 얻을 수 있다.

그림 6-4 T형 회로

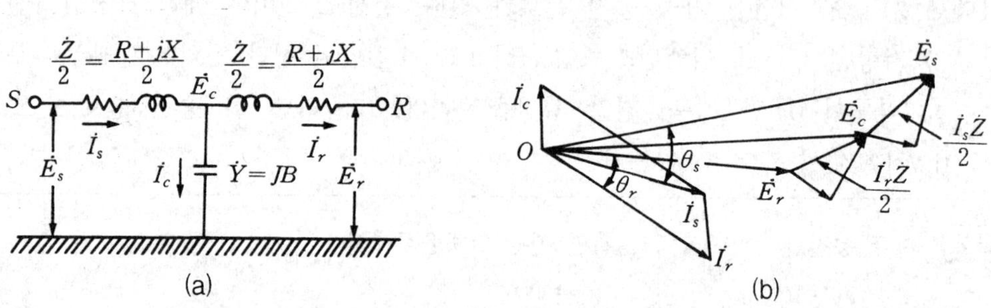

$$\dot{E}_c=\dot{E}_r+\frac{\dot{Z}}{2}\dot{I}_r$$

$$\dot{I}_c=\dot{Y}\dot{E}_c$$

$$\dot{I}_s = \dot{I}_r + \dot{I}_c = \dot{I}_r + \dot{Y}\dot{E}_c = \dot{I}_r + \left(\dot{E}_r + \frac{\dot{I}_r\dot{Z}}{2}\right)\dot{Y} = \dot{Y}\dot{E}_r + \left(1 + \frac{\dot{Z}\dot{Y}}{2}\right)\dot{I}_r \quad (6\text{-}13)$$

$$\dot{E}_s = \dot{E}_c + \frac{\dot{Z}}{2}\dot{I}_s = \dot{E}_r + \frac{\dot{Z}}{2}\dot{I}_r + \frac{\dot{Z}}{2}\left\{\dot{Y}\dot{E}_r + \left(1 + \frac{\dot{Z}\dot{Y}}{2}\right)\dot{I}_r\right\}$$

$$= \left(1 + \frac{\dot{Z}\dot{Y}}{2}\right)\dot{E}_r + \dot{Z}\left(1 + \frac{\dot{Z}\dot{Y}}{4}\right)\dot{I}_r \quad (6\text{-}14)$$

여기서, $\dot{Z} = R + j2\pi fL$, $\dot{Y} = j2\pi fC$이다.

식 (6-13)과 식 (6-14)의 관계를 수전단 전압 $\dot{E}_r$를 기준으로 하여 벡터 그림을 그리면 그림 6-4의 (b)와 같이 된다.

6.3.2 π회로

그림 6-5 (a)와 같이 어드미턴스 $\dot{Y}$를 이등분하여 송전 및 수전단에 놓고, 임피던스 $\dot{Z}$를 선로의 중앙에 집중시킨 회로이다. 이 때에도 각 부분의 전압과 전류를 그림 6-5 (a)와 같이 정하면 다음의 관계를 얻을 수 있다.

$$\dot{I}_{cr} = \frac{\dot{Y}}{2}\dot{E}_r$$

$$\dot{I}_l = \dot{I}_r + \dot{I}_{cr} = \dot{I}_r + \frac{\dot{Y}}{2}\dot{E}_r$$

$$\dot{E}_s = \dot{E}_r + \dot{Z}\dot{I}_l = \dot{E}_r + \dot{Z}\left(\dot{I}_r + \frac{\dot{Y}}{2}\dot{E}_r\right)$$

$$= \left(1 + \frac{\dot{Z}\dot{Y}}{2}\right)\dot{E}_r + \dot{Z}\dot{I}_r \quad (6\text{-}15)$$

$$\dot{I}_{cs} = \frac{\dot{Y}}{2}\dot{E}_s$$

$$\dot{I} = \dot{I}_l + \dot{I}_{cs} = \dot{I}_r + \frac{\dot{Y}}{2}\dot{E}_r + \frac{\dot{Y}}{2}\dot{E}_s$$

$$= \dot{I}_r + \frac{\dot{Y}}{2}\dot{E}_r + \frac{\dot{Y}}{2}\left\{\left(1 + \frac{\dot{Z}\dot{Y}}{2}\right)\dot{E}_r + \dot{Z}_r\dot{I}_r\right\}$$

$$= \dot{Y}\left(1 + \frac{\dot{Z}\dot{Y}}{4}\right)\dot{E}_r + \left(1 + \frac{\dot{Z}\dot{Y}}{2}\right)\dot{I}_r \quad (6\text{-}16)$$

식 (6-15)와 식 (6-16)과의 관계를 수전단 전압 $\dot{E}_r$를 기준으로 하여 벡터 그림을 그리면 그림 6-5의 (b)와 같이 된다.

그림 6-5 π형 회로

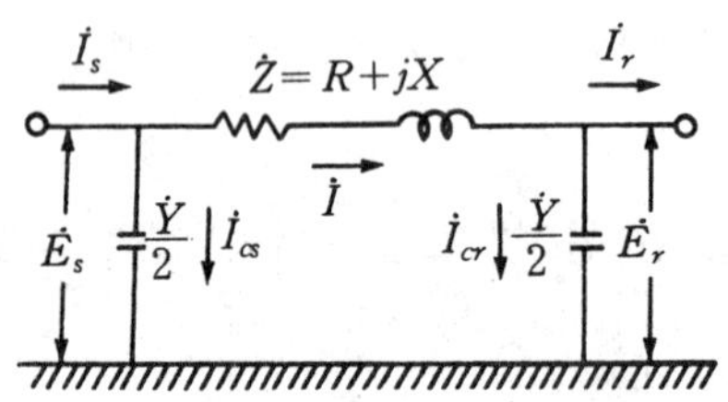

(a)

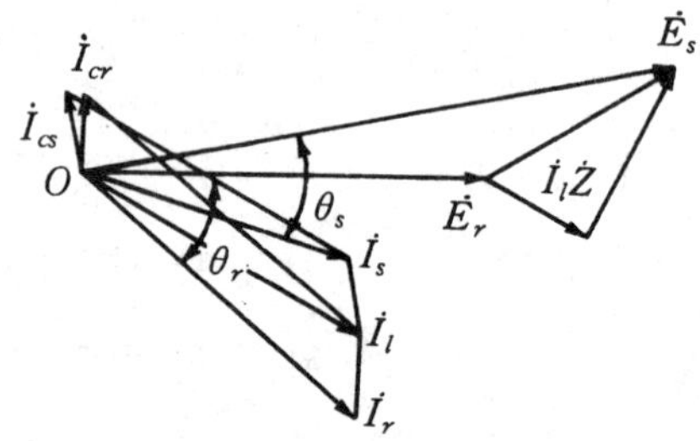

(b)

또한, 이와 같이 전선로의 어드미턴스를 생각하지 않으면 안되는 중거리 이상의 송전선에서 경부하시, 특히 무부하로 되면, 정전용량 때문에 선로에 90°에 가까운 앞선 전류가 흐르게 된다. 이 경우, 그림 6-6과 같이 수전단 전압 $\dot{E}_r$는 송전단 전압 $\dot{E}_s$보다 크게 될 때가 있다.

그림 6-6 페란티 현상

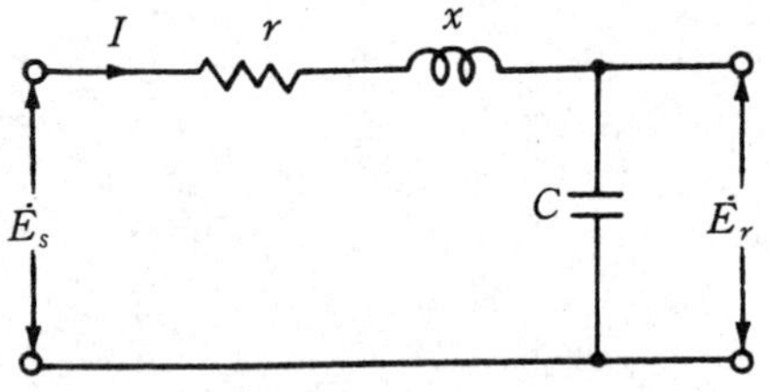

(a)

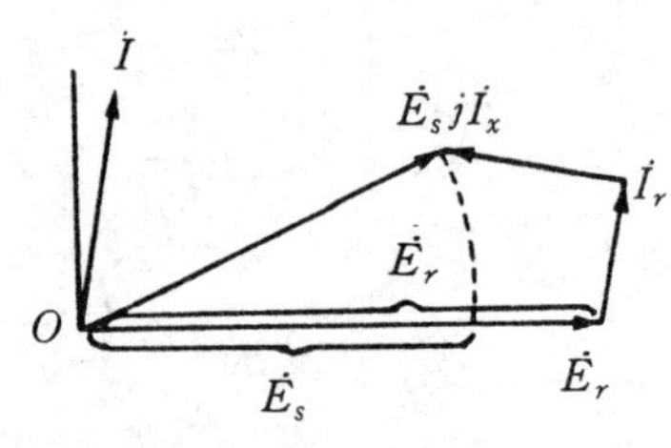

(b)

이와 같은 현상을 **페란티 현상**(Ferranti phenomena)이라 하며, 절연 설계 및 계통 운용의 면에서 중요하다.

그리고, 동기 발전기는 앞선 전류에 대해서 자화 작용의 전기자 반작용이 있으므로 발전기는 자동적으로 높은 전압을 발생한다. 이 현상을 발전기의 **자기여자 현상**이라 하며, 송전 선로의 시험 충전의 경우에는 특히 주의하지 않으면 안된다.

중거리 송전 선로의 저압 강하율과 전압 변동률의 계산식은 좀 복잡하나 식 (6-15)로부터 유도할 수 있다.

【예제 3】 송전 선로의 길이 100[km], 공칭 전압 66[kV]의 3상 1회선 송전선이 있다. 1선의 저항이 0.239[Ω/km], 리액턴스가 0.4853[Ω/km], 어드미턴스는 3.3855×10^{-6}[℧/km]이라고 한다. 수전단 전압(E_r)이 60[kV], 수전단 전력(P_r)이 6000 [kW], 그리고 역률이 0.8(뒤짐)일 경우의 송전단 전압, 역률, 전력을 π회로로 계산하여라.

풀이

$$\dot{Z}=(0.239+j0.4853)\times 100=23.9+j48.53[\Omega]$$

$$\dot{Y}=j3.3855\times 10^{-6}\times 100=j3.3855\times 10^{-4}[℧]$$

수전단 전류

$$\dot{I}_r=\frac{6000\times 10^3}{\sqrt{3}\times 60000\times 0.8}(0.8-j0.6)=57.76-j43.32[A]$$

따라서, 송전단 전압 및 전류는

$$\dot{E}_s=\left\{1+\frac{(23.9+j48.53)(j3.3855\times 10^{-4})}{2}\right\}\times\frac{60000}{\sqrt{3}}$$

$$+(23.9+j48.53)(57.56-j43.32)$$

$$=37840+j1.908=37888\angle 2°53'$$

$$\therefore\ V_s=\sqrt{3}\times 37888=65622[V]$$

$$\dot{I}_s=j3.3855\times 10^{-4}\left\{1+\frac{(23.9+j48.53)\times(j3.3855\times 10^{-4})}{4}\right\}\times\frac{60000}{\sqrt{3}}$$

$$+\left\{1+\frac{(23.9+j48.53)\times(j3.3855\times 10^{-4})}{2}\right\}\times(57.76-j43.32)$$

$$=57.5-j31.1=65.4\angle -28°24'$$

송전단 역률 $\cos(2°53'+28°24')=0.855$(뒤짐)

송전단 전력 $P_s=\sqrt{3}\times 65.622\times 65.4\times 0.855\times 10^{-3}=6355[kW]$

【예제 4】 1[km]당의 선로 정수로서 $r=0.1[\Omega]$, $L=1.3$[mH], $C=0.0095[\mu$F], 송전 선로의 길이 58.3[km], 주파수 60[Hz]인 1회선 송전선이 있다. 이때 수전단의 부하는 60[kV]에서 20000[kW], 역률은 0.8(뒤짐)이라 할 때 송전단의 전압과 전류는 얼마로 되겠는가?(T회로로 계산할 것)

풀이 $\dot{Z}=(0.1+j2\pi\times60\times1.3\times10^{-3})\times58.3=7+j28.6[\Omega]$

$\dot{Y}=j2\pi\times60\times0.0095\times10^{-6}\times58.3=j0.209\times10^{-3}[\mho]$

$$1+\frac{\dot{Z}\dot{Y}}{2}=0.997+j0.00073$$

$$\dot{Z}\left(1+\frac{\dot{Z}\dot{Y}}{4}\right)=6.99+j28.5[\Omega]$$

수전단에서의 선간 전압이 60[kV]이기 때문에, Y전압을 기준 벡터로 취하기로 한다.

$$E_r=\frac{60}{\sqrt{3}}=34.8[\text{kV}],\quad I_r=\frac{20}{\sqrt{3}\times60\times0.8}=241[\text{A}]$$

$$\therefore\ \dot{I}_r=241(0.8-j0.6)=192-j144[\text{A}]$$

따라서

$$\dot{E}_s=(0.997+j0.00073)\times34.8+(6.99+j28.6)(192-j144)\times10^{-3}$$
$$=40.0+j4.52=40.2\angle 6.0°[\text{kV}]$$

송전단의 선간 전압 V_s는 E_s를 $\sqrt{3}$배에서 69.5[kV]를 얻게 된다. 다음에

$$\dot{I}_s=j0.209\times34.8+(0.997+j0.00073)(192-j144)$$
$$=192-j136.6=235\angle 35°[\text{A}]$$

즉, 송전단의 전류는 235[A]가 된다.

6.4 장거리 송전 선로

송전 선로의 길이가 100[km]정도 이상이 되면, 집중 정수 회수로 취급하면 오차가 커지므로, 선로 정수가 선로를 따라서 균일하게 분포된, 분포 정수 회로로 생각하지 않으면 된다. 지금 송전 선로의 단위 길이당의 직렬 임피던스 및 병렬 어드미턴스를

$$\left.\begin{aligned}\dot{z}&=r+j\omega L=r+jx[\Omega/\text{km}]\\ \dot{y}&=g+j\omega C=g+jb[\mho/\text{km}]\end{aligned}\right\}\qquad(6\text{-}17)$$

라고 하면, 이 $\dot{z}$와 $\dot{y}$는 송전 선로의 전길이 l[km]를 통해서 분포되어 있고 송전 선로의 미소 부분을 보면, 그림 6-7과 같은 회로가 연속해서 존재하고 있는 것이 된다.

그림 6-7 분포 정수 회로

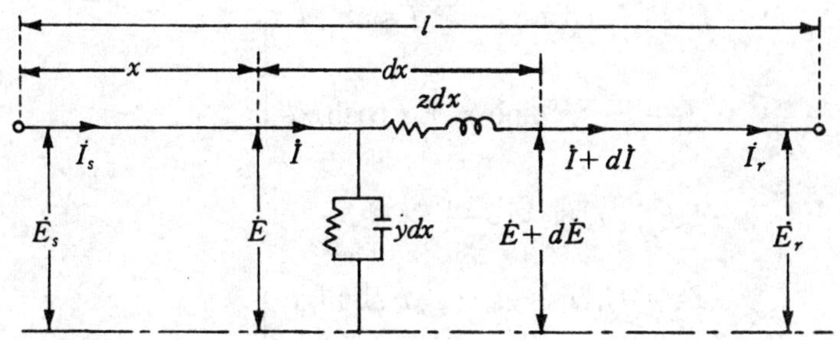

그림 6-7에서와 같이 송전단에서 x의 거리에 있는 미소 길이 dx부분의 전압·전류의 변화 $d\dot{E}$, $d\dot{I}$는

$$d\dot{E}=-\dot{I}\dot{z}dx,\ d\dot{I}=-\dot{E}\dot{y}dx$$

$$\therefore\ \frac{d\dot{E}}{dx}=\dot{z}\dot{I},\ \ -\frac{d\dot{I}}{dx}=\dot{y}\dot{E}$$

로 되는데, 이것을 다시 x에 대하여 미분하면

$$\left.\begin{aligned}\frac{d^2\dot{E}}{dx^2}&=-\dot{z}\frac{d\dot{I}}{dx}=\dot{z}\dot{y}\dot{E}\\ \frac{d^2\dot{I}}{dx^2}&=-\dot{y}\frac{d\dot{E}}{dx}=\dot{z}\dot{y}\dot{I}\end{aligned}\right\}\tag{6-18}$$

이것을 풀이하기 위하여, $\dot{E}=\dot{A}_1\varepsilon^{\dot{\gamma}x}+\dot{A}_2\varepsilon^{-\dot{\gamma}x}$로 놓고, 일반해를 구하면

$$\left.\begin{aligned}&\dot{E}=\dot{A}_1\varepsilon^{\dot{\gamma}x}+\dot{A}_2\varepsilon^{-\dot{\gamma}x}\\ &\dot{I}=(-\dot{A}_1\varepsilon^{\dot{\gamma}x}+\dot{A}_2\varepsilon^{-\dot{\gamma}x})/\dot{Z}_c\\ &\text{단, }\dot{\gamma}=\sqrt{\dot{z}\dot{y}},\ \ \dot{Z}_c=\sqrt{\dot{z}/\dot{y}}\end{aligned}\right\}\tag{6-19}$$

적분 정수 $\dot{A}_1$, $\dot{A}_2$는, $x=0$에서의 전압, 전류는 $\dot{E}_s$, $\dot{I}_s$로 되는 조건에서 구하면 되는데, 그 결과는

$$\left.\begin{aligned}\dot{E} &= \dot{E}_s\cosh\dot{\gamma}x - \dot{Z}_c\dot{I}_s\sinh\dot{\gamma}x \\ \dot{I} &= \frac{\dot{E}_s}{\dot{Z}_c}\sinh\dot{\gamma}x + \dot{I}_s\cosh\dot{\gamma}x\end{aligned}\right\} \qquad (6\text{-}20)$$

식 (6-20)에서 수전단 $x=l$에서의 전압, 전류 $\dot{E}_r$, $\dot{I}_r$은

$$\left.\begin{aligned}\dot{E}_r &= \dot{E}_s\cosh\dot{\gamma}l - \dot{Z}_c\dot{I}_c\sinh\dot{\gamma}l \\ \dot{I}_r &= -\frac{\dot{E}_s}{\dot{Z}_c}\sinh\dot{\gamma}l + \dot{I}_s\cosh\dot{\gamma}l\end{aligned}\right\} \qquad (6\text{-}21)$$

송전단의 전압, 전류 $\dot{E}_s$, $\dot{I}_s$에 대하여 풀면

$$\left.\begin{aligned}\dot{E}_s &= \dot{E}_r\cosh\dot{\gamma}x + \dot{Z}_c\dot{I}_r\sinh\dot{\gamma}l \\ \dot{I}_s &= -\frac{\dot{E}_r}{\dot{Z}_c}\sinh\dot{\gamma}l + \dot{I}_r\cosh\dot{\gamma}l\end{aligned}\right\} \qquad (6\text{-}22)$$

이들 식 (6-20), 식 (6-21), 식 (6-22)의 3식은 송전선의 기초방정식, 또는 전파방정식(transmission equation)이라 하는 것으로서, 송전선이나 통신선에서도 다 같이 전선로에 전파되는 교류 전압 및 전류의 성질을 나타내는 기본식이다.

이 방정식중에 포함되어 있는 정수 $\dot{Z}_c=\sqrt{\dot{z}/\dot{y}}=\sqrt{\dot{Z}\dot{Y}}$를 특성 임피던스(characteristic impedance) 또는 서어지 임피던스라 하고, $\dot{\gamma}=\sqrt{\dot{z}\,\dot{y}}=\alpha+j\beta$를 전파정수(propagation constant)라 한다. 여기서 α는 감쇠를, β는 전파 속도를 나타낸다. 무손실 회로 $R=G=0$인 경우의 특성 임피던스는 $\dot{Z}_c=\sqrt{L/C}$로 되어서 순저항의 성질을 가지는데, 보통의 가공 전선에서는 400~500[Ω]의 범위에 있다. 또 전파정수는 $\dot{\gamma}=j\omega\sqrt{LC}$로 되어 $v=1/\sqrt{LC}$의 광속 전파를 나타낸다.

6.5 4단자 정수

지금까지는 송전선의 전 길이에 걸쳐서 균일한 정수를 가진 단순한 경우를 생각하였으나, 실제의 송전선에서는 도중에 정수가 다른 선로가 연계되거나, 분기선이 있는 수도 있고, 또 변압기·발전기 등의 기기가 연결되거나 하여 복잡한 회로를 형성하고 있다. 이와 같은 일반적인 회로를 취급하는 경우, 기기 정수를 송전선의 일부로 간주하여, 등가적인 단일의 송전선으로 바꾸어 놓아서 계산하는 것이 편리하고 또 실용적이다. 이 때의 등가 회로의 보조선로정수(auxiliary line constants)를 **일반회로정수**(general circuit constants), 또는 **4단자 정수**(four terminal const-ants)라 하고 R, L, C, G를 **기본선로정수**(fundamental line constants)라 한다.

4단자 기본정수는 기전력을 갖지 않는 회로망의 입력 전압·전류를 각각 $\dot{E}_s$, $\dot{I}_s$, 출력측의 전압, 전류를 $\dot{E}_r$, $\dot{I}_r$이라 하면, 식 (6-21) 및 식 (6-22)를 비롯하여 송전선의 송수전단 전압·전류의 관계를 나타내는 방정식은 다음과 같이 된다. 이를테면 식 (6-21) 및 식 (6-22)는

$$\left.\begin{aligned}\dot{E}_r &= \dot{A}\dot{E}_r + \dot{B}\dot{I}_r \\ \dot{I}_s &= \dot{C}\dot{E}_r + \dot{D}\dot{I}_r\end{aligned}\right\} \qquad \left.\begin{aligned}\dot{E}_r &= \dot{D}\dot{E}_s - \dot{B}\dot{I}_s \\ \dot{I}_r &= -\dot{C}\dot{E}_s + \dot{A}\dot{I}_s\end{aligned}\right\} \tag{6-23}$$

여기서, $\dot{A}=\dot{D}=\cosh\dot{\gamma}l$, $\dot{B}=\dot{Z}_c\sinh\dot{\gamma}l$, $\dot{C}=(\sinh\dot{\gamma}l)/\dot{Z}_c$

이 4개의 계수 $\dot{A}$, $\dot{B}$, $\dot{C}$, $\dot{D}$를 4단자 정수라 하는데, 이들 사이에는 언제나 $\dot{A}\dot{D}-\dot{B}\dot{C}=1$의 관계가 있다. 이것을 적용하려면, 기기가 접속된 경우나, 정수가 다른 송전 선로가 접속되었을 때의 취급이 간단하게 된다.

그림 6-8 송수 양단에 변압기를 접속한 1회선 송전선

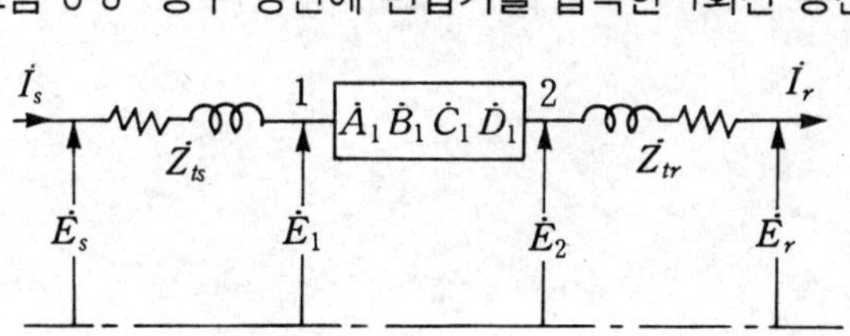

그림 6-8과 같이 송수 양단에 변압기가 접속된 경우의 송전선을 생각하면

단자 2와 수전단 사이에는 $\dot{E}_2 = \dot{E}_r + \dot{Z}_{tr}\dot{I}_r$, $\dot{I}_2 = \dot{I}_r$

단자 1과 단자 2 사이에는 $\dot{E}_1 = \dot{A}_1\dot{E}_2 + \dot{B}_1\dot{I}_2$, $\dot{I}_1 = \dot{C}_1\dot{E}_2 + \dot{D}_1\dot{I}_2$

송전단과 단자 1 사이에는 $\dot{E}_s = \dot{E}_1 + \dot{Z}_{ts}\dot{I}_1$, $\dot{I}_s = \dot{I}_1$

이들 방정식에서

$$\left.\begin{aligned} \dot{E}_s &= (\dot{A}_1 + \dot{C}_1\dot{Z}_{ts})\dot{E}_r + (\dot{B}_1 + \dot{A}_1\dot{Z}_{tr} + \dot{D}\dot{Z}_{ts} + \dot{C}_1\dot{Z}_{ts}\dot{Z}_{tr})\dot{I}_r \\ &= \dot{A}_0\dot{E}_r + \dot{B}_0\dot{I}_r \\ \dot{I}_s &= \dot{C}_1\dot{E}_r + (\dot{D}_1 + \dot{C}_1\dot{Z}_{tr})\dot{I}_r = \dot{C}_0\dot{E}_r + \dot{D}_0\dot{I}_r \end{aligned}\right\} \qquad (6\text{-}24)$$

여기서, $\dot{A}_0 = \dot{A}_1 + \dot{C}_1\dot{Z}_{ts}$, $\dot{B}_0 = \dot{B}_1 + \dot{A}_1\dot{Z}_{ts} + \dot{D}_1\dot{Z}_{ts} + \dot{C}_1\dot{Z}_{ts}\dot{Z}_{tr}$

$\dot{C}_0 = \dot{C}_1$, $\dot{D}_0 = \dot{D}_1 + \dot{C}_1\dot{Z}_{tr}$

이와 같이 해서 변압기를 포함한 송전 회로를 송전선만의 경우와 같이 하나의 4단자 회로로 나타낼 수 있다.

이 4단자 정수의 계산은 보통 다음의 전개식에 의하여 처음의 3항까지만 취해서 계산해도 정확한 값을 얻을 수 있으나, 100[km]정도까지의 송전선에서는 2항까지만 취해도 된다.

$$\left.\begin{aligned} \dot{A} &= \dot{D} = \cosh \dot{\gamma} l = 1 + \frac{\dot{Z}\dot{Y}}{2} + \frac{(\dot{Z}\dot{Y})^2}{24} + \cdots\cdots \\ \dot{B} &= \dot{Z}_c \sinh \dot{\gamma} l = \dot{Z}\left\{1 + \frac{\dot{Z}\dot{Y}}{6} + \frac{(\dot{Z}\dot{Y})^2}{120} + \cdots\cdots\right\} \\ \dot{C} &= \frac{1}{\dot{Z}_c} = \sinh \dot{\gamma} l = \dot{Y}\left\{1 + \frac{\dot{Z}\dot{Y}}{6} + \frac{(\dot{Z}\dot{Y})^2}{120} + \cdots\right\} \end{aligned}\right\} \qquad (6\text{-}25)$$

단, $\dot{z}l = \dot{Z}$, $\dot{y}l = \dot{Y}$이고, $\dot{\gamma}l = \sqrt{\dot{z}\dot{y}}\,l = \sqrt{\dot{z}l \cdot \dot{y}l} = \sqrt{\dot{Z}\dot{Y}}$이다.

연 습 문 제

문제 1. 송전 선로의 저항을 R, 리액턴스를 X라 하면 다음의 어느 식이 성립되는가?

㉮ $R > X$　㉯ $R < X$　㉰ $R = X$　㉱ $R \leq X$

[답] ㉯

문제 2. 늦은 역률의 부하를 갖는 단거리 송전 선로의 전압 강하의 근사식은?
단, P는 3상 부하 전력[kW], E는 선간 전압 [kV], R은 선로 저항[Ω], X는 리액턴스[Ω], θ는 부하의 늦은 역률각이다.

㉮ $\dfrac{\sqrt{3}P}{E}(R+X\cdot\tan\theta)$　㉯ $\dfrac{P}{\sqrt{3}E}(R+X\cdot\tan\theta)$

㉰ $\dfrac{P}{E}(R+X\cdot\tan\theta)$　㉱ $\dfrac{P}{\sqrt{3}E}(R\cdot\cos\theta+X\cdot\sin\theta)$

풀이 $P=\sqrt{3}EI\cos\theta$ 에서 $I=\dfrac{P}{\sqrt{3}E\cos\theta}$

3상 전압 강하

$$v=V_s-V_r=\sqrt{3}I(R\cos\theta+X\sin\theta)=\sqrt{3}\frac{P}{\sqrt{3}E\cos\theta}(R\cos\theta+X\sin\theta)$$

$$=\frac{P}{E}\left(R+X\frac{\sin\theta}{\cos\theta}\right)=\frac{P}{E}(R+X\tan\theta)$$

[답] ㉰

문제 3. 부하 역률이 $\cos\theta$, 부하 전류 I인 선로의 저항을 r, 리액턴스를 X라 할 때 최대 전압 강하가 발생할 조건은?

㉮ $\cos\theta = rX$　㉯ $\sin\theta=\dfrac{X}{r}$

㉰ $\tan\theta=\dfrac{X}{r}$　㉱ $\cot\theta=\dfrac{X}{r}$

풀이 $e=I(r\cos\theta+X\sin\theta)$ $\dfrac{de}{d\theta}=I(r\cos\theta+X\sin\theta)=0$, $r\sin\theta=X\cos\theta$

$\therefore \tan\theta = \dfrac{X}{r}$ [답] ㉰

문제 4. 송전선의 전압 변동률은 다음 식으로 표시된다.

(전압 변동률) $= \dfrac{V_{R1} - V_{R2}}{V_{R2}} \times 10[\%]$ 이 식에서 V_{R1}은 무엇인가?

㉮ 무부하시 송전단 전압 ㉯ 부하시 송전단 전압
㉰ 무부하시 수전단 전압 ㉱ 부하시 수전단 전압

풀이 전압 변동률$= \dfrac{\text{무부하시 수전단 전압} - \text{수전단 정격 전압}}{\text{수전단 정격 전압}} \times 100[\%]$ [답] ㉰

문제 5. 송전단 전압 66[kV], 수전단 전압 61[kV]인 송전 선로에서 수전단의 부하를 끊는 경우의 수전단 전압이 63[kV]라 하면 전압 강하율[%]은?

㉮ 7.8 ㉯ 8.0 ㉰ 8.2 ㉱ 8.7

풀이 전압 강하율$= \dfrac{\text{송전단 전압} - \text{수전단 전압}}{\text{수전단 전압}} \times 100[\%] = \dfrac{66-61}{61} \times 100[\%]$

$= 8.2[\%]$ [답] ㉰

문제 6. 수전단 전압 60000[V], 전류 200[A], 선로의 저항 $R=7.61[\Omega]$, 리액턴스 $X=11.85[\Omega]$일 때, 전압 강하율은 몇[%]인가? 단, 수전단 역률은 0.8이라 한다.

㉮ 약 7.00 ㉯ 약 7.41 ㉰ 약 7.61 ㉱ 약 8.00

풀이 60000[V] 전압은 송전 전압이므로 3상 3선식으로 생각한다.

전압 강하율 $\varepsilon = \dfrac{V_S - V_r}{V_r} \times 100 \dfrac{\sqrt{3}I(R\cos\theta + X\sin\theta)}{V_r} \times 100$

$= \dfrac{\sqrt{3} \times 200(7.61 \times 0.8 + 11.85 \times 0.6)}{60000} \times 100 = 7.61[\%]$ [답] ㉰

문제 7. 3상 3선식 송전선에서 한 선의 저항이 15[Ω], 리액턴스 20[Ω]이고 수전단의 선간 전압은 30[kV], 부하 역률이 0.8인 경우 전압 강하율은 10[%]라 하면 이 송전 선로는 몇 [kW]까지 수전할 수 있는가?

㉮ 27500 ㉯ 2900 ㉰ 3000 ㉱ 3400

풀이 전압 강하율 $\varepsilon = \dfrac{V_2 - V_r}{V_r} \times 100$에서 전압 강하율이 10[%]이므로

$V_s = 33000[\text{V}]$

$V_s = V_r + \sqrt{3} I(R\cos\theta + X\sin\theta)$

$33000 = 30000 + \sqrt{3} I(15 \times 0.8 + 20 \times 0.6)$

$I = \dfrac{125}{\sqrt{3}}[\text{A}]$

∴ 수전 전력 $P = \sqrt{3}\, V_r I\cos\theta = \sqrt{3} \times 30000 \times \dfrac{125}{\sqrt{3}} \times 0.8 \times 10^{-3} = 3000[\text{kW}]$ [답] ㉰

문제 8. 저항 10[Ω], 리액턴스 15[Ω]인 3상 송전선이 있다. 수전단 전압 60[kV], 부하역률 0.8[lag], 전류 100[A]라고 한다. 이 때의 송전단 전압은 몇 [V]인가?

㉮ 55750 ㉯ 55950 ㉰ 81560 ㉱ 62940

풀이 송전단 전압 $V_S = V_R + \sqrt{3} I(r\cos\theta + X\sin\theta)[\text{V}]$

$V_s = 60,000 + \sqrt{3} \times 100 \times (10 \times 0.8 + 15 \times 0.6) = 62941[\text{V}]$ [답] ㉱

문제 9. 3상 3선식 송전 선로에서 송전 전력 P[kW], 송전 전압 V[kV], 전선의 단면적 A[mm²], 송전 거리 l[km], 전선의 고유 저항 ρ[Ω·mm²/m], 역률 $\cos\varphi$일 때 선로 손실 P_l[kW]은?

㉮ $\dfrac{\rho l P^2}{AV^2\cos^2\varphi}$ ㉯ $\dfrac{\rho l P^2}{A^2 V\cos^2\varphi}$

㉰ $\dfrac{\rho l P^2 \times 10^3}{AV^2\cos^2\varphi}$ ㉱ $\dfrac{\rho l P^2}{AV^2\cos\varphi}$

풀이 송전 전력 $P = \sqrt{3}\, VI\cos\varphi$ $I = \dfrac{P}{\sqrt{3}\, V\cos\varphi}$

선로 손실 $P_l = 3I^2R = \dfrac{P^2\rho l}{V^2\cos^2\varphi A} \times 10^3[\text{W}]$

∴ $P_l = \dfrac{P^2\rho l}{AV^2\cos^2\varphi}[\text{kW}]$ [답] ㉮

문제 10. 선로의 길이 10[km], 전선 1조당 저항이 0.4[Ω/km], 리액턴스가 0.6[Ω/km]의 3상 배전선에서 수전단 전압을 20[kV], 부하역률을 0.8로 유지하고 선로손실을 5[%] 이내로 하기 위한 부하의 최대전력은 몇 [kW]인가?

㉮ 1070　　㉯ 3200　　㉰ 5000　　㉱ 9600

풀이 전력손실 $P_c = 3I^2 r = 0.05P$와 부하전력 $P = \sqrt{3}\, V_R I \cos\theta$에서

$$P_c = 3I^2 r = 0.05 \times \sqrt{3}\, V_R I \cos\theta$$

$$P_c = 3I \times 0.4 \times 10 = 0.05 \times \sqrt{3} \times 20,000 \times 0.08$$

$$I = \frac{0.05 \times \sqrt{3} \times 20,000 \times 0.8}{0.4 \times 10 \times 3} = 115.47[\text{A}]$$

최대 부하전력 $P = \sqrt{3}\, V_R I \cos\theta = \sqrt{3} \times 20,000 \times 115.4 \times 0.8 \times 10^{-3} = 3200[\text{kW}]$

[답] ㉯

문제 11. 154[kV]의 송전 선로의 전압을 345[kV]로 승압하고 같은 손실률로 송전한다고 가정하면 송전 전력은 승압 전의 몇 배인가?

㉮ 2　　㉯ 3　　㉰ 4　　㉱ 5

풀이 송전 전력은 전압의 제곱에 비례하므로

$$P = KV^2 = K\left(\frac{345}{154}\right)^2 = 5K$$

[답] ㉱

문제 12. 송전 전압을 높일 때 발생하는 경제적 특징 중 옳지 않은 것은?

㉮ 송전 전력과 전선의 단면적이 일정하면 선로의 전력 손실이 감소한다.

㉯ 절연 애자의 개수가 증가한다.

㉰ 변전소에서 시설할 기기의 값이 고가로 한다.

㉱ 보수 유지에 필요한 비용이 적어진다.

[답] ㉱

문제 13. 페란티 현상이 생기는 원인은?

㉮ 선로의 인덕턴스　　㉯ 선로의 정전용량

㉰ 선로의 누설 콘덕턴스　　㉱ 선로의 저항

풀이 페란티 현상이란 선로의 정전용량으로 인하여 무부하시나 경부하시에 수전단 전압이 송전단 전압보다 높아지는 현상으로 분로 리액터나 동기 조상기 지상용량으로 방지할 수 있다. [답] ㉯

문제 14. 초고압 장거리 송전 선로에 접속되는 1차 변전소에 병렬 리액터를 설치하는 목적은?

㉮ 송전용량의 증가　　㉯ 페란티 효과의 방지

㉰ 과도 안정도의 증대　　㉱ 전력 손실의 경감

풀이 분로 리액터와 병렬 리액터는 같다. [답] ㉯

문제 15. 중거리 송전 선로의 T형 회로에서 송전단 전류 I_s는? 단, Z, Y는 선로의 직렬 임피던스와 병렬 어드미턴스이고, E_r는 수전단 전압, I_r는 수전단 전류이다.

㉮ $I_r\left(1+\frac{ZY}{2}\right)+E_rY$　　㉯ $E_r\left(1+\frac{ZY}{2}\right)+ZI_r\left(1+\frac{ZY}{4}\right)$

㉰ $E_r\left(1+\frac{ZY}{2}\right)+ZI_r$　　㉱ $I_r\left(1+\frac{ZY}{2}\right)+E_rY\left(1+\frac{ZY}{4}\right)$

풀이 $I_s=I_r+I_c$

$I_C=YE_C,\quad E_C=E_R+\frac{Z}{2}I_R,\quad I_C=YE_R+\frac{ZY}{2}I_r$

$I_S=I_r+YE_R+\frac{ZY}{2}I_r=I_r\left(1+\frac{ZY}{2}\right)+E_rY$ [답] ㉮

문제 16. T회로에서 4단자 정수 A는 다음중 어느 것인가?

㉮ $\left(1+\frac{ZY}{2}\right)$　　㉯ $\left(1+\frac{ZY}{4}\right)$

㉰ Y　　㉱ Z

풀이 $\begin{vmatrix} A & B \\ C & D \end{vmatrix}=\begin{vmatrix} 1 & \frac{Z}{2} \\ 0 & 1 \end{vmatrix}\begin{vmatrix} 1 & 0 \\ Y & 1 \end{vmatrix}\begin{vmatrix} 1 & \frac{Z}{2} \\ 0 & 1 \end{vmatrix}$

$=\begin{vmatrix} 1+\frac{ZY}{2} & \frac{Z}{2} \\ Y & 1 \end{vmatrix}\begin{vmatrix} 1 & \frac{Z}{2} \\ 0 & 1 \end{vmatrix}$

$$=\begin{vmatrix} 1+\frac{ZY}{2} & Z\left(1+\frac{ZY}{4}\right) \\ Y & 1+\frac{ZY}{2} \end{vmatrix}$$

[답] ㉮

문제 17. π회로의 일반회로 정수에서 $\dot{B}$는 무엇을 의미하는가?

㉮ 저항　㉯ 리액턴스　㉰ 임피던스　㉱ 어드미턴스

[답] ㉰

문제 18. π형 회로의 일반 회로 정수에서 B의 값은?

㉮ $1+\frac{\dot{Z}\dot{Y}}{2}$　㉯ $\dot{Y}\left(1+\frac{\dot{Z}\dot{Y}}{4}\right)$

㉰ $\dot{Y}$　㉱ $\dot{Z}$

풀이 π회로에서의 송전단 전압

$E_s=\left(1+\frac{\dot{Z}\dot{Y}}{2}\right)\dot{E_R}+Z\dot{I_R}$에서 B는 $\dot{Z}$이다.

[답] ㉱

문제 19. 송전선로에서 4단자정수 A, B, C, D사이의 관계는?

㉮ $BC-AD=1$　㉯ $AC-BD=1$　㉰ $AB-CD=1$　㉱ $AD-BC=1$

[답] ㉱

문제 20. 그림과 같은 4단자 정수를 가진 2개의 회로가 직렬로 연결되어 있을 때 합성 4단자 정수는?

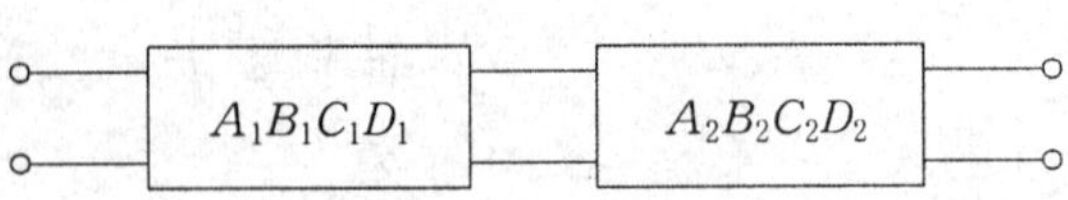

㉮ $A=A_1A_2+B_1C_2$, $B=A_1B_2+B_1D_2$, $C=A_2C_1+D_1C_2$, $D=B_2C_1+D_1D_2$

㉯ $A=A_1A_2+B_1C_1$, $B=A_1B_2+B_1D_2$, $C=A_2C_1+D_1C_2$, $D=B_1C_2+D_1D_2$

㉰ $A=A_1A_2+B_2C_1$, $B=A_1B_2+B_1D_2$, $C=A_1C_2+D_1C_2$, $D=B_2C_1+D_1D_2$

㉱ $A=A_1A_2+B_1C_2$, $B=A_2B_1+B_1D_1$, $C=A_1C_2+D_1D_2$, $D=B_1C_1+D_1D_2$

풀이 $\begin{bmatrix} A_1 & B_1 \\ C_1 & D_1 \end{bmatrix}\begin{bmatrix} A_2 & B_2 \\ C_2 & D_2 \end{bmatrix} = \begin{bmatrix} A_1A_2+B_1C_2, & A_1B_2+B_1D_2 \\ C_1A_2+D_1C_2, & C_1B_2+D_1D_2 \end{bmatrix}$ [답] ㉮

문제 21. 그림과 같은 회로에 있어서의 합성 4단자 정수에서 B_0의 값은?

㉮ $B_0 = B + Z_{tr}$

㉯ $B_0 = A + BZ_{tr}$

㉰ $B_0 = B + AZ_{tr}$

㉱ $B_0 = C + DZ_{tr}$

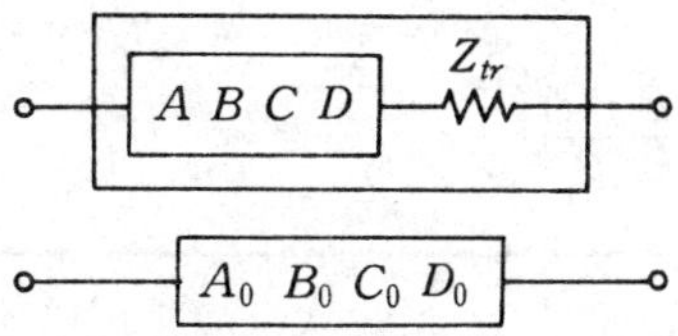

풀이 $\begin{vmatrix} A_0 & B_0 \\ C_0 & D_0 \end{vmatrix} = \begin{vmatrix} A & B \\ C & D \end{vmatrix} \begin{vmatrix} 1 & Z_{tr} \\ 0 & 1 \end{vmatrix} = \begin{vmatrix} A & B+AZ_{tr} \\ C & D+CZ_{tr} \end{vmatrix}$

$B_0 = B + AZ_{tr}$ [답] ㉰

문제 22. 그림과 같이 정수가 서로같은 평형 2회선에서 일반 회로정수 C_0는 얼마인가?

㉮ $\dfrac{C}{4}$ ㉯ $\dfrac{C}{2}$

㉰ $2C$ ㉱ $4C$

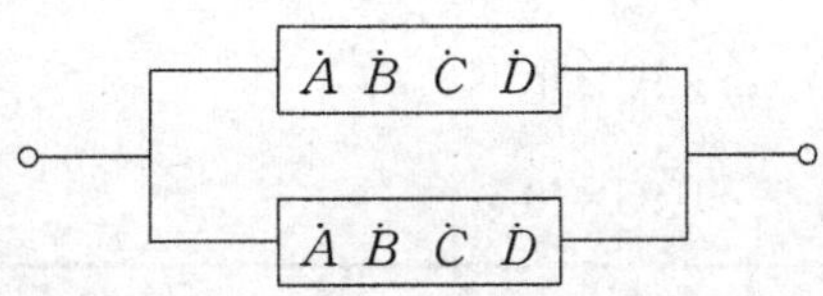

풀이 그림과 같은 병행 2회선의 경우 합성 4단자정수 A_0, B_0, C_0, D_0는

$$A_0 = \frac{A_1B_2 + B_1A_2}{B_1 + B_2} = A$$

$$B_0 = \frac{B_1 \cdot B_2}{B_1 + B_2} = \frac{1}{2}B$$

$$C_0 = C_1 + C_2 + \frac{(A_1 - A_2)(D_2 - D_1)}{B_1 + B_2} = 2C$$

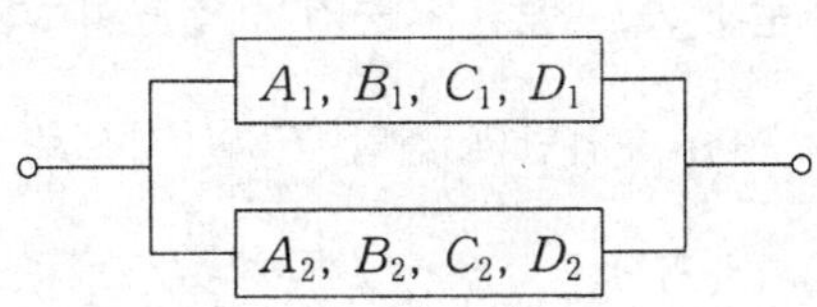

$$D_0 = \frac{B_1D_2 + D_1B_2}{B_1 + B_2} = D \text{이므로}$$

$A_1 = A_2 = A$, $B_1 = B_2 = B$, $C_1 = C_2 = C$, $D_1 = D_2 = D$ 라 하면

$D_0 = A$, $B_0 = \frac{1}{2}B$, $C_0 = 2C$, $D_0 = D$ 가 된다. [답] ㉰

문제 23. 일반회로 정수가 $\dot{A}$, $\dot{B}$, $\dot{C}$, $\dot{D}$인 선로에 임피던스가 $\frac{1}{\dot{Z}_r}$인 변압기를 수전단에 접속된 계통의 일반회로 정수 중 D_0는?

㉮ $\dot{D}_0=\dfrac{\dot{C}+\dot{D}\dot{Z}_r}{\dot{Z}_r}$　　㉯ $\dot{D}_0=\dfrac{\dot{C}+\dot{A}\dot{Z}_r}{\dot{Z}_r}$

㉰ $\dot{D}_0=\dfrac{\dot{B}+\dot{A}\dot{Z}_r}{\dot{Z}_r}$　　㉱ $\dot{D}_0=\dfrac{\dot{B}+\dot{A}\dot{Z}_r}{\dot{Z}_r}$

풀이 $\begin{vmatrix} A_0 & B_0 \\ C_0 & D_0 \end{vmatrix}=\begin{vmatrix} A & B \\ C & D \end{vmatrix}\begin{vmatrix} 1 & \frac{1}{Z_r} \\ 0.1 & \end{vmatrix}$

$\therefore D_0=D+\dfrac{C}{Z_r}=\dfrac{DZ_r+C}{Z_r}$　　[답] ㉮

문제 24. 송전 선로의 일반 회로정수가 $A=0.7$, $B=j190$, $D=0.9$라 하면 C의 값은?

㉮ $-j1.95\times10^{-3}$　　㉯ $j1.95\times10^{-3}$

㉰ $-j1.95\times10^{-4}$　　㉱ $j1.95\times10^{-4}$

풀이 $AD-BC=1$에서

$C=\dfrac{AD-1}{B}=\dfrac{0.63-1}{j190}=j1.95\times10^{-3}$　　[답] ㉯

문제 25. 송전선 중간에 전원이 없을 경우에 송전단의 전압 $\dot{E}_s=\dot{A}\dot{E}_R+\dot{B}\dot{I}_R$이 된다. 수전단의 전압 $\dot{E}_R$의 식으로 옳은 것은? 단, $\dot{I}_s$, $\dot{I}_R$는 송전단 및 수전단의 전류이다.

㉮ $\dot{E}_R=\dot{A}\dot{E}_S+\dot{C}\dot{I}_S$　　㉯ $\dot{E}_R=\dot{B}\dot{E}_S+\dot{A}\dot{I}_S$

㉰ $\dot{E}_R=\dot{C}\dot{E}_S-\dot{D}\dot{I}_S$　　㉱ $\dot{E}_R=\dot{D}\dot{E}_S-\dot{B}\dot{I}_S$

[답] ㉱

문제 26. 장거리 송전 선로의 특성은 무슨 회로로 다루어야 하는가?

㉮ 특성 임피던스 회로 ㉯ 집중 정수 회로
㉰ 분포 정수 회로 ㉱ 분산 부하 회로

풀이 단거리 송전 선로는 R과 L만의 직렬 회로로 다루고 중거리 송전 선로는 R과 L과 C만의 회로로 다루어 T회로와 π회로로 보며 장거리 송전 선로는 r, L, C, g 모두 존재하는 것으로 다루어 분포 정수 회로로 푼다. [답] ㉰

문제 27. 선로의 특성 임피던스는?

㉮ 선로의 길이가 길어질수록 값이 커진다.
㉯ 선로의 길이가 길어질수록 값이 적어진다.
㉰ 선로의 길이보다는 부하전력에 따라 값이 변한다.
㉱ 선로의 길이에 관계없이 일정하다.

[답] ㉱

문제 28. 단위 길이의 임피던스를 Z, 어드미턴스를 Y라 할 때 선로의 특성임피던스는?

㉮ $\sqrt{Y/Z}$ ㉯ $\sqrt{Z/Y}$ ㉰ $\sqrt{ZY}$ ㉱ Y

[답] ㉯

문제 29. 3상 3선식 송전선로 1선 1[km]의 임피던스를 $\dot{Z}$, 어드미턴스를 $\dot{y}$라 하면 특성 임피던스는?

㉮ $\sqrt{\dfrac{\dot{y}}{\dot{Z}}}$ ㉯ $\sqrt{\dfrac{\dot{Z}}{\dot{y}}}$ ㉰ $\sqrt{\dot{Z}\dot{y}}$ ㉱ $\sqrt{\dot{Z}+\dot{y}}$

[답] ㉯

문제 30. 선로의 단위 길이의 분포 인덕턴스, 저항, 정전용량, 누설 콘덕턴스를 각각 L, r, C 및 g로 할 때 특성 임피던스는?

㉮ $(r+j\omega L)(g+j\omega C)$　　㉯ $\sqrt{(r+j\omega L)(g+j\omega C)}$

㉰ $\sqrt{\dfrac{r+j\omega L}{g+j\omega C}}$　　㉱ $\sqrt{\dfrac{g+j\omega C}{r+j\omega L}}$

풀이 특성 임피던스 $Z_0=\sqrt{\dfrac{Z}{Y}}\,[\Omega]=\sqrt{\dfrac{r+j\omega L}{g+j\omega C}}$　[답] ㉮

문제 31. 송전선에서 저항과 누설 컨덕턴스를 무시한 개략 계산에서 송전선의 특성 임피던스의 값은 보통 몇 [Ω] 정도인가?

㉮ 100~300　㉯ 300~500　㉰ 500~700　㉱ 700~900

[답] ㉯

문제 32. 선로의 단위 길이의 분포 인덕턱스, 저항, 정전용량 및 누설 콘덕턴스를 각각 L, r, C 및 g로 표시할 때의 전파 정수는?

㉮ $\sqrt{(r+j\omega L)(g+j\omega C)}$　　㉯ $(r+j\omega L)(g+j\omega C)$

㉰ $\sqrt{\dfrac{r+j\omega L}{g+j\omega C}}$　　㉱ $\sqrt{\dfrac{g+j\omega L}{r+j\omega L}}$

풀이 전파 정수 $r=\sqrt{Z\cdot Y}=\sqrt{(r+j\omega L)(g+j\omega C)}$　[답] ㉮

문제 33. 수전단을 단락한 경우 송전단에서 본 임피던스가 300[Ω]이고, 수전단을 개방한 경우 송전단에서 본 어드미턴스가 1.875×10^{-3}[℧]일때 송전선의 특성임피던스[Ω]는?

㉮ 약 200　㉯ 약 300　㉰ 약 400　㉱ 약 500

풀이 $Z=300[\Omega]$, $Y=1.875\times10^{-3}[℧]$

$$\therefore Z_0=\sqrt{\frac{Z}{Y}}=\sqrt{\frac{300}{1.875\times10^{-3}}}=400[\Omega]$$

[답] ㉰

문제 34. 송전선로의 수전단을 단락한 경우 송전단에서 본 임피던스는 300[Ω]이고, 수전단을 개방한 경우에는 1200[Ω]일 때 이 선로의 특성 임피던스는 몇 [Ω]인가?

㉮ 600 ㉯ 50 ㉰ 1000 ㉱ 1200

풀이 특성 임피던스 $Z_o=\sqrt{\frac{Z}{Y}}=\sqrt{\frac{Z_{SS}}{Y_{SO}}}=\sqrt{300\times1200}=600[\Omega]$ [답] ㉮

문제 35. 장거리 송전선에 있어서 단위 길이당의 임피던스 $\dot{Z}=r+j\omega L[\Omega/\text{km}]$, 어드미턴스 $\dot{Y}=g+j\omega C[℧/\text{km}]$ 라 할 때 저항과 누설 콘덕턴스를 무시하는 경우 특성 임피던스의 값은?

㉮ $\sqrt{\frac{L}{C}}$ ㉯ $\sqrt{\frac{C}{L}}$ ㉰ $\frac{L}{C}$ ㉱ $\frac{C}{L}$

풀이 특성 임피던스 $Z_0=\sqrt{\frac{Z}{Y}}=\sqrt{\frac{0+j\omega L}{0+j\omega C}}\fallingdotseq\sqrt{\frac{L}{C}}$ [답] ㉮

문제 36. 가공송전선의 인덕턴스가 1.3[mH/km]이고, 정전용량이 0.009[μF/km]일 때 파동 임피던스는 몇 [Ω]인가?

㉮ 350 ㉯ 380 ㉰ 400 ㉱ 420

풀이 파동 임피던스 $Z_0=\sqrt{\frac{L}{C}}=\sqrt{\frac{1.3\times10^{-3}}{0.009\times10^{-6}}}=380[\Omega]$ [답] ㉯

문제 37. 파동 임피던스가 500[Ω]인 가공 송전선 1[km]당의 인덕턴스 L과 정전용량 C는 얼마인가?

㉮ $L=1.67[\text{mH/km}]$, $C=0.0067[\mu\text{F/km}]$

㉯ $L=2.12[\text{mH/km}]$, $C=0.167[\mu\text{F/km}]$

㉰ $L=1.67[\text{H/km}]$, $C=0.0067[\mu\text{F/km}]$

㉱ $L=0.0067[\text{mH/km}]$, $C=1.67[\mu\text{F/km}]$

풀이 파동 임피던스 $Z=\sqrt{\frac{L}{C}}=138_{10}\frac{D}{r}=500[\Omega]$에서

$$\log_{10}\frac{D}{r} = \frac{500}{138}$$

$$\therefore\ L = 0.05 + 0.4605\log_{10}\frac{D}{r} \fallingdotseq 0.4605\times\frac{500}{138} = 1.67[\text{mH/km}]$$

$$\therefore\ C = \frac{0.02413}{\log_{10}\frac{D}{r}} = \frac{0.02413}{\frac{500}{138}} = 0.0067[\mu\text{F/km}]$$

[답] ㉮

전력 원선도 제 7 장

7.1 전력 원선도

중요한 송전선은 송수 양단의 전압을 언제나 일정하게 유지하는 정전압 송전 방식을 채용하고 있다. 그것은 부하의 성질상 변전소 전압의 변화가 허용되지 않으며, 또 아무리 부하가 증가하더라도 발전소의 전압을 정격치 이상으로 상승시키는 것도, 내압상 허용될 수 없는 것이다. 이러한 조건하에서, 부하의 수요에 응하여 전력을 보내기 위해서는 발전소의 전압을 부하의 증가에 따라서, 변전소의 전압보다 그 위상각을 앞서게 하는 수밖에 없다. 즉, 송전 전력이 증가하면 양단 전압의 크기는 그대로 두고, 그 상차각만 크게 해도 되기 때문이다.

7.1.1 교류전력의 표시법

그림 7-1에서 부하 $\dot{Z}$에 유입하는 전류를 $\dot{I}=I\,\underline{/\theta_2}=I(\cos\theta_2+j\sin\theta_2)$, 단자에 가해지는 전압을 $\dot{E}=E\,\underline{/\theta_1}=E(\cos\theta_1+j\sin\theta_1)$이라 하고, $\theta_1>\theta_2$라 하면, 전압, 전류간의 위상차는 $\theta_1-\theta_2=\theta$이므로, 유효 전력은 $EI\cos\theta$, 무효 전력은 $EI\sin\theta$로 된다.

따라서, 유입 전력을 벡터로 나타내는 경우 $\dot{E}\dot{I}$라고 하면,

$$\dot{E}\dot{I}=EI\,\underline{/\theta_1+\theta_2}=EI\{\cos(\theta_1+\theta_2)+j\sin(\theta_1+\theta_2)\}$$

로 되어서 위상차를 옳게 표시하지 못하게 된다. 그래서 벡터 전력 $\dot{W}$의 계산에는 전압, 전류의 어느 것이나 한 쪽의 공액치를 쓸 필요가 있다.

그림 7-1 교류 전압, 전류의 벡터도

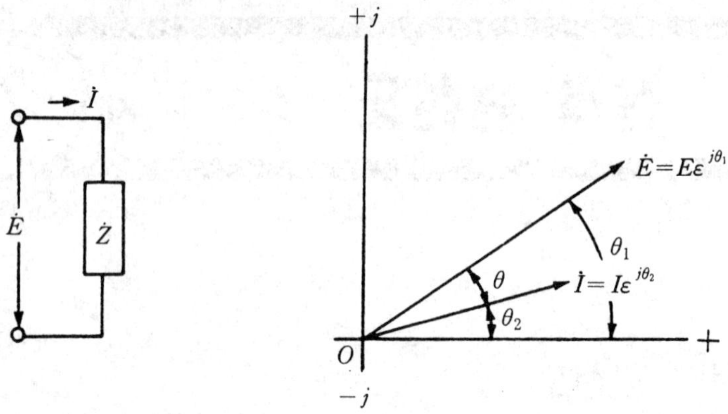

(a) (b)

먼저, 전압의 공액치 $\overline{\dot{E}}$를 써서 계산하면

$$\dot{W}=\overline{\dot{E}}\dot{I}=EI\,\underline{/-\theta_1+\theta_2}=EI\,\underline{/\theta}=EI(\cos\theta-j\sin\theta) \tag{7-1}$$

로 되고, 다음은 전류의 공액치 $\bar{I}$를 취하면

$$\dot{W}=\dot{E}\overline{\dot{I}}=EI\,\underline{|\,\theta_1-\theta_2}=EI\,\underline{|\,\theta}=EI(\cos\theta+j\sin\theta) \tag{7-2}$$

로 된다. 위의 두 식을 보면, 유효 전력의 항은 같으나 무효 전력의 항은 부호만 다르다. $\theta_1 < \theta_2$일 때는 전류가 전압보다 앞선 경우로서 이때의 무효 전력(진상 무효 전력)을 정으로 규약하면, 교류 전력은 식 (7-1)로 나타내고, 또 지상 무효 전력을 정으로 규약하면, 교류 전력은 식 (7-2)로 나타낸다.

이와 같이, 교류 전력을 표시함에 있어서, 무효 전력의 정, 부의 부호는 어느 것을 써도 좋고, 또 통일되어 있지도 않으므로 어느 규약에 의하는 가는 계산자의 자유이다. 식 (7-1)의 방법은, 전류 벡터를 일반적으로 앞섬(leading)을 정, 뒤짐(lagging)을 부의 부호로 나타내는 것과 일치해서 이해하기 좋은 점도 있으나, 전류 벡터의 공액치를 취한 식 (7-2)가 전력 계통에는 지상 무효 전력이 부하에 유입하는 경우가 많아서 널리 쓰여지고, 또 국제 전기 표준회의(IEC)에서도 지상을 정으로 채용하도록 결정되었으므로, 여기서도 이 방법에 의하기로 한다.

7.1.2 전력방정식

송전단 및 수전단의 전압 $\dot{E}_s$, $\dot{E}_r$ 및 전류 $\dot{I}_s$, $\dot{I}_r$의 관계는 식 $\dot{E}_s = \dot{A}\dot{E}_r + \dot{B}\dot{I}_r$ 및 $\dot{I}_s = \dot{C}\dot{E}_r + \dot{D}\dot{I}_r$에서 $\dot{I}_s$, $\dot{I}_r$에 대해서 풀이하면,

$$\left.\begin{aligned} \dot{I} &= \frac{\dot{D}}{\dot{B}}\dot{E}_s - \frac{1}{\dot{B}}\dot{E}_r \\ \dot{I}_r &= \frac{1}{\dot{B}}\dot{E}_s - \frac{\dot{A}}{\dot{B}}\dot{E}_r \end{aligned}\right\} \qquad (7\text{-}3)$$

로 된다. 지금 $\dot{E}_r$을 기준 벡터로 잡고, $\dot{E}_s$는 $\dot{E}_r$보다 위상이 δ만큼 앞선 것으로 하여, $\dot{E}_s = E_s\angle\delta$, $\overline{E_s} = E_s\angle\delta$, $\dot{E}_r = E_r = E_r$로 놓으면 송수 전단 전력 $\dot{W}_s$, $\dot{W}_r$은 P_s, P_r 및 Q_s, Q_r을 송수 전단의 유효 전력 및 무효 전력이라 할 때, 다음과 같이 된다.

$$\begin{aligned} \dot{W}_s &= \dot{E}_s\overline{I_s} = P_s + jQ_s = \frac{\overline{D}}{B}\dot{E}_s\overline{\dot{E}_s} - \frac{1}{B}\dot{E}_s\overline{E_r} \\ &= \frac{\overline{D}}{B}E_s^2 - \frac{1}{B}E_sE_r\angle\delta \end{aligned} \qquad (7\text{-}4)$$

$$\begin{aligned} \dot{W}_r &= \dot{E}_r\overline{I_r} = P_r + jQ_r = \frac{1}{B}\dot{E}_s\dot{E}_r - \frac{\overline{A}}{B}\dot{E}_r\overline{E_r} \\ &= \frac{1}{B}E_sE_r\angle\delta - \frac{\overline{A}}{B}E_r^2 \end{aligned} \qquad (7\text{-}5)$$

이 두식을 전력 방정식(power equation)이라 부른다. $\dot{E}_s$, $\dot{E}_r$은 1상의 전압 [kV]이므로 $\dot{W}_s$, $\dot{W}_r$은 각각 1상분의 유효 전력[MW] 및 무효 전력[MVar]을 나타내며, 3상 전력은 $3\dot{W}_s$, $3\dot{W}_r$이다. $\dot{E}_s$, $\dot{E}_r$ 대신에 선간 전압 $\dot{V}_s$, $\dot{V}_r$을 사용하면 $V_s = \sqrt{3}E_s$, $V_r = \sqrt{3}E_r$이고, 윗식은 전압의 2차식이므로, $\dot{W}_s$, $\dot{W}_r$은 그대로 3상 전력을 나타내게 된다.

7.1.3 전력 원선도

식 (7-4), 식 (7-5)에 나타낸 전력 방정식에서 원선도 정수(circle diagram coef

-ficients)라 불리어지는 $\frac{\bar{D}}{\bar{B}} \cdot \frac{1}{\bar{B}} \cdot \frac{\bar{A}}{\bar{B}}$ 는 송전 선로에 따라서 결정되는 정수인 때, 이것을 다음과 같이 놓는다.

$$\frac{\bar{B}}{\bar{B}} = m + jn, \quad \frac{1}{\bar{B}} = \frac{1}{B} \angle \beta, \quad \frac{\bar{A}}{\bar{B}} = m' + jn' \tag{7-6}$$

이것을 식 (7-4), 식 (7-5)에 대입하면,

$$\dot{W}_s = P_s + jQ_s = (m + jn)E_s^2 - \frac{E_s E_r}{B} \angle \delta + \beta \tag{7-7}$$

$$\dot{W}_r = P_r + jQ_r = -(m' + jn')E_r^2 + \frac{E_s E_r}{B} \angle \delta - \beta \tag{7-8}$$

와 같이 된다. 일반적으로 전력 계통은 정전압 송전 방식을 채택하고 있으므로, 수용 부하 전력의 증감에 대해서 송수 전단 전압의 상차각 δ를 조정하여 이것에 응하므로 윗식 중의 변수는 δ뿐이다.

(1) 송전단 전력 원선도

식 (7-7)을 보면 이 식은 원의 궤적으로 된다는 것을 알 수 있으며, 그림 7-2와 같이

$$\left.\begin{aligned} &\text{중심의 위치} \quad OS = (m + jn)E_s^2 \\ &\delta = 0\text{일 때의 반경} \quad SA = -\frac{E_s E_r}{B} \angle \beta \end{aligned}\right\} \tag{7-9}$$

로 된다. 즉, 횡축에 송전단에서 유출하는 유효 전력 P_s를, 종축에 무효 전력 Q_s를 잡고, 지상 무효 전력을 정방향으로 하면 중심의 좌표는 $S(mE_s^2, nE_s^2)$이고, 반경의 크기는 $E_s E_r / B$, $\delta = 0°$ 즉, $\angle \delta = 1$일 때의 반경 SA는 횡축과 β의 각도로 중심 S를 통하는 직선으로 된다. 일반적으로 이 원을 송전단 전력 원선도(sending end power circle diadram)라 하고, 그 동작 특성은 부하가 증가하여 $\dot{E}_s$, $\dot{E}_r$ 사이의 상차각 δ가 커짐에 따라서, $\angle \delta$항에 의하여 그 동작점이 원주상을 반시계 방향으로 A에서 이동해 간다.

그림 7-2 송전단 전력 원선도

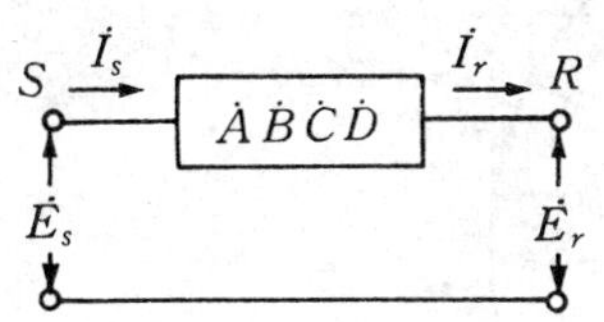

(a)

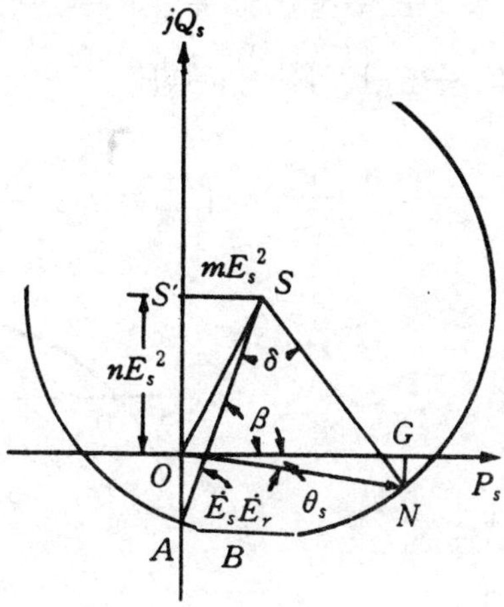

(b)

δ가 그림에서와 같은 값일 때 동작점은 N으로 되고, 송전단 벡터 전력은 ON [MVA]으로 나타내어지며 다시 N에서 횡축에 선 NG를 그어서 그 만나는 점을 G라고 하면, 송전단에서 유출하는 유효 전력 P_s[MW]는 OG, 무효 전력 Q_s [MVar]는 GN으로 표시된다. 이 때의 무효 전력은 진상 무효 전력이고, 또 송전단 역률은 $\cos\theta_s$이다.

(2) 수전단 전력 원선도

식 (7-8)은 그림 7-3에 나타내는 바와 같은 수전단 전력 원선도(receiving end power circle diagram)이다.

$$\left.\begin{aligned} &\text{중심의 위치} \quad -OR = -(m' + jn')E_r^2 \\ &\delta = 0^\circ \text{ 일 때의 반경} \quad RB = \frac{E_sE_r}{B} \underline{/\beta} \end{aligned}\right\} \qquad (7\text{-}10)$$

로서, 반경의 크기는 송전단 전력 원선도와 같다. 이 때의 횡축은 수전단에 유입하는 유효 전력, 종축은 수전단에 유입하는 지상 무효 전력을 정방향으로 한다. 수전단에 유입하는 벡터 전력 OM[MVA]의 동작점 M은, $\delta=0°$의 점 B를 기준으로 해서, δ의 증대에 따라서 $\underline{/\delta}$항에 의하여 시계 방향으로 이동한다. M에서 횡축의 수선을 MK라고 하면, OK는 수전단에 유입하는 유효 전력 P_r[MW]을 KM은 이 그림의 경우는 수전단에 유입하는 진상 무효 전력 Q_r[MVar]을 나타내고 있다. 또 $\cos\theta_r$은 수전단 역률이 된다.

그림 7-3 수전단 전력 원선도

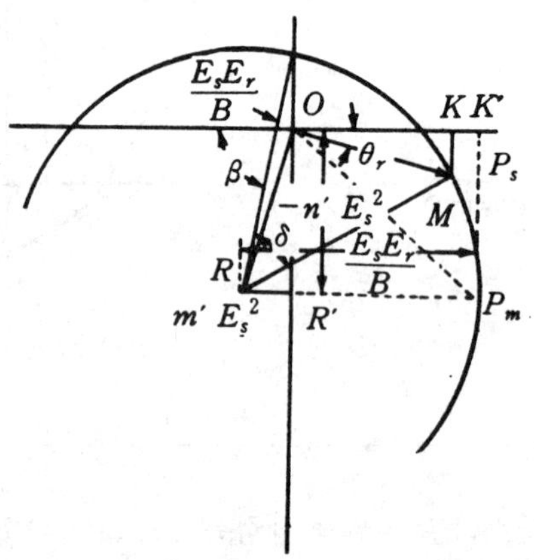

그래서, 송수 전단 전압 E_s, E_r의 크기가 각각 일정하게 유지되는 것이라 한다면, P_s+jQ_s는 송전단 전력 원선도의 원주상에, 또 P_r+jQ_r은 수전단 전력 원선도의 원주상에, $\delta=0°$에 상당하는 각각의 기준선에서 δ도가 되는 각 동작점을 가진 벡터 전력으로서 표시하도록 운전하지 않으면 안 된다.

그리고 이 그림에 나타내는 바와 같이 수전단 변전소에서 최대 수전 전력(maxi-mum receiving active power) P_m[MW]은

$$P_m=\frac{E_sE_r}{B}-m' E_r^2 \tag{7-11}$$

로 되며, 송수전단 전압의 상차각 δ를 이것보다 크게 하더라도, 수전단의 부하를 이 이상 증대할 수는 없다.

(3) 송수전단 전력 원선도

일반적으로 송전단 전력 원선도와 수전단 전력 원선도를 같은 좌표상에 그린 그림 7-4가 사용되고 있다. $\dot{A}=\dot{D}$일 때는 SOR은 일직선이 되고, 또 $E_s=E_r$이면

$OS=OR$로 되나 대체로는 그렇지 않다. E_s, E_r 및 δ가 주어진 경우에는 앞에서 설명한 바와 같이 P_s, Q_s, P_r, Q_r이 용이하게 사용된다. 예를 들어 E_s, E_r외에 수전 전력 $P_r=OK$가 먼저 주어졌다고 하면, 횡축에 대한 수선 KM에서 M점이 수전단 전력원의 원주상에 구하여 지고, $KM=Q_r$을 알 수 있음과 동시에 송수전단 전압의 상각차 δ가 판명된다.

그림 7-4 송수전단 전력 원선도

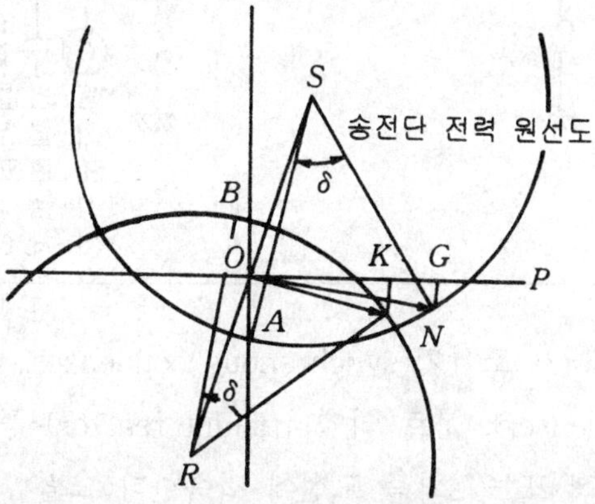

이것에서 송전단 전력원의 원주상에, SA에서 δ도를 갖는 SN을 그어 N점을 결정하고, 횡축에의 수선 NG에서 G점을 얻으면, $OG=P_s$, $GN=Q_s$가 구하여진다. 따라서, 그림에서 $OG-OK=KG=P_s-P_r=P_l$[MW]은 송전 손실을 나타내게 된다.

7.2 전압의 유지와 조상용량

송수전 전력 계산식이나 원선도에서 알 수 있는 바와 같이, 정전압 송전에서는 P_s, Q_s, P_r, Q_r 중 어느 것이나 하나가 정해지면 다른 것은 전부 결정된다. 예를 들면, 어떤 전력 P_r을 수전 전력으로 한다면, 이것에 응해서 수전단 무효 전력 Q_r이나, 송전단 전력 P_s+jQ_s도 모두 결정된다. 즉, P_r을 수전하기 위해서는, 송수전단 다 같이 이것에 상당하는 어떤 일정 역률로서 운전하지 않으면 안된다. 이 때 송전단에서는 발전기의 여자를 가감해서 요구되는 무효 전력을 발전기가 공급하기 때문에 문제되지 않으나, 수전단에서는 원선도에 주어지는 역률과 부하가 요구하는 역률 사이의 조정을 도모하기 위해 무효 전력의 공급이 필요하게 된다. 이 때문에 수전단에는 무효 전력의 공급원인 조상 설비가 있어야 한다.

그림 7-5 단일 송전 계통

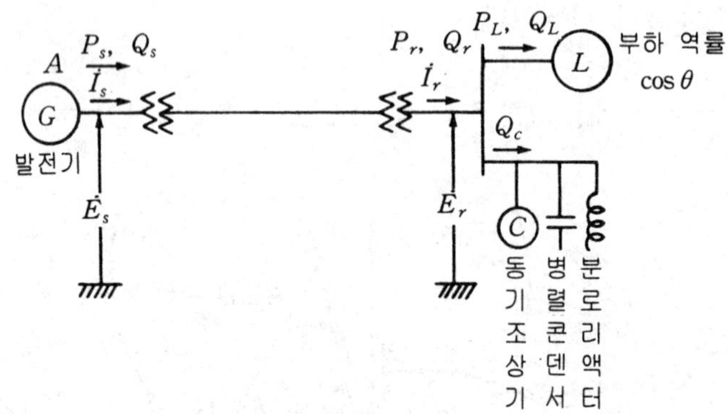

조상 설비로서는 동기 조상기(synchronous condenser, rotary condenser), 병렬 콘덴서(parallel condenser), 분로 리액터(shunt reactor) 등이 쓰여지는데, 보통 수전 변압기의 3차 권선 또는 2차측 모선에 접속한다(그림 7-5 참조). 예를 들면, 그림 7-6에 나타내는 바와 같이, 뒤진 일정 역률 $\cos\theta$의 부하 특성 곡선에서 부하 전력을 P_L이라 하면 벡터는 OL로 표시되고 부하에 유입하는 지상 무효 전력 $+jQ_L$로 된다. 한편 $P_r = P_L$에 상당하는 원선도 상의 동작점은 M으로서, 벡터 전력은 OM으로 표시된다.

그러므로 이 때 수전단에 들어오는 무효 전력은 진상 무효 전력 $-jQ_r$로 됨으로써, 비로소 E_s, E_r이 일정치로 유지되게 된다. 이 때문에 조상기에 유입할 필요가 있는 무효 전력을 Q_c라고 하면, 그림 7-5의 수전단 2차 모선 B에 유입하는 벡터 전력은 B에서 유출하는 벡터 전력과는 당연히 같아야 하므로 다음과 같이 계산할 수 있다.

$$P_r - jQ_r = P_L + jQ_L + jQ_c,\quad P_L = P_r$$

$$\therefore Q_c = -(Q_L + Q_r) = -(Q_r + P_r \tan\theta) \qquad (7\text{-}12)$$

그림 7-6 조상용량

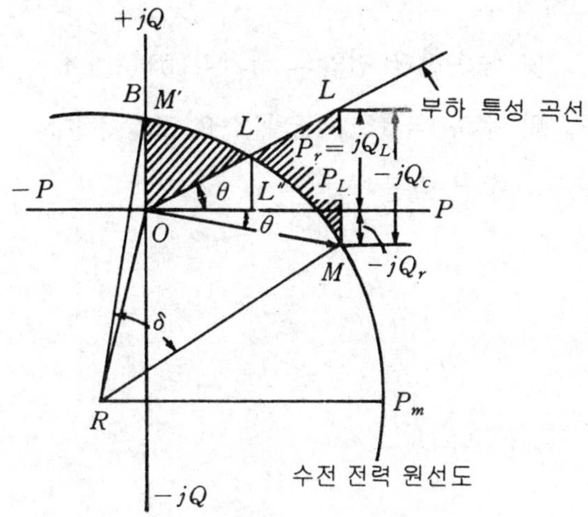

즉, $j(Q_L+Q_r)=-jQ_c=LM$과 같은 진상 무효 전력이 조상 설비에 유입하게 조정하면 된다. 또 이 때의 수전단 역률은 그림에서와 같이 진상 $\cos\theta'$ 이다. 다음에 부하가 벡터 전력 OL' 에 상당하는 값 OL'' 로 감소하기까지는, 조상 설비에 지상 무효 전력이 유입하고, 다시 감소하면 지상 무효 전력이 유입하도록 조정해서, 수전 전력을 원선도 상에 오도록 할 필요가 있다. 무부하에서 수전 전압을 규정치로 유지하기 위해서 OM' [kVar]의 지상 무효 전력을 조상 설비에 흡수시키지 않으면 안 된다. 즉, $L'LM$의 범위에서는 조상기의 여자 전류를 크게 해서 진상 무효 전력을 취하게 하거나, 병렬 콘덴서를 쓰고, $L'M'O$의 범위에서는 여자 전류를 줄여서 조상기에 지상 무효 전력을 취하게 하거나, 분로 리액터를 사용해서 조정하게 된다. OL'' 의 부하일 때는 조상용량은 영이다.

동기 조상기는 지상에서 진상까지 연속된 정밀한 조정에 적합하지만 회전기이므로 값이 비싸기 때문에 근래에는 전력용 콘덴서가 중부하시의 조정에 많이 쓰여지게 되었다. 이것은 정지기이므로 가격도 싸고, 손실도 적은 잇점이 있으나, 연속적인 조정은 불가능하다. 따라서, 동기 조상기와 전력용 콘덴서를 병용해서 정밀한 조정 및 지상 관계는 조상기에 맡기고, 단계적인 조정은 전력용 콘덴서에 의하도록 하는 방법이 현재 널리 쓰여지고 있다.

결국, 선로 양단의 전압과 그 사이의 일반 회로 정수가 주어지면 쉽게 전력 원선도를 그릴 수 있고, 다시 부하 역률에 따라서 정해지는 부하 곡선을 그려 넣으면 다음 사항을 곧 알 수 있다.

① 최대 수전 전력 P_m

② 수전 전력 P_r 및 송수전단 전압의 상차각 δ와 관계

③ 수전 전력 P_r 및 부하 역률 $\cos\theta$와 소요 조상용량 Q

④ 선로 손실 P_l 및 송전 효율

연 습 문 제

문제 1. 송전 선로의 송전 용량 결정에 관계가 먼 것은?

㉮ 송수전단 전압의 상차각 ㉯ 조상기 용량

㉰ 송전 효율 ㉱ 송전선의 충전전류

[답] ㉱

문제 2. 전력 원선도에서 구할 수 없는 것은?

㉮ 조상 용량 ㉯ 송전 손실

㉰ 정태 안정 극한 전력 ㉱ 과도 안정 극한 전력

풀이 원선도에서 알 수 있는 것은

① 정태 안정 극한 전력(최대 전력) ② 송수전단 전압간의 상차각

③ 조상 용량 ④ 수전단 역률

⑤ 선로 손실과 송전 효율

[답] ㉱

문제 3. 전력 원선도에서 알 수 없는 것은?

㉮ 선로 손실 ㉯ 송전선의 역률 ㉰ 코로나 손실 ㉱ 송수전 전력

[답] ㉰

문제 4. 정전압 송전방식에서 전력 원선도를 그리려면 무엇이 주어져야 하는가?

㉮ 송수전단 전압, 선로의 일반회로 정수

㉯ 송수전단 전류, 선로의 일반회로 정수

㉰ 조상기 용량, 수전단 전압

㉱ 송전단 전압, 수전단 전류

[답] ㉮

문제 5. 일반 회로정수 A, B, C, D 송수전단 상전압이 각각 E_S, E_R일 때 수전단 전력원선도의 반지름은?

㉮ $\dfrac{E_S \cdot E_R}{A}$　㉯ $\dfrac{E_S \cdot E_R}{B}$　㉰ $\dfrac{E_S \cdot E_R}{C}$　㉱ $\dfrac{E_S \cdot E_R}{D}$

[답] ㉯

문제 6. $E_s = AE_R + BI_R$, $I_s = CE_R + DI_R$의 전파 방정식을 만족하는 전력 원선도의 반지름의 크기는?

㉮ $\dfrac{E_S E_R}{D}$　㉯ $\dfrac{E_S E_R}{C}$　㉰ $\dfrac{E_S E_R}{B}$　㉱ $\dfrac{E_S E_R}{A}$

[답] ㉰

문제 7. 전력 원선도 작성에 필요 없는 것은?

㉮ 역률　㉯ 전압　㉰ 선로 정수　㉱ 상차각

[답] ㉮

문제 8. 전력원선도의 가로축과 세로축은 각각 어느 것을 나타내는가?

㉮ 최대전력-피상전력　㉯ 유효전력-무효전력

㉰ 조상용량-송전효율　㉱ 송전효율-코로나손실

[답] ㉯

문제 9. 전력선 반송 전화 장치를 송전선에 연락하는 장치로서 사용되는 것은?

㉮ 결합 여과기　㉯ 전력용 콘덴서

㉰ 중계 선륜　㉱ 결합 콘덴서

풀이 음성 주파수보다 높은 주파수 150~450[kHz]를 음성 전류로 변조하여 송전선에 의하여, 통화연락을 하는 방식의 전화를 전력선 반송전화라 하며, 특수한 결합장치로 결합 콘덴서가 사용된다.

[답] ㉱

문제 10. 각 전력 계통을 연락선으로 상호 연결하면 여러 가지 장점이 있다. 옳지 않은 것은?

㉮ 각 전력 계통의 신뢰도가 증가한다.

㉯ 경제 급전이 용이하다.

㉰ 배후 전력(back power)이 크기 때문에 고장이 적으며 그 영향의 범위가 적어진다.

㉱ 주파수의 변화가 적어진다.

풀이 전력계통의 연계방식의 장단점은 다음과 같다.

장점

① 전력의 융통으로 설비용량이 절감된다.

② 건설비 및 운전 경비를 절감하므로 경제 급전이 용이하다.

③ 계통 전체로서의 신뢰도가 증가한다.

④ 부하 변동의 영향이 작아져서 안정된 주파수 유지가 가능하다.

단점

① 연계 설비를 신설해야 한다.

② 사고시 타계통에의 파급 확대될 우려가 있다.

③ 병렬 회로수가 많아지므로 단락 전류가 증대하고 통신선의 전자유도 장해도 커진다.

[답] ㉰

문제 11. 전력 계통의 전력 손실을 무시할 경우, 각 발전소 출력의 경제적 배분을 위한 조건은? 단, 제 i발전소의 출력 및 연료비는 P_i 및 F_i이며 발전소 갯수는 n이다.

㉮ $\dfrac{{F_1}^2}{P_1} = \dfrac{{F_2}^2}{P_2} = \cdots \dfrac{{F_i}^2}{P_i} = \cdots \dfrac{{F_n}^2}{P_n}$

㉯ $\dfrac{F_1}{{P_1}^2} = \dfrac{F}{{P_2}^2} = \cdots \dfrac{F}{{P_i}^2} = \cdots \dfrac{F}{{P_n}^2}$

㉰ $\dfrac{F_1}{P_1} = \dfrac{F_2}{P_2} = \cdots \dfrac{F_i}{P_i} = \cdots \dfrac{F_n}{P_n}$

㉱ $\dfrac{dF_1}{dP_1} = \dfrac{dF_2}{dP_2} = \cdots \dfrac{dF_i}{dP_i} = \cdots \dfrac{dF_n}{dP_n}$

[답] ㉱

문제 12. 송전단 전압이 161[kV], 수전단 전압이 155[kV], 상차각이 40°, 리액턴스 50[Ω] 일 때, 선로 손실을 무시하면 송전 전력[mW]은?
단, $\cos 40° = 0.766$, $\cos 50° = 0.643$이다.

㉮ 약 107 ㉯ 약 346 ㉰ 약 408 ㉱ 약 580

풀이

$$P = \frac{E_R \cdot E_S}{X}\sin\theta = \frac{161 \times 154}{65} \times \sin 65°$$

$$= \frac{161 \times 154}{65} \times \sqrt{1 - 0.423^2}$$

$$= 346[\text{mW}]$$

[답] ㉯

문제 13. 154[kV] 송전 선로에서 송전거리가 154[km]라 할 때, 송전 용량 계수법에 의한 송전 용량[kW]은? 단, 송전 용량 계수는 1200으로 한다.

㉮ 61,600 ㉯ 92,400 ㉰ 123,200 ㉱ 184,800

풀이 송전 용량 계수법

$$P_R = k\frac{V_R^2}{l} = 1200\frac{154^2}{154} = 184,800[\text{kW}]$$

[답] ㉱

문제 14. 교류 송전에서 송전 거리가 멀어질수록 동일 전압에서의 가능 전력이 적어진다. 그 이유는?

㉮ 선로의 어드미턴스가 커지기 때문이다.
㉯ 선로의 유도성 리액턴스가 커지기 때문이다.
㉰ 코로나 손실이 증가하기 때문이다.
㉱ 저항 손실이 커지기 때문이다.

풀이 교류 송전 선로에서 송전거리가 멀어지면 선로 정수가 모두 증가한다. 그러나 초고압 장거리 송전 선로에서는 저항과 정전용량은 유도성 리액턴스에 비해서 적으므로 그다지 크게 영향을 미치지 못한다.

$P = \frac{E_S E_R}{X}\sin\delta$에서와 같이 선로의 유도 리액턴스가 커지기 때문에 영향이 크다.

[답] ㉯

문제 15. 단락비가 큰 동기 발전기에 대해서 옳지 않은 것은?

㉮ 기계의 치수가 커진다.

㉯ 동손, 마찰손, 철손이 많아진다.

㉰ 전압 변동률이 커진다.

㉱ 안정도가 높아진다.

풀이 단락비는 동기 임피던스의 역수이므로 전압 변동률이 적어진다. [답] ㉰

문제 16. 변전소 구내에서 보폭 전압을 저감하기 위한 방법으로서 잘못된 것은?

㉮ 접지선을 얕게 매설한다.

㉯ mesh식 접지방식을 채용하고 mesh간격을 좁게 한다.

㉰ 자갈 또는 콘크리트를 타설한다.

㉱ 철구, 가대 등의 보조접지를 한다.

[답] ㉮

문제 17. 수전단에 관련된 다음 사항 중 틀린 것은?

㉮ 경부하시 수전단에 설치된 동기조상기는 부족여자로 운전

㉯ 중부하시 수전단에 설치된 동기조상기는 부족여자로 운전

㉰ 중부하시 수전단에 전력 콘덴서를 투입

㉱ 충전시 수전단 전압이 송전단보다 높게 된다.

[답] ㉯

문제 18. 동기조상기에 대한 다음 설명 중 옳지 않은 것은?

㉮ 선로의 시충전이 불가능하다.

㉯ 중부하시에는 과여자로 운전하여 앞선전류를 취한다.

㉰ 경부하시에는 부족여자로 운전하여 뒤진전류를 취한다.

㉱ 전압조정이 연속적이다.

풀이 동기조상기는 시송전시 발전기로 운전하여 충전전류를 공급할 수 있다. [답] ㉮

문제 19. 동기조상기의 설명으로 옳은 것은?

㉮ 무부하로 운전되는 동기전동기로 역률을 개선한다.

㉯ 전부하로 운전되는 동기전동기로 역률을 개선한다.

㉰ 무부하로 운전되는 동기발전기로 역률을 개선한다.

㉱ 전부하로 운전되는 동기발전기로 역률을 개선한다.

[답] ㉮

문제 20. 동기조상기에 대한 설명으로 옳은 것은?

㉮ 동기발전기의 V곡선을 이용한 것이다.

㉯ 전부하로 운전하는 동기전동기이다.

㉰ 계자회로를 과여자로 운전하면 콘덴서의 역할을 한다.

㉱ 선로의 페란티 효과를 억제한다.

[답] ㉰

문제 21. 중간조상방식이란?

㉮ 송전선로의 중간에 동기조상기 연결

㉯ 송전선로의 중간에 직렬콘덴서 삽입

㉰ 송전선로의 중간에 병렬 전력용 콘덴서 연결

㉱ 송전선로의 중간에 개폐소 설치, 리액터와 전력용 콘덴서를 병렬로 연결

[답] ㉮

문제 22. 충전전류는 일반적으로 어떤 전류를 말하는가?

㉮ 앞선전류 ㉯ 뒤진전류 ㉰ 유효전류 ㉱ 누설전류

[답] ㉮

문제 23. 진상전류만이 아니라 지상전류도 잡아서 광범위로 연속적인 전압조정을 할 수 있는 것은?

㉮ 전력용 콘덴서 ㉯ 동기조상기 ㉰ 분로리액터 ㉱ 직렬리액터

[답] ㉯

문제 24. 전력용 조상설비 중 무효전력 흡수를 진상과 지상 양용으로 할 수 있는 것은?

㉮ 동기조상기 ㉯ 분로리액터 ㉰ 전력용 콘덴서 ㉱ 직렬리액터

[답] ㉮

문제 25. 전압조정을 위한 조상설비에 해당되는 것은?

㉮ 발란서 ㉯ 소호리액터 ㉰ 전력용 콘덴서 ㉱ 댐퍼

[답] ㉰

문제 26. 조상설비라고 할 수 없는 것은?

㉮ 분로 리액터 ㉯ 동기 조상기

㉰ 비동기 조상기 ㉱ 상순 표시기

[답] ㉱

문제 27. 조상설비가 있는 1차 변전소에서 주 변압기로 주로 사용되는 변압기는?

㉮ 강압용 변압기 ㉯ 3권선 변압기 ㉰ 단권 변압기 ㉱ 단상 변압기

[답] ㉯

문제 28. 모선의 단락 용량 10000[MVA]인 154[kV] 변전소에서 4[kV]의 전압변동 폭을 주기에 필요한 조상설비는 몇 [MVA] 정도 되겠는가?

㉮ 100 ㉯ 160 ㉰ 200 ㉱ 260

풀이 조상설비용량 $Q=\frac{4}{154}\times 10000=260$[MVA] [답] ㉱

문제 29. 동기조상기와 전력용 콘덴서를 비교할 때 전력용 콘덴서의 이점으로 옳은 것은?

㉮ 진상과 지상의 전류 양용이다.

㉯ 단락고장이 일어나도 고장전류가 흐르지 않는다.

㉰ 송전선의 시송전에 이용 가능하다.

㉱ 전압조정이 연속적이다.

풀이 전력용 콘덴서의 이점은

① 전력손실이 작다.

② 필요에 따라 용량을 수시 변경할 수 있다.

③ 단락고장이 일어나도 고장전류가 흐르지 않는다. [답] ㉯

문제 30. 안정권선(△권선)을 가지고 있는 대용량 고전압의 변압기가 있다. 조상기 전력용 콘덴서는 주로 어디에 접속되는가?

㉮ 주변압기의 1차　　㉯ 주변압기의 2차

㉰ 주변압기의 3차(안정권선)　　㉱ 주변압기의 1차와 2차

[답] ㉰

문제 31. 다음 중 배전 계통에서 전력용 콘덴서를 설치하는 목적은?

㉮ 기기의 보호　　㉯ 전력 손실의 감소

㉰ 이상전압 방지　　㉱ 안정도 향상

[답] ㉯

문제 32. 전력용 콘덴서에 직렬로 콘덴서 용량의 5[%] 정도의 유도 리액턴스를 삽입하는 목적은?

㉮ 제 3고조파 전류의 억제　　㉯ 제 5고조파 전류의 억제

㉰ 이상전압 발생방지　　㉱ 정전용량의 조절

풀이 직렬 리액터는 제 5고조파 제거하기 위해 사용된다.

용량 $X_L = 0.04\,X_C$(실제값 : 5~6[%]) [답] ㉯

문제 33. 송전계통에서 콘덴서와 리액터를 직렬 연결하여 제거시키는 고조파는?

㉮ 제3고조파 ㉯ 제5고조파 ㉰ 제7고조파 ㉱ 제9고조파

[답] ㉯

문제 34. 전력용 콘덴서 회로에 방전코일을 설치하는 주 목적은?

㉮ 합성 역률의 개선

㉯ 전원 개방시 잔류전하를 방전시켜 인체의 위험방지

㉰ 콘덴서의 등가용량 증대

㉱ 전압의 개선

풀이 방전코일은 콘덴서를 개방시킬 때 내부에 남아있는 잔류전하를 방전시킨다. [답] ㉯

문제 35. 전력용 콘덴서의 방전코일의 역할은?

㉮ 잔류전하의 방전 ㉯ 고조파의 억제

㉰ 역률의 개선 ㉱ 콘덴서 수명연장

풀이 방전코일은 콘덴서를 전원으로부터 개방시킬 때 콘덴서 내부에 남아 있는 잔류전하를 방전시킨다.

[답] ㉮

문제 36. 저항 2[Ω], 유도리액턴스 10[Ω]의 단상 2선식 배전선로의 전압강하를 보상하기 위하여 용량리액턴스 5[Ω]의 콘덴서를 삽입하였을 때 부하단 전압은 몇 [V]인가?(단, 전원은 7000[V], 부하전류 200[A], 역률은 0.8 뒤진다.)

㉮ 6080 ㉯ 7000 ㉰ 7080 ㉱ 8060

풀이 $V_s = V_R + I[R\cos\theta + (X_L - X_C)\sin\theta]$에서

$V_s = V_R + 200[2\times0.8 + (10-5)\times0.6] = 7000$

$\therefore\ V_R = 6080[V]$

[답] ㉮

문제 37. 직렬 축전기는?

㉮ 정태안정도를 감소시킨다.

㉯ 선로의 유도리액턴스를 보상하여 전압강하를 줄인다.

㉰ 선로의 인덕턴스를 증가시킨다.

㉱ 역률 개선용으로 사용된다.

풀이 직렬 축전기는 송전선로와 직렬로 설치하는 전력용 콘덴서로 설치하게 되면 안정도를 증가시키고 리액턴스를 감소시킨다.

[답] ㉯

문제 38. 직렬 축전기를 선로에 삽입할 때의 현상으로 옳은 것은?

㉮ 장거리 선로의 인덕턴스를 보상하므로 전압강하가 많아진다.

㉯ 부하의 역률이 나쁜 선로일수록 효과가 좋다.

㉰ 수전단의 전압변동율을 증가시킨다.

㉱ 정태 안정도가 감소하여서 최대 송전력이 커진다.

[답] ㉯

중성점 접지 방식 제 8 장

교류 방식의 3상 송전이 현재로서는 많은 우수한 점을 내포하고 있기 때문에 주로 이 방식에 의할 수 밖에 없는데, 고전압으로 되면 여러 가지 이유로 그 중성점을 어떤 형식으로든 접지하는 것이 일반적이다.

그리고 3상 송전을 비롯하여 기타의 경우에 대지를 통하여 전류가 흐르면 이것이 기유도전류로 되어 병행하고 있는 통신선 등에 유도 장해를 주어 나쁜 영향을 미치는데, 이것은 중선점의 접지 방식에 따라 많은 영향을 받는다.

8.1 중성점 접지 방식

저전압 단거리 송전선을 제외하고는 송전선의 중성점은 다음과 같은 이유로 접지를 한다.

① 대지 전압의 상승을 억제하여 전선로 및 기기 절연 레벨의 경감.

② 뇌, 아크 지락등에 의한 이상 전압의 경감 및 발생의 방지.

③ 지락 고장에 대하여 계전기 동작의 확실 및 고속을 기한다.

④ 소호 리액터 접지에서는 1선 지락시 지락 전류를 빨리 소멸시킨다.

또 중성점의 접지에는 여러 나라에서 각각 다른 사정과 방침에 따라 발달되고 있는데, 다음과 같은 방식이 행하여 지고 있다.

① 직접 접지　　② 저저항 접지

③ 한류 리액터 접지　　④ 고저항 접지

⑤ 소호 리액터 접지　　⑥ 저항·리액터 병렬 접지

위의 여러 방식에는 제각기 특징이 있지만, 이상 전압의 경감, 계통의 절연 레벨의 저감, 피뢰기 책무의 신뢰도 및 계전기 동작의 정확성 등의 견지에서는 가급적 저임피던스로 접지하여 지락 사고시 중성점 전류가 큰 것이 좋다. 그러나 과도 안정도의 향상, 통신선에 대한 유도 장해의 억제, 차단기의 대전류 차단 회수의 감소, 기기에 대한 기계적 충격의 경감 및 고장점 피해의 저감 등의 견지에서는 되도록 고임피던스로 접지해서 지락 고장시 중성점 전류가 적은 것이 좋다.

8.1.1 비접지 방식

송전 전압이 낮고 선로 길이가 짧은 경우에 채용된다. 이 방식에서는 변압기 결선을 △로 할 수 있기 때문에 변압기 고장 등의 경우에 V결선으로 바꾸어 송전을 할 수 있는 특징이 있지만, 전압이 높은 장거리 선로에서는 1선 지락시 충전 전류에 의한 간헐 아크 지락(intermittent arcing ground)을 일으켜, 고주파 진동 전압을 수반한 이상 전압을 발생할 우려가 있다. 그래서 우리 나라에서도 66[kV]계통의 일부와 22[kV]계통에서는 이 방식에 의하고 있다.

8.1.2 직접 접지 방식

변압기 중성점을 직접 도선으로 접지 전극에 접속하는 방식을 **직접 접지 방식**이라 하는데, 우리 나라에서는 154[kV] 및 345[kV] 계통에서는 이 방식에 의하고 있으며, 고압 배전 계통에도 이용되고 있다. 이 방식의 장점과 단점은 다음과 같다.

직접 접지 방식의 정점

① 1선 지락 고장의 경우에 건전상의 대지 전압이 거의 상승하지 않고, 또 아크 지락으로 되어도 이상 전압의 우려가 없으며, 선로 차단시의 개폐 이상 전압도 적어서 절연을 경제적으로 처리할 수 있다. 즉 선로의 애자 개수를 줄이고, 기기의 절연을 경제적으로 처리할 수 있다. 즉 선로의 애자 개수를 줄이고, 기기의 절연 레벨을 줄일 수 있으며, 특히 변압기의 단절연 등의 채용이 가능하다. 또 개폐 동요의 값을 저하시킬 수 있으므로 피뢰기의 책무를 경감하는 것으로 되어 피뢰기의 효과를 증가시킨다.

② 1선 지락 사고시의 지락 전류가 크므로 계전기의 동작이 확실하게 되는데, 이것은 선간 단락의 경우와 마찬가지로 고장의 고속도 선택 차단이 쉽게 이루어진다.

직접 접지 방식의 단점

① 지락 전류가 저역률·대전류이므로 계통의 과도 안정도가 나빠진다.

② 지락 고장이 생기면, 병행 통신선에 큰 전자 유도 전압이 유기되어서 장해를 주며 평상시에 있어서도 송전선의 불평형 전류나 변압기의 제3주파 전압 및 전류에 의해서 유도 장해를 줄 위험성이 있다.

③ 지락 전류의 기기에 대한 기계적 충격이 커서 손상을 주기 쉽다. 또, 고장점에서의 애자의 파손, 전선 용단등의 염려도 있다.

④ 송전선의 사고의 대부분이 1선 지락 고장이므로, 직접 접지 방식에서는 차단기가 큰 고장 전류를 자주 차단하게 된다.

이들 결점중에서 통신선에 대한 유도 장해가 가장 문제로 되나, 이것은 통신선에 고성능 피뢰기를 마련하고, 차폐선을 가설함으로써 어느 정도 경감시킬 수 있다. 또 과도 안정도의 저하나, 기타의 결점에 대해서는 우수한 계전기와 차단기를 설비해서, 고장을 신속히 제거하여 해결하도록 한다.

8.1.3 저항 접지 방식

저항 접지 방식에는 직접 접지 방식의 특성에 가까운 저저항 접지 방식과 비접지 방식에 유사한 고저항 접지 방식이 있다.

(1) 저저항 접지 방식

이 방식은 계통에 접속된 변압기의 중성점을, 가령 220[kV]계통이라면 30[Ω]정도의 낮은 저항으로 접지하는 것이다.

직접 접지 방식은 1선 고장시의 고장 전류가 크고, 더구나 저역률이므로 과도 안정도가 나빠서 고속도로 고장점을 제거하지 않으면 동기 이탈을 초래하여, 계통이 동요 상태로 될 우려가 있다. 따라서 중점을 저저항으로 접지하여, 고장 전류를 제한하고, 동시에 고역률의 전류로 함에 따라 발전기 부하의 급변을 피하고, 과도 안정도를 향상 시킨다.

(2) 고저항 접지 방식

이 방식은 계통에 접속된 중성점을 고저항으로 접지하는 방식이다. 접지 저항의 값은 너무 낮으면 통신선에 유도 장해가 커지게 되고, 반대로 지나치게 커지면 지락 계전기의 동작이 어려워지며 건전상의 대지 전압의 상승을 가져오게 되므로, 저항치는 이러한 점을 감안해서, 지락 고장시의 지락 전류가 정격 선전류 전후의 100~300[A]정도록 되도록, 154[kV]에서는 400~900[Ω], 66[kV]계통에서는 200~

400[Ω]정도가 선정되고 있다.

접지 저항으로서는 주철제 그리드 저항기를 사용하는데, 시간 정격은 5~60초이지만 30초 정격이 많고, 온도 상승도 구조상 350[℃]로 되어 있다.

8.1.4 한류리액터 접지 방식

이 방식은 계통에 접속된 변압기의 중성점을 낮은 리액턴스로써 접지하는 방식인데, 그 리액턴스는 다음에 설명하는 소호 리액터에 비해서 그 값이 훨씬 적은 것이다. 저저항 접지 방식과 같이 지락 전류를 제한함으로써 과도 안정도의 향상을 목적으로 한 것인데, 단상 전력의 소비가 없으므로 저저항 접지 방식보다 과도 안정도 향상에 유리할 뿐 아니라, 개폐 동요등의 이상 전압을 대지로 이끌어 보내는 장점이 있다. 이 방식은 미국에서 채용되고 있다.

8.1.5 소호리액터 접지 방식

송전선의 대지 정전용량과 병렬 공진하는 인덕턴스값을 가진 리액터로 중성점을 접지하는 방식인데, 이것을 소호 리액터 또는 창시자의 이름을 따서 페테르젠 코일(Petersen coil)이라고 한다. 이 방식의 장점은 1선 지락 사고가 일어나도 고장점에서 대지에 흐르는 지락 전류가 격감되어, 고장점에서의 아크의 재발생이 완전히 억제되므로, 이상 전압의 발생을 막아서, 다른 방식에서는 고장점을 선택 차단하여 정전으로 되는 사고도, 이것에 의하면 수시로 회복되어 운전에 지장을 주지 않는 경우가 많다.

(1) 소호원리

그림 8-1에서 $\dot{X}_t$를 변압기의 리액턴스, $\dot{X}_L$을 소호 리액터의 리액턴스, $\dot{X}_c$를 각 상의 대지 정전용량에 의한 리액턴스, R을 지락점의 저항이라 하고, 소호 리액터의 자기 인덕턴스를 L, 각 상의 대지 정전용량을 C_s라 하면 $X_L = \omega L$, $X_c = 1/\omega C_s$로 되는데, 이 경우는 1선 지락 사고이므로 지락 전류 $\dot{I}_g$는 $\dot{I}_g = \dot{I}_0 + \dot{I}_1 + \dot{I}_2 = 3\dot{E}_a/(\dot{Z}_0 + \dot{Z}_1 + \dot{Z}_2)$로 된다.

그림 8-1 소호 리액터 계통의 1선 지락 고장

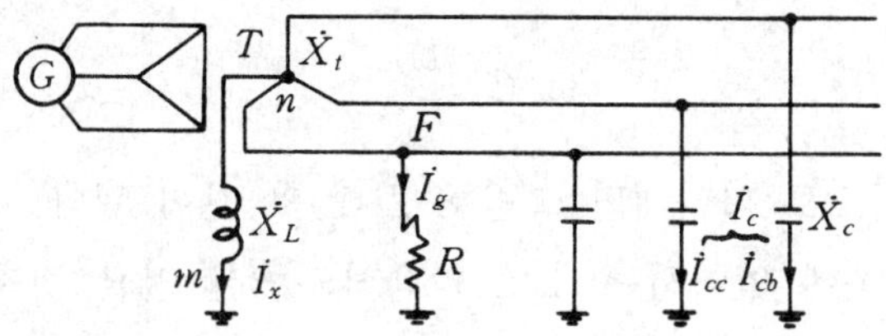

그림 8-2 소호 리액터 계통에서의 1선 지락시의 영상 회로 및 벡터도

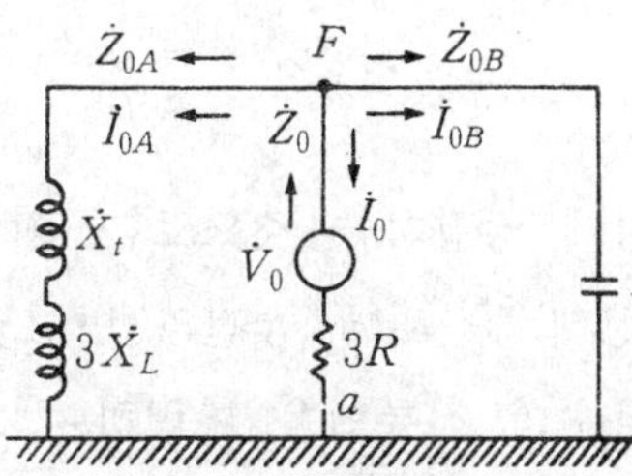

(a) 영상 회로

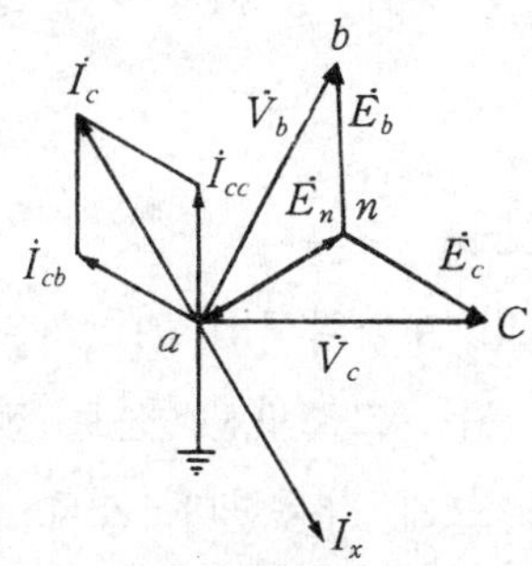

(b) 벡터도

다음에 그림 8-2 (a)의 영상 회로에서 고장점 F에서 본 영상 임피던스는

$$\dot{Z}_0 = 3R + \frac{\dot{Z}_{0A}\dot{Z}_{0B}}{\dot{Z}_{0A}+\dot{Z}_{0B}} = 3R + j\frac{X_c(X_t+3X_L)}{X_c-X_t-3X_L}$$

그러므로, 이 식에서 $X_c - X_t - 3X_L = 0$의 조건이 만족되는 것이라면, 즉 X_L의 값을 X_L, X_t, X_c의 회로에서 공진시키는 것으로 선정하면 $\dot{Z}_0 = \infty$로 되어, 지락 고장점의 저항 R이나 $\dot{Z}_1$, $\dot{Z}_2$에 관계없이 영상 전류 $\dot{I}_0$, 지락 전류 $\dot{I}_g$를 영으로 할 수 있다.

이 조건을 만족하는 X_L의 값은

$$X_L = \omega L = \frac{X_c}{3} - \frac{X_t}{3} = \frac{1}{3\omega C_s} - \frac{X_t}{3} \tag{8-1}$$

로 되는데, X_t의 값은 적으므로 이것을 생략하면 소호 리액터의 인덕턴스 L은 다음과 같다.

$$L = \frac{1}{3\omega^2 C_s} [\mathrm{H}] \qquad (8\text{-}2)$$

또 이 관계를 벡터도로 나타내면 그림 8-2 (b)와 같이 된다.

그런데 실제의 계통에 있어서는 소호 리액터와 3선 일괄 정전용량이 완전히 공진하고 있다 하더라도 선로 저항, 누설 저항, 지락점 저항, 대지 저항, 변압기나 소호 리액터의 손실, 코로나손등이 있기 때문에 지락 전류를 영으로 하는 것은 불가능하며, 반드시 잔유 전류가 흐른다. 이 잔유 전류가 적을 때는 아크를 유지할 수 없어서 소호 작용에 영향을 주지 않지만, 이것이 크게 되면 소호 리액터의 효과를 잃게 된다.

(2) 합조도

소호 리액터 계통의 1선 지락시의 소호 현상에 영향하는 것으로는, 지락 전류의 크기, 잔유 전류, 고조파분, 선로 전압, 기상 상태 등 외에 공진의 벗어남의 정도, 즉 합조도가 크게 작용한다. 소호 리액터는 다수의 전류탭을 마련하여 그 인덕턴스값의 조정이 될 수 있도록 하고 있는데, 사용하고 있는 전류 탭의 정격 전류와 전대지 충전 전류와의 공진의 정도는 다음 식으로 나타낸다.

$$\text{합조도} = \frac{\text{사용탭 전류} - \text{전대지 충전 정류}}{\text{전대지 충전 전류}} \times 100[\%] \qquad (8\text{-}3)$$

합조도가 (+)일 때는 소호 리액터에 흐르는 뒤진 전류가 전대지 충전 전류보다 큰 경우로서, 이것을 **과보상**($\omega L < 1/3\omega C_s$)이라 하고, (−)인 경우는 리액터 전류가 충전 전류보다 적은 경우로서, 이것을 **부족보상**($\omega L > 1/3\omega C_s$)이라 한다. 물론 공진탭이면 합조도는 영이다. 그리고 합조도는 일반적으로 10[%] 정도이내이면 지락 전류는 소호된다.

(3) 소호 리액터의 적용

소호 리액터는 전압이 낮은 계통, 특히 1회선 송전선과 같이 고장이 생겨서 차단하면 공급에 지장을 초래하는 계통에서는 더욱 효과가 있고, 또 통신선이 근접해 있는 계통에서는 소호 리액터의 설치 위치를 적당히 선정함으로써 전자 유도 장해가 경감되는 점에서 많이 쓰여져 왔다. 그러나 운전·보수의 번잡성, 이상 전압 발생의 위험성, 고장에 따른 열화 애자의 판별이 어려운 결점이 있기 때문에, 근래에는 리액터 단독 사용을 피하고 저항과 병용함으로써 이들의 결점을 보완하여, 지락 고장의 제거를 확실히 하는 방식이 채용되는 경향이 있다. 그리고 고전압 계통에서는 송전 선로 및 기기의 절연 기술과 경제면에서 이것을 채용하는 것은 불리하기 때문에, 220[kV]정도가 소호 리액터 채용의 한도라고 한다. 그런데 우리나라에서는 66[kV] 선로의 일부에 이 방식이 적용되고 있다.

8.1.6 저항 · 리액터 병렬 접지 방식

도시의 급격한 전력 수요 증가에 대처하여 근래 채용하게 된 방식인데, 고저항 접지 방식의 경우와 같은 정도의 고저항과 고리액턴스와를 병렬로 접속하는 방식이다. 즉 도시의 케이블 계통이 늘어나서, 이것이 가공선 계통과 연계되면, 계통의 대지 정전용량이 대단히 커지므로, 지락 고장 전류도 또한 커진다. 그러므로 통신선 장해를 피하려면 중성점의 접지 저항을 크게 할 필요가 있다. 그렇지만 고저항 접지만으로는 지락상에 대하여 위상이 90° 앞선 지락 전류의 억제 대상이 없다. 따라서 이러한 경우에 소호 리액터는 아니지만 어떤 크기의 뒤진 전류를 중성점에 흐르게 하도록 높은 리액턴스를 삽입하면, 진상의 지락 전류를 어느 정도 소거해 주므로 고장 전류가 적어져서 전자 유도를 경감하고, 또한 영상 회로로서의 용량성 리액턴스를 저하시키는 것이 되어 이상 전압 발생의 빈도를 적게 할 수 있다.

이 보상 리액터는, 고장점의 소호에 의한 자동 복구가 목적이 아니므로, 소호 리액터와 같이 100[%] 보상할 필요가 없고, 몇 [%] 보상하는가는 그 계통에 적응해서 결정하면 된다. 따라서 소호 리액터와 같이 선로의 개폐에 따르는 탭 전환 등의 조작을 필요로 하지 않고, 또 탭을 갖지 않는 것이 일반적이다. 단, 선로의 개폐에 의해서 이 보상 리액터가 계통에서 분리되는 일이 없도록 할 필요와 영상 페란티 효과를 억제하는 의미도 있어서, 소용량의 리액터를 분산 배치하는 것이 합리적이다. 따라서 5, 10, 20[MVA] 정도의 용량의 것이 많이 사용되고 있다.

8.1.7 접지 변압기

주변압기가 △결선이어서 중성점을 얻을 수 없는 경우에 그림 8-3과 같이 중성점 접지를 하기 위해서 쓰이는 것이 접지 변압기이다. 계통이 건전할 때는 이것의 각 상의 임피던스가 대단히 크지만, 1선 지락 고장이 발생하면 각 코일에 영상 전류가 흘러서, 각 상의 철심각에서의 기자력이 상쇄되어 영상 임피던스가 대단히 낮게 된다.

그림 8-3 접지 변압기

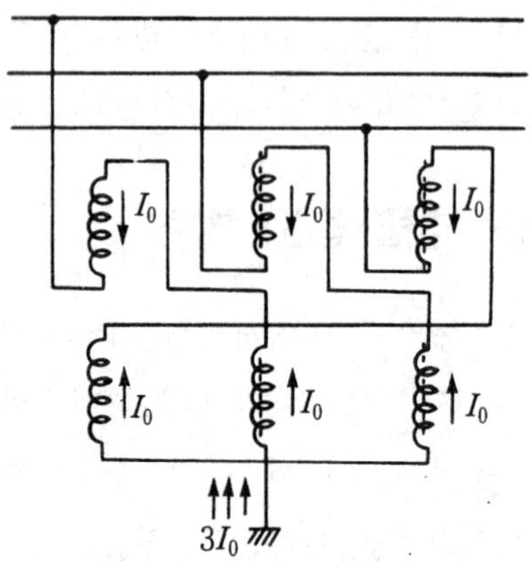

8.1.8 중성점 잔류 전압

송전선의 연가가 불완전하여 3상 각 전선의 대지 정전용량에 불평형이 있으면 중성점에 기본 주파의 잔류 전압이 나타난다. 특히 소호 리액터 계통에서는 이 전압이 크면, 상시 직렬 공진에 의한 이상 전압의 발생, 공진 전류에 의한 유도 장해 등의 우려가 있다.

그림 8-4 중성점 잔류 전압

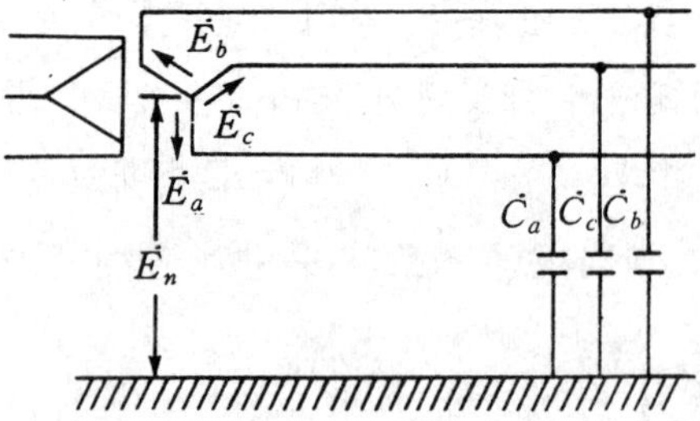

그림 8-4에서 중성점의 잔류 전압을 $\dot{E}_n$이라 하면 각 선전류는

$$\dot{I}_a = j\omega C_a(\dot{E}_a + \dot{E}_n),\ \ \dot{I}_b = j\omega C_b(\dot{E}_b + \dot{E}_n),\ \ \dot{I}_c = j\omega C_c(\dot{E}_c + \dot{E}_n)$$

이고, 중성점이 비접지점이므로 $\dot{I}_a + \dot{I}_b + \dot{I}_c = 0$이기 때문에 다음과 같이 된다.

$$\dot{E}_n = -\frac{C_a\dot{E}_a + C_b\dot{E}_b + C_c\dot{E}_c}{C_a + C_b + C_c} \tag{8-4}$$

전원 전압이 3상 평형이면, $\dot{E}_a = E,\ \dot{E}_b = a^2E,\ \dot{E}_c = aE$이므로

$$E_n = \frac{\sqrt{C_a(C_a - C_b) + C_b(C_b - C_c) + C_c(C_c - C_a)}}{C_a + C_b + C_c}E \tag{8-5}$$

이다. 따라서, $C_a = C_b = C_c$이면 $E_n = 0$으로 된다.

중성점이 임피던스 $\dot{Z}_n$으로 접지된 경우 그 중성점에 흐르는 전류 I_n은 중첩의 원리에 의해 다음과 같이 된다.

$$\dot{I}_n = \frac{\dot{E}_n}{\dot{Z}_n + 1/j\omega(C_a + C_b + C_c)} \tag{8-6}$$

따라서, 이 경우의 중성점 전압 $\dot{E}_{nz}$는 다음과 같이 된다.

$$\dot{Z}_{nz} = \dot{Z}_n\dot{I}_n = \frac{C_a\dot{E}_a + C_b\dot{E}_b + C_c\dot{E}_c}{(C_a + C_b + C_c) - j\dfrac{1}{\omega Z_n}} \tag{8-7}$$

연 습 문 제

문제 1. 송전 선로의 중성점을 접지하는 목적은?

㉮ 동량의 절약　　㉯ 송전 용량의 증가
㉰ 전압 강하의 감소　　㉱ 이상 전압의 방지

풀이 송전 선로의 중성점 접지의 목적

① 이상 전압 발생 방지
② 1선 지락시 건전상 전압 상승 억제 및 기기나 선로의 절연 절감
③ 보호 계전기 동작 확실
④ 소호 리액터 계통에서의 1선 지락시 아크 소멸

[답] ㉱

문제 2. 송전계통의 중성점을 접지하는 목적으로 옳지 않은 것은?

㉮ 전선로의 대지전위의 상승을 억제하고 전선로와 기기의 절연을 경감시킨다.
㉯ 소호리액터 접지방식에서는 1선지락시 지락점 아크를 빨리 소멸시킨다.
㉰ 차단기의 차단용량의 절연을 경감시킨다.
㉱ 지락고장에 대한 계전기의 동작을 확실하게 하여 신속하게 사고 차단을 한다.

풀이 차단기의 차단용량과 무관하다.　[답] ㉰

문제 3. 평형 3상 송전선에서 보통의 운전상태인 경우 중성점 전위는 항상 얼마인가?

㉮ 0　　㉯ 1　　㉰ ∞(무한대)　　㉱ 송전전압과 같다.

[답] ㉮

문제 4. 다음 중성점 접지방식 중에서 단선 고장일 때 선로의 전압 상승이 최대이고, 또한 통신 장해가 최소인 것은?

㉮ 비접지방식　　㉯ 직접 접지방식
㉰ 저항 접지방식　　㉱ 소호 리액터 접지방식

풀이 소호 리액터 접지방식에서 단선시 직렬공진 전류가 흘러서 이상 전압이 발생할 우려가 많으며, 지락 전류는 최소이므로 통신선에 유도 장해가 최소가 된다. [답] ㉣

문제 5. 우리나라에서 소호리액터 접지 방식이 사용되고 있는 계통은 어느 전압 [kV]계급인가?

㉮ 22.9 ㉯ 66 ㉰ 154 ㉱ 345

풀이 우리나라에 채택되고 있는 접지방식은

- 22[kV] : 비접지 방식
- 66[kV] : 소호리액터 접지방식(단, 제주도 : 저항접지방식)
- 154[kV], 345[kV] : 직접접지방식(유효접지방식)

[답] ㉯

문제 6. 소호리액터 접지에 대하여 틀린 것은?

㉮ 선택 지락계전기의 동작이 용이하다.

㉯ 지락전류가 적다.

㉰ 지락 중에도 송전이 계속 가능하다.

㉱ 전자유도장애가 경감한다.

풀이 소호리액터 접지를 하는 경우에는 무효분만 흐르게 되므로 계전기의 선택 동작이 불가능해 진다. [답] ㉮

문제 7. 1선 지락 사고시 지락 전류가 가장 적은 중성점 접지방식은?

㉮ 비접지식 ㉯ 직접 접지식

㉰ 저항 접지식 ㉱ 소호 리액터 접지식

풀이 1선 지락 사고시 직접 접지방식은 지락 전류가 가장 많고 소호 리액터 접지방식이 가장 적다. [답] ㉱

문제 8. 단선 고장시의 이상전압이 가장 큰 접지방식은?(단, 비공진 탭이나 2회선을 사용하지 않은 경우임)

㉮ 비접지식　　㉯ 직접 접지식

㉰ 소호리액터 접지식　　㉱ 고저항 접지식

풀이 소호리액터 접지계통에서 1선 단선사고가 발생하면 대지 정전용량과 직렬공진상태가 되어 이상전압이 발생한다.

[답] ㉰

문제 9. 1선의 대지 정전용량이 C_S인 3상 1회선 송전선로의 1단에 소호리액터를 설치할 때 그 인덕턴스 L[H]은?

㉮ $\frac{1}{\omega C_S}$　　㉯ $\frac{1}{\omega^2 C_S}$　　㉰ $\frac{1}{3\omega C_S}$　　㉱ $\frac{1}{3\omega^2 C_S}$

[답] ㉱

문제 10. 3상 1회선 송전선로의 소호리액터의 용량은?

㉮ 서로 충전용량과 같다.

㉯ 3선 일괄의 대지 충전용량과 같다.

㉰ 선간 충전용량의 1/2이다.

㉱ 1선과 중성점 사이의 충전용량과 같다.

[답] ㉯

문제 11. 송전 선로에서 단선 고장시 이상전압이 가장 큰 접지방식은?

㉮ 비접지방식　　㉯ 직접 접지방식

㉰ 저항 접지방식　　㉱ 소호 리액터 접지방식

풀이 소호 리액터 접지방식은 중성점을 소호 리액터를 통하여 접지하는 방식으로, 지락고장시 소호 리액터의 인덕턴스 L과 송전선의 3선 일괄대지 정전용량($3C_s$)를 공진시켜 1선 지락전류가 0이 되도록 한 방식이다.

[답] ㉱

문제 12. 소호 리액터 접지계통에서 리액터의 탭을 완전 공진상태에서 약간 벗어나도록 하는 이유는?

㉮ 전력손실을 줄이기 위하여

㉯ 선로의 리액턴스분을 감소시키기 위하여

㉰ 접지계전기의 동작을 확실하게 하기 위하여

㉱ 직렬공진에 의한 이상전압의 발생을 방지하기 위하여

[답] ㉱

문제 13. 소호 리액터의 인덕턴스의 값은 3상 1회선 송전선에서 1선 대지 정전용량을 C_0[F], 주파수를 f[Hz] 라 한다면? 단, $\omega=2\pi f$이다.

㉮ $3\omega C_0$ ㉯ $\frac{1}{3\omega^2 C_0}$ ㉰ $3\omega^2 C_0$ ㉱ $\frac{1}{3\omega C_0}$

풀이 $\omega L=\frac{1}{3\omega C_0}$ [Ω]

$L=\frac{1}{3\omega^2 C_0}$ [H] $=\frac{1}{3(2\pi f)^2 C_0}$ [H] [답] ㉯

문제 14. 3상 3선식 소호 리액터 접지 방식에서 1상의 대지 정전용량 C[μF], 상전압 E[kV], 주파수 f[Hz]라 하면 소호 리액터의 용량 [kVA]은?

㉮ $6\pi fCE^2\times10^{-3}$ ㉯ $3\pi fCE^2\times10^{-3}$

㉰ $2\pi fCE^2\times10^{-3}$ ㉱ $\pi fCE^2\times10^{-3}$

풀이 3상 1회선 소호 리액터 용량

$P=3\times2\pi fCE^2\times10^{-6}\times10^6\times10^{-3}=3\times2\pi fCE^2\times10^{-3}$[kVA] [답] ㉮

문제 15. 공칭전압 V[kV], 1상의 대지 정전용량 C[μF], 주파수 f의 3상 3선식 1회선 송전선의 소호리액터 접지방식에서 소호리액터의 용량은 몇 [kVA]인가?

㉮ $6\pi fCV^2\times10^{-3}$ ㉯ $3\pi fCV^2\times10^{-3}$

㉰ $2\pi fCV^2\times10^{-3}$ ㉱ $\pi fCV^2\times10^{-3}$

풀이 소호리액터 용량 $Q_L=2\pi fC(V\times10^3)^2 l\times10^{-9}=2\pi fCV^2 l\times10^{-3}$[kVA] [답] ㉰

문제 16. 1상의 대지 정전용량을 C[F], 주파수 f[H]의 소호 리액터 공진시의 리액턴스는 몇 [Ω]인가? 단, 소호 리액터를 접속시키는 변압기의 리액턴스는 X_t이다.

㉮ $\frac{1}{3\omega C}+\frac{X_t}{3}$　　㉯ $\frac{1}{3\omega C}-\frac{X_t}{3}$

㉰ $\frac{1}{3\omega C}+3X_t$　　㉱ $\frac{1}{3\omega C}-3X_t$

[답] ㉯

문제 17. 66[kV], 100[km], 60[Hz]인 평행 2회선 송전선이 있다. 여기에 시설한 소호 리액터의 용량 [kVA]은? 단, 1선 1[km]당의 대지 용량은 0.004[μF], 과보상은 30[%]로 한다.

㉮ 1657　　㉯ 1707　　㉰ 1757　　㉱ 1807

풀이 3상 2회선 소호 리액터 용량은

$$P=6\times 2\pi fCE^2\times 1.3\times l$$

$$=6\times 2\times 3.14\times 60\times 0.004\times 10^{-6}\times\left(\frac{66000}{\sqrt{3}}\right)^2\times 10^{-3}\times 1.3\times 100=1707$$

[답] ㉯

문제 18. 유효접지는 1선 접지시에 건전상의 전압이 상규 대지전압의 몇 배를 넘지 않도록 하는 중성점 접지를 말하는가?

㉮ 0.8　　㉯ 1.3　　㉰ 3　　㉱ 4

풀이 1선지락 사고시 건전상의 전위가 상용 전압의 1.3배 이하가 되도록 중성점 임피던스를 억제한 중성점 접지방식을 뜻한다. [답] ㉯

문제 19. 1선 지락시 전압 상승을 상규 대지전압의 1.3배 이하로 억제하기 위한 유효접지에서는 다음과 같은 조건을 만족하여야 한다. 다음 중 옳은 것은?

단, R_0 : 영상 저항, X_0 : 영상 리액턴스, X_1 : 정상 리액턴스이다.

㉮ $\frac{R_0}{X_1} \leqq 1,\ 0 \geqq \frac{X_1}{X_0} \geqq 3$　　㉯ $\frac{R_0}{X_1} \leqq 1,\ 0 \geqq \frac{X_0}{X_1} \geqq 3$

㉰ $\frac{R_0}{X_1} \leqq 1,\ 0 \leqq \frac{X_0}{X_1} \leqq 3$　　㉱ $\frac{R_0}{X_1} \geqq 1,\ 0 \leqq \frac{X_0}{X_1} \leqq 3$

[답] ㉰

문제 20. 송전 계통의 중성점 접지 방식에서 유효 접지라 하는 것은?

㉮ 저항 접지 및 직접 접지를 말한다.

㉯ 1선 지락 사고시 건전상의 전위가 상용 전압의 1.3배 이하가 되도록 중성점 임피던스를 억제한 중성점 접지방식을 말한다.

㉰ 리액터 접지방식 이외의 접지방식을 말한다.

㉱ 저항 접지를 말한다.

[답] ㉯

문제 21. 중성점 저항접지 방식의 병행 2회선 송전선로의 지락사고 차단에 사용되는 계전기는?

㉮ 선택접지 계전기　　㉯ 과전류 계전기

㉰ 거리 계전기　　㉱ 역상 계전기

[답] ㉮

문제 22. 다음 중 1선 지락 전류가 큰 순서대로 배열된 것은?

㉠ 직접 접지 3상 3선 방식

㉡ 직접 접지 3상 3선 방식

㉢ 리액터 접지 3상 3선 방식

㉣ 다중 접지 3상 3선식

㉮ ㉣ ㉠ ㉡ ㉢　　㉯ ㉣ ㉡ ㉠ ㉢

㉰ ㉠ ㉣ ㉡ ㉢　　㉱ ㉡ ㉠ ㉢ ㉣

[답] ㉮

문제 23. 공통 중성선 다중 접지방식의 특성 중 옳은 것은?

㉮ 고저압 혼촉시의 저압선 전위 상승이 낮다.

㉯ 합성 접지 저항이 매우 높다.

㉰ 건전상의 전위 상승이 매우 높다.

㉱ 고감도의 지락 보호가 용이하다.

풀이 공통 중성선 다중 접지방식은 합성 접지 저항이 낮고, 건전상의 전위 상승도 직접 접지 방식과 같이 낮으며, 특히 고전압 혼촉시 저압선의 전위 상승이 낮으므로 3상 4선식 배전 선로에 많이 사용된다. [답] ㉮

문제 24. 3상 4선식 고압선로의 보호에 있어서 중성선 다중접지방식의 특성 중 옳은 것은?

㉮ 합성 접지 저항이 매우 높다.

㉯ 건전상의 전위 상승이 매우 높다.

㉰ 통신선에 유도장해를 줄 우려가 있다.

㉱ 고장시 고장전류가 매우 작다.

[답] ㉰

문제 25. 6.6[kV], 60[Hz] 3상 3선식 비접지식에서 선로의 길이가 10[km]이고 1선의 대지 정전용량이 0.005[μF/km]일 때 1선지락시의 고장전류 I_g[A]의 범위로 옳은 것은?

㉮ $I_g<1$　㉯ $1 \leq I_g<2$　㉰ $2 \leq I_g<3$　㉱ $3 \leq I_g<4$

풀이 1선 지락 사고시 지락전류 I_g는

$$I_g=2\pi f(3C_s)\times\frac{V}{\sqrt{3}}l\times10^{-9}=2\pi\times60\times3\times0.005\times\frac{6600}{\sqrt{3}}\times10\times10^{-6}=0.215[\mathrm{A}]$$

[답] ㉮

문제 26. △ 결선의 3상 3선식 배전 선로가 있다. 1선이 지락하는 경우 건전상의 전위 상승은 지락 전의 몇 배가 되는가?

㉮ $\frac{\sqrt{3}}{2}$　㉯ 1　㉰ $\sqrt{2}$　㉱ $\sqrt{3}$

풀이 △ 결선은 비접지 계통이므로 1선 지락시 전위 상승은 상전압에서 선간전압으로 된다.

[답] ㉱

문제 27. 중접점 비접지방식에서 가장 많이 사용되는 변압기의 결선방법은?

㉮ △-△　㉯ △-Y　㉰ Y-Y　㉱ Y-V

[답] ㉮

문제 28. 비접지식 송전 선로에 있어서 1선 지락 고장이 생겼을 경우, 지락점에 흐르는 전류는?

㉮ 고장상의 전압보다 90도 늦은 전류
㉯ 직류
㉰ 고장상의 전압보다 90도 빠른 전류
㉱ 고장상의 전압과 동상의 전류

풀이 대지 정전용량을 통해서만 지락 전류가 흐르므로 90° 빠른 진상전류가 흐른다.

[답] ㉰

문제 29. 배전 선로에 3상 3선식 비접지 방식을 채용할 경우에 해당되지 않는 것은?

㉮ 1선 지락 고장시 고장 전류가 작다.

㉯ 1선 지락 고장시 인접 통신선의 유도 장해가 작다.

㉰ 고저압 혼촉 고장시 저압선의 전위 상승이 작다.

㉱ 1선 지락 고장시 건전상의 대지 전위 상승이 작다.

풀이 비접지 방식은 중성점을 접지하지 않는 방식이며, 이 방식은 고전압 장거리 송전 선로에는 부적당하며 33[kV] 이하의 선로에 사용한다. [답] ㉱

문제 30. 중성점 비접지 방식을 이용하는 것이 적당한 것은?

㉮ 고전압 장거리　　㉯ 저전압 장거리

㉰ 고접압 단거리　　㉱ 저전압 단거리

풀이 비접지 방식은 1선 지락시 다른 건전지 두 선의 대지 전압이 상전압에서 선간 전압까지 상승하므로 저전압 단거리 방식에서만 사용된다. [답] ㉱

문제 31. 송전 계통에 있어서 지락 보호 계전기의 동작이 가장 확실한 접지방식은?

㉮ 직접 접지방식　　㉯ 저저항 접지방식

㉰ 고저항 접지방식　　㉱ 비접지방식

풀이 지락사고시 직접 접지방식이 가장 많은 전류가 흐른다. [답] ㉮

문제 32. 다음 중 직접 접지방식에서 변압기에 단절연을 할 수 있는 이유는?

㉮ 고장 전류가 크므로　　㉯ 중성점 전위가 낮으므로

㉰ 이상전압이 낮으므로　　㉱ 보호계전기의 동작이 확실하므로

풀이 중성점 전위가 영전위이기 때문 [답] ㉯

문제 33. 직접 접지 방식이 초고압 송전선에 채용되는 이유 중 가장 적당한 것은?

㉮ 지락 고장이 생겨도 병행 통신선에 유기되는 전자 유도 전압이 작기 때문에

㉯ 지락시의 지락 전류가 작으므로

㉰ 계통의 절연을 낮게 할 수 있으므로

㉱ 송전선의 안정도가 높으므로

[답] ㉰

문제 34. 접지 고장시의 건전상의 이상전압이 최저인 접지방식은?

㉮ 비접지식　　㉯ 직접 접지식

㉰ 고저항 접지식　　㉱ 소호 리액터 접지식

풀이 직접 접지식은 1선지락시에 건전상의 대지전압이 거의 상승하지 않는다. [답] ㉯

문제 35. 직접 접지방식을 다른 접지방식에 비교하였을 때 틀린 것은?

㉮ 통신선에 미치는 유도장해가 최소이다.

㉯ 기기의 절연수준 저감이 가능하다.

㉰ 보호계전기의 동작이 확실하여 신뢰도 높다.

㉱ 접지고장시 건전상의 이상전압이 최저이다.

[답] ㉮

문제 36. 중성점 접지방식에서 직접 접지방식에 대한 설명으로 틀린 것은?

㉮ 보호계전기의 동작이 확실하여 신뢰도가 높다.

㉯ 변압기의 저감절연이 가능하다.

㉰ 과도안정도가 대단히 높다.

㉱ 단선고장시의 이상전압이 최저이다.

[답] ㉰

문제 37. 중성점 직접 접지 송전방식의 장점에 해당되지 않는 것은?

㉮ 사용기기의 절연레벨을 경감시킬 수 있다.

㉯ 1선지락 고장시 건전상의 전위상승이 적다.

㉰ 1선지락 고장시 접지계전기의 동작이 확실하다.

㉱ 1선지락 고장시 인접통신선의 전자유도 장해가 적다.

풀이 직접 접지방식은 고장 전류가 크기 때문에 유도 장해가 크게 발생한다. [답] ㉱

문제 38. 직접 접지 송전방식과 어긋나는 사항은?

㉮ 1선 지락시 지락 전류는 타접지 방식에 비하여 최대로 된다.

㉯ 1선 지락 고장시 지락 계전기의 동작이 확실하게 선택 차단할 수 있다.

㉰ 통신선에의 유도 장해는 비접지 방식에 비하여 크다.

㉱ 기기의 절연 레벨을 높여야 한다.

풀이 전선로나 변압기의 절연 레벨을 낮추어야 한다. [답] ㉱

문제 39. 합조도가 (+)일 때 다음 중 옳은 것은?

㉮ $\omega L > \frac{1}{3\omega C_s}$

㉯ $\omega L < \frac{1}{3\omega C_s}$

㉰ $\omega L = \frac{1}{3\omega C_s}$

㉱ 부족 보상이다.

풀이 합조도 $P = \frac{I - I_c}{I_c} \times 100[\%]$

단, I : 소호 리액터 사용 탭 전류, I_c : 전 대지 충전 전류이다.

$\omega L < \frac{1}{3\omega C}$: 과보상, 합조도 +

$\omega L = \frac{1}{3\omega C}$: 완전 진공, 합조도 0

$\omega L > \frac{1}{3\omega C}$: 부족 보상, 합조도 − [답] ㉯

유도장해 제 9 장

9.1 개 요

송전선과 통신선이 병행 또는 근접해 있을 때는, 통신선과 송전선 사이의 전기적·자기적 결합에 의하여 통신선상에 전압 또는 전류를 유기해서 통신에 여러 가지의 장해를 주는 수가 있다. 이것을 **유도장해**(inductive interference)라 한다.

이것에는 송전선의 전류가 상호 유도 작용에 의해서 일어나는 전자유도(magne-tic induction)와, 송전선과 통신선 사이의 정전용량을 통해서 생기는 정전유도(static induction)가 있다.

또한 상용 주파나 고주파에 의한 정상적인 것과, 지락 고장시 생기는 순간적인 것으로도 나눌 수 있다. 그 정도는 송전선 루우트의 선정이나, 중성점 접지 방식에 따라 많이 달라지는데, 이것이 크게 되면 통신 기기의 절연 파괴를 가져올 뿐만 아니라, 통신 기기 취급자에 위험한 전격을 주게 된다. 유도장해를 받는 통신선은 일반 공중용, 경찰, 철도용의 전신 전화선 외에 전력용 보안 통신선, 표시선식 보호 계전기 회로, 원방 감시 제어 회로등이 있다.

9.2 전자 유도

전력선과 통신선과의 상호 인덕턴스에 의한 유도이다.

9.2.1 전자 유도 전압

그림 9-1에서 송전선에 병행하는 통신선에 유기되는 전자 유도 전압 $\dot{E}_m$은 양선 사이의 상호 인덕턴스를 M[H/km], 양선의 병행 거리를 l[km]이라 하면

$$\dot{E}_m = j\omega Ml(\dot{I}_a + \dot{I}_b + \dot{I}_c) = j\omega Ml \times 3\dot{I}_0 \qquad (9\text{-}1)$$

이 유도 전압을 생기게 하는 전력선의 전류 $3\dot{I}_0$를 **기유도전류**(inducing curre-nt)라 한다. 이 전류가 통신 장해를 일으키는 전류이다.

그림 9-1 전자 유도 회로

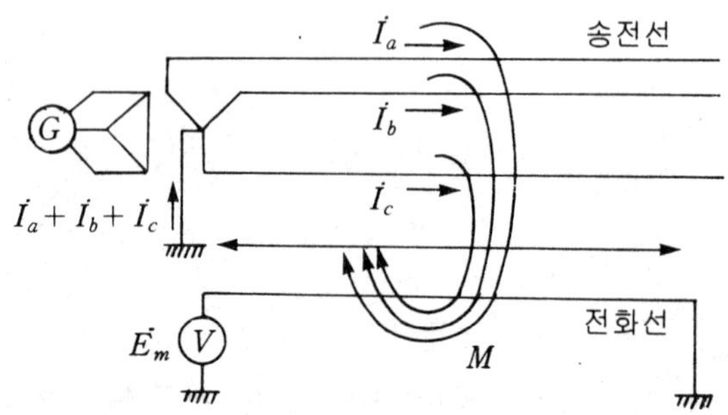

식 (9-1)의 상호 인덕턴스 M은 대지를 귀로로 하는 것이므로 대지의 도전율에 크게 영향을 받는데 널리 쓰여지고 있는 Carson-Pollaczek의 식에 의하면 대지의 도전율이 균일한 경우에는

$$\dot{M} = 0.2\log_e \frac{2}{\gamma d\sqrt{4\pi\omega\sigma}} + 0.1 - j\frac{\pi}{20}\ [\text{mH/km}] \qquad (9\text{-}2)$$

여기서, γ는 1.7811(Bessel의 정수), d는 양선간의 이격 거리[cm], $\omega = 2\pi f$, σ는 대지의 도전율 $(1\times10^5/\rho)\times10^{-4} = 1\times10^{-9}/\rho$, ρ는 대지의 고유 저항[Ω·cm]이다.

그리고, 대지의 고유 저항 ρ는 우리 나라에서는 10수[Ω·m]에서 1000[Ω·m]정도의 범위에 있는데 보통 200[Ω·m]정도를 취하고 있다. 또 $\dot{M}$은 복소수이므로 유도 전압은 기유도 전류 $3\dot{I}_0$에 대해서 90°의 위상차로는 되지 않는다.

9.2.2 전자 유도 전류

단선식 통신선에서는 그림 9-2와 같이 통신선의 전자 유도 전압과 대지 귀로 임피던스에서 전자 유도 전류를 구할 수 있다. 또, 복선식 통신선에서는 왕복 2선의 유도 전압이 거의 같다고 보면, 2선이 전기적으로 평형되어 있으므로 통신기를 통하는 유도 전류는 거의 흐르지 않는다. 그러나, 선로에 불평형이 있으면 불평형에 상당한 전류가 흐른다.

그림 9-2 전자 유도 전류

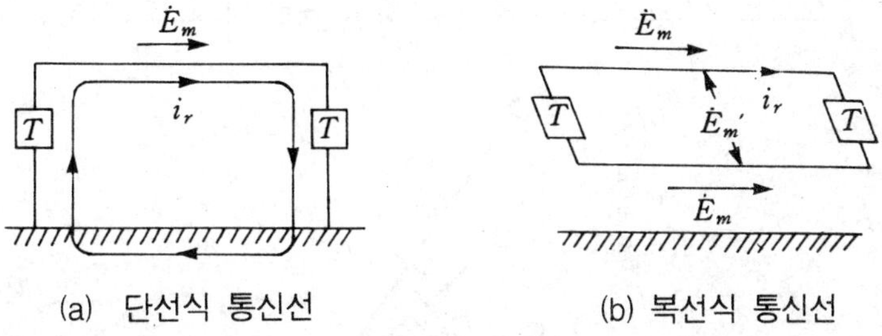

9.3 정전 유도

송전선의 영상 전압과 통신선과의 사이의 상호 정전용량의 불평형에 기인하여, 통신선에 정전적으로 유도되는 전압으로서, 고장시만이 아니라 평상시에도 발생한다.

9.3.1 정전 유도 전압

그림 9-3에서 송전선의 각상 전압이 평형되어 있고 통신선과 각 전선과의 상호 용량이 불평형되어 있을 때의 정전 유도 전압을 $\dot{E}_a$, $\dot{E}_b$, $\dot{E}_c$라 하고, 3전선과 통신선간의 상호 정전용량을 $\dot{C}_a$, $\dot{C}_b$, $\dot{C}_c$ 및 통신선의 대지 정전용량을 역시 $\dot{C}_0$라 하면 다음의 관계가 성립된다.

$$\omega C_a(\dot{E}_a-\dot{E}_s)+\omega C_b(\dot{E}_b-\dot{E}_s)+\omega C_c(\dot{E}_c-\dot{E}_s)=\omega C_0\dot{E}_s$$

$$\therefore\ \dot{E}_s=\frac{C_a\dot{E}_a+C_b\dot{E}_b+C_c\dot{E}_c}{C_a+C_b+C_c+C_0} \qquad (9\text{-}3)$$

전원 전압은 3상 평형이므로 $\dot{E}_a=E$, $\dot{E}_b=a^2E$, $\dot{E}_c=aE$로 놓으면

$$E_s=\frac{\sqrt{C_a(C_a-C_b)+C_b(C_b-C_c)+C_c(C_c-C_a)}}{C_a+C_b+C_c+C_0}E \qquad (9\text{-}4)$$

로 되는데, 정전용량은 보통 [km]당의 값으로 주어지기 때문에, 병행구간의 거리

를 l[km]이라 하면, 통신선의 접지점에 흐르는 전 전류의 크기는 $\dot{I}_s = \omega C_0 l E_s$[A]로 된다.

그림 9-3 정전 유도

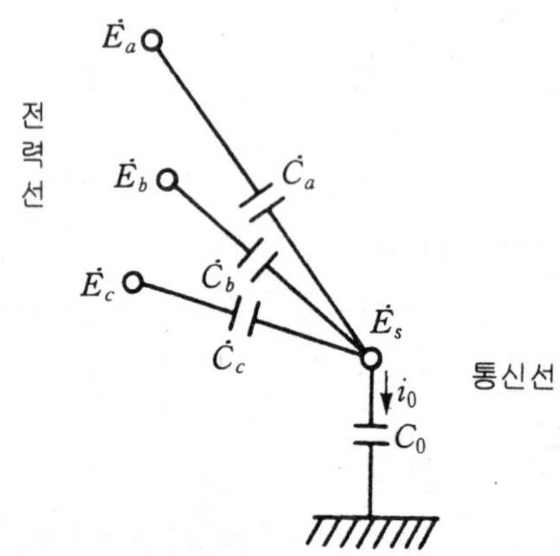

그리고 식 (9-4)의 E는 상전압이므로 선간 전압 V일 때는 $E = V/\sqrt{3}$이므로

$$E_s = \frac{\sqrt{C_a(C_a - C_b) + C_b(C_b - C_c) + C_c(C_c - C_a)}}{C_a + C_b + C_c + C_0} \times \frac{V}{\sqrt{3}} \qquad (9\text{-}5)$$

실제로 병행 구간은 그 떨어진 거리가 여러 가지이고 또, 기울어진 경우에 따라서도 상호 정전용량의 값은 다르게 된다. 또한 상호 작용에 의한 결합의 정도는 무척 산만(loose)한 것이고, 서로 떨어져 있는 사이에는 수목이나 구릉등이 있으므로 정전 유도 전압은 상당히 적게 되는데, 이것을 차폐효과(shielding effect)라 한다. 만일 통신선의 연피 케이블 등으로 되어 있으면 금속피는 차폐효과가 크다.

【예제 1】 154[kV]의 3상 2회선 송전선이 있다. 지금 1회선은 송전하지 않고 있고, 이 회선의 1선과 송전중인 다른 회선과의 각 선간의 상호 정전용량은 $C_a = 0.001$, $C_b = 0.0006$, $C_c = 0.0004$[μF/km]라고 하면 이 1선의 정전 유도 전압은 얼마인가? 단, 1선의 대지 정전용량은 $C_0 = 0.0052$[μF/km]이다.

풀이 식 (9-5)에 대입하면

$$E_a = \frac{154000}{\sqrt{3}} \times \frac{\sqrt{0.001(0.001-0.0006)+0.0006(0.0006-0.0004)+0.004(0.0004-0.001)}}{0.001+0.0006+0.0004+0.0052}$$

$$= \frac{154000}{\sqrt{3}} \times \frac{0.0005292}{0.0072} = 6535[V]$$

9.4 고주파 유도

전력 계통에 발생하는 많은 고주파중에서 100~1000[Hz]의 것은 통신선에 잡음 장해를 준다.

전력 계통의 고주파 발생원은 회전기, 변압기, 코로나 등이다. 회전기에서 발생되는 고주파는 변압기에 의하여 영상 회로가 차단되기 때문에 큰 영향은 없지만, 변압기에서 발생되는 고주파는 선로 정수와 변압기의 임피던스값에 의하여 특정의 고주파가 공진하고 또 큰 전류를 발생하여 유도 장해를 일으키는 일이 있다. 그러나 애자 전류에 포함되어 고주파는 철심의 자속 밀도를 낮게 계산하여 감소시킬 수 있다.

9.5 유도 장해의 방지

유도 장해를 방지하는 근본적 방법은 전력선과 통신선의 이격 거리를 멀리하는 것이다. 실제로는 선로의 경과지의 자유 선택이 어려우므로 두 선의 접근은 어느 정도 불가피하다.

따라서 유도 장해의 방지를 위해서도 전력선측과 통신선측이 건설 방법, 건설 지점, 운전 방법, 보수 방법 등의 결정에 있어서 긴밀한 협조가 이루어져야 한다. 전력선측과 통신선측의 대책으로 다음과 같은 것을 들 수 있다.

9.5.1 전력선측의 대책

전력선측의 대책은 다음과 같다.

① 전력선과 통신선을 가급적 격리시킨다.

② 송전선의 중성점을 고저항 접지 방식을 채용하여 지락 전류를 적게한다.

③ 송전선의 중성점을 소호 리액터로 접지한다.

④ 고주파분의 발생을 방지한다.
⑤ 전력선과 통신선을 직각으로 교차시킨다.
⑥ 케이블을 사용한다.
⑦ 차폐선을 설치하여 유도 전압을 30~50[%] 정도 줄인다.
⑧ 중성점 잔류 전압 또는 잔류 전류를 적게 한다.

9.5.2 통신선측의 대책

통신선측의 대책은 다음과 같다.

① 복선식 통신선의 채용
② 통신 선로를 전력선의 연가와 같은 방법으로 교차한다.
③ 연피 케이블을 사용한다.
④ 피뢰기를 설치한다.
⑤ 배류 코일을 사용한다.
⑥ 차폐선을 설치한다.
⑦ 중계 코일을 전화 선로에 삽입한다.
⑧ 절연 변압기의 채용

9.5.3 차폐선

차폐선(shielding wire)이란 그림 9-4와 같이 송전선에 접근해서 대지에 대하여 단락한 전선을 가설한 것을 말한다.

그림 9-4 차폐선의 저감 효과

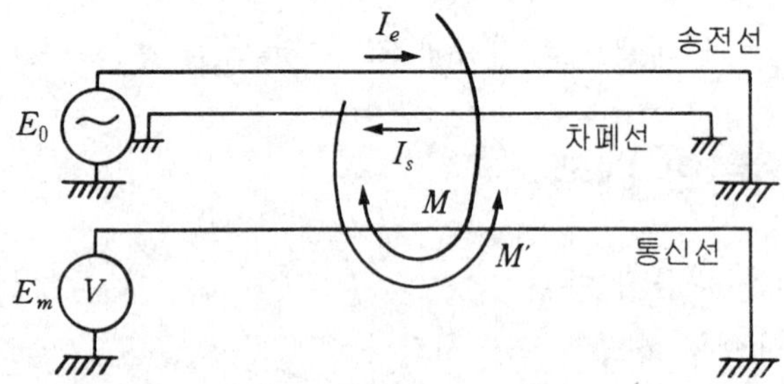

만일 통신선에 큰 전압이 유도된다면, 차폐선에도 큰 전압이 유도될 것이므로,

차폐선은 단락되어 있기 때문에 이것에는 단락 전류가 흐르게 된다. 이렇게 되면 단락 전류에 의하여 생긴 자속과는 위상이 반대이므로, M'가 M을 저감시켜서, 통신선이 받는 유도 전압 E_m은 차폐선 때문에 30~50[%]정도로 저하된다고 한다. 그래서 실제 문제로는, 송전선측의 차폐선으로는 가공 지선을 이용하는데 보통의 가공 지선은 철선이기 때문에, 이 목적을 달성하기 위한 차폐선으로 겸용하는 가공 지선에는 도전율이 좋은 ACSR 등의 전선이 쓰인다.

연 습 문 제

문제 1. 전력선 a의 충전 전압을 E, 통신선 b의 대지 정전용량을 C_b, ab 사이의 상호 정전용량을 C_{ab}라 하면 통신선 b의 정전 유도 전압 E_s는?

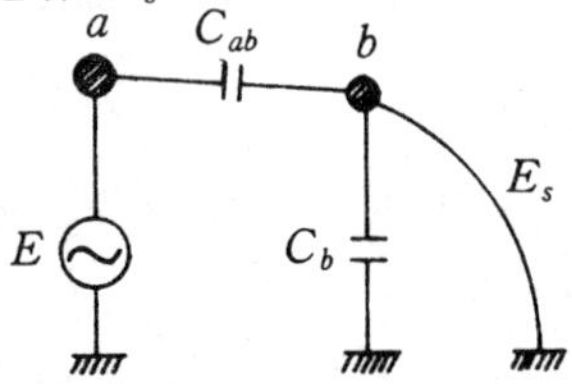

㉮ $\dfrac{C_{ab}+C_b}{C_b}E$ ㉯ $\dfrac{C_{ab}+C_a}{C_{ab}}E$

㉰ $\dfrac{C_b}{C_{ab}+C_b}E$ ㉱ $\dfrac{C_{ab}}{C_{ab}+C_b}E$

풀이 $E_s=\dfrac{C_{ab}}{C_{ab}+C_b}E$

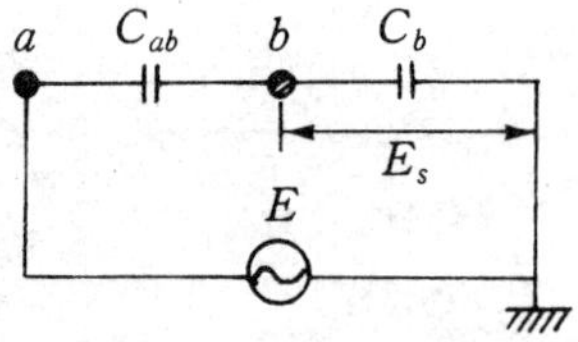

[답] ㉱

문제 2. 그림에서 통신선 n에 유도되는 정전 유도 전압은? 단, 전력선의 대칭은 전압을 V_0, V_1, V_2라 하고 상순은 $a-b-c$라 한다.

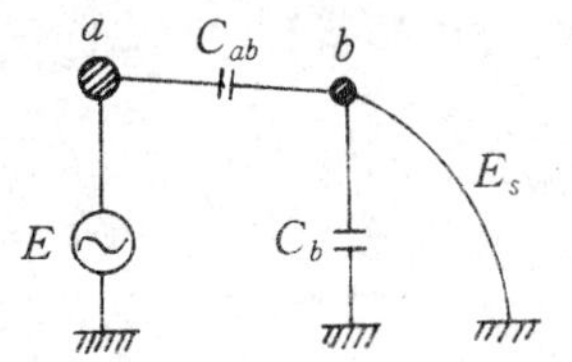

㉮ $\dfrac{3CV_0}{3C+C_0}$ ㉯ $\dfrac{3C_0V_1}{C+3C_0}$

㉰ $\dfrac{\sqrt{3}CV_2}{C+C_0}$ ㉱ $\dfrac{\sqrt{3}C_0V_0}{C+3C_0}$

풀이 그림에서 $I_a+I_b+I_c=I_n$이고 전력선과 통신선 사이 각 상의 정전용량과 각 선의 대지 전압이 동일하므로

$3j\omega CV_0=3j\omega CE_n+j\omega C_0E_n$

$E_n(3C+C_0)=3CV_0$

$\therefore\ E_n=\dfrac{3C}{3C+C_0}V_0$

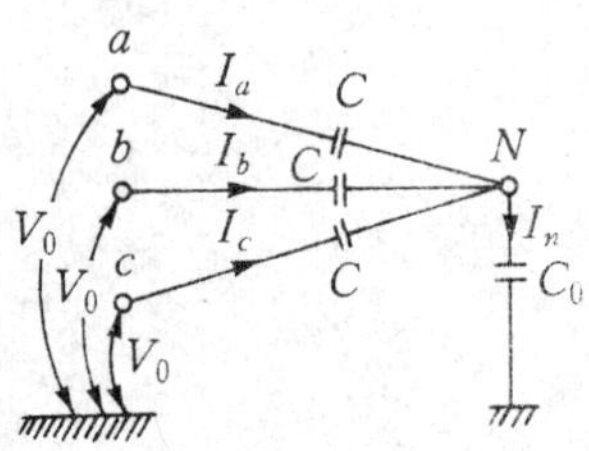

[답] ㉮

문제 3. 전력선에 의한 통신 선로의 전자 유도 장해의 발생 요인은 주로 어느 것인가?

㉮ 영상 전류가 흘러서

㉯ 전력선의 전압이 통신 선로보다 높기 때문에

㉰ 전력선의 연가가 충분하여

㉱ 전력선과 통신 선로 사이의 차폐 효과가 충분할 때

[답] ㉮

문제 4. 유도 장해의 방지책으로 차폐선을 사용하면 유도 전압은 얼마 정도[%] 줄일 수 있는가?

㉮ 10~20　㉯ 30~50　㉰ 70~80　㉱ 80~90

[답] ㉯

문제 5. 통신선과 평행인 주파수 60[Hz]의 3상 1회선 송전선에서 1선 지락으로 (영상 전류가 100[A] 흐르고) 있을 때 통신선에 유기되는 전자 유도 전압 [V]은? 단, 영상 전류는 송전선 전체에 걸쳐 같으면 통신선과 송전선의 상호 인덕턴스는 0.05[mH/km]이고 그 평행 길이는 50[km]이다.

㉮ 162　㉯ 192　㉰ 242　㉱ 283

풀이 $E_M = j\omega Ml3I_0 = 2\pi \times 60 \times 0.05 \times 10^{-3} \times 50 \times 3 \times 100 = 283[\mathrm{V}]$ [답] ㉱

문제 6. 3상 송전선의 각 선의 전류가 $I_a = 200 + j50[\mathrm{A}]$, $I_b = -150 - j300[\mathrm{A}]$, $I_c = -50 + j150[\mathrm{A}]$일 때 이것과 병행으로 가설된 통신선에 유기되는 전자 유기 전압의 크기는 약 몇 [V]인가? 단, 송전선과 통신선 사이의 상호 임피던스는 15[Ω]이다.

㉮ 510　㉯ 1020　㉰ 1530　㉱ 2040

풀이 $E_m = j\omega Ml(I_a + I_b + I_c) = \omega Ml(220 + j50 - 150 - j300 - 50 + j150)$

$= 15 \times \sqrt{20^2 + j100^2} = 1530[\mathrm{V}]$ [답] ㉯

문제 7. 통신 유도 장해 방지 대책의 일환으로 전자 유도 전압을 계산함에 이용되는 인덕턴스 계산식은?

㉮ Peek 식　　㉯ Peterson 식

㉰ Carson-pollaczek 식　　㉱ still 식

풀이 Still 식 : 송전 전압을 결정할 때, Peek 식 : 코로나 손실 측정　　[답] ㉰

문제 8. 3상 송전 선로와 통신선이 병행되어 있는 경우에 통신 유도 장해로서 통신선 유도되는 정전 유도 전압은?

㉮ 통신선의 길이에 비례한다.

㉯ 통신선의 길이의 자승에 비례한다.

㉰ 통신선의 길이에 반비례한다.

㉱ 통신선의 길이에 관계 없다.

풀이 전자 유도 전압 ($E_m = 2\pi fMl \cdot 3I_0$)은 통신선의 길이에 비례하나 정전 유도 전압 $\left(E = \frac{\sqrt{C_a(C_a - C_b) + C_b(C_b - C_c) + C_c(C_c - C_a)}}{C_a + C_b + C_c + C_0} \times \frac{V}{\sqrt{3}}\right)$은 주파수 및 통신선 병행 길이와는 관계가 없다.　　[답] ㉱

문제 9. 전력선측의 유도 장해 방지 대책이 아닌 것은?

㉮ 전력선과 통신선의 이격 거리 증대

㉯ 전력선의 연가를 충분히 한다.

㉰ 배류 코일을 사용한다.

㉱ 차폐선을 설치한다.

[답] ㉰

문제 10. 유도장해를 방지하기 위한 전력선측의 대책으로 옳지 않은 것은?

㉮ 소호 리액터를 채용한다.

㉯ 차폐선을 설치한다.

㉰ 중성점 전압을 가능한 한 높게 한다.

㉱ 중성점 접지에 고저항을 넣어서 지락전류를 줄인다.

풀이 전력선측 대책

① 전력선과 통신선과의 상호 거리를 크게 하여 상호 인덕턴스를 줄인다.

② 연가를 충분히 한다(선로 정수를 평형시켜 중성점 잔류 전압을 적게 한다).

③ 케이블을 사용한다.

④ 고주파의 발생을 방지한다.

⑤ 통신선과의 교차를 직각으로 한다.

⑥ 소호 리액터의 사용(지락 전류를 적게 하여 전자 유도를 적게 한다).

⑦ 고장 회선의 고속도 차단

⑧ 차폐선의 시설(가공선도 차폐선과 같은 효과가 있으며, 본선과 동일 도체를 사용하면 차폐 효과가 크다). [답] ㉰

문제 11. 송전 선로에 관한 설명 중 옳지 않은 것은?

㉮ 송전 선로의 유도 장해를 억제하기 위해 접지 저항은 보호 장치가 허용할 수 있는 범위에서 작게 하여야 한다.

㉯ 송전 선로에 발생하는 내부 이상 전압은 그 대부분이 사용 대지 전압의 파고값의 약 4배 이하이다.

㉰ 송전 계통의 안정도를 높이기 위해 복도체 방식을 택하거나 직렬 콘덴서 등을 설치한다.

㉱ 결합 콘덴서는 반송 전화 장치를 송전선에 결합시키기 위해 사용하는 것으로 그 용량은 0.001~0.002[μF]정도이다.

풀이 접지 저항이 작으면, 직접 접지 저항과 비슷해 짐으로 유도 장해가 증가된다. [답] ㉮

문제 12. 전력선과 통신선과의 상호 인덕턴스에 의하여 발생되는 유도장해는?

㉮ 정전유도장해 ㉯ 전자유도장해

㉰ 고조파유도장해 ㉱ 전력유도장해

[답] ㉯

문제 13. 송전선로에 근접한 통신선에 유도장해가 발생한다. 정전유도의 원인은?

㉮ 영상전압 ㉯ 역상전압 ㉰ 역상전류 ㉱ 정상전류

[답] ㉮

문제 14. 송전선로에서 가장 많이 발생되는 사고는?

㉮ 단선사고 ㉯ 단락사고

㉰ 지지물 전복사고 ㉱ 지락사고

[답] ㉱

문제 15. 유도장해의 방지대책이 아닌 것은?

㉮ 가공지선 설치 ㉯ 차폐선의 시설

㉰ 전선의 연가 ㉱ 직렬콘덴서 설치

[답] ㉱

고장 계산법 제 10 장

가공 송전 선로나 또는 지중 송전 선로를 사고가 전혀 없게 한다는 것 즉, 신뢰도가 100[%]라는 것은 바랄 수 없다. 더욱이 가공 송전 선로는 직접 모든 기상 조건 하에 놓여 있으므로, 뇌격 등으로 인하여 사고를 일으킬 기회가 있기 마련이다.

그 중에서 가장 많은 것은 1선 지락이지만, 선간 단락, 2선 지락, 심한 경우에는 3선 지락 뿐 아니라, 단선 사고가 발생할 때도 있다. 따라서, 송전 선로에 사고가 발생하면 계통에 큰 동요를 일으켜서 기기를 손상시키고, 송전을 불가능하게 할 뿐 아니라, 통신선에 유도 장해를 일으키므로 고장에 대한 보호 장치를 시설하여야 하는데 이렇게 하기 위해서는 전기 제량의 고장 계산이 필요하게 된다.

10.1 3상 단락 전류의 계산

송전 선로에서 3상 단락 사고는 극히 드물게 일어나는 일이지만, 단락 전류가 1선 지락이나 상간 단락에 비하여 크게 되므로 차단기의 용량 결정, 계전기의 정정(整定), 전자력에 의한 기계를 충격의 추정을 알기 위하여 3상 단락 전류를 계산해야 할 필요가 있다.

3상 단락은 회로가 단락된 후에도 계속 평형 3상 회로의 상태를 유지하고 있으므로 그 계산은 비교적 용이하다. 그리고 계산법에는 오옴법, 백분율법(percentage법), 단위법(per unit법) 등이 있다.

10.1.1 오옴법

오옴법은 발전기, 변압기, 선로등 회로 각 부분의 임피던스(impedance)의 오옴값을 직접 사용하여 계산하는 방법이다. 회로의 성형 전압을 $\dot{E}$[V], 발전기의 임피던스를 $\dot{Z}_g$, 변압기의 임피던스를 $\dot{Z}_t$, 선로의 임피던스를 $\dot{Z}_l$라 하면, 3상 단락 전류 $\dot{I}_s$는 다음 식으로 계산된다.

$$\dot{I}_s = \frac{\dot{E}}{\dot{Z}_g + \dot{Z}_t + \dot{Z}_l} [\text{A}] \tag{10-1}$$

이 경우 각 부분의 임피던스 $\dot{Z}_g$, $\dot{Z}_t$, $\dot{Z}_l$는 기준 전압 $\dot{E}$로 환산한 것을 사용하여야 한다.

이 방법은 회로의 도중에 변압기가 있으면 권수비의 제곱을 사용하여 기준 전압측으로 환산한 값을 사용하는 등 환산이 번거러우므로 그다지 사용되지 않는다.

10.1.2 백분율법

백분율법은 발전기, 변압기, 선로 등 회로의 각 부분의 임피던스를 [%]로 표시한 $\%Z$를 사용하여 계산하는 방법이다. [Ω]으로 표시한 임피던스 Z와 $\%Z$사이에는 정격 전류(전부하 전류) I_n, 정격 전압(성형 전압)을 E라 하면

$$\%Z = \frac{Z[\Omega] \times I_n[\text{A}]}{E[\text{V}]} \times 100[\%] \tag{10-2}$$

$$= \frac{Z[\Omega] \times KVA[\text{kVA}]}{10 \times V^2[\text{kV}]^2} [\%] \tag{10-3}$$

이 된다. 식 (10-2)의 분모, 분자에 I_n를 곱하면

$$\%Z = \frac{ZI_n^2}{EI_n} \times 100[\%]$$

가 되고, 이 식에서 분자는 Z중의 피상 전력, 분모는 정격 용량을 표시하므로 $\%Z$의 값은 정격 전류가 흘렀을 때의 임피던스 중의 피상 전력이 정격 용량에 대한 비율을 표시한다.

식 (10-2)로부터 3상 단락 전류 I_s는

$$I_s = \frac{E}{Z} = \frac{E}{\frac{\%ZE}{100I_n}} = \frac{100I_n}{\%Z} [\text{A}] \tag{10-4}$$

그러므로, 식 (10-4)의 관계로부터 $\%Z$의 값을 알면 정격 전압, 정격 전류를 모르더라도 정격 전류의 몇 배의 단락 전류가 흐르는가를 알 수 있다.

이와 같은 계산 방법을 **백분율법**(%법)이라 한다.

10.1.3 단위법

단위법은 임피던스를 표시하는데 있어서 백분율법에 있어서의 100[%]를 없앤 계산 방법이다.

【예제 1】 66[kV] 3상 송전 계통이 있다. 송전선의 저항 및 리액턴스는 1선당 15[Ω] 및 30[Ω]이고, 발전기 및 변압기의 용량은 다같이 20[MVA] 그 리액턴스는 운전 중 수전단 가까이에서 3상 단락을 일으켰을 때, 단락 전류를 구하여라. 단, 발전기 및 변압기의 저항은 무시한다.

풀이 발전기 및 변압기의 정격 전류 I_n은

$$I_n = \frac{20 \times 10^3}{\sqrt{3} \times 66} = 175[\text{A}]$$

이고 $\%R$, $\%X$는 각각 다음과 같다.

$$\%R = \frac{15 \times 175}{10 \times \frac{66}{\sqrt{3}}} = 6.887[\%]$$

$$\%X = \frac{30 \times 175}{10 \times \frac{66}{\sqrt{3}}} = 13.774[\%]$$

그러므로, $\%Z$의 값은

$$\%Z = \sqrt{6.887^2 + (40 + 10 + 13.774)^2} = 64.14[\%]$$

따라서, 단락 전류 I_s는

$$I_s = \frac{100 I_n}{\%Z} = \frac{100 \times 175}{64.14} \fallingdotseq 273[\text{A}]$$

10.2 대칭좌표법에 의한 발전기의 기본식

3상 단락과 같은 3상 평형 고장의 계산은 단상 회로로 할 수 있으므로 용이하다. 그러나 1선 지락, 2선 지락, 상간 단락, 단선 고장 등이나 고장점에 아크 등 고

장점 저항을 생각할 때와 같이, 3상 불평형으로 되는 고장시의 계산은 대칭좌표법(symmetrical components calculus)에 의하는 것이 일반적이다. 이 계산에서는 계통의 모든 선로 정수는 완전히 3상이 평형되어 있고, 단지 고장점만이 고장 때문에 선로의 불평형이 생기는 것으로 하여 취급한다.

대칭 좌표법은 불평형 3상의 전압, 전류를 그대로 계산하지 않고, 이것을 그 자신으로서는 3개의 성분, 즉 영상분, 정상분, 역상분의 3개의 대칭분으로 분해하여, 각 대칭분마다 독립된 각각의 회로에 대해서 필요한 계산을 하여, 이들 3개를 중첩해서 실제의 불평형 문제의 해를 구하는 방법이다.

임의의 불평형 전류 $\dot{I}_a$, $\dot{I}_b$, $\dot{I}_c$가 흐르고 있는 3상 회로에 대해서, 상회전을 a, b, c의 순서로 하고 a상을 기준으로 하면, 다음과 같은 3개의 대칭분 전류를 만들 수 있다.

$$\left.\begin{aligned} \dot{I}_0 &= \frac{1}{3}(\dot{I}_a + \dot{I}_b + \dot{I}_c) \\ \dot{I}_1 &= \frac{1}{3}(\dot{I}_a + a\dot{I}_b + a^2\dot{I}_c) \\ \dot{I}_2 &= \frac{1}{3}(\dot{I}_a + a^2\dot{I}_b + a\dot{I}_c) \end{aligned}\right\} \tag{10-5}$$

식 (10-5)의 a, a^2은 벡터 오퍼레이터(vector operator)로서 다음과 같은 값을 가진다.

$$\left.\begin{aligned} a &= \varepsilon^{j\frac{2\pi}{3}} = -\frac{1}{2} + j\frac{\sqrt{3}}{2} \\ a^2 &= \varepsilon^{j\frac{4\pi}{3}} = -\frac{1}{2} - j\frac{\sqrt{3}}{2} \\ a^3 &= 1,\ 1 + a + a^2 = 0 \end{aligned}\right\} \tag{10-6}$$

즉, 어떤 벡터에 a를 곱하는 것은 그 벡터의 크기는 변하지 않고, 위상만을 120° 앞서게 하는 것을 뜻하고, a로 나눈다는 것은 위상만을 120° 늦게 하는 것을 의미한다. 식 (10-5)에서 $\dot{I}_0$, $\dot{I}_1$, $\dot{I}_2$를 알고 $\dot{I}_a$, $\dot{I}_b$, $\dot{I}_c$를 구하면 다음과 같이 된다.

$$\left.\begin{aligned} \dot{I}_a &= \dot{I}_0 + \dot{I}_1 + \dot{I}_2 \\ \dot{I}_b &= \dot{I}_0 + a^2\dot{I}_1 + a\dot{I}_2 \\ \dot{I}_c &= \dot{I}_0 + a\dot{I}_1 + a^2\dot{I}_2 \end{aligned}\right\} \tag{10-7}$$

따라서, 어떠한 방법에 의해서 $\dot{I}_0$, $\dot{I}_1$, $\dot{I}_2$를 알 수 있다면, $\dot{I}_a$, $\dot{I}_b$, $\dot{I}_c$는 식 (10-7)에 의해서 쉽게 계산할 수 있다. 즉 $\dot{I}_0$, $\dot{I}_1$, $\dot{I}_2$를 아는 것은 $\dot{I}_a$, $\dot{I}_b$, $\dot{I}_c$를 알고 있는 것과 같다.

식 (10-7)의 우변 제1항을 보면 $\dot{I}_0$인 컴포넌트가 a, b, c 각 상에 공통으로 들어 있다. 이것은 분명히 각 상 동일의 동상 전류로서, 이것을 **영상전류**(zero phase sequence current)라 한다.

그리고, 제2항을 보면 a상에는 $\dot{I}_1$이 있고, b상에는 $\dot{I}_1$을 240° 앞선 즉, 120° 뒤진 $a^2\dot{I}_1$이 있으며, c상에는 $\dot{I}_1$을 120°앞서게 한 $a\dot{I}_1$이 있다. 즉, 제2항은 각상에 대해서 생각해 보면, 대칭 3상 전류를 형성하고 있다. 이것을 **정상전류**(positive phase sequence current)라 한다.

다음에 제3항에 대해서 생각해 보면, b상에는 $\dot{I}_2$를 120° 앞서게 한 $a\dot{I}_2$가 있고, 또 c상에는 $\dot{I}_2$를 120° 늦게 한 $a^2\dot{I}_2$가 들어 있다. 즉, 제3항은 정상 전류와 반대 방향의 대칭 3상 전류를 형성하고 있다. 이것을 **역상전류**(negative phase seque-nce current)라 한다.

이상의 관계를 그림으로 그리면 그림 10-1과 같다.

그림 10-1 각상에 흐르는 대칭분 전류의 벡터도

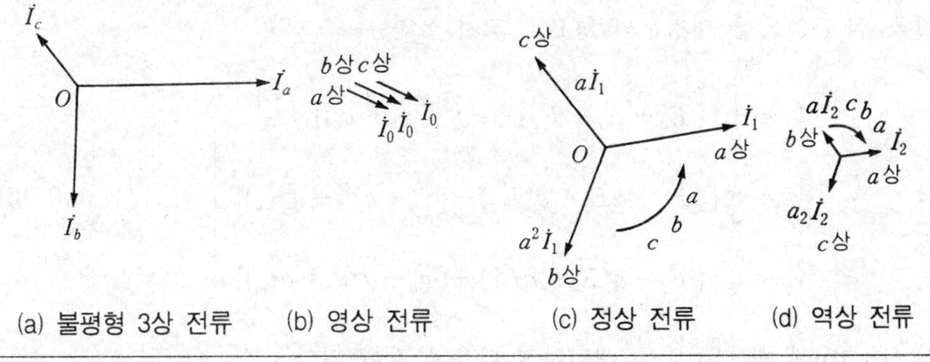

(a) 불평형 3상 전류 (b) 영상 전류 (c) 정상 전류 (d) 역상 전류

지금까지는 전류에 대해서 설명하였지만, 전압에 대해서도 이와 같은 관계가 성립된다.

그러면 3상 동기 발전기에 불평형 전류가 흐르고 있는 경우의 기본 방정식을 구해보자.

3상 교류 발전기는 각상 대칭으로 만들어지므로 유기 기전력은 3상이 평형되어 있지만 불평형 부하나 불평형 고장이 발생한 경우에는 3상 불평형 전류가 발전기로부터 흘러 그 전류에 의한 전압 강하 때문에 발전기 단자 전압은 대칭으로 되지 않는다.

각상의 유기 기전력을 $\dot{E}_a$, $\dot{E}_b$, $\dot{E}_c$, 단자 전압을 $\dot{V}_a$, $\dot{V}_b$, $\dot{V}_c$라 하고, 각상 전류 $\dot{I}_a$, $\dot{I}_b$, $\dot{I}_c$에 의한 발전기 내부의 전압 강하를 $\dot{v}_a$, $\dot{v}_b$, $\dot{v}_c$라 하면, 발전기의 중성점이 완전히 접지되어 있는 경우에는 다음 식이 성립한다.

$$\left.\begin{aligned} \dot{V}_a &= \dot{E}_a - \dot{v}_a \\ \dot{V}_b &= \dot{E}_b - \dot{v}_b \\ \dot{V}_c &= \dot{E}_c - \dot{v}_c \end{aligned}\right\} \tag{10-8}$$

$\dot{Z}_0$, $\dot{Z}_1$, $\dot{Z}_2$를 발전기의 영상, 정상, 역상 임피던스라 하면 각상의 전압 강하는 다음과 같이 된다.

$$\left.\begin{aligned} \dot{v}_a &= \dot{Z}_0\dot{I}_0 + \dot{Z}_1\dot{I}_1 + \dot{Z}_2\dot{I}_2 \\ \dot{v}_b &= \dot{Z}_0\dot{I}_0 + a^2\dot{Z}_1\dot{I}_1 + a\dot{Z}_2\dot{I}_2 \\ \dot{v}_c &= \dot{Z}_0\dot{I}_0 + a\dot{Z}_1\dot{I}_1 + a^2\dot{Z}_2\dot{I}_2 \end{aligned}\right\} \tag{10-9}$$

지금, 식 (10-8)을 대칭분의 형으로 고쳐 쓰면,

$$\left.\begin{aligned} \dot{V}_0 &= \frac{1}{3}\{(\dot{E}_a + \dot{E}_b + \dot{E}_c) - (\dot{v}_a + \dot{v}_b + \dot{v}_c)\} \\ \dot{V}_1 &= \frac{1}{3}\{(\dot{E}_a + a\dot{E}_b + a^2\dot{E}_c) - (\dot{v}_a + a\dot{v}_b + a^2\dot{v}_c)\} \\ \dot{V}_2 &= \frac{1}{3}\{(\dot{E}_a + a^2\dot{E}_b + a\dot{E}_c) - (\dot{v}_a + a^2\dot{v}_b + a\dot{v}_c)\} \end{aligned}\right\} \tag{10-10}$$

식 (10-10)에 식 (10-9)를 대입하면 다음과 같이 된다.

$$\left.\begin{aligned}\dot{V}_0 &= \dot{E}_0 - \dot{Z}_0\dot{I}_0\\ \dot{V}_1 &= \dot{E}_1 - \dot{Z}_1\dot{I}_1\\ \dot{V}_2 &= \dot{E}_2 - \dot{Z}_2\dot{I}_2\end{aligned}\right\} \qquad (10\text{-}11)$$

그런데, 이미 서술한 바와 같이 발전기의 유기 기전력은 대칭 3상 전압이므로, $\dot{E}_0$ 및 $\dot{E}_2$는 영으로 된다. 따라서 식 (10-11)은 다음과 같다.

$$\left.\begin{aligned}\dot{V}_0 &= -\dot{Z}_0\dot{I}_0\\ \dot{V}_1 &= +\dot{E}_1 - \dot{Z}_1\dot{I}_1\\ \dot{V}_2 &= -\dot{Z}_2\dot{I}_2\end{aligned}\right\} \qquad (10\text{-}12)$$

식 (10-12)를 3상 교류 발전기의 기본식으로, 발전기의 단자 전압과 전기자전류와의 관계를 나타낸 것이다. 즉, 발전기에 흐르고 있는 전류가 주어지면, 이것이 어떠한 불평형인 경우데도, 그것에 의하여 단자 전압은 어떻게 변화하는가를 알 수 있고, 또 반대로 발전기의 단자 전압의 상태가 주어지면, 그 때에 흐르는 전류의 상황을 알 수 있다.

10.3 무부하 발전기의 간단한 고장 계산

10.3.1 1선 지락

a상의 단자가 지락하고, b상 및 c상 단자는 개방되어 있는 것으로 한다.

이때는 그림 10-2에서도 알 수 있는 바와 같이 그 고장 조건은

$$\dot{V}_a = 0,\quad \dot{I}_b = \dot{I}_c = 0 \qquad (10\text{-}13)$$

이다. 그러므로, 식 (10-7)에서

$$\left.\begin{aligned}\dot{I}_b &= \dot{I}_0 + a^2\dot{I}_1 + a\dot{I}_2\\ \dot{I}_c &= \dot{I}_0 + a\dot{I}_1 + a^2\dot{I}_2\end{aligned}\right\} \qquad (10\text{-}14)$$

로 된다. 이 식에서

$$\dot{I}_b - \dot{I}_c = (a^2 - a)\dot{I}_1 + (a - a^2)\dot{I}_2 = (a^2 - a)(\dot{I}_1 - \dot{I}_2) = 0$$

인데, $a^2 \neq a$이므로 $\dot{I}_1 = \dot{I}_2$로 되고, 이것을 $\dot{I}_b$식에 대입하여 정리하면 다음과 같이 된다.

그림 10-2 1선 지락

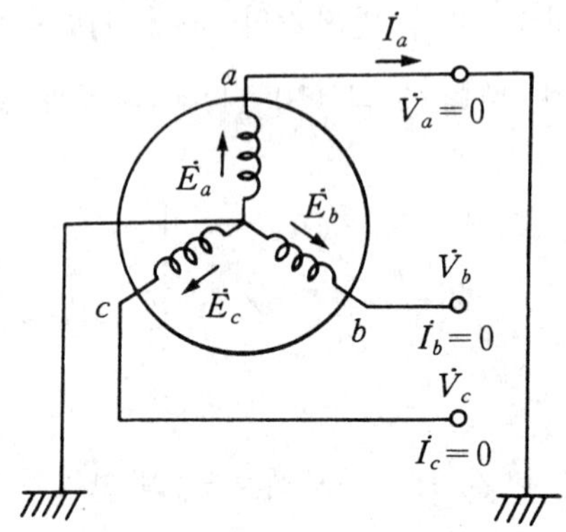

$$\dot{I}_0 = \dot{I}_1 = \dot{I}_2 \tag{10-15}$$

또, 고장 조건에서 $\dot{V}_a = 0$이므로

$$\dot{V}_a = \dot{V}_0 + \dot{V}_1 + \dot{V}_2 = 0$$

여기에 발전기의 기본식을 대입하면

$$\dot{V}_a = \dot{E}_a - (\dot{Z}_0 \dot{I}_0 + \dot{Z}_1 \dot{I}_1 + \dot{Z}_2 \dot{I}_2) = 0$$

로 되는데, 식 (10-15)을 여기에 대입하면

$$\dot{I}_0 = \dot{I}_1 = \dot{I}_2 = \frac{\dot{E}_a}{\dot{Z}_0 + \dot{Z}_1 + \dot{Z}_2} \tag{10-16}$$

따라서, 1선 지락에 의한 고장 전류는

$$\dot{I}_a = \dot{I}_0 + \dot{I}_1 + \dot{I}_2 = 3\dot{I}_0 = \frac{3\dot{E}_a}{\dot{Z}_0 + \dot{Z}_1 + \dot{Z}_2} \tag{10-17}$$

로 된다.

다음에, b 및 c상의 단자 전압 $\dot{V}_b$와 $\dot{V}_c$를 구해보자. 단자 전압의 각 대칭분은 식 (10-12)에 주어져 있으므로, 여기에 식 (10-17)의 관계를 대입하면 각 대칭분 단자 전압은 다음과 같이 된다.

$$\left.\begin{aligned} \dot{V}_0 &= -\frac{\dot{Z}_0}{\dot{Z}_0+\dot{Z}_1+\dot{Z}_2}\,\dot{E}_a \\ \dot{V}_1 &= \frac{\dot{Z}_0+\dot{Z}_2}{\dot{Z}_0+\dot{Z}_1+\dot{Z}_2}\,\dot{E}_c \\ \dot{V}_2 &= \frac{\dot{Z}_2}{\dot{Z}_0+\dot{Z}_1+\dot{Z}_2}\,\dot{E}_a \end{aligned}\right\} \qquad (10\text{-}18)$$

따라서, $\dot{V}_b$, $\dot{V}_c$는

$$\left.\begin{aligned} \dot{V}_b &= \dot{V}_0+a^2\dot{V}_1+a\dot{V}_2 = \frac{(a^2-1)\dot{Z}_0+(a^2-a)\dot{Z}_2}{\dot{Z}_0+\dot{Z}_1+\dot{Z}_2}\,\dot{E}_a \\ \dot{V}_c &= \dot{V}_0+a\dot{V}_1+a^2\dot{V}_2 = \frac{(a-1)\dot{Z}_0+(a-a^2)\dot{Z}_2}{\dot{Z}_0+\dot{Z}_1+\dot{Z}_2}\,\dot{E}_a \end{aligned}\right\} \qquad (10\text{-}19)$$

로 된다.

10.3.2 2선 지락

그림 10-3에서와 같이 발전기의 두 단자, b, c가 지락했을 때 흐르는 b상 및 c상의 지락 전류 $\dot{I}_b$, $\dot{I}_c$와 개방 단자 a상의 전압 $\dot{V}_a$를 계산해 보자. 이 때 알아두어야 할 조건은

$$\dot{I}_a = 0, \quad \dot{V}_b = \dot{V}_c = 0 \qquad (10\text{-}20)$$

이다. 지금, $\dot{V}_b$ 및 $\dot{V}_c$를 대칭분으로 나타내면

$$\begin{aligned} \dot{V}_b &= \dot{V}_c+a^2\dot{V}_1+a\dot{V}_2 \\ \dot{V}_c &= \dot{V}_0+a\dot{V}_1+a^2\dot{V}_2 \end{aligned}$$

로 된다. 이들의 차를 구하면

$$\dot{V}_b - \dot{V}_c = (a^2 - a)(\dot{V}_1 - \dot{V}_2) = 0$$

$$\therefore \dot{V}_1 = \dot{V}_2$$

이 관계를 $\dot{V}_b = 0$의 식에 대입하면

$$\dot{V}_b = \dot{V}_0 + (a^2 + a)\dot{V}_1 = \dot{V}_0 - \dot{V}_1 = 0$$

$$\therefore \dot{V}_0 = \dot{V}_1 = \dot{V}_2 \tag{10-21}$$

로 된다. 즉, 1선 지락 고장일 때는 3개의 대칭분 전류는 어느 것이나 서로 같으나, 2선 지락 고장일 때는 식 (10-21)과 같이 3개의 대칭분 전압이 서로 같다.

그림 10-3 2선 지락

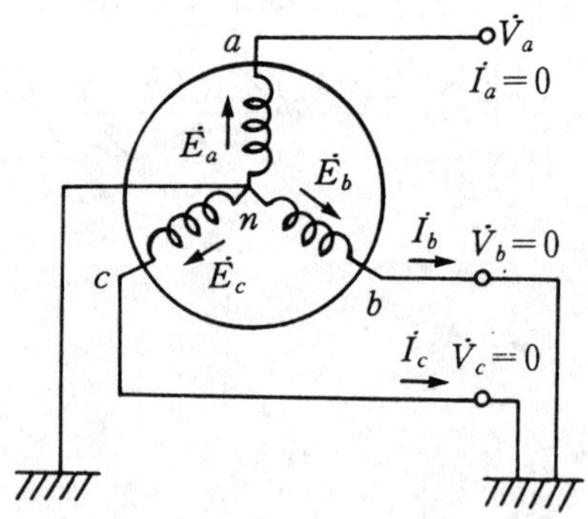

그러면, 식 (10-12)와 $\dot{I}_a = 0$의 관계에서

$$\dot{V}_0 = -\dot{Z}_0\dot{I}_0 = \dot{E}_a - \dot{Z}_1\dot{I}_1 = -\dot{Z}_2\dot{I}_2$$

$$\dot{I}_a = \dot{I}_0 + \dot{I}_1 + \dot{I}_2$$

로 되는데, 이들을 연립 방정식으로 풀이하면

$$\left.\begin{aligned}\dot{I}_0 &= -\frac{\dot{Z}_2}{\dot{Z}_0(\dot{Z}_1+\dot{Z}_2)+\dot{Z}_1\dot{Z}_2}\dot{E}_a \\ \dot{I}_1 &= \frac{\dot{Z}_0+\dot{Z}_2}{\dot{Z}_0(\dot{Z}_1+\dot{Z}_2)+\dot{Z}_1\dot{Z}_2}\dot{E}_a \\ \dot{I}_2 &= -\frac{\dot{Z}_0}{\dot{Z}_0(\dot{Z}_1+\dot{Z}_2)+\dot{Z}_1\dot{Z}_2}\dot{E}_a\end{aligned}\right\} \tag{10-22}$$

로 되고, 실제의 지락 전류를 $\dot{I}_b$, $\dot{I}_c$ 및 a상의 전압 $\dot{V}_a$는 다음과 같이 된다.

$$\left.\begin{aligned}\dot{I}_b &= \dot{I}_0+a^2\dot{I}_1+a\dot{I}_2 = \frac{(a^2-a)\dot{Z}_0+(a^2-1)\dot{Z}_2}{\dot{Z}_0(\dot{Z}_1+\dot{Z}_2)+\dot{Z}_1\dot{Z}_2}\dot{E}_a \\ \dot{I}_c &= \dot{I}_0+a\dot{I}_1+a^2\dot{I}_2 = \frac{(a-a^2)\dot{Z}_0+(a-1)\dot{Z}_2}{\dot{Z}_0(\dot{Z}_1+\dot{Z}_2)+\dot{Z}_1\dot{Z}_2}\dot{E}_a\end{aligned}\right\} \tag{10-23}$$

$$\begin{aligned}\dot{V}_a &= \dot{V}_0+\dot{V}_1+\dot{V}_2 = 3\dot{V}_0 = -3\dot{Z}_0\dot{I}_0 \\ &= \frac{3\dot{Z}_0\dot{Z}_2}{\dot{Z}_0(\dot{Z}_1+\dot{Z}_2)+\dot{Z}_1\dot{Z}_2}\dot{E}_a\end{aligned} \tag{10-24}$$

【예제 2】 중성점이 직접 접지되어 있는 6600[V], 10000[kVA] 3상 교류 발전기의 두 단자가 지락했다. 지락 전류 및 건전 단자의 전압을 구하여라. 단, 발전기의 대칭분 임피던스는 $\dot{Z}_0=0.6\underline{/72^\circ}$, $\dot{Z}_1=4.0\underline{/88^\circ}$, $\dot{Z}_2=1.3\underline{/71^\circ}$ [Ω]이다.

풀이 식 (10-23) 및 식 (10-24)를 적용하여 풀이하면 된다.

$\dot{E}_a = \frac{6600}{\sqrt{3}} = 3180[\text{V}]$

$\dot{Z}_0 = 0.6\underline{/72^\circ} = 0.189+j0.581[\Omega]$

$\dot{Z}_1 = 4.0\underline{/88^\circ} = 0.140+j3.998[\Omega]$

$\dot{Z}_2 = 1.3\underline{/71^\circ} = 0.423+j3.998[\Omega]$

$$\begin{aligned}\dot{Z}_1\dot{Z}_2+\dot{Z}_0(\dot{Z}_1+\dot{Z}_2) &= (0.140+j3.998)(0.423+j1.229) \\ &\quad +(6.189+j0.581)\times(0.140+j3.998+0.423+j1.229) \\ &= -7.732+j3.178[\Omega]\end{aligned}$$

$$a^2 - a = -j1.732, \quad a - a^2 = j1.732$$

$$a^2 - 1 = -1.5 - j0.866, \quad a - 1 = -1.5 + j0.866$$

지락이 b, c상에 일어났다면 지락 전류 $\dot{I}_b$, $\dot{I}_c$는

$$\dot{I}_b = \frac{(0.189 + j0.581)(-j1.732) + (0.423 + j1.229)(-1.5 - j0.866)}{-7.785 + j3.178} \times 3180$$

$$= -1114 + j818 = 1382 \underline{/143°43'}$$

$$\dot{I}_c = \frac{(0.189 + j0.581)(j1.732) + (0.423 + j1.229)(-1.5 + j0.866)}{-7785 + j3.178} \times 3810$$

$$= 938 + j946 = 1332 \underline{/45°15'}$$

a상의 전압 $\dot{V}_a$는

$$\dot{V}_a = \frac{3(0.189 + j0.581)(0.423 + j1.229)}{-7.785 + j3.178} \times 3810$$

$$= 1044 - j275 = 1080 \underline{/14°45'}$$

10.3.3 선간 단락

그림 10-4와 같이 3상 교류 발전기의 2상이 단락되었을 때의 선간 단락 고장을 계산해 보자. 이 경우의 지락 조건은

$$\dot{I}_a = 0, \quad \dot{I}_b = -\dot{I}_c, \quad \dot{V}_b = \dot{V}_c \tag{10-25}$$

이다. 전류의 조건에서

$$\dot{I}_0 = -\frac{1}{3}(\dot{I}_a + \dot{I}_b + \dot{I}_c) = 0$$

$$\therefore \dot{I}_b = a^2 \dot{I}_1 + a\dot{I}_2, \quad \dot{I}_c = a\dot{I}_1 + a^2 \dot{I}_2$$

이들의 합을 구하면, $\dot{I}_b + \dot{I}_c = 0$이라는 조건에서

$$\dot{I}_b + \dot{I}_c = (a^2 + a)(\dot{I}_1 + \dot{I}_2) = 0$$

$$\therefore \dot{I}_1 = -\dot{I}_2 \tag{10-26}$$

로 된다. 또, $\dot{I}_0 = 0$이므로 식 (10-12)에서 전압의 영상분 $\dot{V}_0$도 영이 된다.

그림 10-4 선간 단락

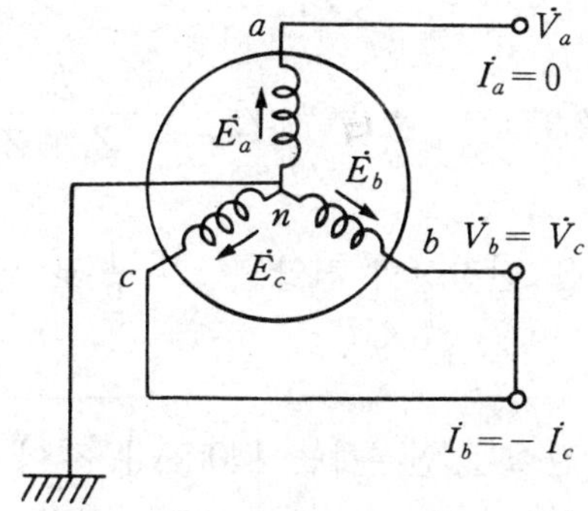

따라서, 전압의 대칭분 $\dot{V}_b$, $\dot{V}_c$는 다음과 같이 된다.

$$\dot{V}_b = a^2 \dot{V}_1 + a \dot{V}_2, \quad \dot{V}_c = a \dot{V}_1 + a^2 \dot{V}_2$$

위의 두 식의 차를 구하면, $\dot{V}_b - \dot{V}_c = 0$이라는 조건에서

$$\begin{aligned} &\dot{V}_b - \dot{V}_c = (a^2 - a)(\dot{V}_1 - \dot{V}_2) = 0 \\ &\therefore \dot{V}_1 = \dot{V}_2 \end{aligned} \tag{10-27}$$

여기에 식 (10-12)의 관계와 식 (10-26)의 관계를 대입하면 다음과 같이 된다.

$$\begin{aligned} &\dot{E}_a - \dot{Z}_1 \dot{I}_1 = - \dot{Z}_1 \dot{I}_1 \\ &\therefore \dot{I}_1 = \frac{\dot{E}_a}{\dot{Z}_1 + \dot{Z}_2} = - \dot{I}_2 \end{aligned} \tag{10-28}$$

이것으로서 대칭분 전류가 구해졌으므로 실제의 단락 전류 $\dot{I}_b$는

$$\dot{I}_b = - \dot{I}_c = a^2 \dot{I}_1 + a \dot{I}_2 = (a^2 - a) \dot{I}_2 = \frac{(a^2 - a)}{\dot{Z}_1 + \dot{Z}_2} \dot{E}_a \tag{10-29}$$

다음은 a상, b상 및 c상의 전압 $\dot{V}_a$, $\dot{V}_b$ 및 $\dot{V}_c$는 각각의 전압의 대칭분의 식에 $\dot{V}_b = \dot{V}_c$, $\dot{V}_0 = 0$, $\dot{V}_1 = \dot{V}_2$ 및 식 (10-12), 식 (10-28)의 관계를 대입하면

$$\left.\begin{aligned}\dot{V}_a &= \dot{V}_1+\dot{V}_2 = 2\dot{V}_1 = 2\dot{V}_2 = \frac{2\dot{Z}_2}{\dot{Z}_1+\dot{Z}_2}\dot{E}_a \\ \dot{V}_b &= \dot{V}_c = (a^2+a)\dot{V}_1 = -\dot{V}_1 = -\dot{V}_2 = -\frac{\dot{Z}_2}{\dot{Z}_1+\dot{Z}_2}\dot{E}_b\end{aligned}\right\} \qquad (10\text{-}30)$$

즉, b상 및 c상의 전압은 건전상의 전압 V_a의 $\frac{1}{2}$로 된다.

【예제 3】 A, B 두 발전소를 연결하는 140[kV], 길이 20[km]의 연락 송전 선로가 있다. 이것이 무부하일 때 A 발전소 출구에서 2선 단락을 일으켰다고 하면, 단락점을 흐르는 전류는 얼마정도인가?
단, 선로는 1선의 저항 0.08[Ω/km], 1선의 리액턴스 0.40[Ω/km]
발전기는 전압 어느 것이나 11[kV], 용량은 A발전소가 20000[kVA], B발전소 40000[kVA], 리액턴스는 정상분, 역상분 다 같이 15[%]
변압기는 전압 11/154[kV], 용량은 발전기와 같고, 리액턴스는 1[%]이다.
또한, 선로는 완전히 연가되어 있는 것으로 한다.

풀이 기준 용량은 40000[kVA]로 하고 선로의 %리액턴스 및 %저항을 각각 $\%x_l$, $\%r_l$이라 하면, 식 (10-1)에서

$$\%x_l = \frac{x\times(kVA)_2}{10V^2} = \frac{0.4\times20\times4\times10^4}{10\times154^2} = 1.35[\%]$$

$$\%r_l = \frac{r\times(kVA)_3}{10V^2} = \frac{0.08\times20\times4\times10^4}{10\times154^2} = 0.27[\%]$$

A발전소의 발전기 및 변압기의 $\%Z$는 20000[kVA]를 기준으로 하고 있으므로, 이것을 40000[kVA] 기준으로 환산하면

$$\%Z_{1A} = \%Z_{2A} = (15+12)\times\frac{40000}{20000} = 54[\%]$$

고장점에서 B발전소의 정상, 역상 임피던스 Z_{1B}, Z_{2B}는

$$\%Z_{1B} = \%Z_{2B} = 15+12+1.35 = 28.35[\%]$$

단, $\%r_1$은 그 값이 적으므로 무시한다.

따라서, 고장점에서 본 전계통의 합성 임피던스를 $\%Z_1$, $\%Z_2$라 하면

$$\%Z_1 = \%Z_2 = \frac{\%Z_{1A}\times\%Z_{1B}}{\%Z_{1A}+\%Z_{1B}} = \frac{54\times28.35}{54+28.35} = 18.6[\%]$$

40000[kVA], 154[kV]에 대한 전부하 전류 I_n은

$$I_n = \frac{40000}{\sqrt{3}\times 154}\text{[A]}$$

이들에서, 선간 단락시에 있어서의 대칭분 전류는 식 (10-28)에서($I_1 = I_n$으로 대치)

$$\dot{I}_1 = -\dot{I}_2 = \frac{\dot{E}_a}{\dot{Z}_1 + \dot{Z}_2},\ Z = \frac{\%Z\times E_a}{100 I_n},\ I = \frac{E_n}{Z} = \frac{\%I_n}{\%Z}$$

$$\therefore I_1 = \frac{100 I_n}{\%Z_1 + \%Z_2} = \frac{100\times 40000}{\sqrt{3}\times 154\times 2\times 18.6}\text{[A]}$$

그러므로 식 (10-29)에서 고장 전류는

$$\dot{I}_b = -\dot{I}_c = a^2\dot{I}_1 + a\dot{I}_2 = -j\sqrt{3}\,\dot{I}_1$$

$$= \frac{-j\sqrt{3}\times 100\times 40000}{\sqrt{3}\times 154\times 2\times 18.6} = -j700\text{[A]}$$

10.4 3상 송전 계통의 고장 계산

송전 선로가 아무리 복잡한 계통이더라도 고장 계산은 다음과 같이 간단히 할 수 있다. 즉 고장점에 있어서 3상의 전선상에 세 개의 단자를 생각하여, 여기에서 인출선을 그림 10-5와 같이 마련하고, 그 선단에 단자 a, b, c를 만들어서, 그 단자의 뒤쪽에 칸막이를 세워 송전 선로측을 보이지 않는 것으로 한다.

그렇게 하면 단자 a, b, c만이 보일 뿐으로, 거기에는 3상 평형 전압은 존재하지만 그 단자에서 유출하는 전류는 없다. 칸막이 뒤에는 발전기가 있거나 송전망이 있거나, 전동기가 있거나, 그러한 것은 조금도 생각할 필요가 없다. 단지 보이는 것은 3상의 단자 뿐으로서, 거기에는 전류는 존재하지 않고 평형 3상 전압이 있을 뿐이므로 이것은 마치 1대의 발전기의 무부하 운전 상태에서의 단자 상황과 조금도 다를 바 없다.

다음에 이 단자에서 갖가지 고장에 상당하는 회로를 만들어 주면 된다. 예컨대, a상만의 1선 지락 고장이면 a단자만을 대지에 접지하면 되고, b, c상의 2선 지락 고장이면 b 및 c단자에서 전선을 인출해서 접지하면 된다. 또 b, c상의 선간 단락 고장이면 b 및 c단자를 접속하면 고장 회로가 된다.

그림 10-5 3상 송전 계통의 고장 계산을 생각하는 법

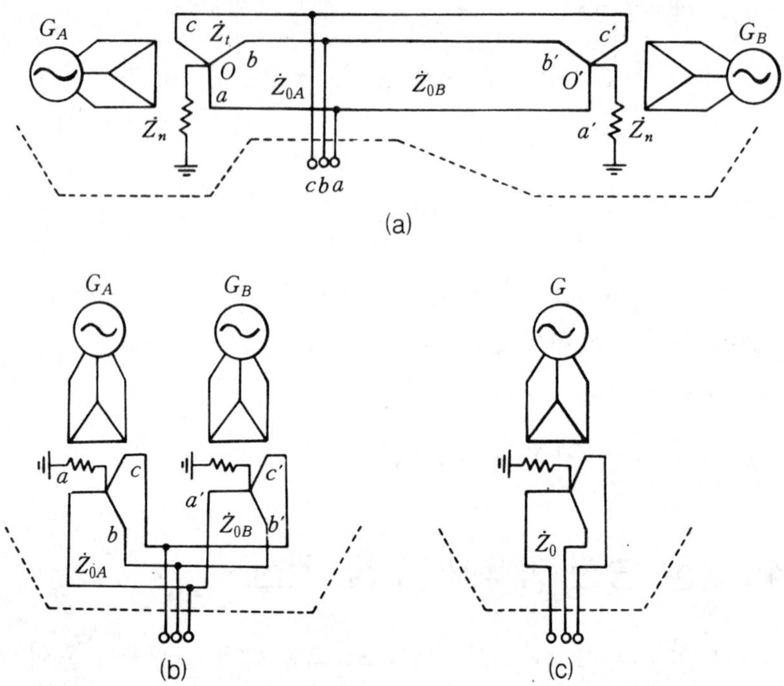

따라서, 송전망의 고장 계산은 칸막이 뒤쪽의 회로망 전체를 하나의 등가 발전기로 생각해서, a, b, c를 그 등가 발전기의 단자라 생각하면 10.3절의 계산법이 그대로 송전망의 고장 계산에 응용된다. 예컨대, 1선 지락 고장이면 고장 전류나 건전상의 전압등은 식 (10-17), 식 (10-19)에서 계산할 수 있게 된다. 단, $\dot{E}_a$는 고장점에 있어서의 고장 전의 a상의 상전압이고, $\dot{Z}_0$, $\dot{Z}_1$, $\dot{Z}_2$는 단자 a, b, c에서 바라 본 이 등가 발전기의 대칭분 임피던스이다. 그러므로 필요한 것은 이 고장점에서 바라본 이들의 대칭분 임피던스의 산정이다. 다른 고장에 대해서도 이와 같이 하면 된다.

10.4.1 대칭분 회로

고장점에서 바라본 회로망 전체의 대칭분 임피던스를 구하려면 대칭분 회로를 만들어야 한다.

(1) 영상 회로

그림 10-5와 같은 3상 송전선상의 1점에서 사고가 생겼다 하고, 계통내의 전 발전기의 기전력을 영으로 하여, 고장점에서 각 상 단자를 일괄하여 이것과 대지사이에 단상 교류 전압 $\dot{V}_0$를 가했을 때, 이 단상 교류가 흐르는 범위로써 영상 회로를 만들면 된다. 이 그림의 계통에서는 송수 양단 변압기는 Δ-Y, Y-Δ결선이고, 또 선로측 Y결선의 중성점은 접지되어 있으므로, 영상 전류는 중성점을 통하여 대지로 흐르며, Δ결선 내부에는 이 기자력을 상쇄하는 전류가 3상 환류하지만, 각상이 같은 동상 전류이기 때문에 Δ결선의 외부에는 유출하지 않는다. 따라서 발전기 회로 및 부하 회로는 영상 회로에 포함되지 않는 것으로 되어, 이것을 그림 10-6과 같은 임피던스 회로로 나타낼 수 있다. 단, $\dot{Z}_{L0}$는 선로의 영상 임피던스이고 $\dot{Z}_t$, $\dot{Z}_n$은 변압기 및 중성점 접지 임피던스이다.

그림 10-6 고장점에서 바라본 영상 회로

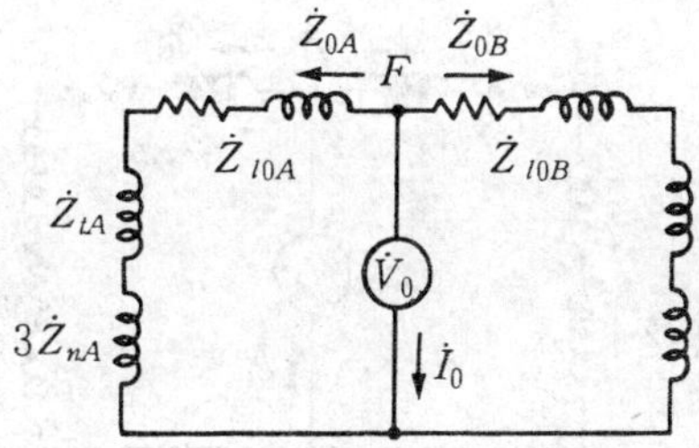

그러므로 고장점 F에서 바라본 전원측 및 부하측의 임피던스 $\dot{Z}_{0A}$, $\dot{Z}_{0B}$는

$$\left.\begin{aligned}\dot{Z}_{0A}&=\dot{Z}_{l0A}+\dot{Z}_{tA}+3\dot{Z}_{nA}\\ \dot{Z}_{0B}&=\dot{Z}_{l0B}+\dot{Z}_{tB}+3\dot{Z}_{nB}\end{aligned}\right\}\tag{10-31}$$

또한 F점에서 바라본 전 계통의 영상 임피던스 $\dot{Z}_0$는

$$\dot{Z}_0=\frac{\dot{Z}_{0A}\cdot\dot{Z}_{0B}}{\dot{Z}_{0A}+\dot{Z}_{0B}}\tag{10-32}$$

(2) 정상 회로와 역상 회로

고장 단자 F에 정상분 대칭 3상 전압을 가한 경우의 3상 전류가 흐르는 범위를 정상 회로라 부른다. 이것에는 중성점 접지 임피던스 및 대지 회로는 포함되지 않고, 정상 상태의 부하 전류가 흐른 범위의 회로이다. 정상분을 취급하는 대칭 3상 회로의 계산은 그림 10-7과 같은 회로에서, F점에서 바라본 전 계통의 정상임피던스 $\dot{Z}_1$을 영상 회로의 경우와 같이 해서 구할 수 있다. 여기서 $\dot{Z}_{g1}$, $\dot{Z}_{L1}$은 발전기 및 부하의 정상 임피던스이다.

역상 전압은 대칭 3상 전압이지만 그 상회전이 상호 전압과 반대 방향이므로, 회전기인 발전기 및 부하 임피던스가 정상분과 다를 뿐이고, 변압기와 선로 임피던스는 서로 같다. 그러므로 F점에서 바라본 역상 임피던스 $\dot{Z}_2$도 위와 같이 해서 구할 수 있다.

그림 10-7 고장점에서 바라본 정상 회로

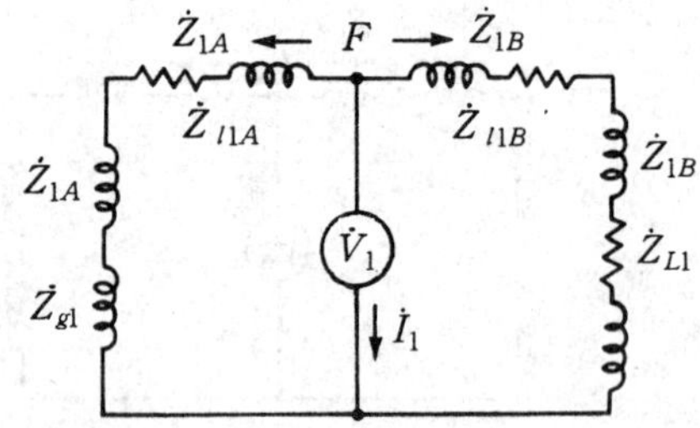

10.4.2 단선 고장

그림 10-5에서 a상만이 단선되었다고 하고, 단선 단자사이에 나타나는 전압을 $3\dot{V}$라 하자. 단선점에서 부하측 각 상의 대지 전압을 $\dot{V}_a$, $\dot{V}_b$, $\dot{V}_c$라 하면, 전원측의 대지 전압은 $\dot{V}_a+3\dot{V}$, $\dot{V}_b$, $\dot{V}_c$로 된다. 이 점에서의 대칭분 전류를 $\dot{I}_0$, $\dot{I}_1$, $\dot{I}_2$라 하고, 전원측의 대칭분 임피던스를 $\dot{Z}_{0A}$, $\dot{Z}_{1A}$, $\dot{Z}_{2A}$라 하면, 고장점의 전원측 대칭분 전압은

$$\left.\begin{aligned}\dot{V}_{0A} &= \frac{1}{3}(\dot{V}_a + 3\dot{V} + \dot{V}_b + \dot{V}_c) = \dot{V}_0 + \dot{V} = -\dot{Z}_{0A}\dot{I}_0 \\ \dot{V}_{1A} &= \frac{1}{3}(\dot{V}_a + 3\dot{V} + a\dot{V}_b + a^2\dot{V}_c) = \dot{V}_1 + \dot{V} = \dot{E}_a - \dot{Z}_{1A}\dot{I}_1 \\ \dot{V}_{2A} &= \frac{1}{3}(\dot{V}_a + 3\dot{V} + a^2\dot{V}_b + a\dot{V}_c) = \dot{V}_2 + \dot{V} = \dot{Z}_{2A}\dot{I}_2\end{aligned}\right\} \qquad (10\text{-}33)$$

또 단선점에서 부하측을 본 대칭분 임피던스를 $\dot{Z}_{0B}$, $\dot{Z}_{1B}$, $\dot{Z}_{2B}$이라 하고, 부하측에 기전력이 없다고 하면 부하측 고장점 각 상의 단자에서 본 대칭분 전압은 $\dot{V}_0 = \dot{Z}_{0B}\dot{I}_0$, $\dot{V}_1 = \dot{Z}_{1B}\dot{I}_1$, $\dot{V}_2 = \dot{Z}_{2B}\dot{I}_2$이며, 단선 상전류 $\dot{I}_a = \dot{I}_0 + \dot{I}_1 + \dot{I}_2 = 0$이므로, 이들과 식 (10-33)의 관계에서

$$\left.\begin{aligned}\dot{I}_0 &= -(\dot{Z}_{2A} + \dot{Z}_{2B})\dot{E}/\Delta \\ \dot{I}_1 &= (\dot{Z}_{0A} + \dot{Z}_{0B} + \dot{Z}_{2A} + \dot{Z}_{2B})\dot{E}_a/\Delta \\ \dot{I}_2 &= -(\dot{Z}_{0A} + \dot{Z}_{0B})\dot{E}_a/\Delta \\ \dot{V} &= (\dot{Z}_{0A} + \dot{Z}_{0B})(\dot{Z}_{2A} + \dot{Z}_{2B})\dot{E}_a/\Delta\end{aligned}\right\} \qquad (10\text{-}34)$$

단, $\Delta = (\dot{Z}_{0A} + \dot{Z}_{0B})(\dot{Z}_{1A} + \dot{Z}_{1B}) + (\dot{Z}_{1A} + \dot{Z}_{1B})(\dot{Z}_{2A} + \dot{Z}_{2B})$

$\quad + (\dot{Z}_{2A} + \dot{Z}_{2B})(\dot{Z}_{2A} + \dot{Z}_{0B})$

이 식으로 고정점에서의 대칭분 전류를 알 수 있으므로, 각 상 전류나 고장점 전후의 각 상의 전압을 구할 수 있다.

연 습 문 제

문제 1. 선간 전압 66[kV], 1회선 송전 선로의 1선 리액턴스가 30[Ω], 정격 전류가 220[A]일 때 %리액턴스는 얼마나 되는가?

㉮ 10 ㉯ $10\sqrt{2}$ ㉰ $10\sqrt{3}$ ㉱ $\frac{10}{\sqrt{3}}$

풀이 $\%X = \frac{30 \times 220}{\frac{66,000}{\sqrt{3}}} \times 100 = 10\sqrt{3}[\%]$

송전 선로에서는 리액턴스에 비해서 저항이 적으므로 저항을 무시하는 경우가 많다. 그러므로 리액턴스와 임피던스는 같게 본다. [답] ㉰

문제 2. %임피던스와 Ω임피던스와 관계식은? 단, E : 정격 전압[kV], P [kVA] : 3상 용량이다.

㉮ $\%Z = \frac{Z[\Omega] \times P[\text{kVA}]}{10E^2}$ ㉯ $\%Z = \frac{Z[\Omega] \times P[\text{kVA}]}{100E^2}$

㉰ $\%Z = \frac{Z[\Omega] \times P[\text{kVA}]}{E^2} \times 100$ ㉱ $\%Z = \frac{Z[\Omega] \times P[\text{kVA}]}{E} \times 100$

[답] ㉮

문제 3. 3상 송전 선로의 선간 전압을 100[kV], 3상 기준 용량을 10,000[kVA]로 할 때, 선로 리액턴스(1선당) 100[Ω]을 %임피던스로 환산하면 얼마인가?

㉮ 1 ㉯ 10 ㉰ 0.33 ㉱ 3.33

풀이 $\%Z = \frac{PZ}{10V^2} = \frac{100 \times 100,000}{10 \times 100^2} = 10$ [답] ㉯

문제 4. 어느 발전소의 발전기는 그 정격이 13.2[kV], 93000[kVA], 95[%] Z라고 명판에 씌어 있다. 이것은 몇[Ω]인가?

㉮ 1.2 ㉯ 1.8 ㉰ 1200 ㉱ 1780

풀이 $\%Z = \frac{PZ}{10V^2}$ 에서

$$Z = \frac{\%Z 10V^2}{P} = \frac{95 \times 10 \times 13.2^2}{93000} = 1.8[\Omega]$$ [답] ㉯

문제 5. 합성 임피던스가 0.4[%](10,000[kVA] 기준)인 발전소에 시설할 차단기의 필요한 차단 용량[MVA]은?

㉮ 2500 ㉯ 2000 ㉰ 1500 ㉱ 1000

풀이 차단용량

$$P_s = \frac{100}{\%Z},\ P_n = \frac{100}{0.4} \times 10,000 = 2,500,000[\text{kVA}] = 2500[\text{MVA}]$$ [답] ㉮

문제 6. 100[MVA]의 3상변압기 2뱅크를 가지고 있는 배전용 2차측의 배전선에 시설 할 차단기 용량은 몇 [MVA]인가? (단, 변압기는 병렬로 운전되며, 각각의 %Z는 20[%]이고, 전원 임피던스는 무시한다.)

㉮ 1000 ㉯ 2000 ㉰ 3000 ㉱ 4000

풀이 계통의 %임피던스는 자기용량을 기준으로 $\frac{20}{2} = 10[\%]$이므로 차단기용량 P_n는

$$\therefore\ P_n = \frac{100}{\%Z} \times P = \frac{100}{10} \times 100 = 1000[\text{MVA}]$$ [답] ㉮

문제 7. 단락점까지의 전선 한줄의 임피이던스 $Z = 6 + j8[\Omega]$(전원포함), 전압 $V =$ 3300[V]일 때 단상 전선로의 단락용량은 몇 [kVA]인가?

㉮ 450 ㉯ 500 ㉰ 545 ㉱ 600

풀이 단락전류 $I_S = \frac{E_a}{2Z} = \frac{3300}{2(6+j8)} = 165[\text{A}]$

단락용량 $P_S = VI_S = 3300 \times 165 \times 10^{-3} = 544.5[\text{kVA}]$ [답] ㉰

문제 8. 그림과 같은 3상 3선식 전선로의 단락점에 있어서의 3상 단락 전류[A]는? 단, 22[kV]에 대한 %리액턴스는 4[%], 저항분은 무시한다.

㉮ 5560　　㉯ 6560

㉰ 7560　　㉱ 8560

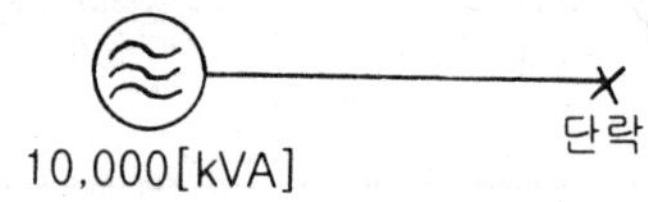

풀이 단락 전류

$$I_s=\frac{100}{\%Z}I_n=\frac{100}{4}\cdot\frac{10,000}{\sqrt{3}\times 22}=6560[\text{A}]$$

[답] ㉯

문제 9. 그림과 같은 3상 교류 회로에서 유입 차단기 3의 차단 용량[MVA]은? 단, %리액턴스는 발전기가 각각 10[%], 변압기는 5[%], 용량은 $G_1=15,000$ [kVA], $G_2=30,000$[kVA], $T_r=45,000$[kVA] 이다.

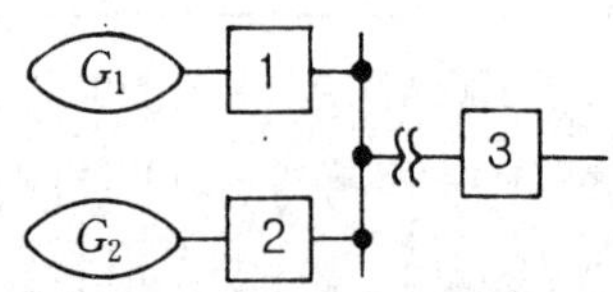

㉮ 150　　㉯ 300

㉰ 450　　㉱ 800

풀이 각 %Z를 구하면(45,000[kVA]기준)

$\%Z_{g1}=30$, $\%Z_{g2}=15$, $\%Z_r=5$

차단기에서 전원측으로의 %Z는

$$\%Z=\frac{30\times 15}{30+15}+5=15[\%]$$

차단용량

$$P_s=\frac{100}{\%Z}P_n=\frac{100}{15}\times 45,000[\text{kVA}]=300[\text{MVA}]$$

[답] ㉯

문제 10. 합성 임피던스 0.25[%]의 개소에 시설해야 할 차단기의 차단용량으로 적당한 것은? (단, 합성 임피던스는 10[MVA]를 기준으로 환산한 값이다.)

㉮ 2500[MVA]　㉯ 3300[MVA]　㉰ 3700[MVA]　㉱ 4200[MVA]

풀이 차단용량 $P_n=\frac{100}{\%Z}\times P=\frac{100}{0.25}\times 10=4000[\text{MVA}]$

∴ 차단기 용량은 4000[MVA]보다 큰 4200[MVA]가 적당하다.

[답] ㉱

문제 11. 불평형 3상 전압을 V_a, V_b, V_c라 하고 $a=\varepsilon^{j\frac{2\pi}{3}}$라고 할 때 영상 전압 V_0는?

㉮ $V_a+V_b+V_c$　　㉯ $\frac{1}{3}(V_a+V_b+V_c)$

㉰ $\frac{1}{3}(V_a+aV_b+a^2V_c)$　　㉱ $\frac{1}{3}(V_a+a^2V_b+aV_c)$

풀이 대칭 좌표법의 대칭 전압을 보면

정상 전압 $V_1=\frac{1}{3}(V_a+aV_b+a^2V_c)$

역상 전압 $V_2=\frac{1}{3}(V_a+a^2V_b+aV_c)$

영상 전압 $V_0=V_a+V_b+V_c$ [답] ㉮

문제 12. A, B 및 C상 전류를 각각 I_a, I_b, I_c라 할 때 $I_x=\frac{1}{3}(I_a+a^2I_b+aI_c)$, $a=-\frac{1}{2}+j\frac{\sqrt{3}}{2}$으로 표시되는 I_x는 어떤 전류인가?

㉮ 정상 전류　　㉯ 역상 전류

㉰ 영상 전류　　㉱ 역상 전류와 영상 전류의 합계

풀이 대칭 좌표법의 대칭 전류를 보면

정상 전류 $I_1=\frac{1}{3}(I_a+aI_b+a^2I_c)$

역상 전류 $I_2=\frac{1}{3}(I_a+a^2I_b+aI_c)$

영상 전류 $I_0=\frac{1}{3}(I_a+I_b+I_c)$ [답] ㉯

문제 13. 역상전류가 각 상전류로 바르게 표시된 것은 다음 중 어느 것인가?

㉮ $\dot{I}_2=\dot{I}_a+\dot{I}_b+\dot{I}_c$　　㉯ $\dot{I}_2=3(\dot{I}_a+a\dot{I}_b+a^2\dot{I}_c)$

㉰ $\dot{I}_2=\frac{1}{3}(\dot{I}_a+a^2\dot{I}_b+a\dot{I}_c)$　　㉱ $\dot{I}_2=a\dot{I}_a+\dot{I}_b+a^2\dot{I}_c$

풀이 영상전류 $I_0=\frac{1}{3}(I_a+I_b+I_c)$[A]

정상전류 $I_1 = \frac{1}{3}(I_a + aI_b + a^2 I_c)$ [A]

역상전류 $I_2 = \frac{1}{3}(I_a + a^2 I_b + aI_c)$ [A]

[답] ㉰

문제 14. 고장점에서 구한 전 임피던스를 Z, 고장점의 성형전압을 E라 하면 단락 전류는?

㉮ $\frac{E}{Z}$　㉯ $\frac{E}{\sqrt{3}Z}$　㉰ $\frac{\sqrt{3}E}{Z}$　㉱ $\frac{3E}{Z}$

[답] ㉮

문제 15. 정격 전압 7.2[kV], 정격 차단 용량 250[MVA]인 3상용 차단기의 정격 차단 전류[A]는?

㉮ 약 10,000　㉯ 약 20,000

㉰ 약 30,000　㉱ 약 35,000

풀이 $P_s = \sqrt{3}\, VI_s$에서,

$I_s = \frac{P_s}{\sqrt{3}\,V} = \frac{250 \times 10^3}{\sqrt{3} \times 7.2} \fallingdotseq 20,000$[A]

[답] ㉯

문제 16. 정격용량 P_n[kVA] 정격 2차 전압 V_{2n}[kV] %임피던스 Z[%] 3상 변압기의 2차 단락 전류는 몇 [A]인가?

㉮ $\frac{P_n}{\sqrt{3}\, V_{2n} \cdot Z}$　㉯ $\frac{P_n}{\sqrt{V_{2n}} \cdot Z}$

㉰ $\frac{100P_n}{\sqrt{3}\, V_{2n} \cdot Z}$　㉱ $\frac{100P_n}{\sqrt{V_{2n}} \cdot Z}$

풀이 $I_s = \frac{100}{\%Z} \cdot I_n = \frac{100}{\%Z} \cdot \frac{P_n}{\sqrt{3}\, V_n}$ 에서

$(\%Z \Rightarrow Z_0 \ \ V_n = V_{2n})$

$I_s = \frac{100P_n}{\sqrt{3}\, V_{2n} \cdot Z}$

[답] ㉰

문제 17. 그림과 같은 3상 3선식 전선로의 단락점에서 3상 단락전류를 제한하려고 %리액턴스 5[%]의 한류리액터를 시설하였다. 단락전류는 약 몇 [A] 정도되는가? (단, 66[kV]에 대한 %리액턴스는 5[%] 저항분은 무시한다.)

㉮ 880 ㉯ 1000

㉰ 1130 ㉱ 1250

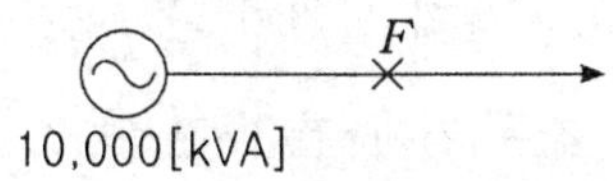

풀이 단락전류 $I_S = \frac{100}{\%Z} \times$ 정격전류 $= \frac{100}{5+5} \times \frac{10,000}{\sqrt{3} \times 66} = 874.8[A]$ [답] ㉮

문제 18. 그림과 같은 3상 송전계통의 송전전압은 22[kV]이다. 지금 1점 P에서 3상 단락했을 때의 발전기에 흐르는 단락전류는 약 몇 [A]인가?

㉮ 725 ㉯ 1150

㉰ 2300 ㉱ 3725

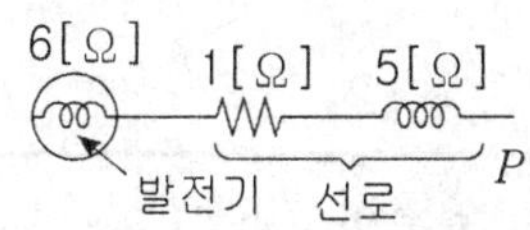

풀이 선로 임피던스 $Z = \sqrt{1^2 + (6+5)^2} = 11.05[\Omega]$

$I_S = \frac{E}{Z} = \frac{22000/\sqrt{3}}{11.05} = 1150[A]$ [답] ㉯

문제 19. 단락전류는 다음 중 어느 것을 말하는가?

㉮ 앞선전류 ㉯ 뒤진전류 ㉰ 충전전류 ㉱ 누설전류

[답] ㉯

문제 20. 선로의 3상 단락 전류는 대개 다음과 같은 식으로 구한다. 여기서 I_N은 무엇인가?

$$I_s = \frac{100}{\%Z_r + \%Z_L} \cdot I_N$$

㉮ 그 선로의 평균전류

㉯ 그 선로의 최대전류

㉰ 전원 변압기의 선로측 정격전류(단락측)

㉱ 전원 변압기의 전원측 정격전류

풀이 $I_N=\dfrac{P_n}{\sqrt{3}V_n}$ (I_n : 선로측 정격전류) [답] ㉰

문제 21. 3상 동기 발전기 단자에서의 고장 전류 계산시 영상 전류 $\dot{I}_0$, 정상전류 $\dot{I}_1$ 및 역상 전류 $\dot{I}_2$가 같은 경우는?

㉮ 1선 지락 ㉯ 2선 지락 ㉰ 선간 단락 ㉱ 3상 단락

풀이 대칭 좌표법과 발전기의 기본식을 이용하여 풀면

$$I_0=I_1=I_2=\frac{E_a}{Z_0+Z_1+Z_2}$$

$$I_a=I_0+I_1+I_2=3I_0=\frac{3E_a}{Z_0+Z_1+Z_2}$$ [답] ㉮

문제 22. 3상 교류발전기가 운전중 2상이 단락되었을 경우 발생하는 현상에서 옳은 것은?

㉮ 세 대칭분 전압은 서로 같다.

㉯ 세 대칭분 전류는 서로 같다.

㉰ 단락된 상의 전압은 개방상 단자전압의 1/2이다.

㉱ 개방상의 단자전압은 단락상 단자전압의 1/2이다.

[답] ㉰

문제 23. 그림과 같은 3상 발전기가 있다. a상이 지락한 경우 지락 전류는 얼마인가? 단, Z_0 : 영상 임피던스, Z_1 : 정상 임피던스, Z_2 : 역상 임피던스이다.

㉮ $\dfrac{E_a}{Z_0+Z_1+Z_2}$

㉯ $\dfrac{3E_a}{Z_0+Z_1+Z_2}$

㉰ $\dfrac{2Z_0E_a}{Z_0+Z_1+Z_2}$

㉱ $\dfrac{2Z_2E_a}{Z_1+Z_2}$

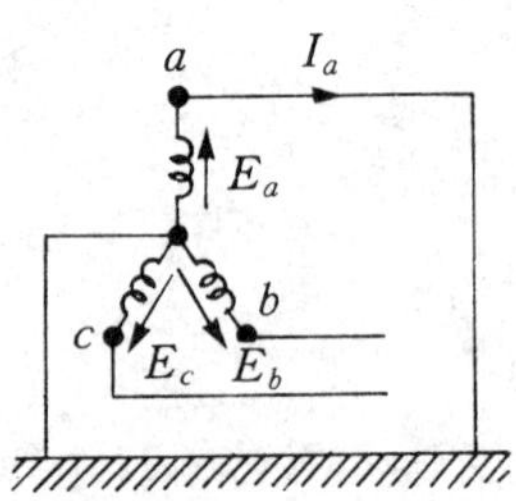

풀이 그림과 같이 a상에 지락사고가 발생하였다고 하자 그리고 b와 c상이 개방되었다면

$V_a = 0$, $I_b = I_c = 0$이므로 $I_0 + a^2 I_1 + aL_2 = I_0 + aI_1 + a^2 I_2 = 0$

따라서, $I_1 = I_2 = I_3$

또 $V_a = V_0 + V_1 + V_2 = 0$에서 이를 윗식에 대입하면

$$I_0 = I_1 = I_2 = \frac{E_a}{Z_0 + Z_1 + Z_2}$$

따라서 a상의 지락전류 $I_g = I_a = 3I_0 = \dfrac{3E_a}{Z_0 + Z_1 + Z_2}$ [답] ㉯

문제 24. 그림과 같은 회로의 영상, 정상, 역상 임피던스 Z_0, Z_1, Z_2는?

㉮ $Z_0 = Z + 3Z_n$, $Z_1 = Z_2 = Z$

㉯ $Z_0 = 3Z + Z_n$, $Z_1 = 3Z$, $Z_2 = Z$

㉰ $Z_0 = 3Z_n$, $Z_1 = Z$, $Z_2 = 3Z$

㉱ $Z_0 = Z + Z_n$, $Z_1 = Z_2 = Z + 3Z_n$

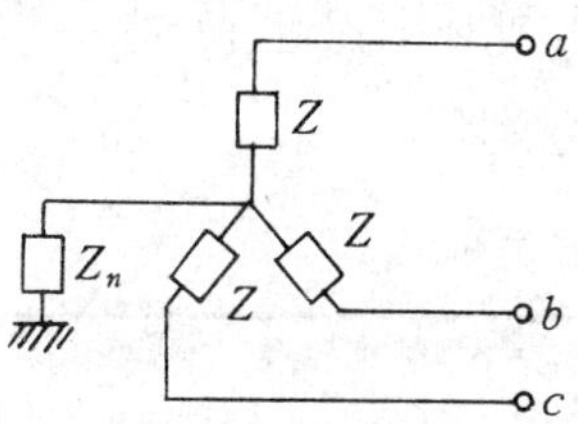

풀이 영상 임피던스(Z_0)는

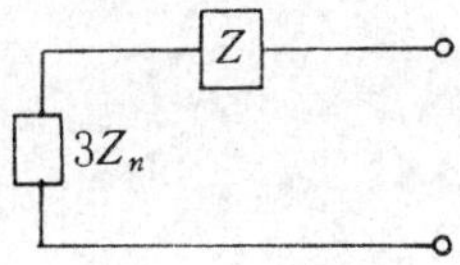

$Z_0 = Z + 3Z_n$

정상 임피던스와 역상 임피던스는 변압기와 선로가 정지 상태이므로 같다.

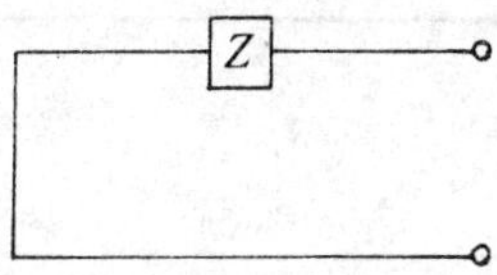

$\therefore Z_1 = Z_2 = Z$

[답] ㉮

문제 25. 3상 단락 사고가 발생한 경우 다음 중 옳지 않은 것은? 단, V_0 : 영상 전압, V_1 : 정상 전압, V_2 : 역상 전압, I_0 : 영상 전류, I_1 : 정상 전류, I_2 : 역상 전류이다.

㉮ $V_2 = V_0 = 0$ ㉯ $V_2 = V_2 = 0$

㉰ $I_2 = I_0 = 0$ ㉱ $I_1 = I_2 = 0$

풀이 3상 단락 사고시에는 $V_0 = V_2 = I_0 = I_2 = 0$이고 V_1과 I_1만 존재한다. [답] ㉱

문제 26. 송전 선로의 정상, 역상 및 영상 임피던스를 각각 Z_1, Z_2 및 Z_0라 하면, 다음 어떤 관계가 성립하는가?

㉮ $Z_1 = Z_2 = Z_0$ ㉯ $Z_1 = Z_2 > Z_0$

㉰ $Z_1 > Z_0 = Z_0$ ㉱ $Z_1 = Z_2 < Z_0$

[답] ㉱

문제 27. 송전선로에서 다음 중 옳은 것은?

㉮ 정상 임피던스는 역상 임피던스의 반이다.

㉯ 정상 임피던스는 역상 임피던스의 배이다.

㉰ 정상 임피던스는 역상 임피던스의 3배이다.

㉱ 정상 임피던스는 역상 임피던스와 같다.

풀이 송전선로의 경우 $Z_0 > Z_1 = Z_2$ [답] ㉱

문제 28. 송전선로의 저항을 R, 리액턴스를 X라 하면 다음의 어느 식이 성립하는가?

㉮ $R > X$ ㉯ $R < X$ ㉰ $R = X$ ㉱ $R \leq X$

[답] ㉯

문제 29. 송전선로의 정상 임피던스는 역상 임피던스에 비하여?

㉮ 4배이다. ㉯ 2배이다. ㉰ 같다. ㉱ $\frac{1}{2}$배이다.

[답] ㉰

문제 30. 3상 단락고장을 대칭좌표법으로 해석할 경우 다음 중 필요한 것은?

㉮ 정상 임피던스 ㉯ 역상 임피던스

㉰ 영상 임피던스 ㉱ 정상, 역상, 영상 임피던스

풀이 3상 단락고장시의 전류 $I=\frac{E}{Z}$이므로 정상 임피던스만 필요하다. [답] ㉮

문제 31. 단락전류를 제한하기 위하여 사용되는 것은?

㉮ 현수애자 ㉯ 다이리스터 ㉰ 한류 리액터 ㉱ 직렬 콘덴서

풀이 한류 리액터는 선로에 직렬로 설치한 리액터로 단락사고시 발전기가 전기자 반작용이 일어나기 전 커다란 돌발 단락전류가 흐르므로 이를 제한하기 위해 설치하는 리액터로 이를 한류 리액터라 한다. [답] ㉰

문제 32. 한류리액터를 사용하는 목적은?

㉮ 이상전압 발생방지 ㉯ 접지전류의 제한

㉰ 단락전류의 제한 ㉱ 코로나 방지

[답] ㉰

안 정 도 제 11 장

11.1 안정도

송전 선로를 통하여 전력을 보낼 때에는 한도가 있다. 장거리 송전선에서는 발전소의 발전 용량이 크더라도 어떤 한도를 넘으면 송전할 수 없는 것이고, 그 한도는 선로 양단의 전압·선로 정수, 조상기 용량, 부하의 역률등에 의하여 결정된다. 조사기 용량을 얼마든지 크게 할 수 있다면 양단 동기기 내부 유도 전압의 상차각을 점점 크게 해서 송전 전력을 늘릴 수 있지만 여기에도 한도가 있어서 상차각이 90°가 넘으면 양단 동기기는 동기를 유지하지 못하고 탈조(step out)하게 된다. 또, 이런 극한 전력 이하에서도 이에 가까운 상태에서 운전하면 매우 불안정하고 작은 교란(disturbance)에 대하여도 탈조가 일어나기 쉽다.

일반적으로 송전 계통이 불변 부하 또는 극히 서서히 변화하는 부하에 대하여 계속적으로 송전할 수 있는 능력을 **정태 안정도**(steady state stability)라 한다. 이에 대하여 송전 계통이 어떤 상태에서 안전하게 운전되고 있을 때, 갑자기 급격한 교란이 일어나더라도 다시 평형 상태를 회복하여 송전을 할 수 있는 능력을 **과도 안정도**(transient stability)라 한다.

정태시와 과도시에 안정도를 유지하면서 보낼 수 있는 극한의 송전 전력을 각각 **정태 안정 극한 전력**(steady power limit), **과도 안정 극한 전력**(transient power limit)이라 한다. 정태 안정 극한 전력은 선로 정수에 따라 일정하지만, 과도 안정 극한 전력은 교란의 조건에 따라 달라진다.

안정도의 문제를 생각할 때 자동 장치로써 안정도를 향상시키도록 작용할 때에는 그것을 밝혀야 하며, 자동 장치를 가진 경우의 정태 안정도를 **동적 안정도**(dyn-amic stability)라고 부를 경우가 있다. 여기서 자동 장치라는 것은 안정도를 향상시키기 위하여 교란 중은 물론, 교란의 전후에도 운전되는 장치만을 말하므로 전압 조정기는 포함되지만 계전기나 차단기등은 여기에 포함되지 않는다.

안정도의 문제는 송전 계통에 포함되는 발전기 · 조상기 · 동기 전동기 등의 동기기가 안정하게 동기 속도로 운전될 수 있는가 하는 문제에 귀착된다. 즉 발전기에서는 기계적 입력과 전기적 출력, 전동기에서는 전기적 입력과 기계적 출력에 관계되는 모든 요소가 안정도에 영향을 끼친다. 안정도에 크게 관계되는 기계적 요소는 원동기의 출력, 조속기의 특성, 회전 부분의 관성 모우먼트 등이고, 전기적 요소는 발전기 · 조상기 · 전동기 · 변압기 · 송전 선로 및 정지 장치 등을 포함하는 회로의 임피던스 선로 정수 등의 전기적 특성, 보호계 전기 및 차단기의 동작 등이 이에 포함된다.

11.2 정태 안정도

11.2.1 2기계통의 정태 안정도

정태 안정도라 함은, 송전선의 부하가 서서히 증가할 때 계속적으로 송전할 수 있는 능력을 나타내는 것이므로, 이 때의 최대 전력인 정태 안정 극한 전력은 다음과 같이 비교적 간단하게 구할 수 있다.

(1) 단거리 송전 선로의 경우

먼저 간단하게 그림 11-1과 같은 단거리 송전선에서 수전단은 무한대 모선이라고 생각한다. X_g는 발전기의 내부 리액턴스인데, 凸극 수차 발전기에서는 직축 과도 리액턴스로서 대략 30~35[%] 정도이고 터빈 발전기에서는 20[%] 정도이다. X는 변압기와 송전선의 리액턴스의 합으로 저항은 무시하고 있다.

그림 11-1

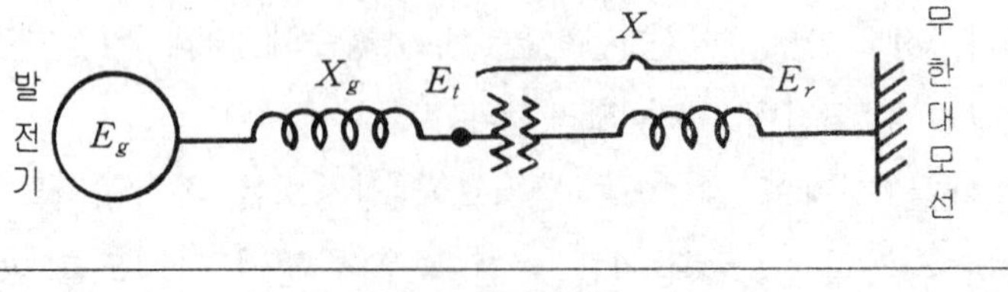

E_g는 발전기의 내부 유기 전압으로서 발전기의 단자 전압 E_t에 내부 리액턴스

전압 강하 X_gI를 백터적으로 합한 것이다. 수전단의 용량이 훨씬 큰 때에는 무한대 모선이라고 생각하여 E_R를 일정하게 잡을 수 있다. 부하 전류를 I, 그역률각을 ϕ라 하면 전압과 전류의 벡터 그림은 그림 11-2와 같이 된다. θ는 E_g와 E_R 사이의 상차각이다.

이 때, 수전 전력 P는 다음과 같이 된다.

$$P = E_R I \cos\phi = \frac{1}{X_g + X} E_R I (X_g + X) \cos\phi \tag{11-1}$$

그림 11-2

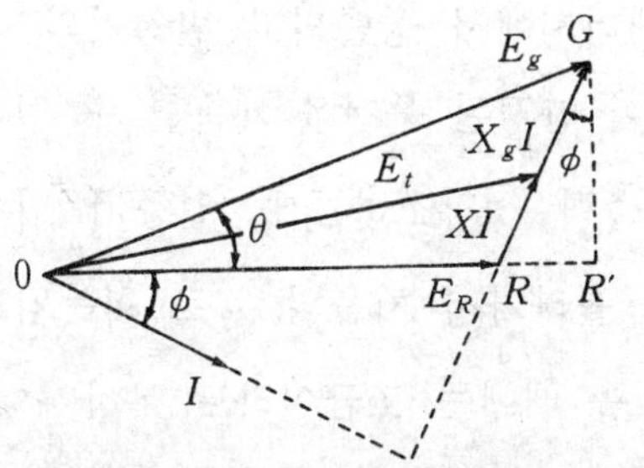

그림 11-3

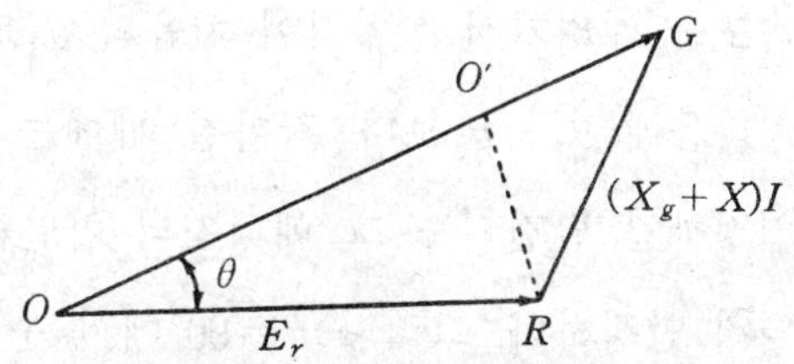

식 (11-1)에서 $(X_g+X)I\cos\phi$는 그림 11-2에서 GP'로 되므로, $E_gI(X_g+X)\cos\phi$는 $\triangle ORG$의 면적의 2배로 된다.

$$\therefore P = \frac{1}{X_g + X}(\triangle ORG\text{의 면적}) \times 2 \tag{11-2}$$

그림 11-3과 같이 R에서 OG에 수선 RO'를 내리면 $\triangle ORG$의 면적은 $\frac{1}{2} OG \times RO' = \frac{1}{2} E_g E_R \sin\theta$이므로 수전 전력 P는

$$P = \frac{E_g E_R}{X_g + X} \sin\theta = P_m \sin\theta \tag{11-3}$$

여기서

$$P_m = \frac{E_g E_R}{X_g + X}$$

식 (11-3)이 전력 상차각 곡선을 나타내는 것으로서 $\theta=0$인 때 $P=0$, $\theta=90°$인 때 P는 $P_m=\dfrac{E_gE_R}{X_g+X}$로서 최대가 된다. 즉 이 때의 정태 안정 극한 전력은 $\dfrac{E_gE_R}{X_g+X}$이고, E_g와 E_R의 크기를 일정하다고 하면 전력은 $\sin\theta$에 비례한다.

식 (11-3)으로 실제의 계산을 할 때, 전압치에 [kV]단위의 선간 전압치를 넣으면 P는 [mW]단위로 3상 전력을 얻을 수 있으므로 편리하다.

그림 11-4는 식 (11-3)을 나타내는 것이다. 상차각 θ_0에서 정상 상태의 출력 P_0를 보낸다고 한다. 이 때 변동이 서서히 일어나서 θ가 θ_0보다 커졌다고 하면 발전기 출력은 증가한다. 그러나 원동기 입력이 일정할 때 발전기 출력이 증가하면, 이에 상당하는 에너지가 발전기의 회전 에너지에서 방출되고 발전기의 회전 속도는 내려가서 상차각이 처음의 θ_0로 회복되어 안정된 운전을 계속할 수 있다.

다음에 θ가 θ_0보다 작아질 때에는 발전기 출력은 감소하는데, 원동기 입력이 일정하면 발전기는 그 에너지의 차만큼 속도가 올라가서 처음의 θ_0로 회복되므로 역시 안정하다. 그러나 $\theta=90°$에서 운전되고 있을 때에는 조금이라도 부하가 증가하여서 θ가 커진다고 하면, 원동기 입력이 일정할 때 발전기 출력은 도리어 감소하므로 회전 속도는 가속되어 θ는 점점 더 커진다. 그러므로 $\theta=90°$인 때의 P_m점이 정태 안정 극한 전력을 나타내는 것이다.

11.3 동태 안정도

전력 설비의 건설에는 막대한 투자가 필요하므로 정태 안정도를 올려서 더 많은 전력을 보낼 수 있는 여러 가지 방법이 사용된다. 이에 대하여 가장 효과가 있는 것은 발전기의 내부 유기 전압을 높게 하는 것이다.

발전기의 내부 유기 전압을 급속히 높게 할 수 있으면, 그림 11-4의 전력 상차각 특성에서 표시한 바와 같이 발전기 출력이 증가하므로 안정 극한 전력이 크게 증가한다. 급속하게 발전기의 내부 유기 전압을 높게 한다는 것은 계자 전류를 급속히 늘리는 것인데, 이런 때의 안정도가 **동태 안정도**(dynamic stability)이다.

그림 11-4 전력 상차각 특성

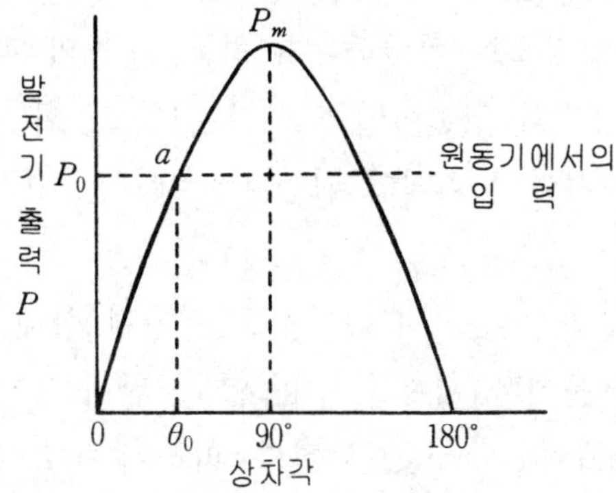

발전기의 출력이 증가할 때, 발전기의 전압이 조금이라도 떨어지면 곧 검출하여 계자 회로에 대한 직류 전압의 여자를 늘리도록 자동 제어를 하는데, 최근에는 amplidyne · HT dyname · 자기 증폭기 등을 사용하는 속응 여자 방식(quick reponse excitation)이 점차로 사용되고 있다. 이런 속응 여자 방식을 사용하면 일정 내부 전압, 즉 일정 계자 전압의 경우에 비하여 안정 극한 전력이 지나치게 커진다. 이 때의 최대 전력이 동태 안정 극한 전력이다.

이와 같이 속응 여자 방식을 사용해서 동태 안정 극한 전력까지 정태 안정 극한 전력을 높이는 것이 필요한 것은, 특히 전력 계통의 규모가 커지기 때문이다. 가령 대전력 계통에 연결된 기력 발전소에서 터빈 발전기의 용량이 커지면 계통이 경부하로 되면 계통의 전압은 올라간다. 이것을 막기 위해서 터빈 발전기의 전압을 어느 정도 떨어드려야 하므로 저여자 운전을 하여야 한다. 저여자 운전이 가능하더라도 부하가 다시 증가할 때에는 급속히 발전기의 내부 전압을 높이지 않으면 안정도가 떨어지므로, 동태 안정도를 높일 수 있는 조정 능력을 가진 속응 여자 방식이 필요한 것이다.

11.4 과도 안정도

11.4.1 개 요

송전 계통이 어떤 부하에서 안정하게 운전되고 있을 때에는 송전단의 발전기와 수전단의 전동기는 기계적 및 전기적 입출력이 평형되고, 동기기의 내부 유도 전압의 상차각은 송전 전력과 계통의 임피던스 등으로 결정되는 일정한 값을 유지한다. 이 때 갑자기 부하가 급변하든가 평행 2회선 중에서 1회선을 개방하든가 또는 단선 · 접지 · 단락 등의 고장으로 차단하든가 하면, 운전의 평형 상태는 깨져서 발전기의 전동기 또는 조상기의 입출력에는 차가 생기고, 이 차의 전력에 비례하여 회전자가 가속 또는 감속하여 동기기의 위상각은 새로운 평형 상태를 이룰 때까지 이동하게 된다.

그러나 회전자는 각각 관성을 가지므로 새로운 평형 상태로 이동하여 곧 그 상태에서 정착하여 안정된 운전을 계속할 수는 없고, 잠지 동안은 그 점을 중심으로 하여 전후로 전력 동요(power swing)를 한다. 따라서 동요 도중에 위상각이 불안정한 범위에 들어가서 다시 회복되지 않게 되면, 계통은 탈조되어 동기 운전은 불가능하게 된다. 과도 안정도는 이와 같이 회로의 상황을 급변시키는 교란이 일어날 때에도 안정하게 송전을 계속할 수 있는 능력을 나타내는 것으로, 이 때에 가능한 최대의 전력이 과도 안정 극한 전력이다.

그러므로 과도 안정 극한 전력은 전력 원선도 등에서 구할 수 있는 정태 안정극한 전력보다는 매우 적은 것이다. 과도 안정도에 영향을 주는 것은 교란 이전의 회로 상태, 고장의 종류, 고장의 차단 시간, 회전자의 관성, 조속기의 동작 속도등 여러 가지 요소이다.

종래에 과도 안정 극한 전력은 정태 안정 극한 전력의 50~60[%] 정도로 생각되어 왔으나 최근에는 고속도 계전기 · 고속도 차단기 및 재폐로 차단기 등의 발달로써 70~80[%]까지 보낼 수 있게 되었다. 과도 안정도에서 안정 · 불안정의 판별만이 필요한 경우에는 비교적 동작 속도가 느린 수차 조속기의 영향, 속응 여자방식 이외의 전압 조정기의 영향 등은 무시할 수 있다. 즉 과도 안정도 문제를 생각하는 짧은 시간에 대하여는, 발전기 입력과 발전기의 유기 전압 또는 과도 내부전압은 일정하다고 생각하여도 큰 오차는 나타나지 않는다.

11.5 안정도의 증진

송전 계통의 안정도에 영향을 주는 요소는 많으므로 안정도의 증진 방법은 여러 가지로 생각할 수 있다. 이러한 방법에는 정태 안정도만을 증진케 하는 것, 과도 안정도만을 증진케 하는 것, 양자를 다 증진케 하는 것 등의 종류가 있고, 효과도 큰 것과 작은 것이 있는데, 그 중요한 방법을 다음에 설명하기로 한다.

(1) 직렬 리액턴스를 작게 한다.

① 발전기나 변압기의 리액턴스를 될 수 있는 대로 작게 한다. 발전기의 리액턴스를 작게 하면 단락비가 커지므로 발전기는 대형으로 가격은 증가하나 관성이 커져서 과도 안정도가 증가한다. 직접 접지 송전 방식에서는 단권 변압기를 사용할 수 있으므로 리액턴스가 현저하게 감소한다.

② 선로의 평행 회로수를 늘리거나 복도체 내지 다도체 방식을 사용한다. 가령 복도체를 사용하면 리액턴스는 20[%] 이상 줄고, 코로나 개시 전압은 높아진다.

③ 직렬 축전기를 삽입하여 선로의 리액턴스를 보상한다.

(2) 전압변동을 작게 한다.

① 단락 고장의 경우 : 발전기는 역률이 낮은 지상 전류를 흘리므로, 그 전기자 반작용에 의하여 단자 전압은 현저하게 내려간다. 이 때 여자 전류를 갑자기 크게 하면 동기 화력을 늘리어 안정도를 높일 수 있다. 이것이 속응 여자 방식으로서 여자기의 전압 상승과 정상 전압이 크고, 발전의 전압이 변화하면 곧 응할 수 있는 자동 전압 조정 장치를 갖는다.

자동 전압 조정 장치로는 회전형(amplidyne 등)·전자관형·자기 증폭기 등이 있다. 정격 전압 200[V]의 자동 여자기의 전압 상승률은 30[V/S] 정도인데, 속응 여자 방식을 채용하면 상승률은 300~700[V/S], 정상 전압은 350~700[V] 또는 그 이상으로 된다.

② 계통의 연계 : 여러 계통을 수전단, 그 밖의 적당한 곳에서 연락하는 것으로 계통의 용량이 그 만큼 증대하므로 고장시의 전압 변동이 작아지고 계통의 안정도는 증진된다. 반면에 고장의 영향 범위는 커진다.

③ 중간 조상 방식의 채용 : 전압의 지지점으로 되는 조상기를 선로의 중간점에 설치하는 방식이다. 이 방식을 사용하면 극한 전력의 증가는 일반적으로 조상의 설치 용량보다 적으므로 불경제적인 경우가 많다. 중간 조상 방식으로 특별히 조상기를 설치하지 않더라도 중간에 상단한 용량의 계통이 연결되는 경우에는 실질적으로 중간 조상기와 같도록 동작하여 안정도를 증진시킨다.

(3) 고장 전류를 줄이고 고장 구간을 신속하게 차단 한다.

① 적당한 중성점 접지 방식을 채용하여 지락 전류를 적게 한다. 소호 리액터 계통의 안정도가 가장 높다.

② 계전 방식을 완비하여 고장 구간의 양단을 신속하게 동시 차단 한다. 차단 시간이 길면 길수록 양단 동기기의 상차각은 커지고 과도 안정도는 내려간다.

③ 고속도 재폐로 방식을 채용한다. 고속도 재폐로 방식을 채용하면 과도 안정도가 크게 증진된다. 고장 구간을 차단한 후, 일정한 무전압 시간을 경과한 후에 다시 투입하면, 고장의 70~80[%]는 그대로 송전을 계속할 수 있다. 이 재폐로 방식에는 3상 재폐로 방식과 단상 재폐로 방식이 있는데 단상 재폐로 방식이 안정도가 높다. 이것은 단상 재폐로 방식에서는 1선 접지시에 고장상만을 차단 재폐로하는 데 반하여 3상 재폐로 방식은 3선을 다 차단 재폐로시키기 때문이며 차단기도 단상 재폐로 형이 고가이다. 그림 11-5는 1회선과 2회선 송전선에 3상 재폐로 차단기를 사용하는 경우의 전력 상차각 곡선을 나타내는 것이다.

그림 11-5 3상 재폐로 방식의 전력 상차각 회선

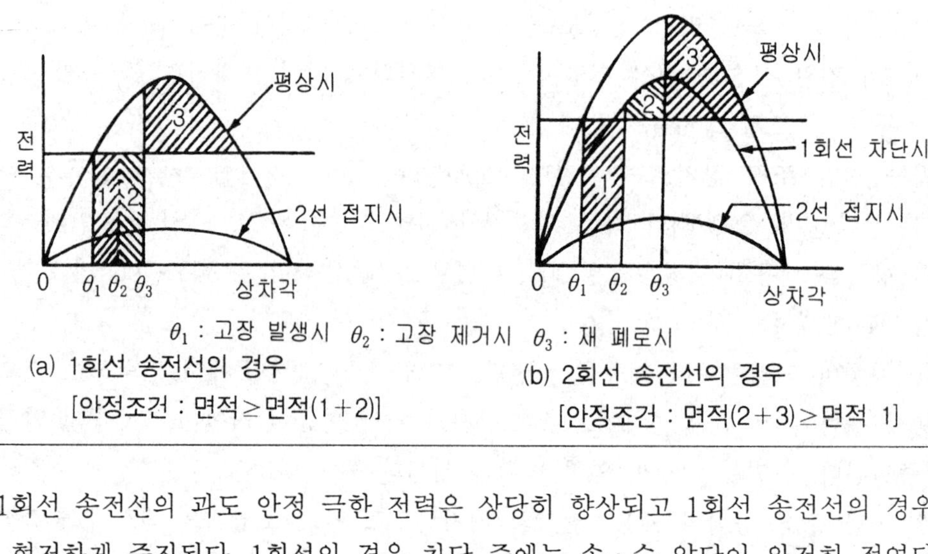

θ_1 : 고장 발생시 θ_2 : 고장 제거시 θ_3 : 재 폐로시

(a) 1회선 송전선의 경우
[안정조건 : 면적≥면적(1+2)]

(b) 2회선 송전선의 경우
[안정조건 : 면적(2+3)≥면적 1]

1회선 송전선의 과도 안정 극한 전력은 상당히 향상되고 1회선 송전선의 경우에는 현저하게 증진된다. 1회선의 경우 차단 중에는 송·수 양단이 완전히 절연되므로 재폐로의 경우에는 양단 전압의 위상을 비교할 필요가 있다. 단상 재폐로의 경우 단상 차단 중에는 건전한 2상은 불충분하나마 일부의 전력을 보내고 있으므로 위상의 변동이 적다. 따라서 이 때에는 위상을 비교할 필요 없이 간단하게 재투입할 수 있다.

(4) 고장시 발전기 입·출력의 불평형을 작게 한다.

① 조속기의 동작을 빠르게 한다. 일반적으로 원동기의 조속기는 부동 시간(dead time)과 동작 시간을 합하여 2~3초 정도인데, 과도 안정도의 판정은 최초

의 1초 정도에서 결정되므로 조속기 동작의 영향은 보통 무시한다. 그러나 조속기의 동작이 빠르면 안정도 증진에 유효하다.

② 발전기 회로에 저항을 고장 발생과 동시에 직렬 또는 병렬로 삽입하여 발전기 입·출력의 불평형을 작게 한다. 발전소의 중성점은 저항 접지를 하고 변전소의 중성점은 리액턴스 접지를 하는 것도 한 가지 방법이다.

연 습 문 제

문제 1. 과도 안정 극한 전력이란?

㉮ 부하가 서서히 감소할 때의 극한 전력

㉯ 부하가 서서히 증가할 때의 극한 전력

㉰ 부하가 갑자기 사고가 났을 때의 극한 전력

㉱ 부하가 변하지 않을 때의 극한 전력

풀이 갑자기 사고가 났을 때의 최고 전력을 과도 안정 극한 전력이라 한다. [답] ㉰

문제 2. 전력계통의 안정도의 종류에 속하지 않는 것은?

㉮ 상태안정도 ㉯ 정태안정도 ㉰ 과도안정도 ㉱ 동태안정도

풀이 ① 정태안정도 : 정태 안정도란 부하가 서서히 증가한 경우 계속해서 송전할 수 있는 능력으로 이때의 전력을 정태 안정 극한전력이라 한다.

② 과도안정도 : 계통에 갑자기 부하가 증가하여 급격한 교란상태가 발생하더라도 정전을 일으키지 않고 송전을 계속하기 위한 전력의 최대치를 과도안정도(transient stability)라 한다.

③ 동태안정도 : 차단기 또는 조상설비 등을 설치하여 안정도를 높이는 것을 동태안정도(transient stability)라 한다. [답] ㉮

문제 3. 과도 안정도 해석에서 회전체의 관성 효과를 나타내기 위한 단위 관성 정수는? 단, I는 관성 모멘트, ω는 회전체의 각속도이다.

㉮ $\dfrac{I\omega^2}{\text{기준 정격 출력[kW]}}$ ㉯ $\dfrac{\frac{1}{2}\omega^2}{\text{기준 정격 출력[kW]}}$

㉰ $\dfrac{\text{기준 정격 출력[kW]}}{I\omega^2}$ ㉱ $I^2\omega \times$ 기준 정격 출력[kW]

[답] ㉮

문제 4. 전력계통의 안정도 향상대책으로 옳은 것은?

㉮ 송전계통의 전달 리액턴스를 증가시킨다.

㉯ 재폐로방식(reclosing method)를 채택한다.

㉰ 전원측 원동기용 조속기의 부동시간을 크게 한다.

㉱ 고장을 줄이기 위하여 각 계통을 분리시킨다.

풀이 송전전력을 공급하는데 필요한 안정도를 증진시키는 방법은 다음과 같다.

① 직렬 리액턴스를 작게 한다.

· 발전기나 변압기 리액턴스를 작게 한다.

· 선로에 복도체를 사용하거나 병행 회선수를 늘린다.

· 선로에 직렬 콘덴서를 설치한다.

② 전압변동을 적게 한다.

· 단락비를 크게 한다.

· 속응 여자방식을 채용한다.

③ 계통을 연계시킨다.

④ 중간 조상방식을 채용한다.

⑤ 고장구간을 신속히 차단시키고 재폐로 방식을 채택한다.

⑥ 소호리액터 접지방식을 채용한다.

⑦ 고장시에 발전기 입출력의 불평형을 작게 한다. [답] ㉯

문제 5. 송전선의 안정도를 증진시키는 방법으로 맞는 것은?

㉮ 발전기의 단락비를 작게 한다.

㉯ 선로의 회선수를 감소시킨다.

㉰ 전압 변동을 작게 한다.

㉱ 리액턴스가 큰 변압기를 사용한다.

풀이 단락비가 크고, 리액턴스를 적게, 회선수는 증가, 고장전류는 신속 차단, 전압변동을 적게 하는 것이 안정도를 증진시키는 방법이다. [답] ㉰

문제 6. 송전계통의 안정도를 증진시키는 방법은?

㉮ 발전기와 변압기간의 직렬리액턴스를 가능한 크게 한다.

㉯ 계통을 연계하지 않도록 한다.

㉰ 조속기의 동작을 느리게 한다.

㉱ 중간 조상방식을 채용한다.

[답] ㉱

문제 7. 계통의 안정도에서 안정도 증진 대책이 아닌 것은?

㉮ 발전기나 변압기의 리액턴스를 작게 한다.

㉯ 중간조상 방식을 채용한다.

㉰ 고장시 발전기 입, 출력의 불평형을 크게 한다.

㉱ 고속도 재폐로 방식을 채용한다.

풀이 안정도 향상 대책

① 계통의 직렬 리액턴스 감소

② 전압 변동률을 적게 한다(속응 여자 방식 채용, 계통의 연계, 중간 조상 방식)

③ 계통에 주는 충격을 적게 한다(적당한 중성점 접지 방식, 고속 차단 방식, 재폐로 방식)

④ 고장 중의 발전기 돌입 출력의 불평형을 적게 한다. [답] ㉰

문제 8. 송전계통의 안정도 증진방법으로 틀린 것은?

㉮ 고장시 발전기 입·출력의 불평형을 작게 한다.

㉯ 전압변동을 작게 한다.

㉰ 고장전류를 줄이고 고장구간을 신속하게 차단한다.

㉱ 직렬 리액턴스를 크게 한다.

풀이 직렬 리액턴스가 커지면 안정도는 나빠진다. [답] ㉱

문제 9. 송전선로의 안정도 향상대책이 아닌 것은?

㉮ 병행 다회선이나 복도체방식을 채용

㉯ 속응여자방식을 채용

㉰ 계통의 직렬 리액턴스를 증가

㉱ 고속도 차단기의 이용

풀이 계통의 직렬 리액턴스를 증가시키면 안정도는 감소한다. [답] ㉰

문제 10. 송전선로의 안정도 향상대책과 관계가 없는 것은?

㉮ 속응 여자방식 채용 ㉯ 재폐로 방식의 채용

㉰ 무효전력의 조정 ㉱ 리액턴스 조정

풀이 리액턴스가 크면 단락비가 작아져서 안정도는 감소한다. 따라서 안정도 향상책으로는

① 직렬리액턴스를 작게 한다.

② 전압변동률을 작게 한다.(단락비를 크게 하며 속응여자방식을 채용한다.)

③ 계통을 연계시킨다.(중간조상방식채용, 고장구간신속 자동 재폐로 방식 채택)

[답] ㉰

문제 11. 송전선로의 정상상태 극한(최대) 송전전력은 선로 리액터와 대략 어떤 관계가 성립하는가?

㉮ 송수전단 사이의 리액턴스에 반비례한다.

㉯ 송수전단 사이의 리액턴스에 비례한다.

㉰ 송수전단 사이의 리액턴스의 자승에 비례한다.

㉱ 송수전단 사이의 리액턴스의 자승에 반비례한다.

풀이 송전전력 $P=\frac{V_S V_R}{X}\sin\delta$[MW]에서 정상상태 극한(최대) 송전전력은 송수전단 사이의 리액턴스에 반비례 한다. [답] ㉮

문제 12. 전 계통이 연계되어 운전되는 전력 계통에서 발전 전력이 일정하게 유지되는 경우 부하가 증가하면 계통 주파수는 어떻게 변하는가?

㉮ 주파수도 증가한다.

㉯ 주파수도 감소한다.

㉰ 전력의 흐름에 따라 주파수가 증가하는 곳도 있고 감소하는 곳도 있다.

㉱ 부하의 증감과 주파수는 서로 관련이 없다.

[답] ㉯

문제 13. 전력 계통 주파수가 기준값보다 증가하는 경우 어떻게 하는 것이 타당한가?

㉮ 발전 출력 [kW]을 증가시켜야 한다.

㉯ 발전 출력 [kW]을 감소시켜야 한다.

㉰ 무효 전력 [kVAR]을 증가시켜야 한다.

㉱ 무효 전력 [kVAR]을 감소시켜야 한다.

[답] ㉯

문제 14. 송전단전압 161[kV], 수전단전압 155[kV], 상차각 40° 리액턴스가 50[Ω]일 때 선로손실을 무시하면 송전전력은 몇 [MW]인가?(단, cos40° = 0.766, cos50° = 0.643)

㉮ 107 ㉯ 321 ㉰ 408 ㉱ 580

풀이 송전전력 : $P=\frac{V_S V_R}{X}\sin\delta=\frac{161\times155}{50}\sin 40°=320.9$[MW] [답] ㉯

문제 15. 교류 송전에서는 송전거리가 멀어질수록 동일전압에서의 송전 가능전력이 적어진다. 그 이유는?

㉮ 선로의 어드미턴스가 커지기 때문이다.

㉯ 선로의 유도성 리액턴스가 커지기 때문이다.

㉰ 코로나 손실이 증가하기 때문이다.

㉱ 저항손실이 커지기 때문이다.

풀이 송전전력 $P=\frac{V_S V_R}{X}\sin\delta$[MW]

여기서 V_S : 송전단 전압[kV] V_R : 수전단전압[kV] X : 선로의 유도리액턴스[Ω]

따라서 송전거리가 멀어질수록 유도리액턴스 X가 증가하여 송전전력이 감소한다.

[답] ㉯

보호계전기 및 차단기 제 12 장

12.1 보호계전기

송전 계통에서 전선로나 전기기기에 고장이 발생했을 때에는 빨리 그 실태를 파악하여 적절한 처리를 하여야 한다. 즉, 고장의 위치, 상태, 정도 등을 판단하여 차단기를 자동적으로 동작시켜야 한다. 이러한 목적으로 사용되는 것이 보호 계전기(protective relay)이며, 이것은 발전소나 변전소의 기기에 고장이 났을 때, 고장 기기를 회로에서 자동적으로 분리하거나 전선로의 고장 구간을 선택, 차단하여 전력 계통을 안전하게 유지하는 등의 중요한 일을 한다.

따라서, 보호 계전기는 동작이 정확하고 감도가 예민하며, 고장 상태를 신속하게 선택할 수 있고, 동작에 필요한 소비 전력이 적어야 한다는 등의 성능이 있어야 한다.

12.1.1 보호계전기의 원리와 구조

(1) 보호계전기의 종류

보호 계전기에는 많은 종류가 있으며, 구조에 따라 나누어 보면 다음과 같다.

(가) 유도형 계전기 : 전자 유도 작용에 의하여 금속의 원판 또는 원통에 생기는 토크를 이용하는 것이며, 현재 널리 사용되고 있다.

(나) 가동 철심형 계전기 : 전자 코일 또는 자석이 철심 또는 철편을 흡인하는 힘을 이용한 것이며, 소용량이나 보조 계전기로 사용된다.

(다) 가동 코일형 계전기 : 영구 자석의 자계와 전류가 흐르는 코일 사이에 작용하는 힘을 이용한 것이며, 주로 직류용의 계전기에 쓰이고 있다.

(라) 전류력계형 계전기 : 전류가 흐르는 2개의 코일 사이에 작용하는 힘을 이용

한 것이며, 고속도로 동작할 필요가 있는 계전기에 쓰이는 경우가 많다.

(마) 열형 계전기 : 바이메탈을 이용하여 동작시키는 것과 액체의 기화 압력을 이용한 것이 있으며, 온도 경보용이나 소용량의 계전기로 주로 쓰인다.

(바) 정지형 계전기 : 가동 철편형 계전기나 유도형 계전기 등, 가동 부분이나 기계적 접점 회로에 반도체를 사용하여 정지형 무접점 회로로 대치한 두가지가 있다.

한 가지는 가동형 계전기와 함께 쓰이는 트랜지스터 계전기로서, 트랜지스터 회로로 보조 계전기를 구동하고, 계전기의 개폐는 가동 접점으로 하는 것이다.

다른 한 가지는 장치의 대부분이 트랜지스터 계전기만으로 구성된 전 트랜지스터 계전기이며, 계전기의 응동 부분은 트랜지스터 회로의 출력이 있는가 없는가에 따라서 정해지며, 차단기의 트립 코일 회로도 반도체를 조합시킨 논리 회로로 구성되고 있는 계전기이다. 그러나, 주로 유도형과 가동 철심형이 가장 많이 쓰이고 있으며, 정지형 계전기는 최근 관심의 대상이 되고 있다.

계전기를 동작 기능에 따라 나누어 보면 다음과 같다.

① 전류 계전기 : 보호할 회로의 전류가 어느 한도를 넘을 때, 동작하는 과전류 계전기와 부족할 때 동작하는 부족 전류 계전기가 있다.

② 전압 계전기 : 과전류, 부족 전류의 경우와 같이 과전압 계전기, 부족 전압 계전기가 있다.

③ 전력 계전기 : 이것도 과전력과 부족 전력 계전기가 있다.

④ 차동 계전기 : 같은 회로의 두 곳에서 전류가 같을 때에는 동작하지 않으나, 고장 때에 전류의 차가 생기면 동작하나 전류 차동 계전기와 전압의 차로 동작하는 전압 차동 계전기가 있다.

⑤ 방향 계전기 : 전압, 전류 및 전력 등의 방향이 정상 상태의 경우와 달라지고, 정상 때보다 넘거나 부족할 때 동작한다.

전력이 정상 상태와 반대 방향이고, 전류의 크기가 커졌을 때 동작하는 것을 역력 계전기라고도 한다.

⑥ 거리 계전기 : 계전기가 있는 곳에서 사고가 생긴 곳까지의 거리에 의해서 동작 시간이 정해지는 계전기이다. 여기에 방향성을 가지게 한 것을 방향 거리 계전기라고 한다.

⑦ 접지 계전기 : 접지 사고의 보호에 쓰인다. 과전류 접지 계전기, 방향 접지 계전기, 고장난 회선을 선택하는 접지 계전기 등이 있다.

⑧ **주파수 계전기** : 과주파수 계전기 및 부족 주파수 계전기가 있다.

전선로나 기기에 고장이 생긴 순간부터 차단기를 열기까지의 시간은 고장의 정도, 위치, 상태 등에 따라 적절하게 정할 필요가 있으므로, 계전기에는 고장 전류가 흐르는 순간에 주 접점을 닫는 것과 몇 초 지난 다음에 주 접점을 닫는 것이 있다.

계전기의 주 접점을 닫기까지의 시간을 시한(time limit)이라 하고, 계전기를 시한에 따라 나누면 다음과 같다.

① **반한시성 계전기** : 계전기의 동작 전류의 값이 커질수록 동작 시한이 짧고, 전류가 적을수록 시한이 긴 계전기이다.

② **정한시성 계전기** : 동작 시한이 동작 전류의 크기에 관계 없이 일정한 계전기이다.

③ **순한시성 계전기** : 동작 전류가 흐르는 순간에 동작하는 계전기로, 2~0.5[Hz] 정도의 고속도로 동작하는 것을 순한시성 계전기, 또한 고속도 계전기라고도 한다.

④ **반한시 정한시성 계전기** : 어느 한도까지의 동작 전류에서는 반한시성이고, 그 이상의 큰 전류에서는 정한시성의 특성을 가지고 있는 계전기를 말한다. 그림 12-1은 계전기의 동작 전류와 동작 시간의 관계를 나타낸 것이다.

그림 12-1 계전기의 한시 특성

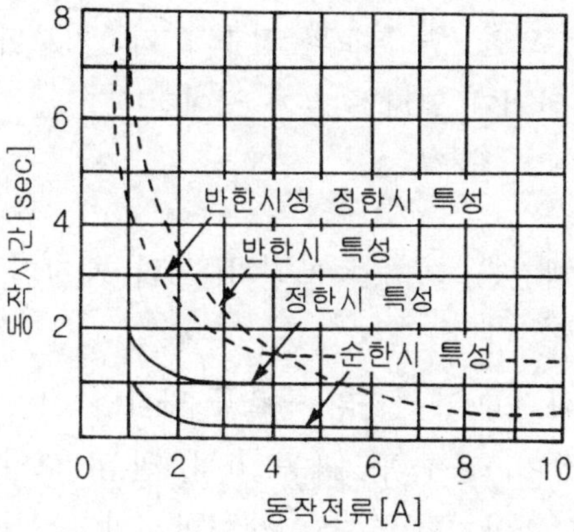

(2) 플런저형 계전기

가동 철심형 계전기의 일종인 플런저형 계전기(plunger type relay)는 구조가 간단하고, 값이 쌀 뿐 아니라 소용량이다. 그러므로, 높은 정확도를 필요로 하지 않는 경우에 많이 사용된다.

그림 12-2 플런저형 계전기

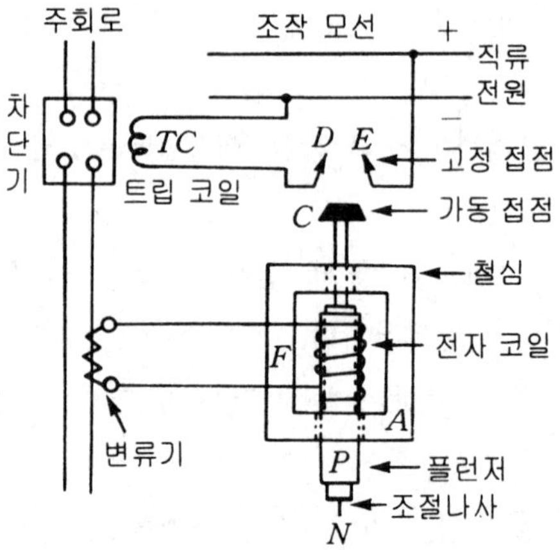

그림 12-2는 플런저형 계전기의 원리를 나타낸 것이다. 그림에서 전자 코일 A에 흐르는 전류가 커지면 플런저 P가 흡인되어 가동 접점 C에 의하여 고정 접점 D와 E가 단락된다. D와 E가 단락되면 조작 모선으로부터 차단기의 트립 코일 TC에 전류가 흘러들어가므로 차단기가 동작하여 주 회로를 연다.

이 경우, 변류기를 써서 계전기의 전자 코일에 흐르는 전류가 주 회로에 흐르는 전류에 비례하도록 해 놓으면, 주 회로의 전류가 기준치보다 많게 될 때 계전기가 자동적으로 동작하고 차단기가 열려 회로가 끊어진다.

(3) 유도형 계전기

이 계전기는 과전류 계전기, 과전압 계전기, 역력 계전기, 접지 계전기 등 이용 범위가 매우 넓은 계전기이다.

그림 12-3은 유도형 과전류 계전기의 구조를 나타낸 것이다.

이 계전기는 토크 보상기, 전류 탭, 제동 자석, 철심, 코일, 회전 원판 등으로 되어 있으며, 일종의 소형 변압기인 토크 보상기의 1차 코일에 흐르는 전류가 어떤 일정한 값 이상이 되면 철심이 포화되고, 2차 코일에 유도되는 전류가 일정한 값이 되도록 조정해 놓는다. 이와 같이 하면 계전기에 정한시 특성을 줄 수 있다.

그림 12-3 유도형 과전류 계전기의 토크 보상기와 전류 탭

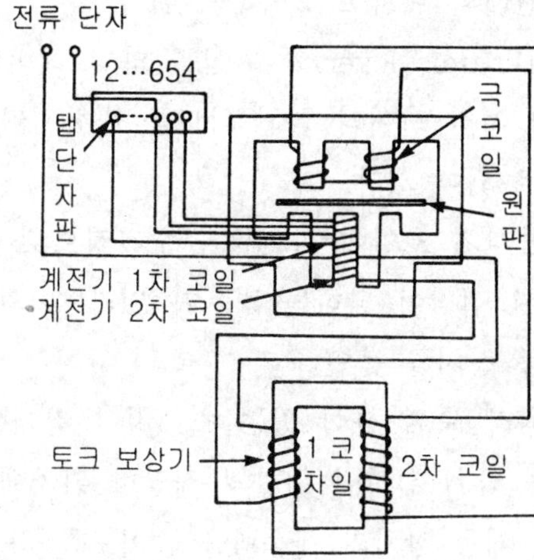

전류 탭은 그림 12-3과 같이 계전기의 1차 코일에서 몇 개의 탭을 인출하여 이것을 탭 단자판에 접속한 것이다. 이 탭 단자판에서 1차 코일의 권수를 바꾸면 계전기의 동작 전류를 조정할 수 있다.

그림 12-4 회전부의 구조

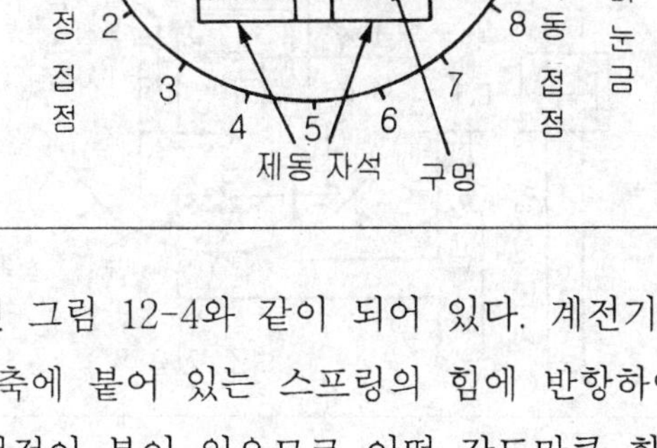

회전부를 위에서 보면 그림 12-4와 같이 되어 있다. 계전기의 1차 코일에 동작 전류가 흐르면 원판은 축에 붙어 있는 스프링의 힘에 반항하여 회전한다. 원판에는 그림과 같이 가동 접점이 붙어 있으므로 어떤 각도만큼 회전하면 가동 접점과 고정 접점이 접촉하여 접점이 닫힌다.

그러면, 직류 전원에서 전류가 스프링에서 가동 접점을 거쳐 고정 접점을 지나

차단기의 트립 코일에 흐르므로 차단기를 동작시킨다. 또, 1차 코일의 전류나 동작 전류 이하가 되면 원판은 원래의 위치로 복귀하게 된다.

시한을 바꾸려면 타임 레버(time lever)의 위치를 타임 레버의 눈금에 맞추어서 이동시켜 가동 접점과 고정 접점 사이의 회전 각도를 변화시키면 된다. 타임 레버의 누금은 보통 0~10까지로 되어 있다.

과전류 계전기에 있어서는 1차 코일에 과전류가 순간적으로 흘러서 정상 상태로 복귀하여도 원판이 회전하여 접점이 닫히는 경우가 있다. 이와 같은 동작을 피하기 위하여 자석으로 된 제동 장치를 붙인다.

또, 원판이 회전하는데 따라 축에 붙어 있는 스프링이 감겨들어 죄어지므로 회전 속도가 떨어진다. 이것을 막기 위하여 원판의 적당한 위치에 구멍을 뚫어 놓고, 스프링이 감겨드는 데 따라 제동 장치의 제동력을 줄이도록 하고 있다.

유도형 과전류 계전기의 전류 용량은 보통 5[A]정도이고, 전압은 100[V] 또는 200[V]이다. 그러나, 실제의 송·배전 선로는 고전압이며, 평상시에는 수백 [A], 고장시에는 수천 [A]의 큰 전류가 흐를 때도 있다. 따라서, 이들 전류나 전압을 직접 계전기에 가할 수 없으므로 계전기에는 반드시 변류기나 계기용 변성기를 접속해서 사용한다.

그림 12-5는 유도형 과전류 계전기의 저속을 나타낸 것이다.

그림 12-5 유도형 과전류 계전기의 접속

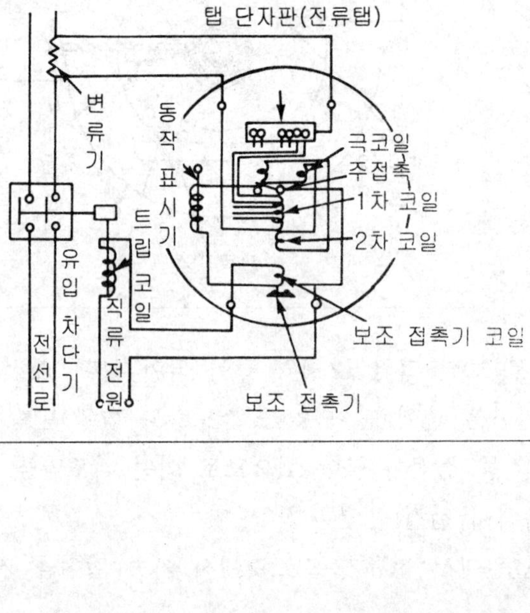

12.1.2 송배전 계통의 보호계전방식

여기서는 앞에서 배운 각종 계전기를 써서 실제의 송배전 계통의 전기기기를 보호하거나, 또 송배전 선로를 보호하려면 어떻게 하면 되는가를 알아보자.

(1) 전기기기의 보호방식

전기기기 중에서 발전기와 변압기의 보호방식을 주로 다룬다.

(가) **발전기의 보호방식** : 운전 중의 동기 발전기에 권선의 단락, 단선 및 상간 단락 등의 내부 고장이 생겼을 때, 이 발전기를 회로에서 분리하여야 한다.

그림 12-6 비율 차동 계전기에 의한 보호방식

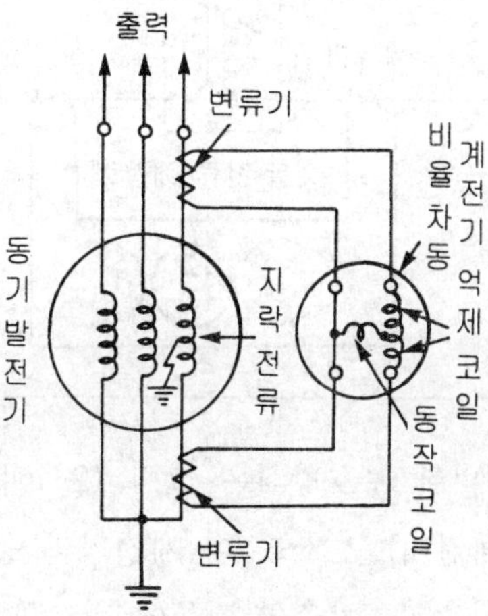

그림 12-6은 동기 발전기의 보호에 비율 차동 계전기를 사용한 예로, 발전기 내부에 고장이 나면 즉시 동작하여 고장이 난 발전기를 회로에서 분리하는 기능을 가지고 있다.

비율 차동 계전기는 2개의 억제 코일의 자속과 1개의 동작 코일의 자속에 의하여 금속 원판을 회전시키도록 되어 있다. 그림에서 알 수 있는 바와 같이, 발전기의 외부 회로에 고장이 난 경우에는 2개의 억제 코일에 흐르는 전류의 세기는 거의 같으며, 억제력이 강하므로 계전기는 동작하지 않는다. 또, 내부에 고장이 나면 2개의 억제 코일의 전류값이 다르므로 억제력이 약해지고, 동작 코일에 의한 원판의 회전 동작이 예민하여진다. 이와 같이, 비율 차동 계전기는 발전기의 내부 고장에 대하여 예민한 동작 특성을 가지므로 대용량 발전기의 보호에 널리 사용되고 있다.

(나) **변압기의 보호방식** : 변압기의 내부 고장에 대하여는 차동 전류 계전기, 비율 차동 계전기, 부흐홀쯔 계전기(Buchholtz's relay) 등을 사용한 보호 방식이 많이 사용되고 있다.

부흐홀쯔 계전기는 변압기 외함과 콘서베이터 사이에 설치, 변압기의 내부 고장이 났을 때에 나오는 기름의 분해 가스나 증기 기름의 흐름 등을 이용하여 경보 벨을 울리거나 차단기를 동작시키는 것이며, 보통 차동 계전 방식과 병용된다.

그림 12-7 차동 전류의 계전기에 의한 보호방식

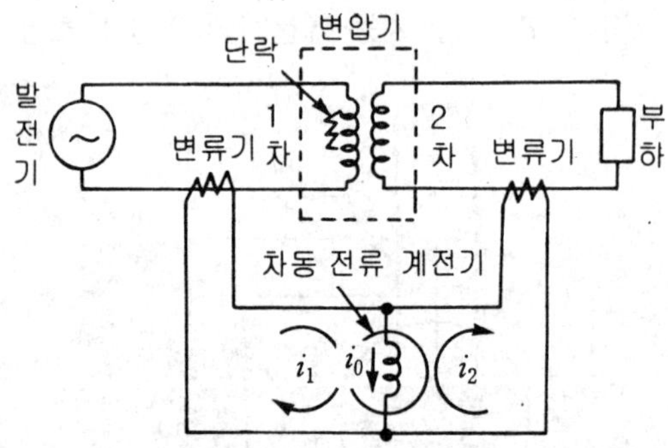

또, 차동 전류 계전기에 의한 보호방식은 그림 12-7과 같이 계전기에는 일종의 과전류 계전기(차동 전류 계전기)를 쓰고, 이 계전기의 동작 코일 C에는 2개의 변류기에 의하여 변압기의 1차측과 2차측의 전류에 비례한 전류가 유입하도록 한다.

그리고, 평상시에는 이 두 전류가 평형되고 코일에 전류가 흐르지 않도록 해놓고, 고장시에는 변압기의 1차 및 2차측의 고장 전류에 비례한 전류 i_1, i_2의 차 i_0이 흐르게 해 놓는다. 따라서, 전류 i_0의 세기가 설정치 이상이 되면 차동 전류 계전기가 동작하여 차단기를 동작시키게 되어 있다.

(2) 송전 선로의 보호방식

가공 송전 선로의 고장은 보통 1선 지락 사고가 가장 많고, 2선 지락이나 2선 단락, 3선 지락 사고의 순이다.

(가) **지락에 대한 보호** : 그림 12-8은 영상 전류를 이용하여 접지 계전기를 동작시키는 접속 방법 세 가지를 나타낸 것이다.

그림 12-8 영상 전류로 동작시키는 계전기의 접속

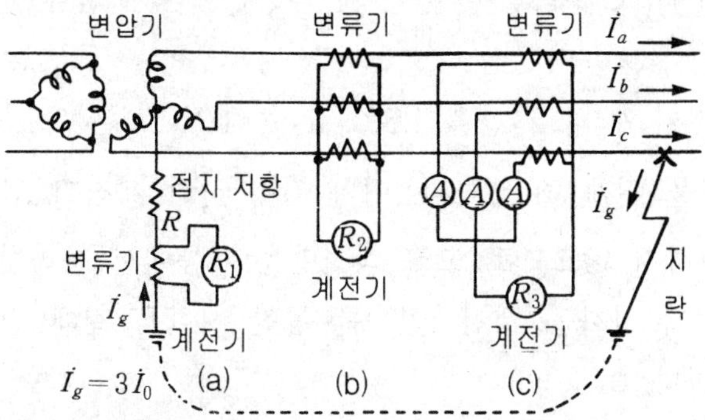

그림 12-8과 같이 접속하면 정상 상태에서는 각 상전류가 평형되어 있으므로 접지 계전기에는 동작 전류가 흐르지 않는다.

그러나, 지락 사고가 발생하면 지락 전류에 상당하는 영상 전류가 흘러 접지 계전기가 동작한다.

이외에 영상 전압을 이용하여 접지 계전기를 동작시키는 경우도 있다.

(나) 한 끝에만 전원이 있는 경우의 송전계통의 보호방식 : 그림 12-9는 한 끝에만 전원이 있는 송전 계통의 예를 나타낸 것이다.

그림 12-9 한 끝에만 전원이 있는 경우의 송전 계통의 보호방식

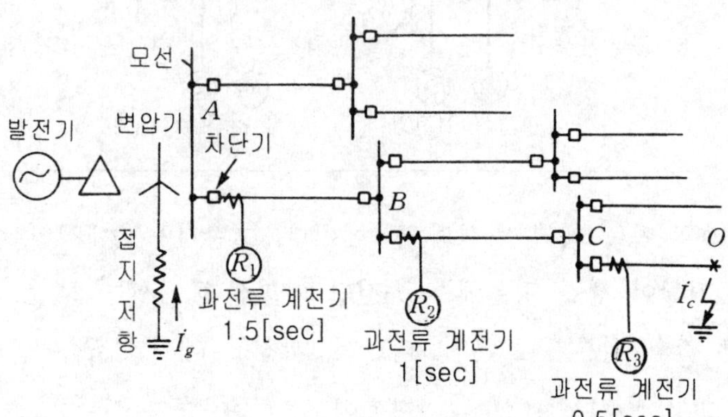

그림 12-9에서 모선 C에 접속된 한 송전 선로에 지락 사고가 발생하면 우선 지락점 e에 가장 가까운 계전기 R_3이 동작하여 지락 사고의 회선을 계통에서 분리

하고, 다른 회선은 고장에 관계 없이 송전이 계속될 수 있도록 하여야 한다.

이렇게 하기 위해서는 계통 내의 각 계전기의 동작 시한을 적절하게 설정해 놓아야 한다.

예를 들면, 계전기 R_1의 시한을 1.5초, R_2는 1초, R_3은 0.5초로 전원에서 가까울수록 동작 시한을 길게 해 놓는다. 이와 같이 하면 계전기 R_3이 동작하여도 다른 계전기는 동작하지 않으므로 고장 회선만을 계통에서 분리할 수 있다. 그리고, 이 경우에는 전원에 가까운 계전기일수록 동작 시한을 길게 하고 설정 전류치를 크게 해 놓아야 한다.

(다) 평행 2회선 송전 선로의 보호방식

① 단락 사고의 경우 : 평행 2회선 송전 선로 중에서 어느 한 회선에 단락 사고가 생긴 경우에는 전류의 세기나 방향이 변화하므로, 이것을 이용하여 계전기를 동작시켜 고장 회선을 선택, 차단할 수 있다.

그림 12-10 역력 계전 방식의 보기

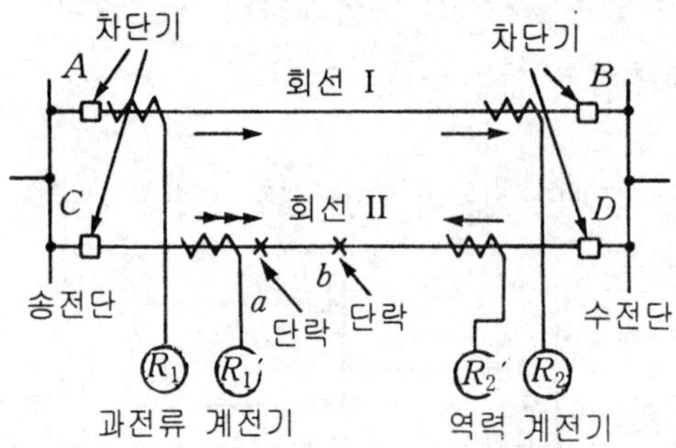

그림 12-10은 역력 계전 방식의 한 예이다. 그림 12-10에서의 송전단에 가까운 장소 a에서 단락이 생긴 경우에는 송전단측 회선 II에서는 화살표 방향으로 정상 상태보다 큰 값의 전류가 흐른다. 따라서, 과전류 계전기 R_1'가 동작하여 차단기 C를 연다. 다음에 회선 II의 수전단측에서는 송전단의 차단기 C를 열므로 전류는 정상 상태와는 반대 방향으로 흐른다. 그러면 역력 계전기 R_2'가 동작하여 차단기 D를 열므로 고장 회선을 완전히 분리할 수 있다. 또, 회선 II의 중앙 부분 b에 단락이 생긴 경우에는 수전단측에서는 전류가 반대 방향으로 흐르므로 역력 계

전기 R_2'가 동작하여 차단기 D를 연다. 이 때, 송전단측의 전류는 큰 값이 되므로 과전류 R_1'가 동작하여 차단기 C를 열고 고장 회선을 분리한다.

② 지락 사고의 경우 : 그림 12-10과 같은 평형 2회선 송전 선로에서 회선 II의 중앙 부근에 지락이 생겼을 때에는, 회선 II의 송전단측에는 정상 상태와 같은 방향으로 정상 상태보다 큰 값의 전류가 흐르며, 또 수전단측에는 정상 상태와는 반대 방향으로 정상 상태보다 큰 값의 전류가 흐른다. 이것을 이용하여 고장 회로를 선택, 차단할 수 있다.

그림 12-11은 전력 평형 계전 방식의 한 예를 나타낸 것이다.

그림 12-11 전력 평형 계전 방식의 보기

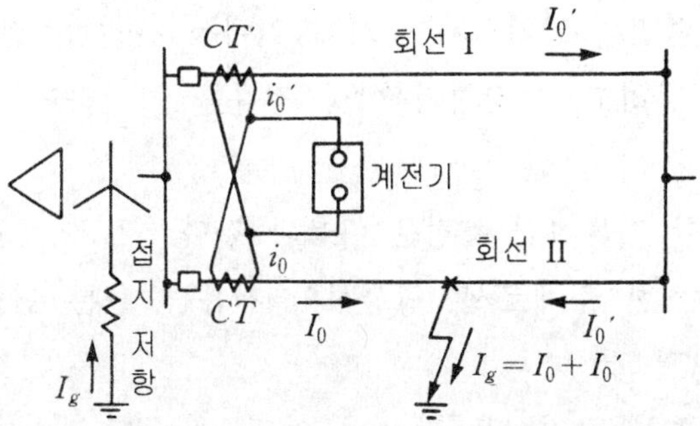

그림 12-11과 같이 변류기 CT, CT'의 교차 접속에 의하여 계전기에는 회선 II에 흐르는 영상 전류 I_0에 비례한 전류 i_0와 회선 I에 흐르는 영상 전류 I_0'에 비례하는 i_0의 벡터차의 전류가 흐르게 된다.

따라서, 지락 사고가 회선 I에 생겼는가 회선 II에 생겼는가에 따라서 차전류의 위상이 180° 반전하므로, 계전기의 방향 요소의 접점에 의하여 고장 회선을 선택, 차단할 수 있다.

(3) 재폐로 계전방식

송전 선로에 발생하는 대부분의 사고는 일시적인 것이며, 빨리 고장 구간을 차단하면 사고의 원인이 많이 제거되며, 또 차단기를 투입하면 그대로 송전을 계속할 수 있다. 자동적으로 이러한 조작을 하는 것을 재폐로 방식이라 한다.

이 방식에는 단상 재폐로 방식과 3상 재폐로 방식이 있으며, 단상 재폐로 방식은 1회선 송전 선로, 3상 재폐로 방식은 평행 2회선 송전 선로에 주로 채용된다. 고장이 발생하여도 그 구간 양단에서 동시에 차단하고, 15~25[Hz]의 무전압 시간만큼 경과하여 재폐로로 된다. 만일, 재폐로에 실패하면 두 번째의 재폐로까지 할 수 있다.

12.2 차단기 및 단로기

12.2.1 차단기

송전 선로에서의 여러 가지 사고로 인한 고장을 방지하기 위하여, 사고 부분을 건전 부분으로부터 분리시키기 위하여 회로를 차단시키는 장치를 차단기(circuit breaker)라고 한다. 엄밀히 말하면 평상시에 있어서의 전압, 전류를 차단하는 것을 개폐기(switch)라고 말하고, 고장시의 이상 전류를 차단하는 것을 차단기라고 한다.

차단기가 가져야 할 기본적인 조건은 다음과 같다.

① 폐로시에는 양호한 도체로서, 평상시의 전류는 물론 단락 전류에 대해서도 열적·기계적으로 견딜 것.

② 개로시에는 양호한 절연성을 가져서, 정정·온손의 양 상태에서 대지 및 동상 단자간의 전압에 견딜 것.

③ 폐로 상태의 임의의 시점에 있어서, 정격 차단 전류 이하의 전류를 이상 전압을 발생하지 않고 가급적 빨리 차단할 것.

④ 개로 상태의 임의의 시점에 있어서, 단락 상태로 있는 회로를 접촉자의 용착 등을 수반하지 않고 빠르고도 안전하게 투입할 수 있을 것.

이들의 조건 중에서 서로 모순되는 요구가 있기 때문에 차단기의 개발에는 여러 가지 어려움이 있다.

12.2.2 소호이론

차단기는 단락 전류를 차단할 수 있는 것인데 반하여, 부하 개폐기나 전자 접촉기 등은 부하 전류 정도를 개폐할 수 있는 것이며 단로기는 무전류 상태의 회로를 무전압으로 하는데 사용하는 것이다.

계통의 단락 전류는 주로 기기와 선로의 인덕턴스로 제한되는 뒤진 전류이다.

지금 그림 12-12에서 단락 전류 i가 흐르고 있는 차단기를 개로하면 그림 12-13과 같이 t_0에서 접점이 열리어 곧 아크가 발생한다.

그림 12-12 단상 차단 회로

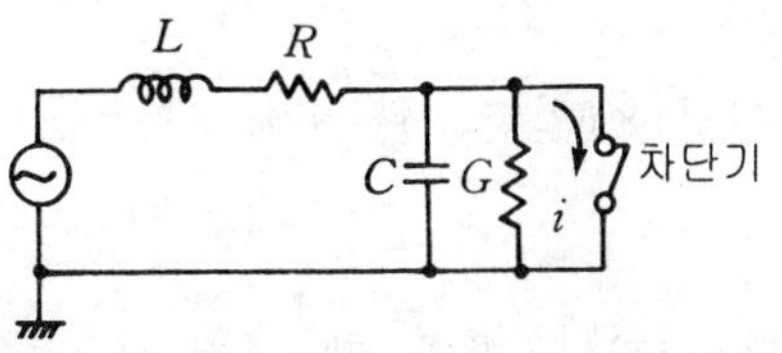

그림 12-13 단상 차단의 설명

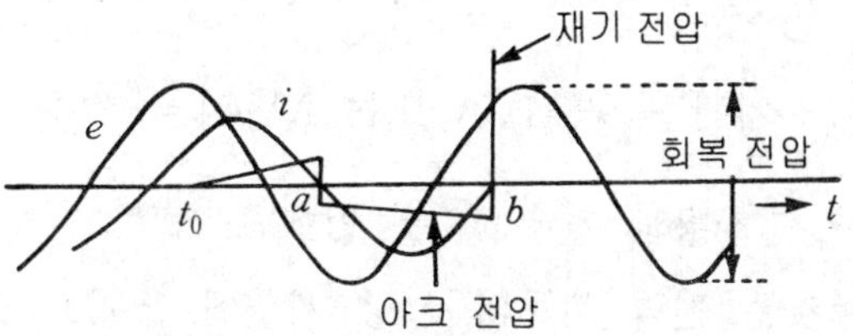

이 아크는 적어도 최초로 전류가 영이 되는 a점까지 계속한다.

전류가 영이 되면 아크가 소멸하고 회로가 차단되려고 하나 차단기 접점의 열리는 운동 속도는 수 [m/s] 정도이기 때문에 그 점에서 차단 못하면 전류 방향은 반대가 되어 또 다시 아크가 계속하고 다음의 전류 영점까지 계속한다.

이와 같은 것이 되풀이 되면서 접촉자가 충분히 떨어진 후 예컨대, b점에서 차단되었다고 한다.

이 순간은 그 직전까지 접점간에 아크를 통하고 있었으나 접점간의 절연 내력이 접점간에 발생하는 전압에 이겨낸 순간이다.

전류가 차단된 순간에 접점간에는 과도 전압이 발생한다. 즉, 차단기 양단의 전압은 아크 소멸 직후 b점에서 정상 전압으로 복귀하려고 하나 전원측의 L, C, R 때문에 지나쳐버려 잠시 과도 진동 현상이 일어난다. 차단기 전극간에 나타나는 이 과도 부분을 **재기전압**(restriking voltage)이라고 한다. 그러나 이것은 곧 소멸하고 전원 주파수에 의한 전압만이 나타나는데 이것을 **회복전압**(recovery voltage)이라고 한다.

소호 직후는 접점 간격에 잔류 이온이 존재하고 격렬하게 이온화된 고온의 아크 흔적이 남는다. 이것은 대단히 절연이 약하나 시간 경과에 따라 급속히 냉각되고 절연 내력도 회복되어 가는 성질을 가지고 있다.

만약 재기전압이 높고 접점간의 절연 회복이 충분하지 않으면 재점호(reignition of arc)를 일으킨다.

12.2.3 차단용량 및 동작책무

(1) 차단용량(breaking capacity)

어떤 회복 전압하에서 어떤 차단 전류를 지장없이 끊었을 때, 그 차단기의 차단 능력을 하나의 양으로 표현하기 위하여 다음과 같은 차단 용량을 쓸 때가 있다.

$$\text{차단 용량[MVA 또는 KVA]} = \sqrt{3}(\text{회복 전압}) \times (\text{차단 전류})$$

단, 단상용의 경우 $\sqrt{3}$을 없앤다.

이것은 전력 계통의 고장 계산에 쓰이고 있는 단락 용량과 같은 것이다. 종래 차단기의 차단 능력을 보증하는 데, 정격 전압하에서 정격 차단 전류 이하의 전류가 안전하게 끊기는 것을 나타내기 위하여, 윗식의 회복 전압·차단 전류 대신에 차단기의 정격 전압과 정격 차단 전류의 값을 쓴 정격 차단 용량이 쓰여진 일이 있는데, 미국에서는 현재도 이것을 쓰고 있다.

(2) 동작책무(operating sequence, duty cycle)

차단기는 차단 후 연이어서 몇 번의 동작을 급전 조작 상 필요로 한다. 이 차단기에 부과된 1회 혹은 2회 이상의 투입·차단 또는 투입 후 바로 차단 동작을 일정의 시간 간격을 두고 행하는 일련의 동작을 **동작책무**라 하는데 그 표준은 다음과 같다.

$$O-1\text{분}-CO-3\text{분}-CO$$
$$CO-15\text{초}-CO$$
$$O-2\text{분}-CO$$

여기서, O는 차단 동작, C는 투입 동작, CO는 투입 동작에 계속하여 곧 차단 동작을 하는 것을 나타낸다.

12.2.4 차단기의 종류

교류 차단기는 소호 매질, 구조, 사용 목적, 설치 방법 등에 따라 분류되는데, 가장 일반적인 것은 소호 매질에 의하여 분류한다.

즉, 차단 현상을 행하는 매질이 기름, 압축 공기, 특수 가스, 자계 또는 진공 등인가에 따라 유입 차단기, 공기 차단기, 가스 차단기, 자기 차단기 또는 진공 차단기 등이 있다. 이 밖에 다른 종류의 차단기도 있지만 여기서는 생략하고 위에 적은 것에 대해서만 간단히 설명하기로 한다.

(1) 유입 차단기

그림 12-14는 자연 소호 방식인 보통형 유입 차단기(oil circuit breaker, O.C.B)로서 절연유 속에서 회로를 차단하는 것이다. 이것은 가동 접촉자가 아래쪽으로 움직이도록 되어 있고 보통 1상에 대하여 좌우 2점에서 차단하도록 되어 있다.

그림 12-14

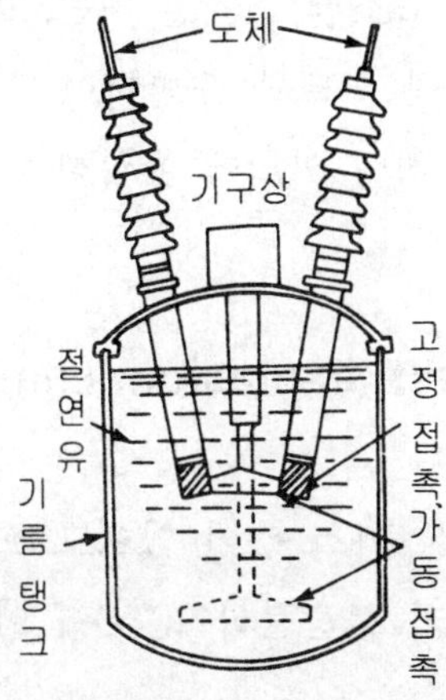

(a) 보통형 유입 차단기 구조

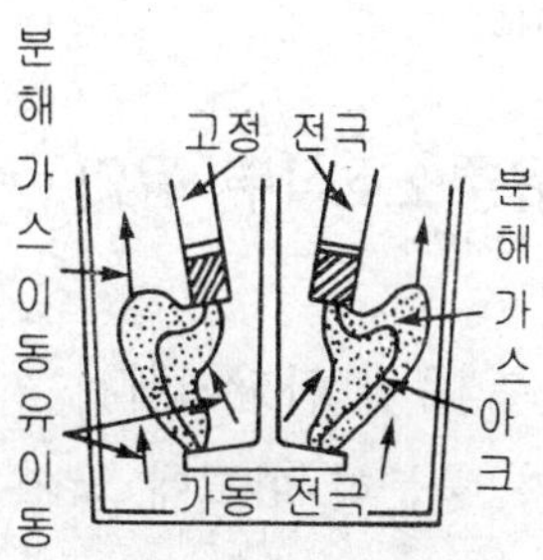

(b) 소호의 원리

절연유의 절연 내력은 공기보다 수배나 높고 이것을 절연 매질로 사용하면 공기보다 소호하기가 쉽게 된다. 즉 기름중에서 아크가 발생하면 아크는 기름으로 분배하여 기화하기 때문에 가스를 발생한다. 이 때 발생된 가스의 약 70[%]는 수소이며 그 열전도률은 대단히 크고 아크를 냉각시키고 또 많은 열을 흡수한다. 아크는 대단히 고온이므로 수소 원자는 분자 상태로부터 원자 상태로 열해리를 하고 해리열을 취한 수소 원자가 저온인 기름으로 확산되어 방열하고, 재결합 한다. 즉 수소 가스가 분해할 때 많은 열을 취하는 것을 이용하여 강력한 냉각 작용을 시키는 것이며 아크가 빨리 발산되므로 공기 중의 경우에 비하여 차단이 쉽게 된다.

(2) 소호실부 유입 차단기(explosion chamber type O.C.B)

이것은 보통형 유입 차단기의 고정 접촉부를 그림 12-15와 같이 절연체로 만든 소호실로 둘러싼 것이다.

그림 12-15

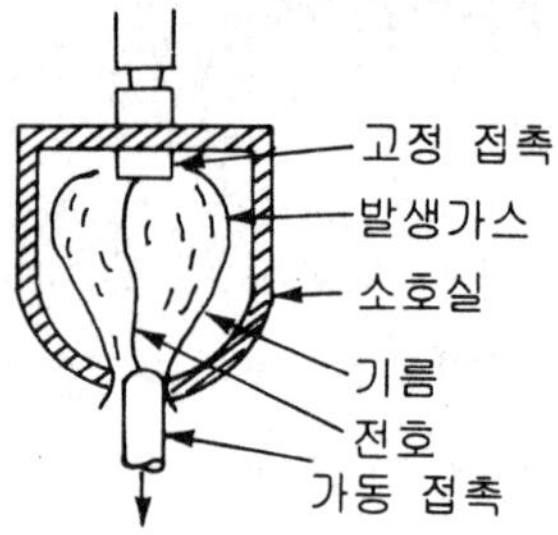

가동 전극이 떨어지는 순간 아크가 발생하여 협소한 소호실 내는 고압력의 기름이나 가스가 충만하게 된다. 그리고 가동 전극이 아크를 수반하여 소호실에서 나가는 동시에 소호실 내의 고압유나 가스가 분출하여 아크에 돌입해서 소호를 촉진시키게 된다.

(3) 유충소호실부 유입 차단기 (oil blast explosion chamber type O.C.B)

소호실부 유입 차단기에서는 아크 주위에 고온 가스 층이 있으므로 절연성이 높은 냉유가 충분히 아크에 닿지 않게 되어 소호가 불충분하게 되며, 이것을 개량한 것이 그림 12-16과 같은 형의 차단기이다.

그림 12-16

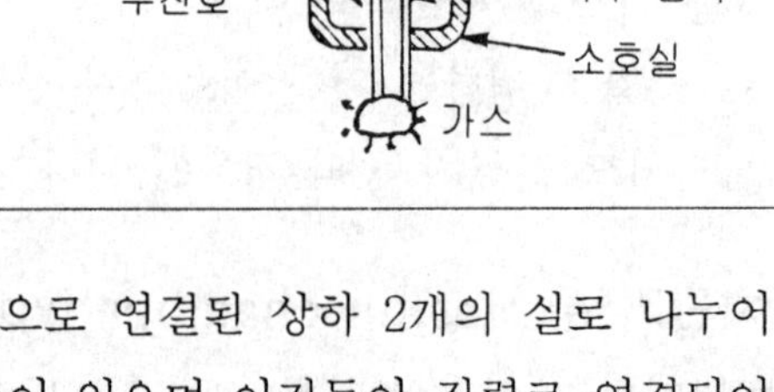

소호실은 작은 구멍으로 연결된 상하 2개의 실로 나누어져 있고, 상부실에 아크 접촉, 하부실에 주접촉이 있으며 이것들이 직렬로 연결되어 있다.

차단시에 하부 가동 접촉이 움직이면, 먼저 상부 접촉부에 압력 발생용의 보조 아크가 발생하여 상부실의 유압이 높아진다.

그 세력으로 기름이 하부실에 돌입하여 계속 발생하는 주 아크에 직접 기름을 충돌시켜 절연이 큰 새로운 기름으로서 아크를 중단시키게 된다.

(4) 공기 차단기(air blast breaker, A.B.B)

공기 자체는 양호한 소호 매질이 못되지만 수~수십 기압의 압축 공기는 기름보다도 절연 내력이 높아진다.

즉, 압축 공기를 소호실 내의 아크에 흡수하여 소호하는 것이 공기 차단기이다.

압축 공기는 소용량의 것에는 수기압, 초고압, 대용량의 것에는 15~20기압의 것이 사용된다.

차단부는 1개로 30~40[kV]의 차단이 가능하고 사용 전압에 따라 이것을 직렬로 적당한 수를 연결하여 사용하게 된다. 차단시에 소호용 압축 공기를 대기중에 방출하므로 큰 폭발음이 일어나지만 공기를 이용함으로 보수, 점검이 간단하고 경제적으로 또 화재의 위험이 적고 청결하며 차단 성능이 좋은 잇점이 있다.

(5) 자기 차단기(Magnetic-blast circuit breaker, M.B.B)

1939년 미국에서 개발한 것인데, 이것은 소호실에 취소(吹消) 코일을 마련하여 차단 전류를 이 코일에 흘림으로써 만들어지는 자계를 이용해서, 아크를 아크·슈우트와 같은 소 이온 장치인 특수 내열 자기판으로 만든 좁은 홈에 밀어넣어 냉각시켜, 아크 전압을 높이면서 소호하는 기중 차단기이다. 차단 전류가 적어서 자기 취소 작용이 충분히 발휘되지 않는 소전류역에서의 아크 시간이 길어지는 것을 막기 위하여 보조의 공기 취소 피스톤을 갖춘 것이 많다. 현재 실용화되고 있는 것으로 34[kV]용의 것도 있지만, 보통은 12[kV]급까지의 것으로서 모두 옥내용, 특히 메탈 클래드에 내장해서 사용되는 것이 일반적이다.

(6) 진공 차단기(Vacuum circuit breaker, V.C.B)

기름, 공기나 가스 등의 매체를 쓰지 않고, 고진공의 절연성과 이온의 확산에 의한 소호 작용을 이용한 진공 개폐기의 가능성을 안 것은 상당히 오래 되었지만, 용기의 봉착 기술을 포함한 진공 기술 및 전극 재료의 미발달, 전류 재단에 의한 과전압 발생 등의 이유에서 실용화가 지연되어 오다가, 1961년 GE사가 15[kV], 12[kA]의 진공 차단기를 제품화하는데 성공한이래, 현재에는 36[kV], 1500[MVA] 정도까지가 일반적이다. 진공 차단기의 구조는 진공 밸브와, 진공 밸브를 장치하여 가동 접촉자를 구동·제어하는 기구부로 크게 나누어지는데, 진공 밸브는 다른 차단기의 소호실에 상당하는 것으로서, 그림 12-17에 보이는 바와 같이, 구성부품으로는 접촉자·시일드·벨로우즈·진공 용기로 되어 있다.

진공 밸브는 소형·경량이고, 취급이나 보수가 간단하며, 기름을 쓰지 않아서 안전하므로, 이것을 응용한 배전용 진공 개폐기, 진공 전자 접촉기, 축소형 진공 개폐 장치 등도 제품화 되어 있다.

그림 12-17

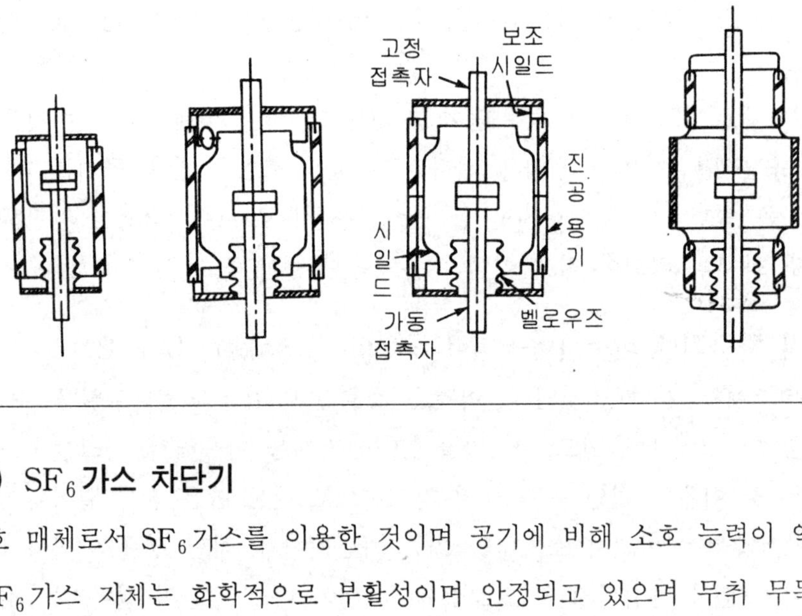

(7) SF_6 가스 차단기

소호 매체로서 SF_6가스를 이용한 것이며 공기에 비해 소호 능력이 약 100배이다. SF_6가스 자체는 화학적으로 부활성이며 안정되고 있으며 무취 무독이며 1기압에서 공기보다 2~3배 절연 내력이 높다. 따라서 공기 중에서 보다 절연 거리를 적게 할 수 있어 차단기 전체를 소형, 경량화할 수 있다.

차단기의 접점이 떨어질 때 발생하는 아크는 SF_6가스의 취부로 냉각되고 소호된다.

12.2.5 단로기

단로기는 발·변전소 또는 개폐소에서 무전압 상태의 선로를 개폐하는 장치로서 송전 중의 폐로 상태에서는 단락 전류와 같은 큰 전류도 안전하게 흘릴 수 있어야 하고, 개로 상태에서는 이것에 의하여 구분된 양 계통에 고장이 발생되어도 충분한 절연 간격을 유지할 수 있어야 한다.

단로기라고 총칭되는 것에는 소위 단로기(discon)와 동시 조작으로 3상 개폐를 할 수 있는 선로 개폐기(line switch)가 있다. 특별 고압 계통에서는 주로 후자가 사용된다. 단로기는 10[kV] 이하에 사용되며, 돌발 과대 전류의 전자력에 의하여 자동적으로 개폐되지 않도록 되어 있고, 그 개폐는 수동으로 조작된다. 선로 개폐기는 전자 코일 · 압축 공기 등을 사용하여 원방 조작하도록 된 것도 있다.

발 · 변전소에서 계통의 분리, 무부하 선로 및 변압기의 개폐 등에는 경제적 견지에서 될 수 있는대로 차단기를 없애고 선로 개폐기만으로 조직하도록 하고 있다. 개폐기는 차단기와 같이 특별한 소호 장치가 없으므로 아크는 그 열작용과 외기의 자연 통풍에 의하여 연장되고, 전원에서 아크 전압의 공급을 할 수 없게 되었을 때 비로서 소호된다. 따라서 강제 송풍에 의하여 아크의 이온을 확산시키면 자연 소호의 경우의 1/2~1/4의 개리도(開離度)로써 소호시킬 수 있다. 단로기의 개폐 능력의 한도는 표 12-1과 같다.

표 12-1 단로기의 개폐 능력

정격전압 [kV]	최소상간거리 [m]	개폐한계[A]		평균개극속도 [m/s]
		여자전류	충전전류	
3.45	0.5	10	30	–
23	1.0	4	2	3.0
34.5	1.2	4	2	3.0
66~80.5	1.8	4	2	2.0
154	3	3	1	2.5
287.5	5	3	0.5	2.8

연 습 문 제

문제 1. 동작 전류가 커질수록 동작 시간이 짧게 되는 특성을 가진 계전기는?

㉮ 반한시 계전기 ㉯ 정한시 계전기

㉰ 순한시 계전기 ㉱ Nothing 한시 계전기

풀이 보호 계전기의 특징

① 순한시 특성-최소 동작 전류 이상의 전류가 흐르면 즉시 동작하는 특성

② 반한시 특성-동작 전류가 커질수록 동작 시간이 짧게 되는 특성

③ 정한시 특성-동작 전류의 크기에 관계없이 일정한 시간에 동작하는 특성

④ 반한시 정한시 특성- 동작 전류가 적은 동안에는 동작 전류가 커질수록 동작시간이 짧게 되고 어떤 전류 이상이면 동작 전류의 크기에 관계없이 일정한 시간에 동작하는 특성

[답] ㉮

문제 2. 그림과 같은 계전기의 한시 특성은?

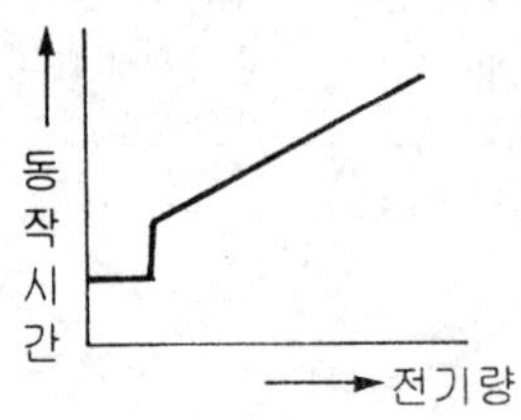

㉮ 정한시 특성

㉯ 반한시 정한시 특성

㉰ 비례 한시 특성

㉱ 순시-비례 한시 특성

풀이

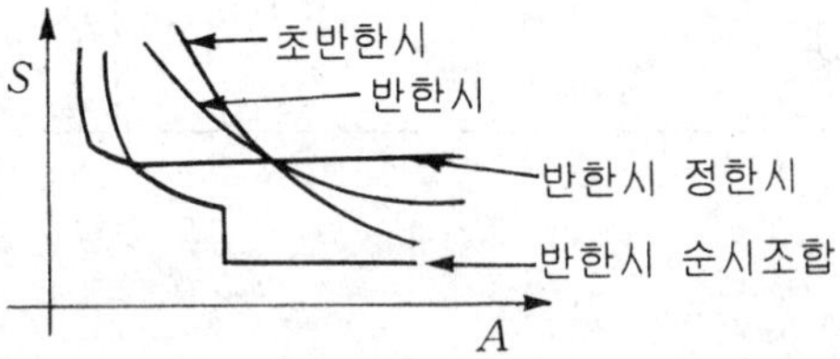

[답] ㉱

문제 3. 그림과 같은 특성을 갖는 계전기의 동작시간 특성은?

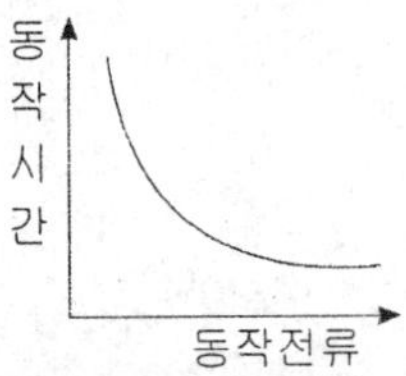

㉮ 반한시 특성 ㉯ 정한시 특성

㉰ 비례한시 특성 ㉱ 반한시 정한시 특성

풀이 ① 반한시계전기 : 동작전류가 커질수록 동작시간이 짧게 되는 특성을 가진 것

② 정한시계전기 : 동작전류의 크기에 관계없이 일정한 시간에서 동작하는 것

③ 정한시 반한시계전기 : 동작전류가 적은 동안에는 반한시 특성으로 되고 그 이상에서는 정한시 특성이 되는 것

④ 순시계전기 : 최소동작전류 이상의 전류가 흐르면 즉시 동작하는 것

⑤ 계단식 계전기 : 한시치가 다른 계전기와 조합하여 계단적인 한시특성을 가진 것

[답] ㉮

문제 4. 보호계전기에서 동작전류가 적은 동안에는 동작전류가 커질수록 동작시간이 짧게 되고, 어떤 전류 이상이면 동작전류의 크기에 관계없이 일정한 시간에서 동작하는 특성은?

㉮ 정한시성 특성 ㉯ 반한시성 특성

㉰ 순한시성 특성 ㉱ 반한시 정한시성 특성

[답] ㉱

문제 5. 보호 계전기의 필요한 특성으로 옳지 않은 것은?

㉮ 동작을 느리게 하여 다른 건전부의 송전을 막을 것

㉯ 고장상태를 식별하여 정도를 판단할 수 있을 것

㉰ 고장개소를 정확히 선택할 수 있을 것

㉱ 동작이 예민하고 오동작이 없을 것

[답] ㉮

문제 6. 발전기, 변압기, 선로 등의 단락 보호용으로 사용되는 것으로서 보호할 회로의 전류가 정정치(整定值)보다 커질 때 동작하는 계전기는?

㉮ O.C.R ㉯ O.V.R ㉰ S.G.R ㉱ U.C.R

풀이 O.C.R→과전류 계전기 O.V.R→과전압 계전기

S.G.R→선택 접지 계전기 U.C.R→부족 전류 계전기

[답] ㉮

문제 7. 발전기 및 변압기의 내부고장 보호용으로 사용되는 계전기는?

㉮ 거리 계전기 ㉯ 과전압 계전기 ㉰ 방향 계전기 ㉱ 비율차동 계전기

[답] ㉱

문제 8. 과전류 계전기(OCR)의 탭 값을 옳게 설명한 것은?

㉮ 계전기의 최대부하전류 ㉯ 계전기의 최소동작전류

㉰ 계전기의 동작시한 ㉱ 변류기의 권수비

[답] ㉯

문제 9. 수전설비와 병렬로 자가용 발전기가 설치된 회로에서 발전기 쪽으로 전류가 흐를 경우 동작하는 계전기를 자동제어 기구 번호로 나타내면 어느 것인가?

㉮ 51 ㉯ 67 ㉰ 80 ㉱ 90

풀이 · 51 : 교류 과전류 계전기 · 67 : 전력 방향계전기 및 지락 방향 계전기

· 80 : 직류 과전압 계전기 · 90 : 자동 전압조종기

[답] ㉯

문제 10. 영상변류기(zero sequence C.T)를 사용하는 계전기는?

㉮ 과전류계전기 ㉯ 과전압계전기 ㉰ 접지계전기 ㉱ 차동계전기

[답] ㉰

문제 11. 비접지 3상 3선식 배전선로에서 선택 지락보호를 하려고 한다. 필요치 않은 것은?

㉮ DG ㉯ CT ㉰ ZCT ㉱ GPT

[답] ㉯

문제 12. 발전기나 변압기의 내부고장 검출에 주로 사용되는 계전기는?

㉮ 비율차동 계전기 ㉯ 역상 계전기

㉰ 과전류 계전기 ㉱ 과전압 계전기

풀이 비율차동 계전기는 발전기, 변압기 등 기기의 내부 보호에 사용된다. [답] ㉮

문제 13. 전류차동계전기는 무엇에 의하여 동작하는가?

㉮ 정상전류와 영상전류의 차로 동작한다.

㉯ 양쪽 전류의 차로 동작한다.

㉰ 전압과 전류의 배수의 차로 동작한다.

㉱ 정상전류와 역상전류의 차로 동작한다.

[답] ㉯

문제 14. 중성점 저항접지방식의 병행 2회선 송전선로의 지락사고 차단에 사용되는 계전기는?

㉮ 거리 계전기 ㉯ 선택접지 계전기

㉰ 과전류 계전기 ㉱ 역상 계전기

풀이 병행 2회선 전로의 선택 차단에는 선택접지 계전기(SGR)가 사용한다. [답] ㉯

문제 15. 전원이 양단에 있는 방사상 송전선로의 단락보호에 사용되는 계전기는?

㉮ 방향 거리계전기(DZ)-과전압계전기(OVR)의 조합

㉯ 방향 단락계전기(DS)-과전류계전기(OCR)의 조합

㉰ 선택 접지계전기(DZ)-과전류계전기(OCR)의 조합

㉱ 부족전류계전기(UCR)-과전압계전기(OVR)의 조합

[답] ㉯

문제 16. 송전선 보호에 있어서 주로 교류 표시선 방식의 표시선계전방식(pilot wire relaying)에 해당되는 것은?

㉮ 전송차단방식 ㉯ 주파수비교방식

㉰ 위상비교방식 ㉱ 전압반향방식

[답] ㉱

문제 17. 표시선 계전방식이 아닌 것은?

㉮ 전압반향방식(opposed voltage system)

㉯ 방향비교방식(directional comparison)

㉰ 전류순환방식(circulating current system)

㉱ 반송계전방식(carrier-pilot relaying)

풀이 표시선 계전방식의 종류는 방향비교방식, 전류비교방식(전류순환방식, 전압반향방식), 전송트립방식이 있다. [답] ㉱

문제 18. 모선 보호에 사용되는 계전 방식은?

㉮ 과전류 계전방식　　㉯ 전력 평형 보호방식

㉰ 표시선 계전방식　　㉱ 전류 차단 계전방식

풀이 모선 보호 계전방식의 종류

① 전류 차동 보호방식 ② 전압 차동 보호방식 ③ 위상 비교방식

④ 환상 모선 보호방식 ⑤ 방향 거리 계전방식 [답] ㉱

문제 19. 환상 선로의 단락보호에 사용하는 계전방식은?

㉮ 방향 거리 계전방식　　㉯ 비율 차동 계전방식

㉰ 과전류 계전방식　　㉱ 선택 접지 계전방식

풀이 방향 계전기+단락 계전기=방향 단락 계전기(방향 거리 계전기) [답] ㉮

문제 20. 송전선로의 단락보호를 위한 것이 아닌 것은?

㉮ 과전류 계전방식　　㉯ 방향 단락 계전방식

㉰ 거리 계전방식　　㉱ 차동 계전방식

[답] ㉱

문제 21. 선로의 단락보호 또는 계통 탈조사고의 검출용으로 사용되는 계전기는?

㉮ 접지계전기　㉯ 역상계전기　㉰ 재폐로계전기　㉱ 거리계전기

[답] ㉱

문제 22. 후비보호계전방식의 설명으로 틀린 것은?

㉮ 주보호계전방식이 보호할 수 없을 경우 동작하며, 주보호계전방식과 정정값은 동일하다.

㉯ 주보호계전방식이 그 어떤 이유로 정지해 있는 구간의 사고를 보호한다.

㉰ 주보호계전방식에 결함이 있어 정상 동작할 수 없는 상태에 있는 구간사고를 보호한다.

㉱ 송전선로에서 거리계전방식의 후비보호계전방식으로 고장선택계전기를 많이 사용한다.

[답] ㉮

문제 23. 중성점 저항 접지 방식의 병행 2회선 송전 선로의 지락 사고 차단에 사용되는 계전기는?

㉮ 선택 접지 계전기　　㉯ 과전류 계전기

㉰ 거리 계전기　　㉱ 역상 계전기

풀이 병행 2회선의 지락 사고시에 선택 접지 계전기가 동작　[답] ㉮

문제 24. 전력선 반송 보호계전방식이 아닌 것은?

㉮ 방향비교방식　　㉯ 고속도 거리계전기와 조합하는 방식

㉰ 영상전류 비교방식　　㉱ 위상비교방식

[답] ㉰

문제 25. 전력선 반송 보호계전방식의 장점이 아닌 것은?

㉮ 장치가 간단하고 고장이 없으며 계전기의 성능저하가 없다.

㉯ 고장의 선택성이 우수하다.

㉰ 동작이 예민하다.

㉱ 고장점이나 계통의 여하에 불구하고 선택차단개소를 동시에 고속도 차단할 수 있다.

풀이 전력선반송계전기는 파이로트 와이어의 일종으로 전력선에 15~25[kHz]의 반송파를 전력선으로 보내 고장이 발생하면 양단을 고속도로 차단하는 송전선로 보호계전기이

다. [답] ㉮

문제 26. 전력선 반송전화 장치를 송전선에 연락하는 장치로 사용되는 것은?

㉮ 분로리액터 ㉯ 분배기 ㉰ 중계선륜 ㉱ 결합콘덴서

[답] ㉱

문제 27. 차단기의 차단 용량을 표시하는 단위는?

㉮ [V] ㉯ [A] ㉰ [kW] ㉱ [MVA]

풀이 $P_s=\sqrt{3}\,VI$이므로 [VA], [kVA], [MVA]가 된다. [답] ㉱

문제 28. 3상 교류에서 차단기의 정격 차단용량을 계산하는 식은?

㉮ 정격전압×정격전압×정격전류 ㉯ $\sqrt{3}$×정격전압×정격전류

㉰ 3×정격전압×정격차단전류 ㉱ $\sqrt{3}$×정격전압×정격차단전류

풀이 차단용량 $Q=\sqrt{3}$×정격전압×정격차단전류[MVA] [답] ㉱

문제 29. 3상용 차단기의 정격용량 산정은 차단기의 정격전압과 정격 차단전류와의 곱을 몇 배한 것을 참고치로 하는가?

㉮ 3 ㉯ $\sqrt{3}$ ㉰ 1 ㉱ $1/\sqrt{3}$

[답] ㉯

문제 30. 차단기의 차단시간이라 함은?

㉮ 개극시간과 아크시간의 합

㉯ 아크시간과 소호시간의 합

㉰ 트립 코일 여자부터 소호까지의 시간

㉱ 고장 발생부터 소호까지의 시간

풀이 차단기의 차단시간이라 함은 트립 코일(Trip coil)여자로부터 소호까지의 시간을 말하며 3~8[Hz]이다. [답] ㉰

문제 31. 차단기의 정격 차단시간의 표준이 아닌 것은?

㉮ 3[c/sec] ㉯ 5[c/sec] ㉰ 8[c/sec] ㉱ 10[c/sec]

풀이 차단기의 차단시간은 3~8[c/s]로 7.2[kV] 이하 8[Hz], 72.5[kV] 이하 5[Hz], 170[kV] 이상 3[Hz]이다. [답] ㉱

문제 32. 전력회로에 사용되는 차단기의 차단용량을 결정할 때 이용되는 것은?

㉮ 예상 최대 단락 전류

㉯ 회로에 접속되는 전부하 전류

㉰ 계통의 최고 전압

㉱ 회로를 구성하는 전선의 최대 허용 전류

풀이 차단기 용량 결정시 고려할 사항은 정격전압, 최대 단락(차단) 전류등이다. [답] ㉮

문제 33. 차단기의 정격 투입전류란 투입되는 전류의 최초 주파의 어느 값을 말하는가?

㉮ 평균값 ㉯ 최대값 ㉰ 실효값 ㉱ 순시값

[답] ㉯

문제 34. 충전된 콘덴서의 에너지에 의해 트립되는 방식으로 정류기, 콘덴서 등으로 구성되어 있는 차단기의 트립방식은?

㉮ 콘덴서 트립방식 ㉯ 직류전압 트립방식

㉰ 과전류 트립방식 ㉱ 부족전압 트립방식

[답] ㉮

문제 35. 초고압용 차단기에서 개폐 저항기를 사용하는 이유는?

㉮ 차단 전류 감소 ㉯ 이상 전압 억제

㉰ 차단 속도 증진 ㉱ 차단 전류의 역률 개선

풀이 차단기의 개폐시에 재점호로 인하여 개폐 서지 이상 전압이 발생된다. 이것을 낮추고 절연 내력을 높일 수 있게 하기 위해 차단기 접촉자간에 병렬 임피던스로서 저항

을 삽입한다. [답] ㉯

문제 36. 차단기의 개방시 재점호를 일으키기 가장 쉬운 경우는?

㉮ 1선 지락전류인 경우 ㉯ 무부하 충전전류인 경우

㉰ 무부하 변압기의 여자전류인 경우 ㉱ 3상 단락전류인 경우

[답] ㉯

문제 37. 차단기에서 O-1분-CO-3분-CO 부호인 것의 의미는? (단, O : 차단동작, C : 투입동작, CO : 투입동작에 뒤 따라서 곧 차단동작)

㉮ 일반차단기의 표준동작책무 ㉯ 자동 재폐로용

㉰ 정격차단용량 50[mA] 미만의 것 ㉱ 무전압 시간

풀이 차단기 동작 책무는 아래와 같다.

항목	등급	동작책무
일반용	A	O-1분-CO-3분-CO
	B	CO-15초-CO
고속도 재투입용	R	O-t-CO-1분-CO

[답] ㉮

문제 38. 수전용 변전설비의 1차측에 있어서의 차단기용량은 주로 다음의 어느 것에 의하여 정하는가?

㉮ 공급측의 전원의 크기 ㉯ 수전계약용량

㉰ 수전전력과 부하율 ㉱ 부하설비용량

풀이 $P_s=\sqrt{3}\,V_n I_s\times 10^{-6}$[MVA] [답] ㉮

문제 39. 다음 중 부하전류의 차단 능력이 없는 것은?

㉮ 공기 차단기 ㉯ 유입 차단기 ㉰ 유입 개폐기 ㉱ 단로기

[답] ㉱

문제 40. 변전소에서 수용가에 공급되는 전력을 끊고 소내 기기를 점검할 필요가 있을 경우와 점검이 끝난 후 차단기와 단로기를 개폐시키는 동작을 설명한 것이다. 옳은 것은?

㉮ 점검시에는 차단기로 부하회로를 끊고 단로기를 열어야 하며, 점검한 후 차단기로 부하회로를 연결한 후 다음 단로기를 넣어야 한다.

㉯ 점검시에는 단로기를 열고 난 후 차단기를 열어야 하며 점검후에는 단로기를 넣고난 다음 차단기로 부하회로를 연결하여야 한다.

㉰ 점검시에는 단로기를 열고 난 후 차단기를 열어야 하며 점검이 끝난 경우 차단기를 부하에 연결한 다음 단로기를 넣어야 한다.

㉱ 점검시에는 차단기로 부하회로를 끊고 난 다음 단로기를 열여야 하며 점검 후에는 단로기를 넣은 후 차단기를 넣어야 한다.

[답] ㉱

문제 41. 다음 차단기들의 소호매질이 적합하지 않게 결합된 것은?

㉮ 공기차단기-압축공기 ㉯ 가스차단기- SF_6가스

㉰ 자기차단기-진공 ㉱ 유입차단기-절연유

풀이 자기차단기-전자력에 의한 냉각작용

진공차단기-진공속의 전자계에 의한 플래밍의 법칙 [답] ㉰

문제 42. 진공차단기의 특징에 속하지 않는 것은?

㉮ 화재 위험이 거의 없다.

㉯ 소형 경량이고 조작기구가 간편하다.

㉰ 동작 소음이 크지만 소호실의 보수가 거의 필요치 않다.

㉱ 차단시간이 짧고 차단 성능은 회로 주파수의 영향을 받지 않는다.

풀이 진공차단기의 특징

① 소형 경량이고 조작기구가 간편하다.

② 화재 위험이 없다.

③ 폭발음이 없다.

④ 소호실에 대해서 보수가 거의 필요치 않다.

⑤ 차단 시간이 짧고 차단 성능이 회로 주파수의 영향을 받지 않는다. [답] ㉰

문제 43. 수(數) 10기압의 압축공기를 소호실 내의 아크에 흡부(吸附)하여 아크 흔적을 급속히 치환하며 차단 정격 전압이 가장 높은 차단기는 다음 중 어느 것인가?

㉮ MBB ㉯ ABB ㉰ VCB ㉱ ACB

[답] ㉯

문제 44. 소호 원리에 따른 차단기의 종류 중에서 소호실에서 아크에 의한 절연유 분해 가스의 흡부력(吸付力)을 이용하여 차단하는 것은?

㉮ 유입차단기 ㉯ 기중차단기 ㉰ 자기차단기 ㉱ 가스차단기

[답] ㉮

문제 45. 유입차단기에 대한 설명으로 옳지 않은 것은?

㉮ 기름이 분해하여 발생되는 가스의 주성분은 수소가스이다.

㉯ 붓싱 변류기를 사용할 수 없다.

㉰ 기름이 분해하여 발생된 가스는 냉각 작용을 한다.

㉱ 보통상태의 공기중에서 보다 소호능력이 크다.

풀이 유입차단기는 붓싱형 변류기를 사용할 수 있어 경제적이다. [답] ㉯

문제 46. 다음은 자기차단기의 특징들이다. 틀린 것은?

㉮ 화재의 위험이 적다.

㉯ 보수 점검이 비교적 쉽다.

㉰ 전류절단에 의한 와전류가 발생하지 않는다.

㉱ 회로의 고유주파수에 차단성능이 좌우된다.

[답] ㉱

문제 47. 다음 중 가스차단기(GCB)의 보호장치가 아닌 것은?

㉮ 가스압력계 ㉯ 가스밀도검출계

㉰ 조작압력계 ㉱ 가스성분표시계

[답] ㉱

문제 48. SF_6차단기에 관한 설명으로 옳지 않은 것은?

㉮ SF_6가스는 절연내력이 공기의 2~3배 정도이고 소호능력이 공기의 100~200배 정도이다.

㉯ 밀폐구조이므로 소음이 없다.

㉰ 근거리고장 등 가혹한 재기전압에 대해서도 우수하다.

㉱ 아크에 의하여 SF_6 가스는 분해되어 유독가스를 발생시킨다.

풀이 SF_6 차단기는 소호성능이 우수하고 안정도가 높은 SF_6 불활성 기체를 이용한 차단기로서 특징은 다음과 같다.

① SF_6가스는 사용 상태에서 불활성, 불연, 무미, 무취, 무독성이다.

② 비열은 0.7, 비중은 공기의 약 5배 정도 무겁다.

③ 소호능력은 공기의 100~200배 정도이다.

[답] ㉱

문제 49. 재폐로 차단기에 대한 설명 중 옳은 것은?

㉮ 배전선로용 고장구간을 고속차단하여 제거한 후 다시 수동조작에 의해 배전이 되도록 설계된 것이다.

㉯ 재폐로 계전기와 같이 설치하여 계전기가 고장을 검출하여 이를 차단기에 통보 차단하도록 된 것이다.

㉰ 송전선로의 고장구간을 고속 차단하고 재송전하는 조작을 자동적으로 시행하는 재폐로 차단기를 장치한 자동차단기이다.

㉱ 3상 재폐로 차단기는 1상의 차단이 가능하고 무전압시간을 약 20~30초로 정하여 재폐로 하도록 되어 있다.

[답] ㉰

문제 50. 초고압용 차단기에서 개폐저항을 사용하는 이유는?

㉮ 차단용량 감소　　㉯ 이상전압 억제

㉰ 차단속도 증진　　㉱ 차단전류의 역률 개선

풀이 초고압용 차단기는 개폐시 전류절단현상이 발생하므로 개폐시 이상전압을 억제하기 위해 개폐저항기를 사용한다.

[답] ㉯

문제 51. 투입과 차단을 다같이 압축공기의 힘으로 하는 것은?

㉮ 유입차단기　　㉯ 팽창차단기　　㉰ 제호차단기　　㉱ 임펄스차단기

[답] ㉱

문제 52. 파일럿 와이어(pilot wire)계전방식에 해당되지 않는 것은?

㉮ 고장점 위치에 관계없이 양단을 동시에 고속 차단할 수 있다.

㉯ 송전선에 평행하도록 양단을 연락한다.

㉰ 고장시 장해를 받지 않게 하기 위하여 연피 케이블을 사용한다.

㉱ 고장점 위치에 관계없이 부하측 고장을 고속도 차단한다.

풀이 고장점의 위치에 무관하게 양단을 동시에 고속도 차단한다.

[답] ㉱

문제 53. 전력용 퓨즈는 주로 어떤 전류의 차단 목적으로 사용하는가?

㉮ 단락전류　　㉯ 과부하전류　　㉰ 충전전류　　㉱ 과도전류

[답] ㉮

문제 54. 전력용 퓨즈의 장점으로 틀린 것은?

㉮ 소형으로 큰 차단용량을 갖는다.

㉯ 밀폐형 퓨즈는 차단시에 소음이 없다.

㉰ 가격이 싸고 유지 보수가 간단하다.

㉱ 과도 전류에 의해 쉽게 용단되지 않는다.

[답] ㉱

문제 55. 고압 배전선로의 보호방식에서 고장전류의 차단방식이 아닌 것은?

㉮ 퓨즈에 의한 보호방식

㉯ 리클로져(recloser)에 의한 방식

㉰ 섹셔널라이져(sectionalizer)에 의한 방식

㉱ 자동부하 전환스위치(ALTS ; auto load transfer switch)에 의한 방식

[답] ㉱

문제 56. 인터록(inter lock)의 설명으로 옳게 된 것은?

㉮ 차단기가 열려 있어야만 단로기를 닫을 수 있다.

㉯ 차단기가 닫혀 있어야만 단로기를 닫을 수 있다.

㉰ 차단기기 열려있으면 단로기가 닫히고, 단로기가 열려 있으면 차단기가 닫힌다.

㉱ 차단기의 접점과 단로기의 접점이 기계적으로 연결되어 있다.

[답] ㉮

문제 57. 발전소 옥외변전소의 모선방식 중 환상 모선방식은?

㉮ 1모선 사고시 타모선으로 절체할 수 있는 2중 모선이다.

㉯ 1발전기마다 1모선으로 구분하여 모선 사고시 타발전기의 동시 탈락을 방지한다.

㉰ 다른 방식보다 차단기의 수가 적어도 된다.

㉱ 단모선방식을 말한다.

풀이 옥외변전소의 모선방식 중에 환상식은 1모선 사고시 다른 타모선으로 급전이 가능하다.

[답] ㉮

문제 58. 변전소 구내에서 보폭전압을 저감하기 위한 방법으로 잘못된 것은?

㉮ 접지선을 얕게 매설한다.

㉯ mesh식 접지방법을 채용하고 mash 간격을 좁게 한다.

㉰ 자갈 또는 콘크리트를 타설한다.

㉱ 철구, 가대 등의 보조접지를 한다.

[답] ㉮

문제 59. 변류기 개방시 2차측을 단락하는 이유는?

㉮ 2차측 절연보호　　㉯ 2차측 과전류 보호

㉰ 측정오차 방지　　㉱ 1차측 과전류 방지

풀이 변류기 2차측을 개방하면 부하전류가 변류기 권선내에 제5고조파가 발생되어 변류기 2차측 절연이 파괴되므로 변류기 2차측은 반드시 단락시켜야 한다. [답] ㉮

문제 60. 절연 개폐 장치(G.I.S)의 특징이 아닌 것은?

㉮ 감전 사고 위험 감소　　㉯ 밀폐형이므로 배기 및 소음이 없음

㉰ 신뢰도가 높음　　㉱ 변성기와 변류기는 따로 설치

[답] ㉱

문제 61. 변압기 운전중에 절연유를 추출하여 가스 분석을 한 결과 어떤 가스 성분이 증가하는 현상이 발생되었다. 이 현상이 내부 미소방전(유중 ARC분해)이라면 그 가스는?

㉮ CH_4　　㉯ H_2　　㉰ CO　　㉱ CO_2

풀이 GAS 조정에 의한 이상 종류

GAS 종류	이상종류	이상현상	사고사례
수소(H_2)	· 유중 ARC분해 · 고체절연물 ARC 분해	· ARC 방전 · 코로나 방전	· 권선의 중간단락 권선용단 · TAP절환기접점의 ARC단락
메탄(CH_2)	· 절연유 과열	· 과열, 접촉불량 · 누설전류에 의한 과열	· 체부부위 이완, 및 절연불량 · 절환기 접점의 ARC 단락
아세틸렌(C_2H_4)	· 유중 ARC 분해	· 고온 열분해시 발생	· 권선의 층간단락
일산화탄소(CO 및 CO_2)	· 고체절연물 과열 · 유중 ARC 분해 · 고체 과열	· 과열소손	· 절연지 손상 · 베트라트 소손

[답] ㉯

문제 62. 송전계통에서 이상전압의 방지대책이 아닌 것은?

㉮ 철탑 접지저항의 저감
㉯ 가공 송전선로의 피뢰용으로서의 가공지선에 의한 뇌차폐
㉰ 기기 보호용으로서의 피뢰기 설치
㉱ 복도체 방식 채택

[답] ㉱

문제 63. 직격뢰에 대한 방호설비로서 가장 적당한 것은?

㉮ 가공 지선 ㉯ 서지 흡수기 ㉰ 복도체 ㉱ 정전 방전기

풀이 가공 지선의 주목적인 뇌해방지이다. [답] ㉮

문제 64. 유효접지 계통에서 피뢰기의 정격전압을 결정하는 데 가장 중요한 요소는?

㉮ 선로애자련의 충격섬락 전압
㉯ 내부이상 전압 중 과도이상 전압의 크기
㉰ 유도뢰의 전압의 크기
㉱ 1선 지락 고장시 건전상의 대지전위 즉, 지속성 이상전압

풀이 속류 차단이 되는 속류의 최고전압이다. [답] ㉱

문제 65. 변전소의 전력기기를 시험하기 위하여 회로를 분리하거나, 계통의 접속을 바꾸거나 하는 경우에 사용되며 여기에는 소호장치가 없어 고장전류나 부하전류의 개폐에는 사용할 수 없는 것은?

㉮ 차단기 ㉯ 계전기 ㉰ 단로기 ㉱ 전력용 퓨즈

풀이 단로기(DS) : 선로의 접속변경이나 보수 점검시에 회로에서 분리하기 위한 장치

[답] ㉰

문제 66. 이상 전류가 흐르는 경우 투입과 차단을 모두 할 수 없는 것은?

㉮ 차단기　　㉯ 단로기　　㉰ 퓨즈(Fuse)　　㉱ 접지스위치

[답] ㉯

문제 67. 용량성 전압변성기 CPD의 장점이 아닌 것은?

㉮ 공진을 이용하므로 주파수 특성이 좋다.

㉯ 절연내량이 커서 계전기와 공용할 수 있다.

㉰ 절연의 신뢰도가 높다.

㉱ 고장이 나더라도 값싼 예비품으로 속히 수리된다.

풀이 CPD의 특징

① 권선형에 비해 비오차가 크고 특성이 나쁘다.

② 절연의 신뢰도가 높다.

③ 고압일 경우 가격이 싸다.

④ 통신용 콘덴서와 겸용할 수 있다.

[답] ㉯

문제 68. 영상전류를 검출하는 방법이 아닌 것은?

㉮

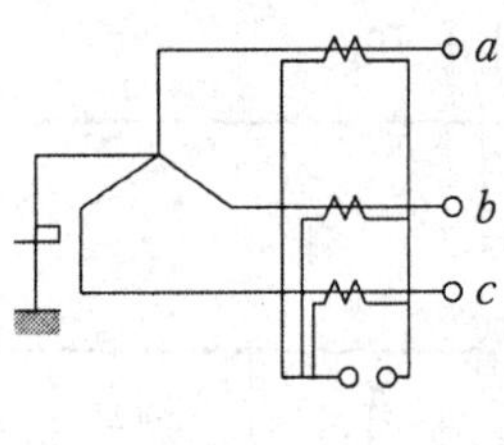

㉯

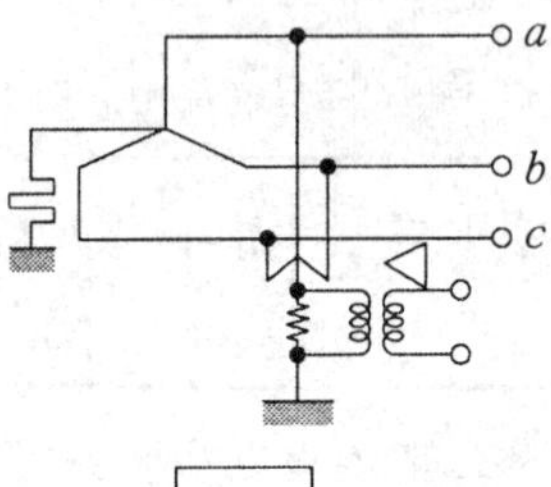

㉰

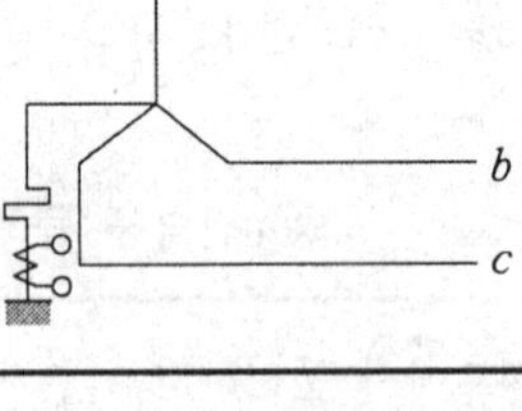

㉱

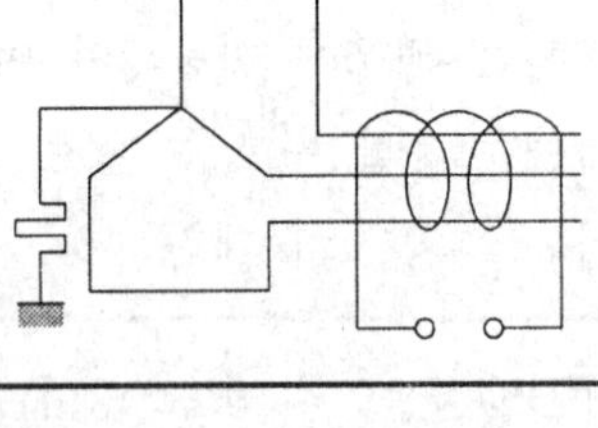

풀이 "나"는 GPT를 연결했으므로 영상전압이 검출되나 "가", "다", "라"는 영상전류 검출

[답] ㉯

문제 69. 영상전압과 영상전류에 의해서 동작하는 계전기는 어떤 목적에 사용하는가?

㉮ 선로의 선택 차단

㉯ 변압기의 층간 단락 차단

㉰ 중성점 소호 리액터 접지 계통의 충전 전류 차단

㉱ 계통의 과전압 차단

풀이 ZVT, ZCT등의 계전기는 고장 선로의 선택차단을 위해서 사용 [답] ㉮

문제 70. 그림과 같이 200/5(CT) 1차측에 150[A]의 3상 평형 전류가 흐를 때 전류계 A_3에 흐르는 전류는 몇 [A]인가?

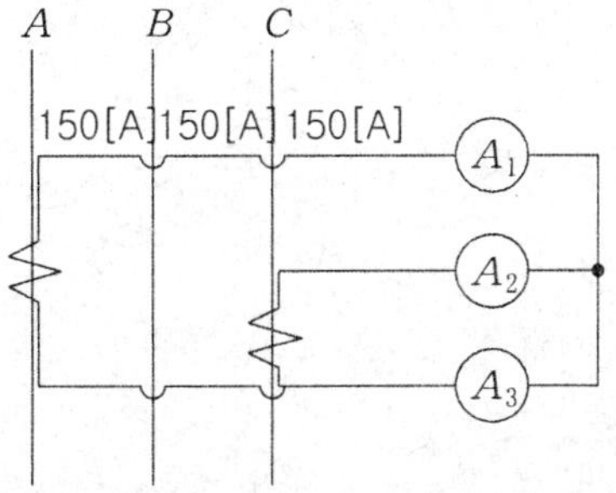

㉮ 3.75

㉯ 5.25

㉰ 6.25

㉱ 7.25

풀이 A_3에 흐르는 전류는 B상에 흐르는 전류이므로

$$A_3 = A_1 = A_2 = 150 \times \frac{5}{200} = 3.75[\text{A}]$$ [답] ㉮

문제 71. 3상으로 표준전압 3[kV], 600[kW]를 역률 0.85로 수전하는 공장의 수전회로에 시설할 계기용변류기의 변류비로 정하려고 한다. 가장 적당한 것은?(단, 변류기의 2차전류는 5[A]임)

㉮ 5 ㉯ 10 ㉰ 20 ㉱ 40

풀이 부하전류 $I_2 = \frac{600}{\sqrt{3} \times 3 \times 0.85} = 135.85[\text{A}]$

CT의 적당한 변류비는 정격 부하전류의 150[%]이므로

CT비 $R = \frac{135.85 \times 1.5}{5} = 40.7 \fallingdotseq 40$ [답] ㉱

문제 72. 정격전압 7.2[kV]인 3상용 차단기의 차단용량이 100[MVA]이다. 정격 차단전류는 몇 [kA]인가?

㉮ 2 ㉯ 4 ㉰ 8 ㉱ 12

풀이 $I_S = \frac{Q}{\sqrt{3}V} = \frac{100}{\sqrt{3} \times 7.2} = 8$[kA] [답] ㉰

이상전압과 그 보호 제 13 장

13.1 이상전압의 종류

송전 계통에 발생되는 이상 전압은 그 원인에 의하여 외부적인 것과 내부적인 것으로 나눌 수가 있다.

13.2 내부원인에 의한 이상전압

13.2.1 개폐 이상 전압(switching surge)

전선로의 차단기를 개폐할 때 발생되는 이상 전압은 선로의 전압에 급격한 변화를 주고 경우에 따라 큰 이상 전압이 될 때도 있는데 일반적으로 회로를 투입할 때가 개방할 때보다, 또 큰 부하를 걸고 있는 회로를 개폐하는 때보다 무부하시의 회로를 개방하는 경우에 높은 이상 전압을 발생하게 된다.

이 중 가장 큰 이상 전압이 발생되는 경우는 무부하 송전 선로의 충전 전류를 차단하는 경우이다.

무부하 송전선에서 송전 전류를 차단할 때는 충전 전류가 전압보다 90°위상이 앞서기 때문에 전류가 0이 되는 순간에 전압은 최대치에 달하게 되는 것이다. 따라서 차단기의 개방 속도가 충분히 빠르지 않으면 차단기의 양접점간에 생기는 서로 다른 전압에 의하여 접점간의 절연이 파괴되어 이것이 아크로 연결되어 재점호가 생기게 된다.

개폐 이상 전압의 크기는 크리드노 그래프 또는 고속도 Brown관, 오실로 그래프에 의하여 측정되는데, 측정 결과에 따르면 무부하 송전선의 투입시는 상규 대지 전압의 약 2배 이하가 많고 무부하 송전선의 충전 전류를 차단할 때는 4배 이하이며 4.5배를 넘는 경우는 극히 적다.

13.2.2 고장 이상 전압

고장에 의한 이상 전압이 발생하는 경우는 여러 가지를 생각할 수 있겠지만 그 중 1선 지락의 빈도가 가장 높으며 이것은 아크 지락(전선과 철탑, 애자의 표면을 통하여 아크로 지락)이라고 한다.

비접지 회로에서 아크 지락이 발생하면 접지 전류는 다른 건전상 전선의 정전 용량을 통하여 흐르게 된다. 따라서 접지 전류가 0일 때 아크는 소멸되지만, 이때 고장상의 대지 전압은 최대이므로 그 전압과 대지 정전용량에 의한 다량의 전하가 아크가 소멸되는 동시에 고장선에 남는다. 그리고 다음 반 주기 사이에 전원측의 전압은 전류 전압에 의한 전압과 전원 전압의 합만큼 높은 전압이 지락점에 가해져서 재차 아크로 지락되고 1/2 주기마다 아크 지락이 되풀이 되게 되며 이것은 간헐 아크 지락이라고 한다.

아크 지락에 의한 이상 전압의 발생은 충전 전류의 차단시에 있어서의 차단 내부 접점간의 재점호 현상과 같다. 즉 중성점 비접지 방식에서 1선 지락이 발생한 경우는 고장점과 대지가 양 접점에 해당되고 고장 전류는 반 주기마다 재점호의 현상을 되풀이 하기 때문에 건전상의 전압은 누가적으로 증가하게 된다. 실측에 의하면 상규 대지 전압의 약 7배 이상에 달한 때도 있다.

그러나 중성점이 고저항이라도 접지 방식이면 이상 전압은 상당히 낮아진다.

13.2.3 소호 리액터계의 직렬 공진에 의한 이상 전압

송전 선로에서 동일 철탑에 가선된 2회선이 다른 계통에 접속되고 양 계통이 전압, 주파수에 관계없이 독립적으로 운전되는 경우, 양 계통의 중성점이 저항 접지이면 문제가 없겠지만 한쪽 혹은 양쪽이 소호 리액터 접지일 때 소호 리액터 계통이 건전하고 다른 선로에 고장이 생겨 영상 전압이 나타나면 양 회선간의 상호 정전용량을 통하여 건전 회로에 정전 유도 작용에 의한 영상 전압을 유기하게 된다.

이 때 건전 회로인 소호 리액터 계통은 직렬 공진을 일으켜 이상 전압이 발생되고 또 이 경우 고장 회선의 전압이 높고 건전 회선의 전압이 낮으면 위험성이 커지게 된다.

13.3 외부 원인에 의한 이상 전압

외부 원인에 의한 이상 전압이 발생하는 경우는 대부분 뢰에 기인하는 것인데 뢰의 선로에 대한 작용은 전자 유도, 정전 유도, 직격 등을 들 수 있다.

13.3.1 전자유도에 의한 뢰전압

뢰운과 뢰운 간 또는 뢰운과 구름 간에 방전이 생기면 큰 전류가 흐르게 되는데 이 전류의 전자 유도 작용에 의하여 선로에는 전압이 유기된다. 그러나 이 전압은 아주 높지 않으므로 보통 고려하지 않아도 좋다.

13.3.2 정전 유도 작용에 의한 뢰전압

뢰운 가까이에 송전선이 있을 때 정전 유도 작용으로 선로 상에 그 뢰운과 반대 극성의 구속 전하가 유기된다. 또 동시에 구속 전하와 동량의 자유 전하가 뢰운에서 먼쪽의 선로에 생기는데 이 전하는 중성점의 접지 임피던스 또는 애자의 누설 저항 등을 통해서 대지로 흐른다. 이 때 뢰운이 방전해서 전하를 잃으면 도체 상의 구속 자유 전하로 되어 방전 상태에 따른 파고치의 진행파로 된다. 이 순간 도체의 최고 전압 V는 다음 식으로 표시된다.

$$V = agh[\text{kV}] \tag{13-1}$$

여기서

h : 도체의 높이[m]

g : 방전 이전의 송전선 이하의 전계 강도[kV/m]

a : 방전 상태 및 구속 전하의 분포에 의하여 정하여 지는 정수($a \leq 1$)

또 상기의 유도 전압의 파고 높이는 2등분되어 선로의 좌우에 빛의 속도로서 진행되어 간다. 유도뢰는 직격에 비하여 발생 회수가 많고 대부분 정극성이며 파형은 완만하다.

직격뢰에 비하여 유도뢰의 발생 회수는 훨씬 많으나 파고치는 200[kV]를 초과하는 것이 드물고 최고 500[kV] 정도이며 대부분은 수만[V] 정도이며, 66[kV] 이상의 송전선에서는 애자의 절연 파괴를 일으키지 않으므로 66[kV]이상에서 섬락의 위험이 없다고 볼 수 있으므로 그 설계에 대하여는 직격뢰에 대해서만 대책을 강구하면 좋다고 볼 수 있다.

13.3.3 직격뢰 전압

송전 선로와 뢰운 사이에 뢰 방전이 일어나는 현상을 직격이라고 부르며, 이 경우에는 아주 큰 전류가 선로에 흐르게 되므로 그 전압치도 크고 이 때의 진행파의 파형은 충격파의 파형을 갖게 된다.

충격파는 파고치, 파두장 및 파미장으로 나타내는데 실제로는 충격파의 처음 부분과 파고치의 부분은 파형이 이그러져서 그 시간을 판정하기가 어려우므로 통상 그림 13-1과 같이 정하고 있다.

그림 13-1

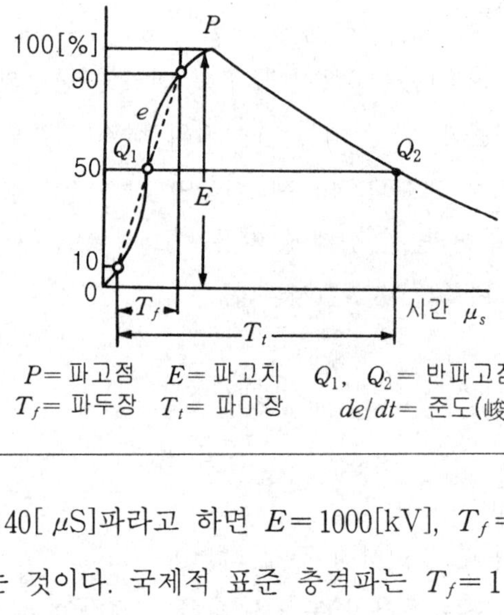

P= 파고점 E= 파고치 Q_1, Q_2= 반파고점
T_f= 파두장 T_t= 파미장 de/dt= 준도(峻度)

만일 1000[kV], 1×40[μS]파라고 하면 $E=1000$[kV], $T_f=1$[μS], $T_f=40$[μS]의 충격파를 나타내는 것이다. 국제적 표준 충격파는 $T_f=1$[μS], $T_t=40$[μS]인 파형인데(1×40[μS])로 나타내고 있으며 이것은 뢰 전압의 선단이 피뢰기의 설치점에 도달하면 1[μS]에 유효하게 피뢰기가 동작하여 뢰 전압을 낮추지 않으면 변압기에는 뢰 전압의 파고치가 그대로 돌입하고, 또 침입한 후 40[μS] 사이를 절연물이 견디어 나면 전압은 반으로 내려간다는 뜻이다.

직격에 의한 진행파는 $T_f=1\sim40$[μS], $T_t=5\sim100$[μS] 정도이며, 유도에 의한 진행파는 $T_f=20\sim30$[μS] T_t=수백[μS]정도이다.

직격에 의한 뢰 전압은, 뢰 고유의 전압 보다는 훨씬 낮고 선로의 절연 강도에 의하여 정해지게 되는데 절연을 높게 한 송전 선로에서도 애자의 섬락은 어쩔 수 없게 된다. 목재는 충격 전압에 대한 상당한 절연 내력을 가지고 있으므로 목주에 의한 송전 선로의 직격뢰 전압은 같은 애자 절연의 철탑의 경우 보다는 상당히 높게 된다.

뢰 전류를 측정하는 가장 간단한 방법은 엷은 강판을 적층한 자강편을 철탑의 각부에 부착시키는 것이며, 이것은 철탑을 통하여 방전 전류에 의하여 자화되므로 그 자기 모우먼트의 측정으로부터 뢰 전류의 극성과 또 파고치를 얻어 낼 수가 있는 것이다.

철탑을 흐르는 전류는 대부분 60[kA] 정도이고 100[kA]를 넘는 것은 극히 드물다.

13.4 이상 전압으로 부터의 보호

13.4.1 가공지선의 설치

가공 지락(ground wire)은 그림 13-2와 같이 철탑의 꼭대기에 선로와 평형하게 가설한 강연선으로 된 것이며, 각각의 철탑에서 접지되는 도선이고 이것은 주로 유도 뢰에 대한 정전 차폐 효과 및 직격 뢰에 대한 차폐 효과의 목적으로 설치된다.

그림 13-2

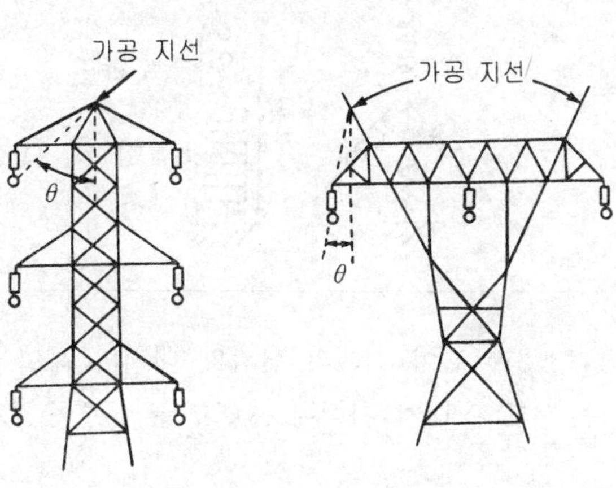

그림에서 가공 지선과 연결하는 직선이 가공 지선의 연직선과 만나는 각도를 차

폐각(shieding angle)이라고 하고, 이 각도가 적을수록 차례 효과는 크게 된다. 보통 차폐각 θ는 약 45도로 한다. 가공 지선을 두 줄로 하면 θ는 적어지게 되고 따라서 차폐률이 높아지므로 뢰가 많은 지방의 가공 선로나 중요한 발변전소에서 5, 6[km] 사이의 선로에서는 2줄의 가공 지선을 설치한다.

가공 지선의 또 하나의 설치 목적은 전자 차폐 효과이다.

가공 지선과 도체는 전자적으로 결합되어 있으므로 도체에 이상 전압 진행파가 발생하면 가공 지선에도 유도 진행파가 나타나게 된다. 유도 진행파는 가공 지선의 접지점에서 반사가 일어나는데 이에 따라 도체의 진행파에도 반사가 일어나고 이상 전압 진행파의 파고치를 감소시키는 작용이 있는데 이것이 가공 지선의 전자 차폐 효과이다.

또 이밖에 1선 지락 사고 때 지락 전류의 일부는 대지를 통하지 않고 가공 지선을 통하게 되므로 부근의 통신선에 미치는 전자 유도 장해를 경감시킬 수 있다.

13.4.2 피뢰기(lightning arrester)

피뢰기는 송전선에 병렬로 접속하여 이상 전압의 파고치를 저감시켜 기기의 절연 파괴를 방지하는 장치이다.

그림 13-3

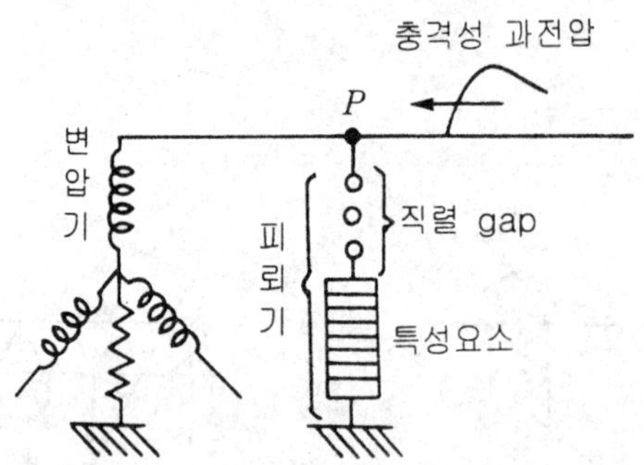

피뢰기는 그림 13-3과 같이 기기의 단자와 대지의 사이에 접속되어 이상 전압이 발생하였을 때 선로와 대지 사이에 도전로를 이루어 손상과 섬락을 방지하는 구실을 한다.

즉, 피뢰기는 평상시에는 조금도 전류를 흘리지 않으나 방전 개시 전압보다 높은 이상 전압의 습격을 받으면 이 전압을 대지로 방전하고 그 단자 전압을 기기의 내전압 이하의 낮은 값으로 내린다.

피뢰기가 방전을 개시할 때의 단자 전압의 순시치를 **방전 개시 전압**, 방전 중의 단자 전압의 파고치를 **제한 전압**이라고 한다. 방전이 끝나고 전압이 상규 상태로 된 후에는 신속히 피뢰기를 차단하지 않으면 이것을 통하여 속류(following current)가 흘러 피뢰기 자신의 손상 뿐 아니라 정전 사고를 일으키게 된다.

(1) 피뢰기의 구조

현재 사용되는 교류용 피뢰기는 특성 요소와 직렬 갭으로 되어 있다.

(가) **특성요소** : 이것은 피뢰기의 주체이고 그 동작에 의하여 방전 전류를 흘르며 습래 진행파의 파고치를 저감시켜 다른 기기를 보호하고 속류를 억제한다.

탄화 규소를 주체로 하고 결착 재료와 같이 소성된 특성 요소는 그 저항의 비직선성을 이용한 것이다. 특성 요소로 되는 소성품에는 다공질의 것과 치밀질의 것 등이 있다. 그 모양은 원판 또는 원통상이며, 필요한 매수만큼 쌓아 가지고 습기 침입에 의한 사고를 방지하기 위하여 자기 애관에 넣어서 밀봉한다. 방전 전류가 클 경우에는 원형 단면이 큰 것을 사용하는데 전류가 고르게 분포 되어야 한다.

(나) **직렬 갭(gap)** : 직렬 갭은 상규 상태에서는 방전하지 않고 피뢰기 특성 요소를 선로에서 절연시켜 상용 주파 전류의 통과를 방지하며 뢰 서어지(surge)가 들어오면 즉시 방전하여 뢰 전류를 대지에 방류하고 속류 차단, 즉 소호의 구실을 하는 것이다. 따라서 직렬 갭의 상용 주파 방전 개시 전압은 될 수 있는 대로 높고, 충격 방전 개시 전압은 낮은 것이라야 된다. 또 서어지에 대하여 방전의 늦음이 적을 것, 즉 방전 개시의 전압 시간 특성($V-t$ 곡선)(파형이 일정하고 파고치가 다른 여러 가지 충격 전압을 가할 때 방전 개시 전압과 충격 전압을 가한 후 방전 개시까지의 시간과의 관계를 나타내는 곡선)이 평탄하게 되어야 한다.

갭의 소호 작용은 전극의 형상·재질, 봉입 가스의 종류 및 압력에 관계된다.

(2) 피뢰기의 종류

(가) 갭저항형 피뢰기 : 저항과 직렬 갭이 직렬로 된 것이다.

(나) 밸브형 피뢰기 : 특성 요소가 일정한 임계 전압을 갖고 그 이상의 전압에서는 전압의 근소한 증가에 대해서 전류가 크게 증가한다.

전류가 감소할 때에는 일반적으로 증가할 때와 같은 특성을 나타내지 않고 그림

13-4와 같이 환선으로 된다.

그림 13-4 판형 피뢰기의 특성 곡선

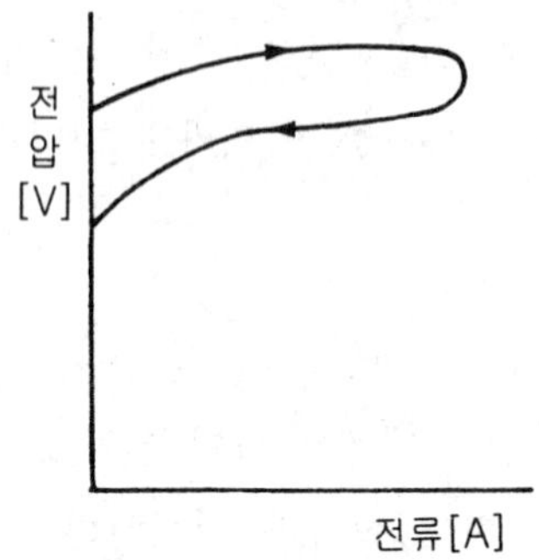

그림 13-5 판저항형 피뢰기의 특성 곡선

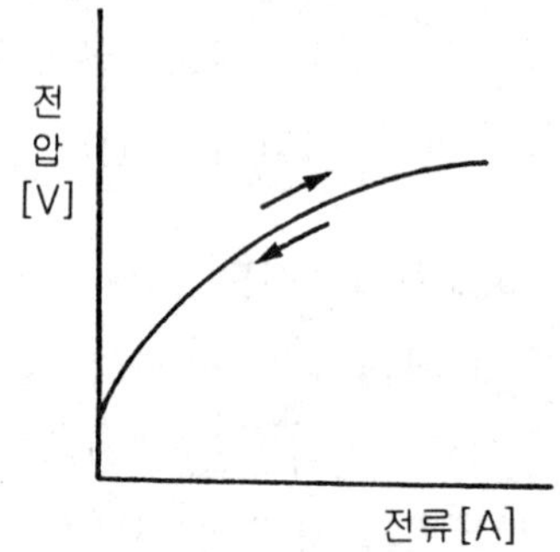

(다) 밸브 저항형 피뢰기 : 전류가 증가함에 따라 저항치가 크게 저하하는 저항체를 특성 요소로 하는 것이며, 그림 13-5는 그 전압 · 전류 특성 곡선이다.

이들에 속하는 피뢰기에는 표 13-1과 같은 것이 있다.

표 13-1 피뢰기의 종류

종 류	명 칭	비 고
간극저항형 피뢰기	각형 피뢰기	간형 간극+저항
	자기 취소형 피뢰기	간극+저항+자기소호코일
	Bendmann 피뢰기	간극+저항+전자 리레이
	다극 피뢰기	간극+저항
판형 피뢰기	알루미늄 피뢰기	알루미늄의 전해액 피막이용
	oxide film 피뢰기	산화연의 화학변화 이용
	pellet 피뢰기	산화연의 화학변화 이용
	auto valve 피뢰기	글로우 방전 이용
	신 auto valve 피뢰기	다공질 중의 글로우 방전 이용
판저항형 피뢰기	thyrite 피뢰기	탄화 규소의 비직선성 이용
	resist valve 피뢰기	
	dry valve 피뢰기	
	auto valve 피뢰기	

① 각형 피뢰기 : 가장 간단한 것으로서 그림 13-6과 같이 각형 직렬 갭과 저항을 직렬로 접속한 것이다. 저항으로써 속류를 어느 정도 이하로 제한하고 각형 갭으로 이것을 차단하는데 고저항이 필요하므로 제한 전압은 높게 된다.

그림 13-6 각형 피뢰기

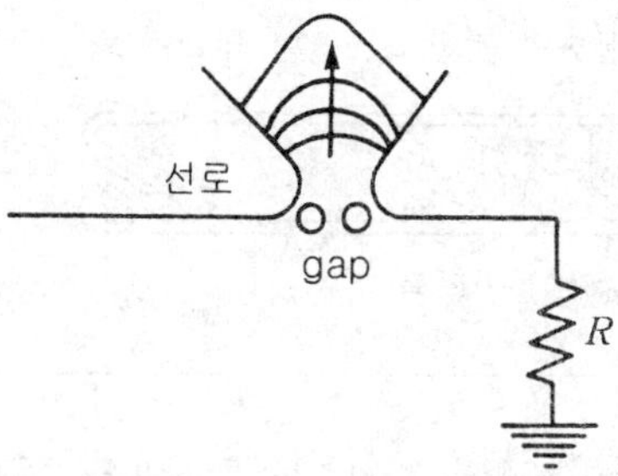

그림 13-7

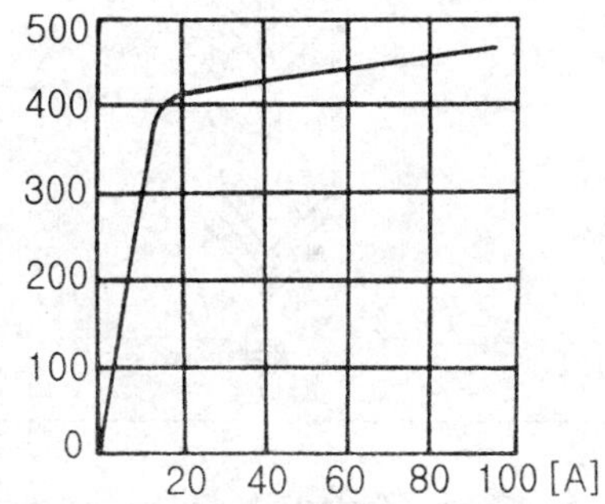

② 알루미늄 cell 피뢰기 : 알루미늄을 전해액속에 넣고 전압을 가할 때 알루미늄의 표면에 형성되는 엷은 막의 특성을 이용한 것이다. 이 엷은 막의 한 예를 들면 그림 13-7과 같다.

이 cell의 성질로서 전압이 450[V](실효치 350[V])로 될 때까지는 극에서 전해액 쪽으로 전류가 거의 흐르지 않으나 이 전압을 넘으면 엷은 막이 파괴되어 저항이 급속히 감소하여 전류가 현저하게 증가한다. 또 전압이 이 값 이하로 떨어지면 다시 엷은 막이 생겨서 저항이 급속히 증가하여 전류를 차단한다. 이 전압을 임계 전압이라 한다. 이 피뢰기는 제한 전압이 낮고 속류가 작으므로 직렬 갭으로써 쉽사리 차단할 수 있다.

교류에 사용되는 것은 보통 전극판을 원추형으로 하여 절연 간극판을 사이에 두고 직렬로 둘러싸며 그 사이에 전해액을 넣고 전체를 기름통 속에 넣어서 그림 13-8과 같이 직렬 갭을 거쳐서 선로에 접속한다. 직렬 갭을 사용하는 이유는 장시간 계속하여 전압이 가해지면 엷은 막이 열화하기 때문이다.

매일 한 번씩 그림 13-8 A를 돌려 갭을 단락해서 저항 R를 거쳐 단시간 전압을 가하여야 한다. 이 작업을 **충전**이라 하는데, 충전을 하는 이유는 전압을 가하지 않고 오랫 동안 방전하면 엷은 막의 성질이 변화하고 임계 전압이 저하하기 때문이다. 이 피뢰기의 특성은 비교적 우수한데, 습식인 것과 충전 작업을 해야 하는 것이 결점이다.

그림 13-8 알루미늄 피뢰기

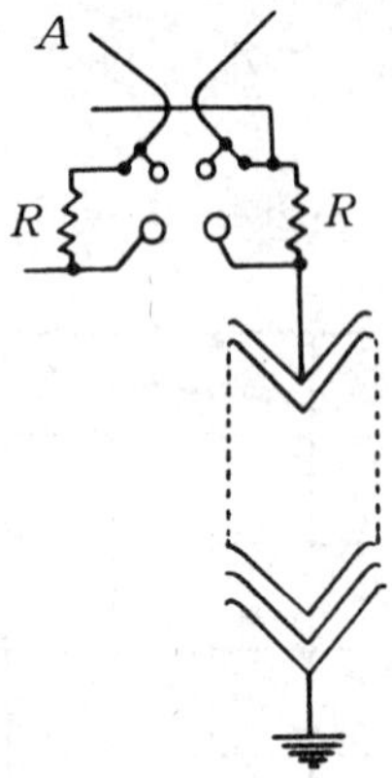

그림 13-9 Oxide film 피뢰기

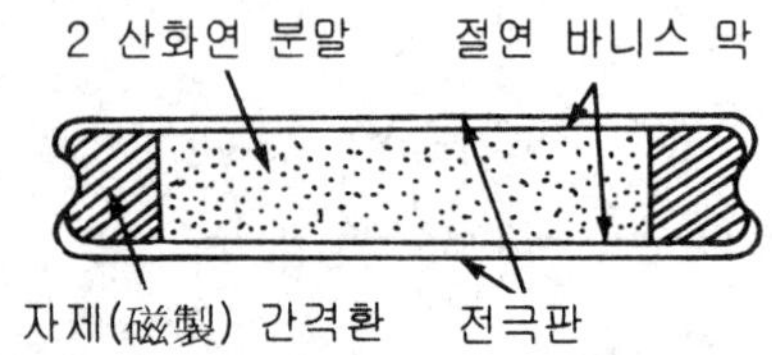

③ Oxide film 피뢰기 : 이것은 그림 13-9와 같이 표면에 바니스를 바른 두장의 금속 전극판과 자기제 갭환사이에 2산화연(PbO_2)의 분말을 넣어 밀봉한 것을 cell로 한 것이다. 이것을 회로 전압에 따라 적당한 수만큼 직렬로 쌓아서 선로에 접속시킨다. 제작후 cell에 교번 전압을 가하고 그 값을 서서히 올리면, 바니스의 약한 곳에서 절연이 파괴 되고 그 점에 전류가 집중되어 흐른다. 그러면 그 부분이 고온으로 되어 2산화연은 절연성의 1산화연으로 되고 파괴된 부분을 봉쇄하여 전류를 차단한다. 따라서 어떤 값까지 전압을 올려 가면 바니시 피막의 절연 내력이 그 전압 이하인 곳은 모두가 1산화연의 피막으로 된다. 이 작업을 화성이라 한다. 화성 전압은 보통 실효치 350[V]이다. 설치 직후 및 매월 한 번 정도 재화성을 한다. 이것과 같은 성질이 있으므로 이것을 선로에 접속시키면 어느 정도 이상의 이상 전압이 들어오면 피막의 절연이 파괴되어 방전되어 그 전압이 어떤 값 이하로 되면 절연을 회복하여 속류를 차단한다.

④ 밸브 저항형 피뢰기 : 이 피뢰기는 소량의 도전 재료를 가한 탄화규소(carbor-undum)에 진흙 · 장석과 같은 결합 분말을 가하고, 혼합 압축하여 고온도로 소성된 원판을 요소로 한다. 이 요소에 흐르는 전류 I와 저항과의 사이에는 $R=CI^{-\alpha}$인 관계가 있다. C와 α는 재질에 관한 정수이다. 전류가 증가하면 저항은 크게 저하한다. 이 종류의 전압 · 전류 특성은 그림 13-5와 같이 피뢰기로서 적당한 특성이며 가역적이고 루우프(loop)를 그리는 경향이 적다. 이것은 방전 현상을 이용하지 않으므로 잔류 이온(ion)의 영향을 받지 않기 때문이며, 그만큼 속류 차

단 능력이 좋다. 이와 같은 특성을 지닌 요소를 선로 전압에 따라 적당한 수만큼 직렬로 쌓는다. 이 피뢰기는 다소 속류가 흐르므로 직렬 갭을 거쳐서 선로에 접속한다.

13.4.3 탑각의 접지

탑각의 접지 저항을 감소시키는 것은 직격 뢰에 의한 역섬락을 방지하고 유도뢰의 파고치를 저감케하는 효과가 있으므로 선로의 내전설계상 대단히 중요하다.

전선이 가공 지선에 의하여 완전히 차폐되어 있어도 철탑의 접지 저항이 충분히 낮지 않으면 철탑 또는 가공 지선에 낙뢰되어 뢰 전류를 방류할 때가 있다. 이때 철탑 자체의 전압은 상승하고 철탑의 아암(arm)에서 애자의 절연을 파괴하여 도체에 섬락이 생기는데 이것을 역섬락이라고 한다.

이 때 철탑의 전위는 뢰격 전류의 파형, 철탑의 높이, 탑각 접지 저항의 전압 특성과 주파수 특성에 따라 다르나 간단히 말하면 뢰 전류와 탑각 접지 저항의 곱에 비례한다.

따라서 뢰 전류의 크기를 아는 것이 제일 필요하게 되고 그에 따라 접지 저항이 정해지는 것이다.

예를 들면 220[kV] 선로의 일연의 애자의 수를 13개라고 하면 애자의 충격 섬락 전압은 약 1,200[kV]가 되므로 역섬락을 일으키지 않고 한계의 철탑 전류는 탑각 접지 저항을 R로 하면 약 $1,200/R$[kV]가 된다.

또 철탑을 흐르는 뢰 전류는 대체로 60[kV]이하이므로 R가 약 $1,200/60=20$ [Ω] 이하라면 역섬락을 일으키지 않는 것이다.

그림 13-10

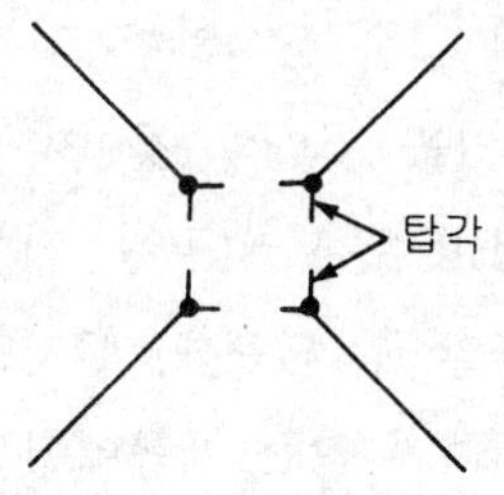

탑각 저항의 저하에는 양호한 매설 지선(counter poise)을 사용하는 것이 좋으

며 이것은 산지 등 지질상 낮은 접지 저항치를 얻을 수 없는 경우에 그림 13-10과 같이 아연 도금의 철연선을 길이 30~50[m] 정도로 탑각에 연결하여 지하 0.5~1[m] 깊이로 방사상 또는 선로에 평행하게 매설한 것이다.

또 수전이나 습지대에서는 구리나 철관 등을 박아 탑각과 접속하면 탑각 접지 저항은 수[Ω] 정도가 된다.

13.5 절연협조

전력 계통에는 여러 가지의 전력 기기나 지지 애자가 이어져 있어서, 상용 주파의 상규 대지 전압 뿐만이 아니고 때때로 계통에 발생하는 지속성 과전압이나 뢰서어지를 맞기도 한다. 이들로부터 전력 계통을 방호하기 위하여 계통의 절연은 상용 주파의 과전압이나 개폐 서어지에는 충분히 견디고, 뢰 서어지에 대해서는 피뢰기의 보호 작용에 의하여 기기 절연을 확보하는 방법이 취하여지고 있다. 즉 하나의 전력 계통에 있어서 피뢰기의 제한 전압을 기준으로 이것에 대하여 어느 정도의 유도를 가진 기준의 절연 강도를 마련해서, 모든 기기에 이것과 같거나 혹은 그 이상의 내압을 갖도록 함과 동시에, 그 사이에 기기의 중요도, 특수성 및 피뢰기에서의 원근에 따라 합리적인 격차를 두어, 계통 전체로서 정연한 하나의 절연 체계를 갖도록 하고 있다. 이것을 **전력 계통의 절연 협조**(insulation coordination)라 한다.

그러면 전력 계통 각 기기의 절연 강도를 어디에다 기준을 두느냐 하는 것은, 기기 사용자나 제작자나 다 같이 매우 중요한 사항이므로, 계통 기기의 채용상 경제성을 잃지 않고, 더욱이 소정의 운용에 지장이 없도록 하기 위하여, 절연 협조의 기준으로 되는 절연 강도에 정하는데, 이를 **기준 충격 절연 강도**(basic impulse insulation level, BIL)라 한다. 참고로 일본의 것으로서, 통칭 절연 계급이라는 것과 이것에 대응한 BIL을 제정한 것을 예시하면 표 13-2와 같다. 이 표의 공칭 전압은 우리 나라에서 채용하고 있는 것만의 것이며, 또 비유효 접지 계통에 대한 것이다. 또한 22[kV] 이상의 BIL은 V=(공칭 전압)/1.1이라고 하면, BIL $=5V+50$[kV]로 되어 있다는 것을 알 수 있는데, 이것을 공칭 전압에 대한 전절연이라 하고 있다. 보호 장치를 마련하지 않는 계통에서, 특히 필요한 경우에는 1급 상위 계급의 기기를 쓰는 일도 있다.

유효 접지 계통에서는 사고시에 발생하는 지속성 과전압이 낮기 때문에 정격 전압이 낮은 피뢰기를 적용할 수 있다. 그러므로 공칭 전압의 비율에서 계통 전체의 절연을 낮추어도 지장을 일으키지 않는다. 이와 같이 공칭 전압에 비해서 계통 절연을 낮추는 것을 저감 절연이라 한다. 그래서 초고압 계통은 예외 없이 유효 접지 계통으로 하여 저감 절연을 실시하고 있는데 우리 나라에서는 154[kV] 선로도 직접 접지 방식을 취하고 있다는 것은 이미 설명한 바와 같다. 그런데 우리 나라의 345[kV] 계통의 BIL은 10×5(3/4)″애자 20개련에 호온 갭 2.34[m]로 하여, 550×2.34+80=1367[kV]를 채용하고 있다.

표 13-2 절연 계급과 BIL, 시험 전압

공칭 전압[kV]	3.3	6.6	22	66	154	220
절연계급[호]	3A(3B)	6A(6B)	20A(20B)	60	140	170*
BIL[kV]	45	60	150	350	750	900
충격시험전압치[kV]	40(30)	60(45)	150(125)	350	750	900
상용주파시험전압치	16(10)	22(16)	50	140	325	395

주 : 절연 계급중 A는 표준 레벨, B는 저레벨

그리고 피뢰기의 제한 전압은 정격치로 BIL의 80[%] 전후가 되도록 하고, 충격 방지 개시 전압은 제한 전압의 거의 95[%] 정도로 설정되어 있다.

또한 기기의 시험 전압은 여러 가지의 변천은 있었지만, 현재에는 원칙으로 기종별에 차이를 두지 않고, 모든 기기에 대하여 충격 시험 전압치를 BIL과 일치시키고 있다. 충격 전압의 파형은 표준 파형 1×40[μS]로서, 이것을 전파시험이라 한다. 전력용 변압기의 내압은 BIL보다 높게 하는 것이 좋지만 경제적이 못되므로 권선 종단 절연의 검증을 목적으로 하는 1.1BIL치의 재단파시험을 추가함과 동시에 피뢰기를 근접해서 설치하는 것을 조건으로 하여 시험 전압치를 BIL로 하고 있다. 계기용 변성기나 차단기 등은 주수시에 섬락 전압이 저하하는 데서, 종래 1.1BIL의 시험 전압이 채용되는데, 이들의 외적 사용 조건을 고려하여 시험 조건은 다르게 하지만, 시험 전압치 자체는 BIL과 일치시키고 있다. 염진에 의한 외부 절연이나 애자의 오른손에 대해서도 같은 사고 방식을 취하고 있다. 단, 전력선 반송용의 결합 콘덴서 및 피뢰기의 보호 범위외에서 사용하는 콘덴서형 전압 변성기에 대해서는 1.2BIL의 시험 전압을 과하도록 한다.

연 습 문 제

문제 1. 송전 선로에서 이상 저압이 가장 크게 발생하기 쉬운 경우는?

㉮ 무부하 송전 선로를 폐로하는 경우 ㉯ 무부하 송전 선로를 개로하는 경우

㉰ 부하 송전 선로를 폐로하는 경우 ㉱ 부하 송전 선로를 개로하는 경우

[답] ㉰

문제 2. 송전선로의 개폐조작시 발생하는 이상전압에 관한 상황에서 옳은 것은?

㉮ 개폐 이상전압은 회로를 개방할 때 보다 폐로할 때 더 크다.

㉯ 개폐 이상전압은 무부하시 보다 전부하일 때 더 크다.

㉰ 가장 높은 이상전압은 무부하 송전선의 충전전류를 차단할 때이다.

㉱ 개폐 이상전압은 상규대지 전압의 6배, 시간은 2~3초이다.

[답] ㉰

문제 3. 차단기의 개폐에 의한 이상전압은 송전선의 Y전압의 몇 배 정도가 최고인가?

㉮ 2배 ㉯ 3배 ㉰ 6배 ㉱ 10배

[답] ㉰

문제 4. 송전 선로에서 역섬락을 방지하는 유효한 방법은?

㉮ 가공지선을 설치한다. ㉯ 소호각을 설치한다.

㉰ 탑각 접지 저항을 작게 한다. ㉱ 피뢰기를 설치한다.

풀이 탑각 접지 저항이 충분히 낮지 않으면 가공 지선이 포착한 직격뢰는 대지로 흐를 수 없고, 철탑 전위가 상승하여 철탑부가 애자를 통하여, 또는 경간 내에서 가공지선과 전력선간의 공기를 통하여, 전력선에 방전하는 역섬락을 일으킨다. [답] ㉰

문제 5. 송전용 철탑에서 탑각 접지저항이 크면?

㉮ 코로나가 발생하기 쉽다. ㉯ 선로 정수가 불평형이 된다.

㉰ 역섬락이 발생하기 쉽다. ㉱ 선로 손실이 증가한다.

풀이 역섬락을 방지하기 위해서는 매설지선을 설치하여 철탑각 접지저항을 적게 한다.

[답] ㉰

문제 6. 송전 선로에 매설 지선을 사용하는 주된 목적은?

㉮ 코로나 전압을 저감시키기 위하여 ㉯ 뇌해를 방지하기 위하여

㉰ 유도장해를 줄이기 위하여 ㉱ 인축의 감전사고를 막기 위하여

풀이 매설 지선은 탑각 접지 저항을 작게하여 역섬락을 방지하며, 역섬락은 직격뢰에 의해서 많이 기인되므로 뇌해방지가 된다. [답] ㉯

문제 7. 철탑에서의 차폐각에 대한 설명중 옳은 것은?

㉮ 차폐각이 클수록 차폐효율이 크다.

㉯ 차폐각이 클수록 정전유도가 커진다.

㉰ 차폐각이 10°인 경우 차폐효율은 10[%] 정도이다.

㉱ 차폐각은 보통 90° 이상으로 설계한다.

풀이 차폐각이란 가공지선과 전력선과의 설치각을 말하며 차폐각이 클수록 차폐효율이 작아져 정전유도가 커지므로 보통 45° 이하로 설계한다. [답] ㉯

문제 8. 154[kV] 송전 선로의 철탑에 45[kV]의 직격 전류가 흘렀을 때 역섬락을 일으키지 않는 탑각 저항값[Ω]의 최고값은? 단, 154[kV]의 송전선에서 1련의 애자수를 9개 사용하였다고 하면 이 때의 애자의 섬락 전압은 860[kV]이다.

㉮ 약 9 ㉯ 약 19 ㉰ 약 29 ㉱ 약 39

풀이 철탑이 직격뢰를 받으면 그 뇌전류와 탑각 접지 저항과의 곱에 해당하는 전위가 상승하므로 역섬락을 일으키지 않는 탑각 접지 저항

$$=\frac{\text{애자의 섬락 전압}}{\text{뇌전류}}=\frac{860}{45}\fallingdotseq 19[\Omega]$$

[답] ㉯

문제 9. 직격뢰에 대한 차폐효과가 주 목적인 것은?
㉮ 가공지선 ㉯ 매설지선 ㉰ 서어지 흡수기 ㉱ 정전방전기

[답] ㉮

문제 10. 송전선로에 낙뢰를 방지하기 위하여 설치하는 것은?
㉮ 댐퍼 ㉯ 소호환 ㉰ 가공지선 ㉱ 애자

[답] ㉰

문제 11. 가공지선을 설치하는 목적은?
㉮ 뇌해방지 ㉯ 전선의 진동방지
㉰ 철탑의 강도보강 ㉱ 코로나의 발생방지

풀이 가공지선의 설치하는 주된 목적은 직격뢰와 유도뢰 방지에 있다. [답] ㉮

문제 12. 가공지선에 대한 다음 설명 중 옳은 것은?
㉮ 차폐각은 보통 15~30° 정도로 하고 있다.
㉯ 차폐각이 클수록 벼락에 대한 차폐효과가 크다.
㉰ 가공지선을 2선으로 하면 차폐각이 적어진다.
㉱ 가공지선으로 연동선을 주로 사용한다.

풀이 가공지선은 직렬회로로부터 송전선의 차폐를 위해 시설한다. 차폐각은 45°이내, 보호율은 97[%]정도이고, 차폐각이 작을수록 보호율이 높으며 가공지선은 ACSR을 사용한다.
차폐각이 적을수록 보호율이 높고 건설비가 비싸다. [답] ㉰

문제 13. 가공지선에 관한 사항 중 틀린 것은?
㉮ 직격뢰를 방지하는 효과 ㉯ 유도뢰를 저감하는 효과
㉰ 차폐각이 클수록 효과 ㉱ 사고시 통신선에 전자유도장애 경감

풀이 가공지선의 설치목적은
① 직격차폐(직격뢰로부터 보호) ② 정전차폐(유도뢰로부터 보호)

③ 전자차폐(유도장애방지) ④ 안정도 증진
⑤ Super Vision [답] ㉰

문제 14. 가공지선에 대한 설명 중 옳지 않은 것은?

㉮ 직격뢰에 대해서는 특히 유효하며 탑 상부에 시설하므로 뇌는 주로 가공지선에 내습한다.
㉯ 가공지선 때문에 송전선로의 대지용량이 감소하므로 대지와의 사이에 방전할 때 유도전압이 특히 커서 차폐효과가 좋다.
㉰ 송전선 지락시 지락전류의 일부가 가공지선에 흘러 차폐작용을 하므로 전자유도 장해를 적게할 수도 있다.
㉱ 가공지선은 아연도 철선, ACSR 등을 사용하며 보통 300[m], 때로는 50[m]마다 접지하기도 한다.

[답] ㉯

문제 15. 가공지선에 대한 설명 중 옳지 않은 것은?

㉮ 가공지선은 일반적으로 아연도금 강연선을 사용한다.
㉯ 가공지선은 뇌해방지를 위하여 1~2조 가선으로 하는 것이 많다.
㉰ 가공지선의 이도는 전선의 이도보다 크게 한다.
㉱ 가공지선은 사고시에 고장전류의 일부분이 흐를 경우가 많다.

[답] ㉰

문제 16. 뇌해방지와 관계가 없는 것은?

㉮ 댐퍼 ㉯ 소호각 ㉰ 가공지선 ㉱ 매설지선

풀이 댐퍼는 전선의 진동을 방지하는 금구이다. [답] ㉮

문제 17. 뇌서어지와 개폐서지의 파두장과 파미장에 대한 설명으로 옳은 것은?

㉮ 파두장은 같고, 파미장이 다르다. ㉯ 파두장은 다르고, 파미장은 같다.
㉰ 파두장과 파미장이 모두 다르다. ㉱ 파두장과 파미장이 모두 같다.

풀이 ・뇌서어지의 크기 : 1.2×50[μs] ・개폐서어지의 크기 : 250×2500[μs] [답] ㉰

문제 18. 피뢰기의 접지공사는?

㉮ 제1종 접지공사 ㉯ 제2종 접지공사
㉰ 제3종 접지공사 ㉱ 특별 제3종 접지공사

풀이 피뢰기의 접지 저항은 충분히 낮게 하여야 하며, 접지는 제1종 접지공사를 하도록 규정되어 있다. [답] ㉮

문제 19. 피뢰기의 구조는 다음 중 어느 것인가?

㉮ 특성요소와 소호 리액터 ㉯ 특성요소와 콘덴서
㉰ 소호 리액터와 콘덴서 ㉱ 특성요소와 직렬 갭(gap)

풀이 피뢰기의 구조

① 직렬갭 : 속류차단, 소호의 역할
② 특성요소 : 도전도 형성
③ 쉴드링 : 전기적, 자기적 충격으로부터 보호 [답] ㉱

문제 20. 피뢰기의 직렬 갭의 역활은?

㉮ 속류 차단 ㉯ 특성 요소 보호 ㉰ 저압 분배 개선 ㉱ 손실 감소

풀이 직렬갭 : 방습 애관 내에 밀봉된 평면 또는 구면 전극을 직렬로 접속한 다극구조이고, 속류 차단, 소호의 역할을 한다. [답] ㉮

문제 21. 피뢰기의 구조에서 전・자기적인 충격으로부터 보호하는 구성요소는?

㉮ 쉴드링 ㉯ 특성요소 ㉰ 직렬갭 ㉱ 소호리액터

[답] ㉮

문제 22. 피뢰기의 설명으로 옳지 않은 것은?

㉮ 충격 방전 개시 전압이 낮을 것

㉯ 상용 주파 방전 개시 전압이 낮을 것

㉰ 제한 전압이 낮을 것

㉱ 속류 차단 능력이 클 것

풀이 <피뢰기의 구비 조건>

① 충격 방전 개시 전압이 낮을 것

② 상용 주파 방전 개시 전압이 높을 것

③ 제한 전압이 낮을 것

④ 속류 차단 성능이 클 것

[답] ㉯

문제 23. 피뢰기의 충격 방전 개시 전압은 무엇으로 표시하는가?

㉮ 직류 전압의 크기　　㉯ 충격파의 평균값

㉰ 충격파의 최대값　　㉱ 충격파의 실효값

풀이 방전을 개시할 경우의 단자전압의 순시값을 피뢰기의 제한 전압이라 하고, 충격파가 흐르고 있을 때에 단자전압을 말한다. [답] ㉱

문제 24. 피뢰기의 정격전압이란?

㉮ 상용주파수의 방전개시전압

㉯ 속류 차단이 되는 최고의 교류전압

㉰ 방전을 개시할 때의 단자전압의 순시값

㉱ 충격 방전전류를 통하고 있을 때의 단자전압

풀이 피뢰기 정격전압이란 선로단자와 접지단자간에 인가할 수 있는 상용주파 최대 허용 전압으로 그 크기 결정은 $V=\alpha\beta V_m$[V]로 표시한다.

여기서 α : 접지계수, β : 유도계수, V_m : 공칭전압

[답] ㉯

문제 25. 피뢰기가 구비해야 할 조건으로 잘못 설명된 것은?

㉮ 속류의 차단능력이 충분할 것

㉯ 상용주파 방전개시전압이 높을 것

㉰ 방전내량이 작으면서 제한전압이 높을 것

㉱ 충격방전개시전압이 낮을 것

풀이 피뢰기는 방전내량이 크고 제한전압은 낮은 것이 요구된다. [답] ㉰

문제 26. 피뢰기가 역할을 잘하기 위하여 구비되어야 할 조건으로 옳지 않은 것은?

㉮ 시간지연(time lag)이 적을 것

㉯ 속류를 차단할 것

㉰ 제한전압은 피뢰기의 정격전압과 같을 것

㉱ 내구력이 많을 것

풀이 정격전압 : 피뢰기가 견딜수 있는 최고 전압

제한전압 < 정격전압 [답] ㉰

문제 27. 가공선의 임피던스가 Z_1, 케이블의 임피던스가 Z_2인 선로의 접속점에 피뢰기를 설치하였더니 가공선 쪽에서 파고치 e[V]의 진행파가 진행되어 이상전류를 i[A] 방전시켰다면 피뢰기의 제한전압식은?

㉮ $\frac{2Z_2}{Z_1+Z_2}e-\frac{Z_1Z_2}{Z_1+Z_2}i$ ㉯ $\frac{2Z_2}{Z_1+Z_2}e+\frac{Z_1Z_2}{Z_1+Z_2}i$

㉰ $\frac{2Z_2}{Z_1+Z_2}e-\frac{Z_1+Z_2}{Z_1Z_2}i$ ㉱ $\frac{2Z_2}{Z_1+Z_2}e+\frac{Z_1+Z_2}{Z_1Z_2}i$

풀이 $P_t=\frac{2Z_2}{Z_1+Z_2}\left(e-\frac{Z_1}{2}i\right)=\frac{2Z_2}{Z_1+Z_2}e-\frac{Z_1Z_2}{Z_1+Z_2}i$ [답] ㉮

문제 28. 피뢰기를 가장 적절하게 설명한 것은?

㉮ 동요전압의 파두, 파미의 파형의 준도를 저감하는 것

㉯ 이상전압이 내습하였을 때 방전에 의한 기류를 차단하는 것

㉰ 뇌동요 전압의 파고를 저감하는 것

㉱ 1선이 지락할 때 아크를 소멸시키는 것

[답] ㉰

문제 29. 피뢰기에 대한 다음 설명 중 옳지 않은 것은?

㉮ 제한전압이란 피뢰기가 동작중일 때의 단자전압의 파고값을 말한다.

㉯ 직렬갭은 속류를 차단하는 역할을 한다.

㉰ 정격전압이란 속류를 차단하는 최고 교류 전압의 최대값을 말한다.

㉱ 송전계통의 절연레벨 중 가장 높게 잡는다.

[답] ㉱

문제 30. 피뢰기의 상용주파 허용 단자전압이란?

㉮ 피뢰기가 동작하여도 변압기가 파괴되는 전압

㉯ 피뢰기가 받을 수 있는 뇌전압

㉰ 피뢰기 동작중 단자전압의 파고치

㉱ 속류를 차단할 수 있는 최대의 교류전압

[답] ㉱

문제 31. 피뢰기가 방전을 개시할 때의 단자전압의 순시치를 방전개시 전압이라 한다. 이때 방전중의 단자전압의 파고치를 어떤 전압이라고 하는가?

㉮ 뇌전압

㉯ 상용주파 교류전압

㉰ 제한전압

㉱ 충격절연 강도전압

[답] ㉰

문제 32. 피뢰기의 제한전압이란?

㉮ 상용주파 전압에 대한 피뢰기의 충격방전 개시전압

㉯ 충격파 침입시 피뢰기의 충격방전 개시전압

㉰ 피뢰기가 충격파 방전 종료후 언제나 속류를 확실히 차단할 수 있는 상용주파 허용 단자전압

㉱ 충격파 전류가 흐르고 있을 때의 피뢰기의 단자전압

[답] ㉱

문제 33. 송전계통의 절연협조에 있어서 절연레벨을 가장 낮게하고 있는 기기는?

㉮ 피뢰기 ㉯ 단로기 ㉰ 변압기 ㉱ 차단기

풀이 송전계통의 기기의 절연레벨[kV]은 다음과 같다.

계통전압	모선	현수애자	차단기	변압기	피뢰기
154[kV]	1150	860	750	650	460
345[kV]	1780	1375	1175	1050	735

[답] ㉮

문제 34. 계통의 기기 절연을 표준화하고 통일된 절연체계를 구성하는 목적으로 절연계급을 설정하고 있다. 이 절연계급에 해당하는 내용을 무엇이라 부르는가?

㉮ 제한전압 ㉯ 기준충격절연강도

㉰ 사용주파 내전압 ㉱ 보호계전

[답] ㉯

문제 35. 계통내의 각 기기, 기구 및 애자 등의 상호간에 적당한 절연강도를 지니게 함으로서 계통 설계를 합리적으로 할 수 있게 한 것을 무엇이라 하는가?

㉮ 기준충격절연강도 ㉯ 보호계전방식

㉰ 절연계급 선정 ㉱ 절연협조

[답] ㉱

문제 36. 송전계통에서 절연협조의 기본이 되는 것은?

㉮ 피뢰기의 제한전압　　㉯ 애자의 섬락전압
㉰ 변압기 붓싱의 섬락전압　　㉱ 권선의 절연내력

[답] ㉮

문제 37. 외뢰에 대한 주보호장치로서 송전계통의 절연협조의 기본이 되는 것은?

㉮ 선로　㉯ 변압기　㉰ 피뢰기　㉱ 변압기 부싱

풀이 피뢰기는 절연 협조의 기본이므로 절연레벨이 가장 작다. 그 관계는

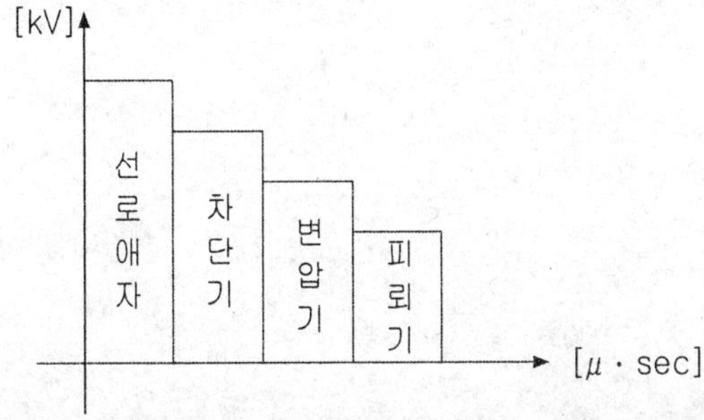

[답] ㉰

문제 38. 송전선이 파동 임피던스를 $Z_o[\Omega]$, 전파속도를 V라 할 때, 이 송전선의 단위길이에 대한 인덕턴스는 몇 [H]인가?

㉮ $L=\dfrac{V}{Z_o}$　㉯ $L=\dfrac{Z_o}{V}$　㉰ $\sqrt{Z_o}\,V$　㉱ $L=\dfrac{Z_o^2}{V}$

풀이 파동 임피던스 $Z_o=\sqrt{\dfrac{L}{C}}[\Omega]$, 전파속도 $V=\dfrac{1}{\sqrt{LC}}$ 이므로 양 식에서

$$\frac{Z_o}{V}=\frac{\sqrt{\frac{L}{C}}}{1/\sqrt{LC}}=L[\text{H/m}]$$

[답] ㉯

문제 39. 파동 임피던스가 300[Ω]인 가공 송전선 1[km]당의 인덕턴스는 몇 [mH/km]인가?

㉮ 0.5　㉯ 1　㉰ 1.5　㉱ 2

풀이 파동 임피던스 $Z_o = \sqrt{\frac{L}{C}}[\Omega]$

전파속도 $V = \frac{1}{\sqrt{LC}}$[m/s]에서 양 식을 서로 나누면 L을 구할 수 있다.

즉, $\therefore L = \frac{Z_o}{V} = \frac{300}{3\times 10^8} = 1\times 10^{-6}$[H/m] = 1[mH/km] [답] ㉯

배전계통 제 14 장

배전용 변전소까지 수송된 전력을 수용가에 분배 공급하는 것을 배전(distribu-tion)이라 한다.

배전은 송전에서 다룬 이론과 본질적인 차이는 없으나 수용가에 전력을 공급하는 것이 목적이므로 되도록 정전이 없어야 하고, 전압의 변동이 적고, 수요의 증가에 용이하게 응할 수 있으며, 안전한 설비를 갖추어, 운용이 용이하고 경제적이어야 한다.

따라서 배전 계통은 일반적으로 선로가 짧고, 전압이 낮으며, 부하는 분산되어 있다.

따라서, 전압 강하, 선로 손실, 전선로의 계통등도 복잡하게 된다.

14.1 배전방식

14.1.1 공급방식

(1) 부하의 종류에 의한 분류

전등, 전열기, 소형 전동기, 기타 가정용 전기기기에 공급하는 전등선과 일반 전동기에 공급하는 동력선이 있다. 저압 배전선에서는 이 양자를 구별하여 설치하고 있다.

(2) 공급전압에 의한 분류

공급 전압에 따라 분류하면 저압 공급, 고압 공급, 특별 고압 공급으로 구별이 된다.

(3) 수급계약에 의한 분류

전기 요금 산정의 기준을 사용 전력량과 부하의 계약 용량에 두는 종량 요금제(meter rate)에 의한 종량 공급과 전력량에 관계없이 설비 용량에만 두는 정액 요금제(flat rate)에 의한 정액 공급이 있다.

(4) 전용선과 일반선

대동력 고압 수용가나 무정전 공급이 필요한 곳에 전용 고압 선로를 시설하는 수도 있다. 이것을 일반 수용가에 공급하는 일반선과 구별하여 전용선이라 한다.

14.2 전기방식

배전 방식을 전기방식에 의하여 분류하면, 부하의 접속 방법에 의한 분류, 직류식, 교류식으로 크게 나눌 수 있다. 이것을 상세하게 나타내면 다음과 같다.

- 전기방식
  - 부하의 접속 방법에 의한 분류
    - 직렬식 ※
    - 병렬식
  - 직류식
    - 2선식
    - 3선식
  - 교류식
    - 단상 교류식
      - 단상 2선식
      - 단상 3선식
    - 2상 교류식
      - 2상 3선식 ※
      - 2상 4선식 ※
    - 3상 교류식
      - 3상 3선식
      - 3상 4선식
      - 3상 6선식 ※
      - 3상 7선식 ※

※ 표는 우리 나라에서는 사용하지 않는다.

14.2.1 부하의 접속방법에 의한 분류

(1) 직렬식

부하 전류는 항상 같으나 부하의 변동에 따라 단자 전압이 증감한다. 이것은 정전류식이라고도 하며 부하 전류가 큰 가로등 회로에 유리하다.

(2) 병렬식

부하를 병렬로 접속하여 배전하는 방식이고 일반적으로 가장 많이 쓰이고 있는 방식이다. 병렬식에서는 부하의 단자 전압은 거의 같고 시간적으로도 일정하게 유지되어 이것을 정전압식이라고도 한다.

14.2.2 직류식

축전지, 전동 발전기 등을 병용할 때 전압이 안정하고 공급이 확실해서 외국의 대도시에서 일시 사용된 일이 있지만 현재는 거의 사용되지 않고 있다. 그러나 전차의 운전이나 정전을 방지하여야 할 장소 또는 전기 분해 공장 등에 배전할 경우에는 직류식 배전 방식이 유리하다.

14.2.3 교류식

전력 계통의 각 부분에서 적당한 전압으로 경제적으로 손쉽게 변감시킬 수 있고 전력 손실이 적으며 선로 시설비도 적어 많은 잇점이 있으므로 일반적으로 사용되고 있다.

(1) 단상 교류식

단상 교류 방식에는 2선식과 3선식이 있다.

(가) 단상 2선식 : 전등용 저전압 배전에 많이 사용되는 것으로 보수와 공사가 간단하므로 공사비가 적게 드는 것이 특징이다. 그림 14-1는 단상 2선식을 나타낸 것이다.

그림 14-1

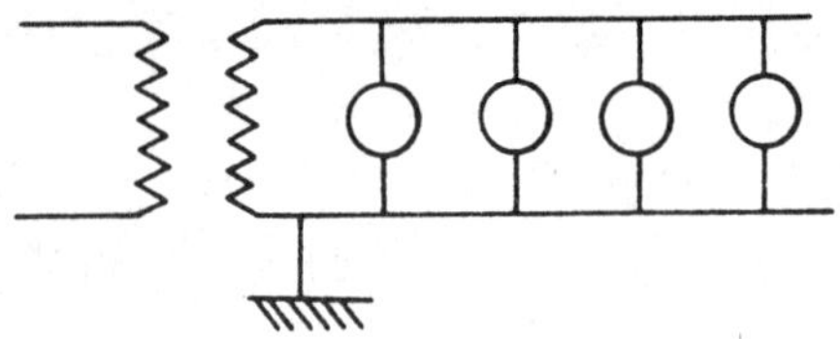

(나) 단상 3선식 : 단상 100[V]와 200[V]를 사용하는 수용가에서 전선을 4선을 쓰지 않고 3선만을 써서 그 중의 1선을 중심선으로 하여 두 회선을 공용하는 방식이다.

그림 14-2

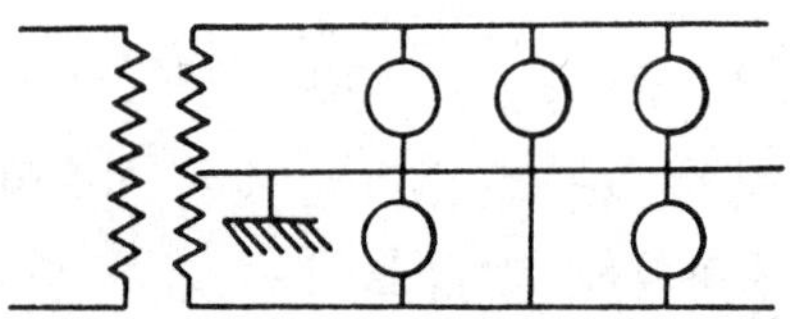

즉 그림 14-2와 같이 전원이 되는 단상 변압기의 중성점에서 중성선을 끌어 내어 양외선과 함께 3개의 전선으로 부하에 공급하는 방식이다. 이 경우 중성선과 양외선과의 전압은 100[V]이고 양외선 사이의 전압은 200[V]이다. 이 방식의 한 가지 결점은 양측의 부하가 불평형일 때, 만일 중성선이 전원 가까이에서 단선되었다고 하면 양측의 부하에는 동일한 전류가 흐를 것이므로 경부하측의 전압 분담은 높아지고 중부하측의 분담 전압은 낮아져서 부하 기기를 손상시키는 일이 있다.

그러므로 단상 3선식의 중성선에는 자동 차단기를 절대로 시설하는 일이 없도록 하여야 한다.

단상 3선식에서는 선로의 말단에 그림 14-3과 같이 밸런서(Balancer)를 설치하여 중성선이 단선되었을 경우, 부하에 심한 불평형 전압이 걸리는 것을 방지한다.

그림 14-3

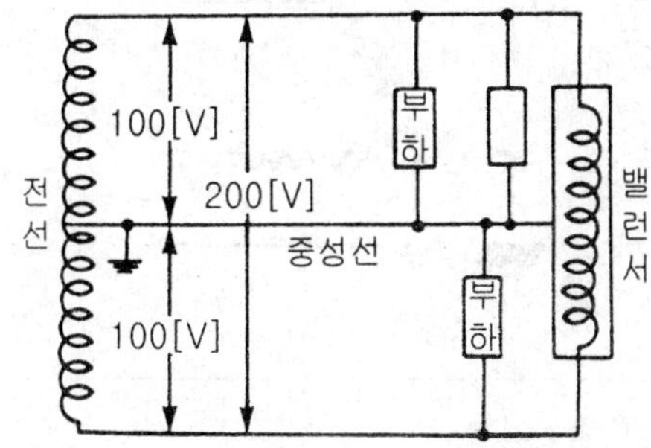

(2) 3상 교류식

이 방식은 일반적으로 가장 많이 사용되는 배전 방식인데 여기에는 3선식, 4선식, 6선식, 7선식 등이 있으나 3선식과 4선식이 보통 사용된다.

(가) 3상 3선식 : 그림 14-4와 같이 3상 변압기에서부터 3선의 전선에 의하여 전력을 부하에 공급하는 방식이다. 전원 변압기의 2차측의 결선에는 그림 14-5와 같은 종류가 있다. 비교적 용량이 큰 경우에는, 즉 저압 동력선에서는 단상 변압기 3개를 그림 (a)와 같이 △결선하여 사용하는 수도 많지만 (b)와 같은 V결선이 많이 사용되고 있다. 또 고압 배전 선로에서는 변전소의 주변압기는 대개 3각 결선 즉 △결선을 하며 V결선으로도 하는데 이때 접지는 하지 않는다. (c)의 Y결선은 예외적인 것이라 할 수 있다.

그림 14-4

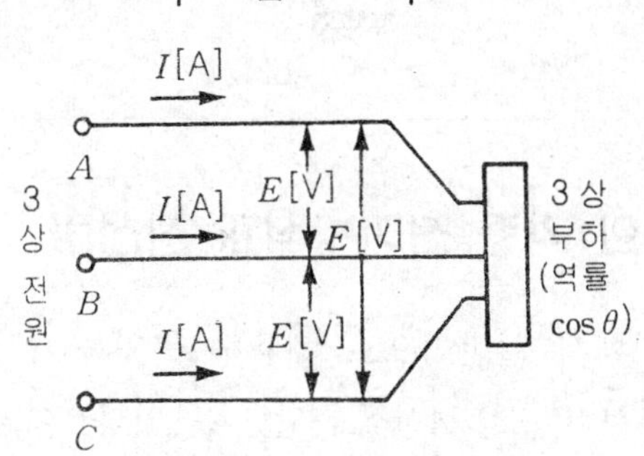

그림 14-5

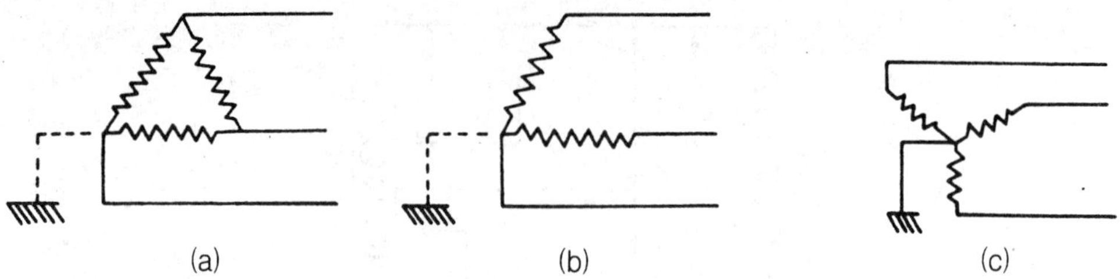

그림 14-6과 같이 3상 4선식은 여러 가지 종류가 있다.

그림의 (b)와 (c)는 중성점이 접지된 변압기에 단상 부하를 접속하고 3개의 전압선 사이에 동력 부하를 연결하는 것이며 저압 배전선의 일부에서 사용되고 있다. 그러나 보통의 3상 3선식이라는 것은 그림 (a)와 같이 3상 전원으로부터 전원선 3선 이외에 중성선을 끌어내어 4선으로 하는 방식이다. 이에 전원 변압기의 중성점만을 접지하는 중성선 단일 접지식과 중성선을 여러 곳에서 접지하는 중성선 다중 접지식이 있다.

그림 14-6

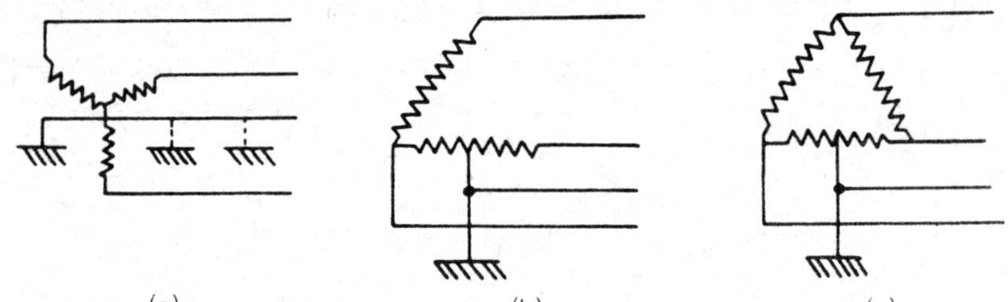

14.2.4 저압선의 각종 전기방식과 전선량

저압선의 전기 방식에서 일반적으로 채용하고 있는 것은 단상 2선식, 단상 3선식(2상 3선식), 3상 3선식, 3상 4선식을 들 수 있다. 이들 각종 방식의 경제성을 비교하는 한 방법으로서 같은 부하 전력에 배전하는데 필요한 전선량을 비교해 보기로 한다. 선로는 어떤 배전 방식으로 해도 좋으나, 단지 같은 전력을 같은 거리에, 같은 전력 손실 하에서 보내는 것이 비교의 조건이다.

이 조건만 만족하면 어떤 배전 방식으로 해도 상관이 없다. 이 때, 전압을 어떤 값으로 하는 가도 정해 놓을 필요가 있다. 그렇지 않으면, 전압을 올리면 올릴수록 전선의 굵기는 가늘어지기 때문이다. 저압 배전선에서는 사용 전압이 낮아서 절연물에도 충분히 여유가 있으므로 절연은 송전선에서와 같이 중요한 문제로는 되지 않는다. 따라서 전선량의 비교는 전압의 실효치가 같다는 조건 하에서 단상 2선식과 단상 3선식 및 3상 4선식의 비교에서 단상 2선식에서는 선간 전압, 단상 3선식 및 3상 4선식에서는 1선과 중성선 사이의 전압의 실효치가 같다고 하여 비교하기로 한다.

또, 단상 3선식 및 3상 4선식의 불균형률은 10~20[%] 이하가 되도록 하기 때문에 중성선의 굵기는 전압선보다 얇은 굵기의 것을 쓰고 있으나, 여기서는 중성선의 굵기를 전압선의 1/2의 굵기로 한 경우와, 같은 굵기로 한 경우의 두 가지에 대하여 비교해 보기로 한다.

그림 14-7 각종 전기방식의 비교

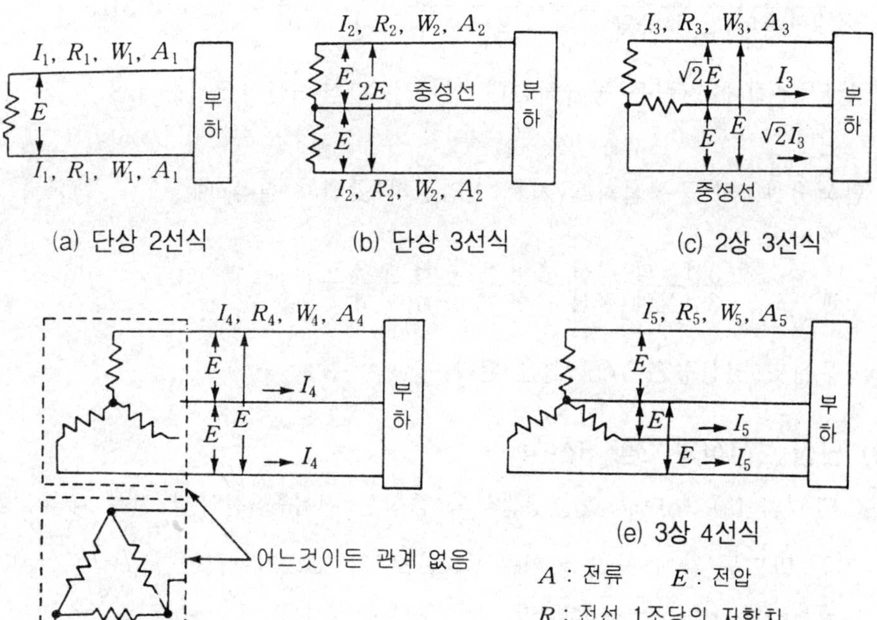

(1) 단상 2선식과 단상 3선식

그림 14-7의 (a), (b)에서 부하 전력이 같다고 하면

$$EI_1 = 2EI_2 \quad \therefore \frac{I_2}{I_1} = \frac{1}{2}$$

배전 거리, 선로 손실이 같다는 조건에서

$$2I_1^2R_1 = 2I_2^2R_2 \quad \therefore \frac{R_1}{R_2} = \left(\frac{I_2}{I_1}\right)^2 = \frac{1}{4}$$

① 단상 3선식의 중성선의 굵기가 전압선의 굵기의 $\frac{1}{2}$ 일 때

$$\frac{W_2}{W_1} = \frac{A_2}{A_1}$$

또, $\frac{A_2}{A_1} = \frac{R_1}{R_2}$ 이므로 $\frac{W_2}{W_1} = \frac{R_1}{R_2} = \frac{1}{4}$

$$\therefore \frac{\text{3선식의 전선 총량}}{\text{2선식의 전선 총량}} = \frac{2W_2 + 0.5W_2}{2W_1} = \frac{5}{4} \times \frac{W_2}{W_1} = \frac{5}{16} = 0.3125$$

즉, 같은 부하에 전력을 공급하는데 있어서, 단상 3선식에서는 1/3정도의 전선량으로도 된다.

② 단상 3선식의 중성선의 굵기가 전압선의 굵기와 같을 때

$$\frac{\text{3선식의 전선 총량}}{\text{2선식의 전선 총량}} = \frac{3W_2}{2W_1} = \frac{3}{8} = 0.375$$

이 경우에도 전선량은 37.5[%]면 된다.

(2) 단상 2선식과 2상 3선식

그림 14-7의 (a), (c)에서 2상 3선식의 중성선 전류는 전압선 전류 I_3의 $\sqrt{2}$ 배로 되고, 전류 밀도를 같게 하면 굵기는 $\sqrt{2}A_3$로 되므로 저항치는 $R_3/\sqrt{2}$로 된다.

부하 전력이 같다는 조건에서

$$EI_1 = 2EI_3 \quad \therefore \frac{I_3}{I_1} = \frac{1}{2}$$

선로 손실이 같다는 조건에서

$$2I_1^2R_1 = 2I_3^2R_3 + (\sqrt{2}I_3)^2 \times \frac{R_3}{\sqrt{2}} = (2+\sqrt{2})I_3^2R_3$$

$$\therefore \frac{R_1}{R_3} = \frac{2+\sqrt{2}}{2} \times \left(\frac{I_3}{I_1}\right)^2 = \frac{2+\sqrt{2}}{8} = \frac{W_3}{W_1}$$

$$\therefore \frac{\text{2상 3선식의 전선 총량}}{\text{단상 2선식의 전선 총량}} = \frac{2W_3 + \sqrt{2}W_3}{2W_1} = \frac{2+\sqrt{2}}{2} \times \frac{W_3}{W_1}$$

$$= \frac{(2+\sqrt{2})^2}{16} = 0.729$$

(3) 단상 2선식과 3상 3선식

그림 14-7 (a), (d)에서 다음과 같이 된다.

부하 조건 $EI_1 = \sqrt{3}EI_4 \quad \therefore \frac{I_4}{I_1} = \frac{1}{\sqrt{3}}$

손실 조건 $2I_1{}^2R_1 = 3I_4{}^2R_4 \quad \therefore \frac{R_1}{R_4} = \frac{W_4}{W_1} = \frac{2}{3}\left(\frac{I_4}{I_1}\right)^2 = \frac{1}{2}$

$$\therefore \frac{\text{3상 3선식의 전선 총량}}{\text{단상 2선식의 전선 총량}} = \frac{3W_4}{2W_1} = \frac{3}{4} = 0.75$$

(4) 단상 2선식과 3상 4선식

그림 14-7(a)~(e)에서 3상 4선식 중의 중성선에서는 전류가 흐르지 않는 것으로 하면

부하 조건 $EI_1 = 3EI_5 \quad \therefore \frac{I_5}{I_1} = \frac{1}{3}$

손실 조건 $2I_1{}^2R_1 = 3I_5{}^2R_5 \quad \therefore \frac{R_1}{R_5} = \frac{W_5}{W_1} = \frac{3}{2} \times \left(\frac{I_5}{I_1}\right)^2 = \frac{1}{6}$

따라서,

$$\frac{\text{3상 4선식의 전선 총량}}{\text{단상 2선식의 전선 총량}} = \frac{3.5W_5}{2W_1} = \frac{3.5}{12} = 0.292$$

(중성선의 굵기를 전압선의 1/2로 했을 때)

$$\frac{\text{3상 4선식의 전선 총량}}{\text{단상 2선식의 전선 총량}} = \frac{4W_5}{2W_1} = \frac{1}{3} = 0.333$$

(중성선의 굵기를 전압선의 굵기와 같게 했을 때)

【예제 1】 각종 전기방식과 각종 저압 배전 전압에 대한 전선량의 비를, 전압 강하를 기준으로 한 것과, 허용 전류를 기준으로 한 것을 계산하여라. 단, 중성선의 굵기는 외선의 굵기와 같은 것으로 한다.

풀이 선로의 리액턴스를 무시하고 전압 강하를 기준으로 하여 100[V] 단상 2선식과 220/380[V] 3상 4단식을 비교해 보면 앞에서 설명한 바와 같이

$$\frac{\text{3상 4선식의 전선량}}{\text{단상 2선식의 전선량}} \times 100 = \frac{4}{2} \times \frac{3}{2} \times \left(\frac{I_3}{I_1}\right)^2 \times 100$$

$$= \frac{4}{2} \times \frac{3}{2} \times \left(\frac{1}{3\times 2.2}\right)^2 \times 100 = 6.9[\%]$$

로 되고, 허용 전류를 기준으로 하면 허용 전류는 도체 단면적의 2/3승 정도에 비례하므로 다음과 같이 된다.

$$\frac{I_3}{I_1} = \frac{E_1}{E_3} = \left(\frac{A_3}{A_1}\right)^{3/2} \qquad \therefore \frac{A_3}{A_1} = \left(\frac{I_3}{I_1}\right)^{3/2} = \frac{W_3}{W_1}$$

그러므로,

$$\frac{\text{3상 4선식의 전선량}}{\text{단상 2선식의 전선량}} \times 100 = \frac{4W_3}{2W_1} \times 100 = \frac{4}{2} \times \left(\frac{I_3}{I_1}\right)^{3/2} \times 100$$

$$= \frac{2}{4} \times \left(\frac{1}{3\times 2.2}\right)^{3/2} \times 100 \fallingdotseq 12[\%]$$

이다. 단, 각 문자에 붙어 있는 첨자 1은 단상식을, 3은 3상 4선식에 대한 것을 나타내고 있다.

14.2.5 고압 배전 선로의 전기방식

우리 나라의 고압 배전 선로는 주로 3상 3선식(말단에서는 2선식)으로 하고 변전소 출구의 선간 전압은 3300[V], 수용단의 전압은 3000[V]를 표준으로 하는 것이 종래에 일반적으로 채용되어 왔으나, 최근에는 재료의 효과적 이용, 전력 손실의 경감 등을 위하여 승압하는 경향이 현저해졌다.

3300[V]를 6600[V]로 승압하려면 변압기·개폐기와 그 밖의 기기 재료를 6600[V]용으로 바꾸지 않으면 안 되므로 당면의 대책으로서는 3300[V]의 변압기

를 그대로 쓰고 그 1차측을 Y결선으로 하여서 얻을 수 있는 5700[V] 3상 4선식 배전을 사용할 수 있다. 배전 전압을 3300[V]에서 6300[V] 또는 5700[V]로 높이는 것은 다음과 같이 잇점이 있다.

① 전선이 같고 배선 손실율도 같다고 하면 수송 전력을 6600[V]로서는 4배, 5700[V]로서는 약 3배로 증가시킬 수 있다.

② 수송 전력이 같다고 하면 전력 손실을 각각 1/4 및 1/3로 줄일 수 있다.

③ 전압 강하를 줄일 수 있다.

④ 수송 전력, 전력 손실 및 전선의 총중량이 같다고 하면 배전 선로의 길이를 전압의 상승률과 거의 비례하여 증가시킬 수 있다.

한편 늘어나는 대수용에 대하여 더욱 승압한 11.4[kV]/6.6[kV] 및 22.9[kV]/13.3[kV] 3상 4선 방식이 증가하는 추세에 있다.

14.2.6 저압 배전 선로의 전기방식

우리 나라에서 전등과 소동력에 대하여는 일반적으로 교류 60[Hz] 300[V]이하의 저압으로 공급하여 전등선은 100[V] 단상 2선식을 표준으로 하고, 동력선은 200[V] 3상 3선식을 표준으로 하고 있었다.

그러나 우리 나라의 표준 전압에서 100[V], 200[V]가 없어지고, 110[V], 220[V]가 표준 전압으로 됨으로써 문제점이 있는데, 현재 220[V]/380[V] 3상 4선식으로 전등선은 220[V], 동력선은 380[V]로 공급하는 3상 4선식이 표준이 될 것으로 전망되고 있다.

14.3 배전계통의 구성

일반적으로 배전계통은 그림 14-8과 같이 배전용 변전소와 수용 지점 사이는 고압으로 배전하고, 수용 지점에서 주상 변압기로 저압으로 내려서 수용가에 공급하는 것이 보통이다. 또, 주상 변압기를 경계로 하여 고압 배전 선로(1차 배전 선로라고도 함.)와 저압 배전 선로(2차 배선 선로라고도 함.)로 분류한다.

그 밖에, 특히 대용량의 수용가에 대해서만 채용되는 특별 고압 배전 선로가 있는데, 본질적으로 송전 선로와는 다름이 없다. 또, 배선 선로에는 가공 전선로와 지중 전선로가 있는데, 대부분은 가공 전선로이나 배전용 변전소의 인출선, 큰 수용가에의 전용 배전 선로, 도로와 공원 등의 조명용 등에는 지중 배전 선로가 채용된다.

그림 14-8 배전계통

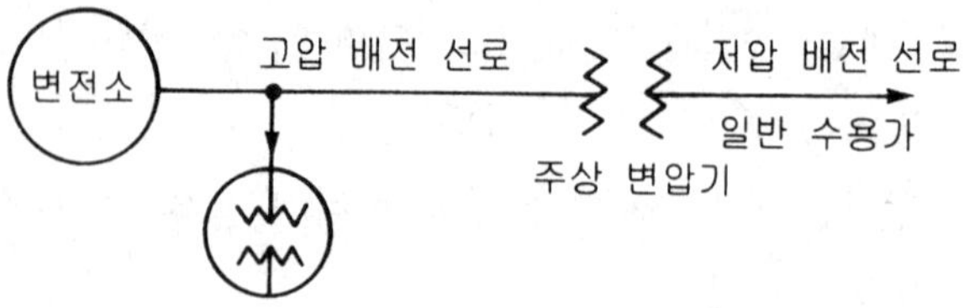

14.3.1 급전선, 간선 및 분기선

고압 배전선은 그림 14-9와 같이 급전선, 간선 및 분기선으로 구분된다.

그림 14-9 급전선, 간선 및 분기선

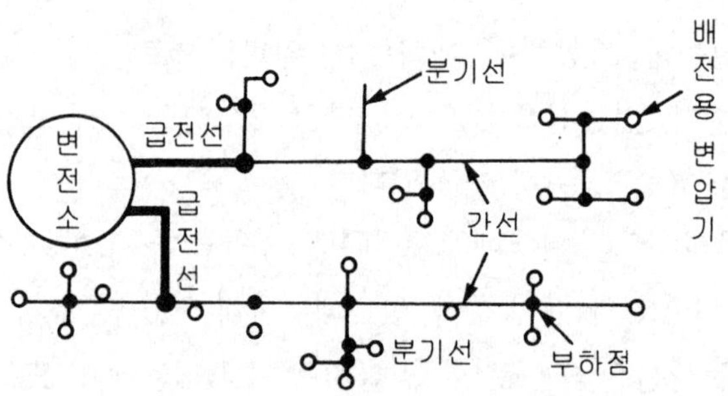

(1) 급전선

급전선은 변전소에서 간선에 이르는 도중에 부하의 접속이 없는 부분으로서 feeder라고도 한다.

급전선은 배선 선로에서 가장 중요한 부분으로서 변전소에서의 가공 인출 회로수가 많으면 같은 지지물에 병가되는 회로수가 많아져서 1회선의 사고가 다른 회선으로 이행할 우려가 있으므로 공급의 신속도를 높이기 위해서 최근에는 지중 케이블 · 가공 케이블 · 스페이서(spacer) 전선 등을 사용하는 경향이 있다.

(2) 간 선

간선은 급전선에 접속되고 수요 지점에서 부하의 분포 상태에 따라 배전하거나 또는 분기선을 내서 배전하는 배전 선로 중의 주요한 부분이다. 간선은 분기선과 명확하게 구분하기 어려운 경우도 있고 변전소 송출 전류의 30[%] 이상의 전류가 흐르는 부분을 간선이라고 하는 경우도 있다.

간선 부분에는 많은 분기선 또는 추상 변압기가 접속되나 그 중요도는 급전선보다는 떨어지므로 대부분은 가공선이다.

(3) 분기선

분기선은 간선에서 분기된 배전 선로의 가지의 부분으로서 지선이라고도 한다.

배전 계통의 시설은 전등, 전력의 공급용으로 중대한 사명을 지니고 있으므로, 여러 가지 사항에 대해여 충분히 고려하여야 한다.

14.4 배전선의 형태

14.4.1 수지상 배전선

수요 장소에 배전하는 경우 가장 자연적인 형태로서 우리 나라에서도 널리 사용되며 시설비가 가장 저렴하다.

그림 14-10 수지상 배전선의 보기

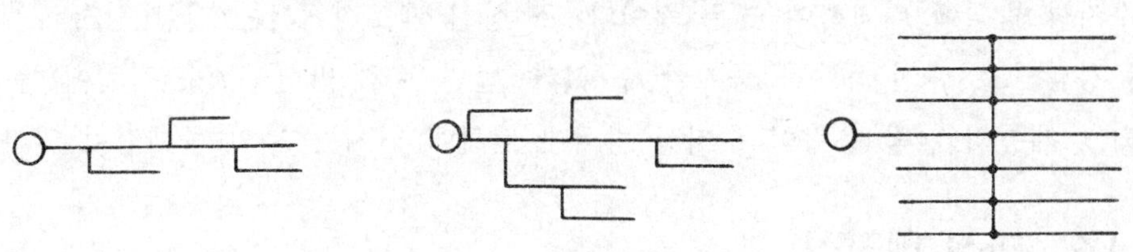

(a) (b) (c)

그림 14-10은 수지상 배전선의 예를 나타낸 것이다. 수지상 방식은 수요 증가에 용이하게 응할 수 있는 장점이 있으나 사고시의 정전 범위가 크고 공급 신뢰도가 낮은 결점이 있다.

14.4.2 환상 배전선

선로의 형태가 전기적으로 환상을 이루고 있는 것으로서 루우프(loop) 방식이라고도 한다.

그림 14-11 루우프 배전 방식

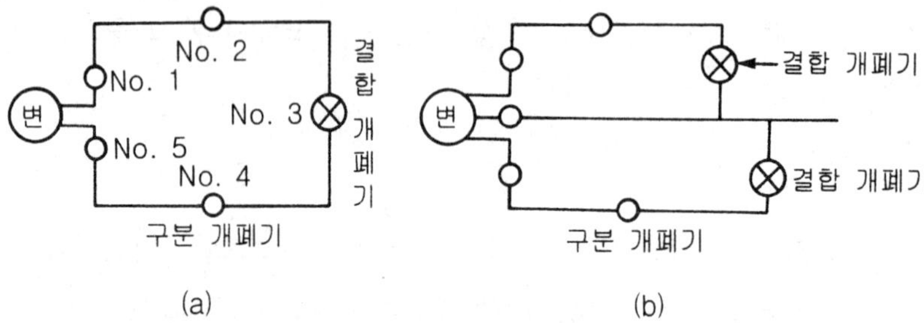

그림 14-11은 루우프 배전 방식의 예를 나타낸 것이다. (a)는 1회선 루우프 방식으로서 No.3의 결합 개폐기를 언제나 개로하여 두고 사고시 또는 작업 정전 시에 투입해서 역송하는 상시 개로식 루우프 방식과, No.3의 개폐기를 언제나 닫아 두는 상시 폐로식 루우프 방식의 두 가지가 있다. 사고 발생시에 공급 지장 구간을 최소한으로 하기 위해서는 루우프 배전용 자동 고장 구간 검출 장치를 사용하는 것이 효과적이다.

(b)는 환상 선로를 여러 개 조합하는 다중 루우프 방식이다.

루우프 방식의 특징은 언제나 두 방향에서 전원을 얻을 수 있으므로 공급 신뢰도가 수지상 방식에 비교하여 높은 것이다. 또 상시 폐로식에서는 전압 강하, 전력 손실이 경감되고, 배전 용량을 증가할 수 있다. 반면 보호 방식·보수 작업이 복잡하게 되고 계통의 단락 용량이 수지상 방식에 비하여 커지는 등의 문제점이 있다.

14.4.3 망상 배전선

이 방식은 네크워크(Network) 방식이라고 하며, 배전 간선을 망상으로 구성하고 그 접속점에 급전선을 접속하여 배전하는 것으로서, 환상식보다 더 높은 무정전 공급의 신뢰도를 얻을 수 있다.

이 방법에는 1차(고압) 네트워크와 2차(저압) 네트워크 방식이 있다.

(1) 고압 네트워크 방식

고압 네트워크 방식은 그림 14-12와 같다. 각 급전선은 수지식 배전 방식의 경우와 같이 부하 중심으로 향하는데 이들은 고압 네트워크의 입구 부분에 차단기를 둔다. 보통 한 단위 변전소에서는 2~3의 고압 급전선이 사용된다. 간선 구분용 차단기와 공급 변전소의 수를 증가하면 공급 신뢰도를 높일 수 있다.

그림 14-12 1차(고압) 네트워크 방식

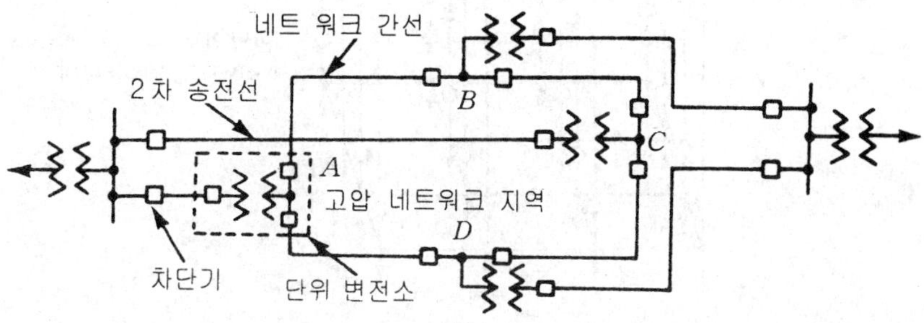

그림 14-12의 AB간에서 사고가 발생하면 구분용 차단기가 동작해서 그 구간만을 차단하여 타구간에 대한 사고 파급을 방지한다. A와 상위 변전소 간의 사고시에는 A와 변전소에 있는 차단기가 동작해서 사고 급전선을 제거하는데 고압 네트워크는 무정전이고 나머지는 급전선에서 공급된다. 변전소가 사고인 경우에는 건전한 변전소에서 공급하므로 정전은 일어나지 않는다. 대용량 변전소를 부하 중심선에서 벗어나서 시설하는 경우에 나타나는 공급 원가의 상승과 전압 조정의 문제는 소용량의 단위 변전소를 부하 중심점에 설치함으로써 피할 수 있다.

고압 네트워크 계통은 전압 변동이 적고 공급 신뢰도가 높으며 부하 증가에 대한 즉응성도 있으나 시설비 및 운전비는 다른 방식에 비해서 경제적이라고 할 수 없다.

(2) 저압 네트워크 방식

이 방식은 동일 모선에서 나오는 2회선 이상의 급전선으로 공급해서 2차계 수요가에게 무정전 공급할 수 있도록 한 것이다.

그림 14-13은 레귤러 네트워크(regular network) 방식이라고 하는 것으로서 2차계 간선은 격자형으로 접속되고 네트워크 프로텍터(network protector)라고 하는 보호 장치를 통해서 네트워크 변압기(전류 분포를 적절히 하기 위해서 보통의 배전용 변압기보다 임피던스가 높다.)에서 전력을 공급한다.

그림 14-13 2차(저압) 네트워크 방식

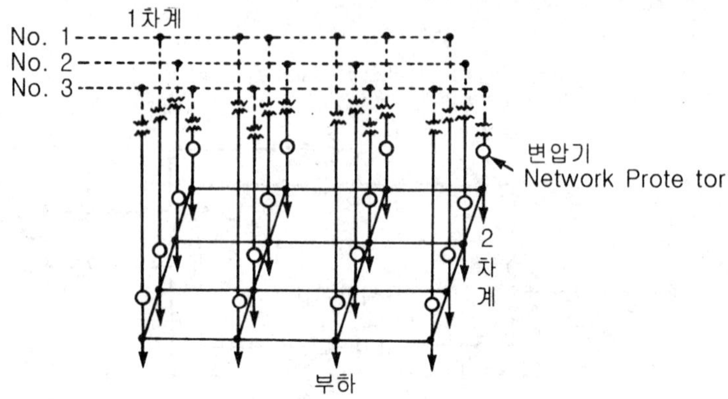

그림에서 보는 바와 같이 인접되는 변압기는 보통 다른 급전선(feeder)에 접속되어 있고 1차계 급전선의 사고는 변전소 차단기와 프로텍터(proterctor)에서 구분차단하며, 2차계는 무정전 공급을 계속한다. 2차측의 단락 사고에 대하여는 2차측에 접속된 리미터 또는 케이블의 소단(燒斷)으로서 고장 구분을 제거해서 공급하므로 다른 방식에 비교하여 공급 신뢰도가 퍽 높고 전압 변동이 적은 등 큰 장점을 갖지만, 건설비가 많이 들어 부하 밀도가 상당이 큰 지역이 아니면 경제적으로 실시가 곤란하다.

14.4.4 뱅킹 방식

같은 1차 배전선에 접속되고 있는 2대 이상의 변압기의 2차 간선을 접속해서 상호간에 부하의 융통을 도모하기 위해서 2차계에 적용하는 방식이다. 일반적으로는 구간 내의 소용량 변압기를 정리해서 변압기를 대용량화하고 재배치한 후에 그 2차계를 접속한다.

그림 14-14는 2차계 뱅킹(banking) 방식의 대표적인 것이다. (a)의 선상식에서 양단의 2단 선로는 뱅킹 방식의 효과를 크게 기대할 수 없다. (b)는 루우프 식으로 되어 있어서 뱅킹의 효과를 충분히 얻을수 있다. (c)는 2차계를 격자상으로 접속한 것이다.

그림 14-14 뱅킹 방식

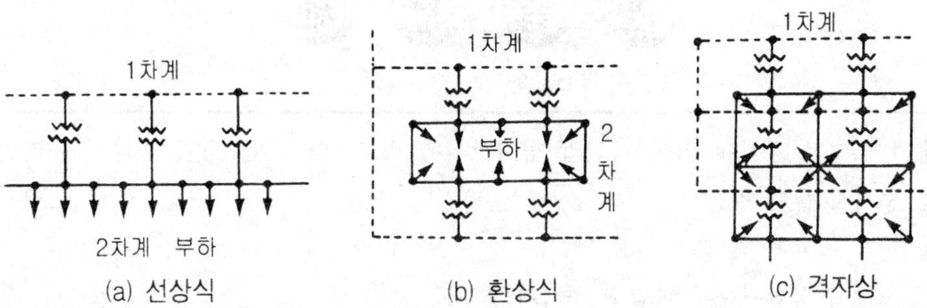

뱅킹 방식의 장점으로는 ① 전압 동요 플리커의 경감 ② 변압기 용량 및 2차계 동량 절약 ③ 전압 강하 및 전력 손실의 경감 ④ 수요 증가에 대한 융통성 ⑤ 단상 3선식에서는 변압기가 밸런서의 역할을 한다. ⑥ 장주의 간소화로서 사고 방지에 도움이 되는 것 등을 들 수 있다.

한편 고장 보호 대책이 불충분하면 일부의 고장이 전역에 파급되는 캐스캐딩(cascading)현상을 일으키게 된다. 이를 방지하기 위해서 그림 14-15와 같이 인접 변압기 회로와의 접속 개소에 퓨우즈를 삽입하거나 변압측 2차측에 구분 차단기를 설치한다. 2차 뱅킹은 전등 동력 공동방식에서 특히 효과가 있는데, 뱅킹하는 변압기수는 6~10 뱅크(bank)가 보통이고 수지식 방식에 비하여 보수·점검에 특히 주의가 필요하다.

그림 14-15 캐스캐딩 방지 장치

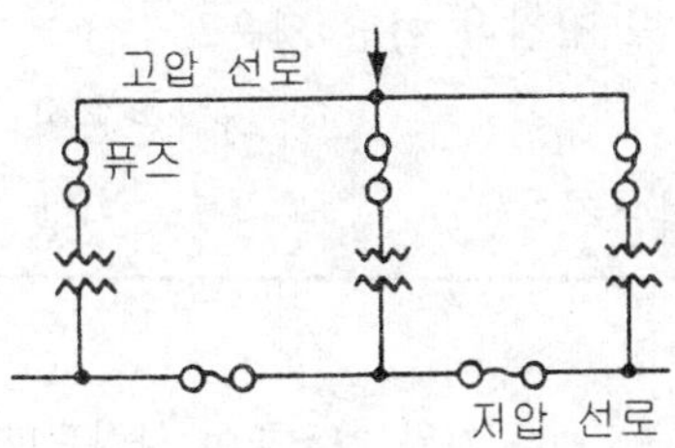

연 습 문 제

문제 1. 배전 방식에 있어서 저압 방사상식에 비교하여 저압 뱅킹 방식이 유리한 점 중에서 틀린 것은?

㉮ 전압 동요가 작다.

㉯ 고장이 광범위하게 파급될 우려가 없다.

㉰ 단상 3선식에서는 변압기가 서로 전압 평형작용을 한다.

㉱ 부하 증가에 대하여 융통성이 좋다.

풀이 저압 방사상식(나뭇가지식)에 비하여 저압 뱅킹 방식은 캐스케이딩 현상이 발생하므로 고장이 광범위하게 파급될 우려가 있다. [답] ㉯

문제 2. 저압 뱅킹 배전방식에서 캐스케이딩 현상이란?

㉮ 변압기의 부하 배분이 균일하지 못한 현상

㉯ 저압선의 고장에 의하여 건전한 변압기의 일부 또는 전부가 차단되는 현상

㉰ 전압동요가 적은 현상

㉱ 저압선이나 변압기에 고장이 생기면 자동적으로 제거되는 현상

[답] ㉯

문제 3. 네트워크 배전방식의 장점이 아닌 것은?

㉮ 정전이 적다. ㉯ 전압변동이 적다.

㉰ 인축의 접촉 사고가 적어진다. ㉱ 부하증가에 대한 적응성이 크다.

풀이 네트워크 배전방식의 장점

① 배전 신뢰도가 높다. ④ 기기 이용률이 향상된다.

② 전압변동이 적다. ⑤ 적응성이 양호하다.

③ 전력손실이 감소한다. ⑥ 변전소 수를 줄일 수 있다. [답] ㉰

문제 4. 다음 그림이 나타내는 배전방식은 다음 중 어느 것인가?

㉮ 정전압 병렬식

㉯ 정전류 직렬식

㉰ 정전압 직렬식

㉱ 정전류 병렬식

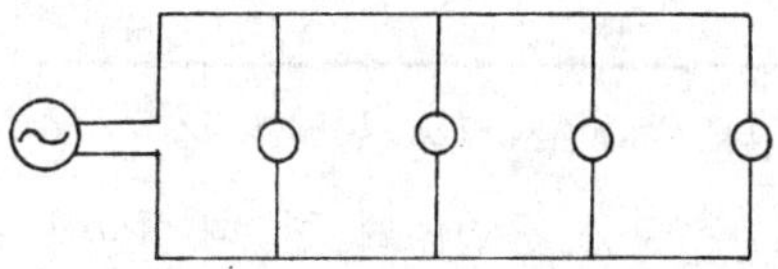

[답] ㉮

문제 5. 단상 3선식에 대한 설명 중 옳은 것은?

㉮ 불평형 부하시 중성선 단선 사고가 나면 전압 상승이 일어난다.

㉯ 불형형 부하시 중선선에 전류가 흐르므로 중성선에 퓨즈를 삽입한다.

㉰ 선간 전압 및 선로 전류가 같을 때 1선당 공급전력은 단상 2선식의 133[%]이다.

㉱ 전력 손실이 동일할 경우 전선 총중량은 단상 2선식의 37.5[%]이다.

풀이 단상 3선식 전기 방식에서는 중성선이 단선 사고가 나면 전압상승이 일어나므로 어떠한 경우라도 중성선에는 퓨즈를 삽입해서는 안된다. [답] ㉯

문제 6. 송전 방식에서 같은 전압, 같은 상차각일 때, $\frac{3상\ 3선식}{단상\ 2선식}$ 의 1선당 전력 비[%]는?

㉮ 66.7 ㉯ 75.0 ㉰ 87.0 ㉱ 115.0

풀이 $\frac{3상\ 3선식}{단상\ 2선식} \times 100 = \frac{\frac{\sqrt{3}\,VI}{3선}}{\frac{VI}{2선}} \times 100 = \frac{2\sqrt{3}}{3} \times 100 = 115[\%]$ [답] ㉱

문제 7. 단상 2선식을 100[%]로 하여 3상 3선식의 부하 전력 전압을 같게 하였을 때 선로 전류의 비[%]는?

㉮ 38 ㉯ 48 ㉰ 58 ㉱ 68

풀이 $VI\cos\theta = \sqrt{3}\,VI_1\cos\theta,\ I_1 = \sqrt{3}I_3$

$$\frac{\text{단상 2선식 전류}}{\text{3상 3선식 전류}} \times 100 = \frac{1}{\sqrt{3}} \times 100 = 58[\%]$$ [답] ㉰

문제 8. 단상 2선식과 3선식에 있어서 선간 전압, 송전 거리, 수전 전력, 역률은 같게 하고 선로 손실을 동일하게 할 때 3상에 필요한 전선의 무게는 단상의 전선 무게의 얼마인가?

㉮ $\frac{1}{4}$ ㉯ $\frac{2}{4}$ ㉰ $\frac{3}{4}$ ㉱ $\frac{2}{3}$

풀이 송전 전력은 동일하므로 $\sqrt{3}\,VI_3\cos\theta = VI_1\cos\theta \quad \therefore\ I_1 = \sqrt{3}I_3$

전력 손실이 동일하므로 $3I_3^2\rho\frac{l}{A_3} = 2I_1^2\rho\frac{l}{A_1}$

$3I_3^2\rho\frac{l}{A_3} = 2(\sqrt{3}I_3)^2\rho\frac{l}{A_1} \qquad A_3 = \frac{1}{2}A_1$

전선량(무게)비

$$\frac{\text{3상 3선식}}{\text{단상 2선식}} = \frac{3A_3l\rho}{2A_1l\rho} = \frac{3}{2} \times \frac{1}{2} = \frac{3}{4}$$ [답] ㉰

문제 9. 그림과 같은 단상 3선식 선로의 중성선의 점 P에서 단선 사고가 발생하였을 때 부하 A 및 B에 걸리는 전압 V_A[V] 및 V_B[V]는? 단, 부하가 A는 100[W] 전구 2개, 부하 B는 60[W] 전구 2개이다.

㉮ $\begin{bmatrix} V_B = 75 \\ V_A = 125 \end{bmatrix}$ ㉯ $\begin{bmatrix} V_B = 92 \\ V_A = 108 \end{bmatrix}$

㉰ $\begin{bmatrix} V_B = 108 \\ V_A = 92 \end{bmatrix}$ ㉱ $\begin{bmatrix} V_B = 125 \\ V_A = 75 \end{bmatrix}$

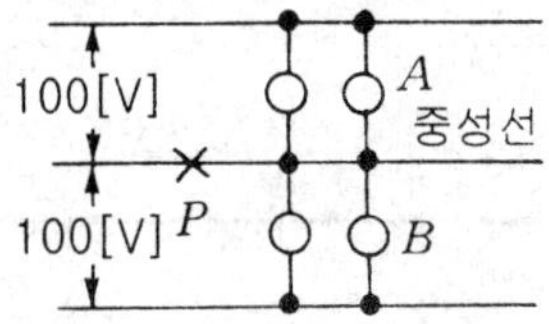

풀이 부하 A 및 B를 저항으로 환산하면

$$P = IV = \frac{V^2}{R}$$

$$R_A = \frac{V^2}{P} = \frac{100^2}{100} \times \frac{1}{2} = 50[\Omega],\quad R_B = \frac{100^2}{60} \times \frac{1}{2} = 83[\Omega]$$

등가 회로를 그려 보면 그림과 같고 전류 I는

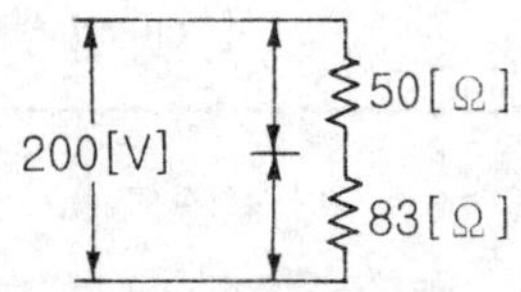

$$I = \frac{V}{R} = \frac{200}{133}\ [\text{A}]$$

$$\therefore\quad V_A = IR_A = \frac{200}{133} \times 50 = 75[\text{V}]$$

$\therefore \quad V_B = IR_B = \dfrac{200}{133} \times 83 = 125$ [답] ㉱

문제 10. 공통중성선 다중접지 3상 4선식 배전 선로에서 고압측(1차측) 중성선과 저압측(2차측) 중성선을 전기적으로 연결하는 목적은?

㉮ 저압측의 단락사고를 검출하기 위함

㉯ 저압측의 접지사고를 검출하기 위함

㉰ 주상변압기의 중성선측 부싱(bushing)을 생략하기 위함

㉱ 고저압 혼촉시 수용가에 침입하는 상승 전압을 억제하기 위함

풀이 중성선끼리 연결되지 않으면 고저압 혼촉시 고압측의 큰 전압이 저압측을 통해서 수용가에게 침입 [답] ㉱

문제 11. 주상 변압기의 2차측 접지공사는 어느 것에 의한 보호를 목적으로 하는가?

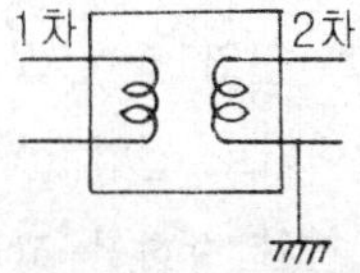

㉮ 2차측 단락 ㉯ 1차측 접지

㉰ 2차측 접지 ㉱ 1차측과 2차측의 혼촉

[답] ㉱

문제 12. 1대의 주상 변압기에 역률(뒤짐) $\cos\theta_1$, 유효 전력 P_1[kW]의 부하와 역률(뒤짐) $\cos\theta_2$, 유효 전력 P_2[kW]의 부하가 병렬로 접속되어 있을 경우, 주상 변압기 2차측에서 본 부하의 종합 역률은?

㉮ $\dfrac{\cos\theta_1 \cos\theta_2}{\cos\theta_1 + \cos\theta_2}$ ㉯ $\dfrac{P_1 + P_2}{\dfrac{P_1}{\cos\theta_1} + \dfrac{P_2}{\cos\theta_2}}$

㉰ $\dfrac{P_1 + P_2}{\dfrac{P_1}{\sin\theta_1} + \dfrac{P_2}{\sin\theta_2}}$ ㉱ $\dfrac{P_1 + P_2}{\sqrt{(P_1 + P_2)^2 + (P_1 \tan\theta_1 + P_2 \tan\theta_2)^2}}$

풀이 $Q_1 = \dfrac{P_1}{\cos{}_1\theta} \sin\theta_1 = P_1 \tan\theta_1$

$Q_2 = \dfrac{P_2}{\cos{}_2\theta} \sin\theta_2 = P_2 \tan\theta_2$

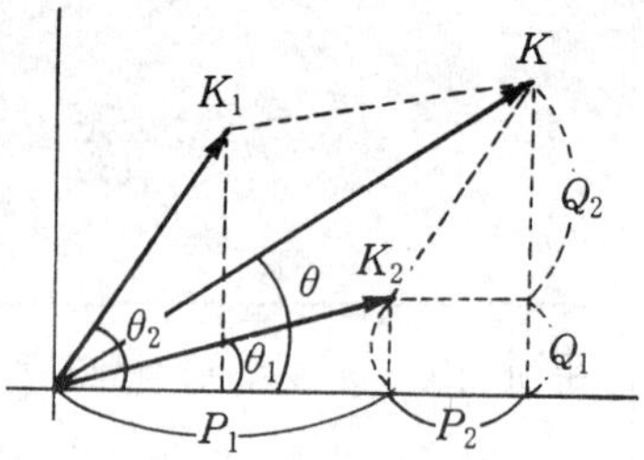

합성 피상 전력

$$(K)=\sqrt{(P_1+P_2)^2+(P_1\tan\theta_1+P_2\tan\theta_2)^2}$$

합성 유효 전력 $P=P_1+P_2$

그러므로 종합 역률

$$\cos\theta=\frac{P}{K}=\frac{P_1+P_2}{\sqrt{(P_1+P_2)^2+(P_1\tan\theta_1+P_2\tan\theta_2)^2}}$$

[답] ㉱

문제 13. 절연 내력을 시험하기 위해 시험용 변압기를 사용하였다. 이 때 전압조정을 하기 위해 일반적으로 가장 많이 사용되는 것은?

㉮ 수저항 전압조정기 ㉯ 유도 전압조정기

㉰ 소형발전기의 변속장치 ㉱ 단단식 저항 전압조정기

[답] ㉯

문제 14. 선로 전압 강하 보상기(LDC)는?

㉮ 분로 리액터로 전압 상승을 억제하는 것

㉯ 선로의 전압 강하를 고려하여 모선 전압을 조정하는 것

㉰ 승압기로 저하된 전압을 보상하는 것

㉱ 직렬콘덴서로 선로 리액턴스를 보상하는 것

[답] ㉱

배전 선로의 전기적 특성 제 15 장

15.1 배전 선로의 선로정수

15.1.1 저 항

전선 1[km]당의 저항을 $r[\Omega]$이라 하면 길이 L[m]의 값 $R[\Omega]$은 다음과 같이 된다.

$$R = \frac{rL}{1000} \tag{15-1}$$

또, 전선의 단면적을 $A[\mathrm{mm}^2]$, 고유 저항을 $\rho[\Omega \cdot \mathrm{mm}^2/\mathrm{m}]$, 고유 저항의 역수인 도전률 $\sigma[℧ \cdot \mathrm{m/mm}^2]$라 하면

$$R = \rho\frac{L}{A} = \frac{L}{\sigma A} \tag{15-2}$$

로 표시된다.

전선의 도전률이 $[℧ \cdot \mathrm{m/mm}^2]$단위일 때, 표준 연동선은 약 58, 경동선은 약 55, 경알루미늄선은 약 35, 강선은 약 7이다.

15.1.2 인덕턴스

그림 15-1 (a)와 같이 전선간 중심 거리 D[cm], 전선의 반경 r[cm]의 단상 2선식의 경우 및 그림 (b)와 같이 3상 3선식의 $D = \sqrt[3]{D_{ab} \cdot D_{bc} \cdot D_{ca}}$[cm]인 경우 1선의 1[km]당의 인덕턴스는 다음 식으로 계산한다.

그림 15-1

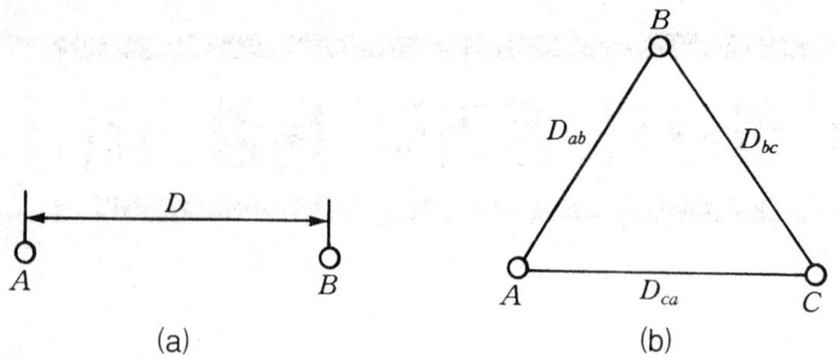

$$L = 0.4605 \log_{16} \frac{D}{r} + 0.05 \mu_s \text{ [mH/km]} \qquad (15\text{-}3)$$

단, μ_s는 비투자률, 동, 알루미늄은 $\mu_s = 1$

여기서, D는 3상 3선식에서 기하학적 평균 거리이다.

15.2 전압강하

가공 배전 선로와 같이 거리가 짧고 저압인 것의 송전 용량은 보통 다음과 같은 요소에 의하여 결정된다.

① 전력 손실 ② 전압 강하

③ 전선의 허용 전류 ④ 사고시의 융통 용량

전력 손실은 주로 전선의 저항에 의한 오옴 손이고, 저압 강하는 전선의 저항, 인덕턴스, 전류의 크기와 위상 및 주파수 등에 결정된다. 전류의 크기가 같다 하더라도 역률이 다를 때에는 전압 강하는 대단한 차이가 생긴다. 전선의 허용 전류는 절연의 열화 및 전선의 각 성능의 저하, 즉 최고 허용 온도로서 정하여진다.

사고시의 융통 능력은 지역에 따라서 다르지만, 인접한 배전선에의 역송 능력도 고려해서 대체로 이용률을 60~80[%]로 잡고 있다.

도시의 배전선은 주로 전선의 허용 전류와 사고시의 융통 용량에 의해서, 또는 전압 강하에 의하여 선로 용량이 결정된다.

15.2.1 전압 강하률과 전압 변동률

보통 배전 선로에서 전압 강하란 송전단 전압과 수전단 전압과의 산수차로서 선로의 임피던스 전압 강하는 아니다.

이 전압 강하의 수전단 전압에 대한 백분율을 전압 강하률이라 하는데, 지금 E_s, E_r을 송수 양단의 전압이라 하면

$$\text{전압 강하률} = \frac{E_s - E_r}{E_r} \times 100\,[\%] \qquad (15\text{-}4)$$

이고, 전압 변동률은

$$\text{전압 변동률} = \frac{E_0 - E_r}{E_r} \times 100[\%] \qquad (15\text{-}5)$$

로 된다. 여기서, E_r은 전부하시의 수전단 전압이고 E_0는 수전단에서 선로를 개방 했을 때의 전압(부부하 전압)이다.

즉, 전압 변동률은 부하가 급변했을 때 그 단자 전압의 변화를 나타내는 기준이다. 이 때 역률은 100[%]를 표준으로 한다.

(1) 직류 배전 선로의 전압 변동률

직류 선로에서는 인덕턱스를 생각할 필요가 없으므로 전압 변동률과 전압 강하률과는 서로 같다. 2선식 직류 선로에 대해서 생각하면, 왕복 전길이의 저항을 R, 전부하 전류를 I라 하면 다음과 같다.

$$\begin{aligned}\text{전압 변동률} &= \frac{E_0 - E_r}{E_r} \times 100 = \frac{E_s - E_r}{E_r} \times 100 \\ &= \frac{IR}{E_r} \times 100 = \frac{I^2R}{E_rI} \times 100 = \text{전력 손실률} \qquad (15\text{-}6)\end{aligned}$$

즉, 전압 변동률과 전력 손실률과는 같기 때문에 10[%]의 전압 강하가 있는 선로이면 선로 손실도 부하의 10[%]라는 것을 알 수 있다.

(2) 교류 배전 선로의 전압 변동률

교류 회로의 전압 강하는 직류 회로의 경우에 비하여 일반적으로 크다. 이것은 선로의 인덕턴스와 부하의 뒤진 역률 때문이다.

그러나, 배전 선로의 경우와 같이 저항이 리액턴스에 비하여 다소 크고, 정전 용량을 무시할 수 있을 때에는 전압 강하를 근사적으로 직류 회로에서와 같이 산술적으로 생각해서

$$e = E_s - E_r \fallingdotseq I(R\cos\theta_r + X\sin\theta_r) \tag{15-7}$$

로 취급해도 오차는 그다지 크지 않다. 또, 충전 전류를 무시할 수 있으므로 송전단 전압은 무부하 수전단 전압과 같게 되기 때문에, 전압 변동률은 전압 강하률과 같아서 다음과 같이 된다.

$$\text{전압 변동률} = \frac{I(R\cos\theta_r + X\sin\theta_r)}{E_r} \times 100[\%] \tag{15-8}$$

15.2.2 직류 배전 선로의 전압강하

직류 배전 선로는 현재로서는 유럽의 몇개 도시의 2차 계통에 적용하고 있는 것을 제하고는 거의 사용되고 있지 않지만, 교류 선로 계산에 도움이 되므로 간단히 설명한다.

(1) 직류 2선식 단일부하

직류 2선식 단일부하의 회로는 그림 15-2(a)와 같으며, 왕복 2선의 저항이 같을 때는, 그림 (b)와 같이 나타내는 것이 보통이다.

그림 15-2

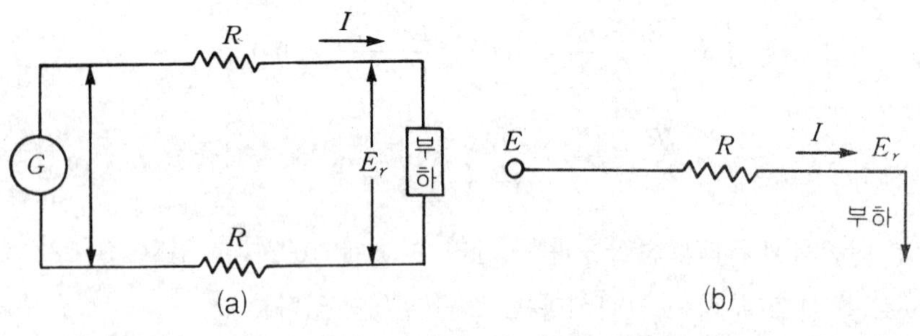

그림에서 1선의 저항을 $R[\Omega]$, 선전류를 $I[\text{A}]$라 하면 배전선의 전압 강하 $e[\text{V}]$는

$$e = 2RI[\mathrm{V}] \tag{15-9}$$

로 된다.

전선의 저항 R은 전선의 단면적 $A[\mathrm{mm}^2]$, 길이를 $l[\mathrm{m}]$라 하면 $R = \rho\dfrac{l}{A}$ $[\Omega]$이다.

그러므로, 전선 1[km]의 저항을 $r[\Omega]$라 하면

$$R = \frac{rl}{1000}\ [\Omega] \tag{15-10}$$

이다. 위의 관계를 전압 강하의 식에 대입하면 다음 식과 같이 된다.

$$e = 2\frac{\rho l}{A}I = 2\frac{rl}{1000}I[\mathrm{V}] \tag{15-11}$$

(2) 직류 2선식 다수부하

그림 15-3 (a)와 같이 $I = \sum i$가 A단에서 유입할 때의 전압 강하는

$$e = (i_1 + i_2 + i_3 + \cdots + i_n)r_1 + (i_2 + i_3 + \cdots + i_n)r_2 + \cdots + i_n r_n$$

$$= r_1\sum_1^n i + r_2\sum_2^n i + \cdots + r_n i_n \tag{15-12}$$

$$= i_1 r_1 + i_2(r_1 + r_2) + \cdots + i_n(r_1 + r_2 + r_3 + \cdots + r_n)$$

$$= i_1 r_1 + i_2\sum_1^2 r + \cdots + i_n\sum_1^n r \tag{15-13}$$

그림 15-3

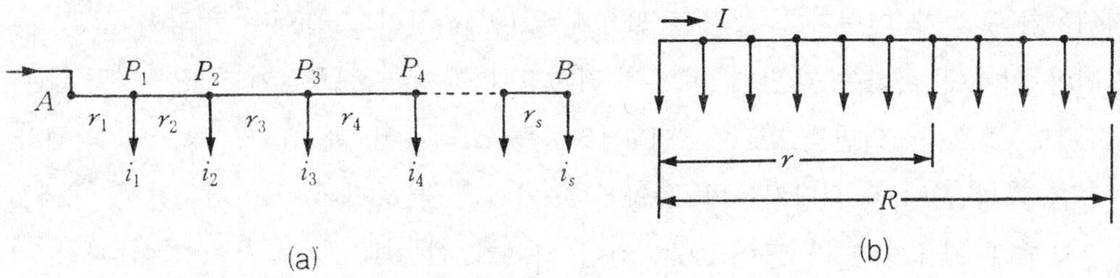

(a) (b)

즉, 전압 강하 e를 구하는 데는 두가지 방법이 있다. 제1의 방법은 식 (15-12)와 같이 각부의 전류 분포에 그 구간의 저항을 곱하여 이것을 순차로 더해 가는

방법이다. 제2의 방법은 식 (15-13)과 같이 각 부하점의 전류에 각기의 급전점에서, 그 부하점까지의 저항을 곱한 것을 차례로 더하여 가는 방법이다.

그림 15-3 (b)와 같이 전 구간에 I[A]의 부하가 고르게 분산해 있을 경우, 전구간의 저항을 $R[\Omega]$, 송전단에서 어떤 지점까지의 저항을 $r[\Omega]$이라 하면, 앞단까지의 전압 강하 e[V]는

$$e = \int_0^R \frac{I(R-r)}{R} dr = \frac{IR}{2} [\mathrm{V}] \tag{15-14}$$

로 구할 수 있다. 즉, 전부하가 말단에 집중해 있을 때의 전압 강하의 반분이다.

(3) 도중의 1개소에서 급전하는 경우

그림 15-4에서와 같이 급전점 A에서 좌우로 나누어져서 흐르는 전류는 서로 아무런 관계도 없이 전혀 별도로 양단의 부하를 분담하는 것이므로 이것은 양쪽을 (2)항의 경우와 똑같은 방법으로 계산할 수 있다.

그림 15-4

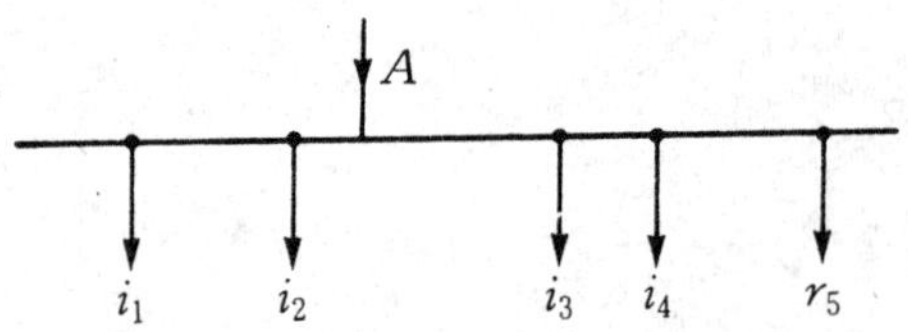

(4) 양단에서 급전하는 경우

그림 15-5에 있어서 A, B 두 점을 급전점으로 하는 경우에는 먼저 두점간에 전위차가 있는가 어떤가를 생각할 필요가 있다. 간선이 가늘어서 저항이 크고, 급전선이 이것에 비하여 대단히 굵어서 저저항일 때에는, AB간에는 전위차가 없다고 해도 좋으나, 일반적으로는 e인 전위차를 고려해서 계산하지 않으면 안된다. 전류는 A와 B에서 유입하는데 중앙부에 가까운 부하점에 있어서, 간선 내에서 좌우로부터 전류가 흘러 들어 오는 점이 하나가 있는데, 그 점의 전압이 가장 낮은 개소가 된다. 이것을 분할점이라 한다. 그러면 예를 들어 계산해 보기로 하자.

그림 15-5

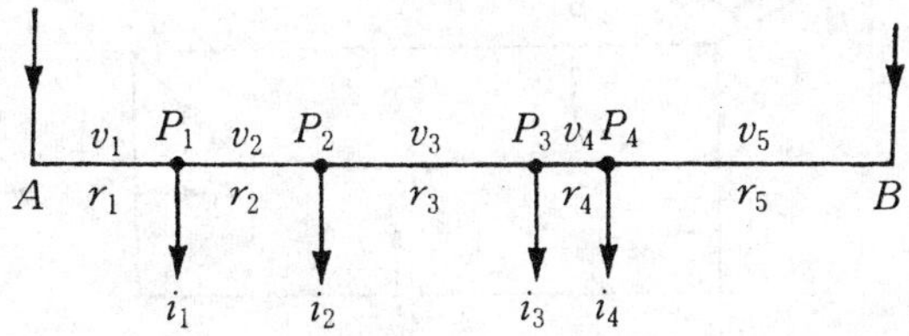

【예제 1】 그림 15-5에서 $E_A=55$[V], $E_B=50$[V], $i_1=8$[A], $i_2=6$[A], $i_3=2$[A], $i_4=4$[A], $r_1=0.2$[Ω], $r_2=0.2$[Ω], $r_3=0.3$[Ω], $r_4=0.1$[Ω], $r_5=0.4$[Ω]이라 가정하고, A, B양단에서 흘러 들어오는 전류 I_A, I_B와 각 부하점의 전압을 구하여라.

풀이 먼저 점 B에서 급전점의 접속을 끊었다고 가정을 하면 전전류 10[A]는 점 A에서 유입하는 것이 되어서 각 구간의 전압 강하는 다음과 같이 된다.

$$\left.\begin{array}{ll} v_1=20\times0.2=4 & v_2=12\times0.2=2.4 \\ v_3=6\times0.3=1.8 & v_4=4\times0.1=0.4 \end{array}\right\} \text{합계 } 8.6[\text{V}]$$

즉, 점 B의 간선측의 전압 $55-8.6=46.6$[V]로 되고, 그 급전선측의 전압 50[V]와 3.6[V]의 차가 생긴다. 이 3.6[V]의 기전력으로서 B에서 A로 향하는 전류 i_0는 다음과 같이 된다.

$$i_0=\frac{3.6}{0.2+0.2+0.3+0.1+0.4}=3[\text{A}]$$

즉, $I_B=3$[A], $I_A=20-3=17$[A]

이것이, A, B 양점에서 급전하는 경우의 전류이므로 이 전류에 따라서 전압 강하를 구하면 된다. 즉, 각 부하점의 전압은 다음과 같이 된다.

A	P_1	P_2	P_3	P_4	B
55	51.6	49.8	48.9	48.8	50

분할점은 부하점 P_4라는 것을 알 수 있다.

(5) 환상식 간선의 경우

환상식은 겉보기에는 (4)의 경우와 대단히 달라 보이지만 본질적으로는 같다.

그림 15-6

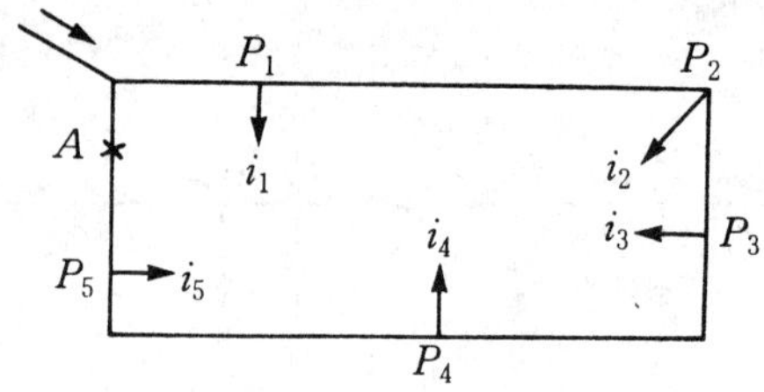

그림 15-6에 있어서, 급전점 A에서 루우프를 열고, 그 절단점의 양단에 같은 전압을 가하여도 루우프 내부의 전류 분포에 변화가 없는 것은 당연하다. 그러므로, 이것은 (4)의 $E_A = A_B$인 경우와 다름이 없다.

【예제 2】 전등 부하에 공급하는 그림 15-7과 같은 A, D되는 단상 2선식 저압 배전 간선이 있다. A, B, C, D 각점의 부하 전류 및 부하점간의 거리는 그림과 같다. 지금 이 전압 간선 중의 1점 F에서 공급하는 것으로 하고, FA 및 FD 간의 전압 강하를 같게 하기 위한 F점의 위치를 구하여라. 단, 전선의 굵기는 AD 사이가 모두 같고, 전선의 리액턴스는 무시한다.

그림 15-7

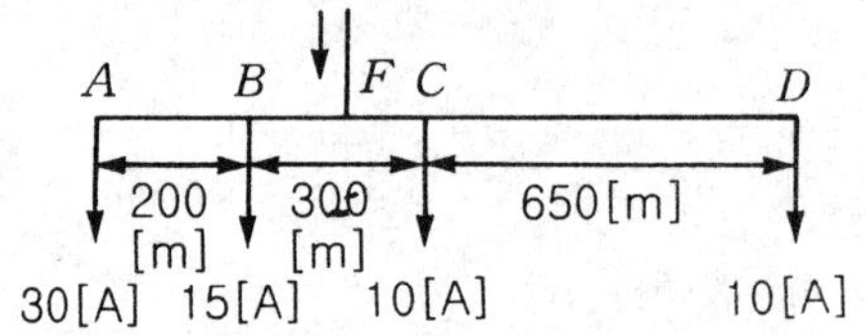

풀이 전선 1[m]의 저항을 r, FB 사이의 거리를 x[m]라 하면 FA 사이의 전압 강하 v_{FA} 및 FD 사이의 전압 강하 v_{FD}는

$$v_{FA} = 2 \times \{(30+15) \times xr + 30 \times 200r\} = 2(45xr + 6,000r)$$

$$v_{FD} = 2 \times \{(10+10) \times (300-x)r + 10 \times 650r\} = 2(6,000r - 20xr + 6,500r)$$

$v_{FA} = v_{FD}$라 놓으면

$$45xr + 6,000\,r = 6,000r - 20xr + 6,500r$$

$$65xr = 6,500r \quad \therefore x = 100\,[\text{m}]$$

즉, F점은 B에서 100[m], C에서 200[m]의 위치에 있다.

15.2.3 교류 배전 선로의 전압강하

교류 배전 선로에서는 선로의 저항외에 인덕턴스와 부하의 역률에 의한 영향 때문에 전압 강하는 일반적으로 직류인 경우보다 크다는 것은 앞에서도 설명한바와 같다.

그림 15-8

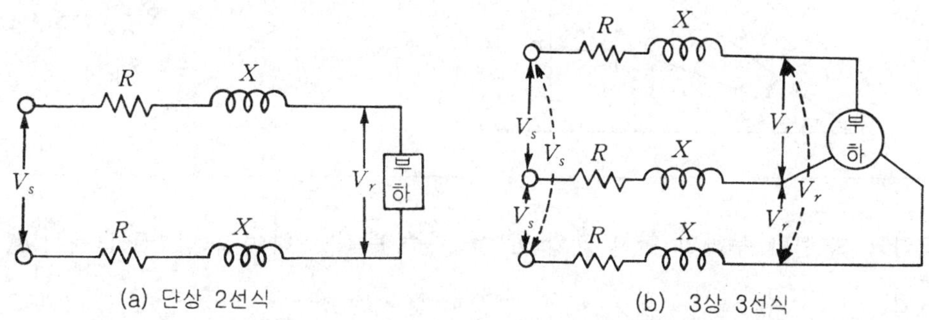

지금, 그림 15-8과 같은 단상 2선식 및 3상 3선식에서 선간 전압은 V, 1상과 중성선 사이의 전압을 E라 하면, 단상 2선식에서는 $V=2E$, 3상 3선식에서는 $V=\sqrt{3}E$가 되므로 중성선을 가상하면 그림 15-9와 같은 등가 회로를 그릴 수 있다. 따라서, 회로의 계산은 단상 2선식에서나, 3상 3선식에서나 다 같이 1선의 저항 R 및 리액턴스 X인 등가 단상 회로에 대하여 계산하면 된다.

그림 15-9 등가 단상 회로

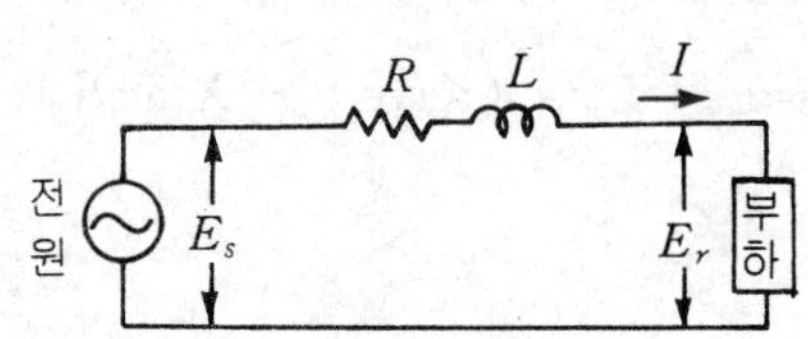

그림 15-9에 대한 전압 강하 및 전압 강하률을 간단히 요약해 보면 다음과 같다. 즉, 선전류 $\dot{I}$를 기준 벡터로 하여 벡터 그림을 그리면 그림 15-10과 같이 되

는데, 이것에서 E_s를 구할 수 있다.

$$E_s = \sqrt{(E_r \cos\theta_r + RI)^2 + (E_r \sin\theta_r + XI)^2}\ [\mathrm{V}] \qquad (15\text{-}15)$$

그림 15-10 I 기준

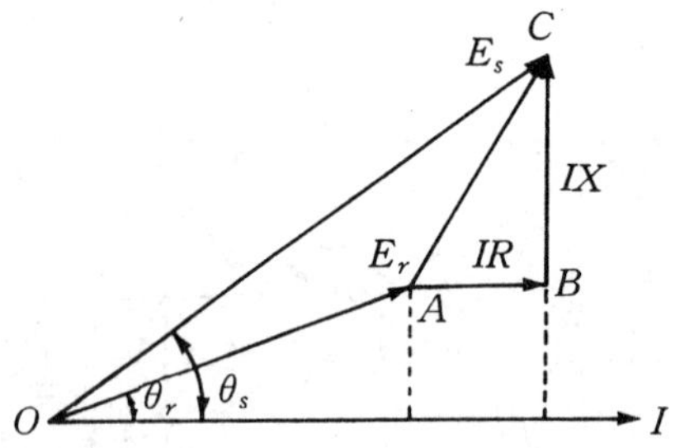

그림 15-11 E_r 기준

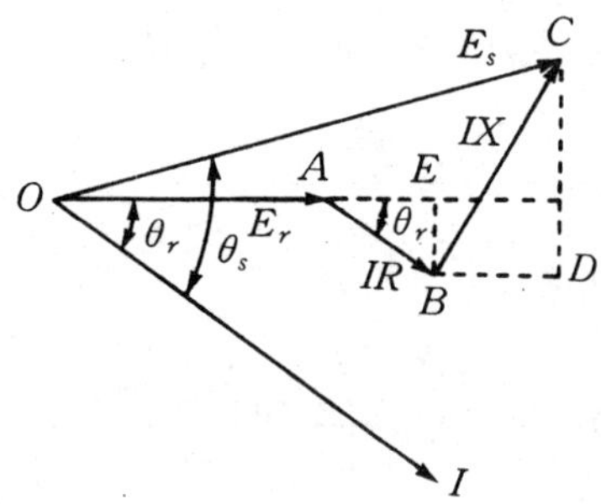

그리고, 수전단 부하의 단자 전압 $\dot{E}_r$을 기준 벡터로 하여 그림 15-11에서 E_s를 구하면

$$E_s = \sqrt{(E_r + RI\cos\theta_r + XI\sin\theta_r)^2 + (XI\cos\theta_r - RI\sin\theta_r)^2}$$

로 되는데, 단거리 송전 선로나 배전 선로에서는 $\dot{E}_s$와 $\dot{E}_r$은 거의 겹쳐져서, $\theta_s \fallingdotseq \theta_r$로 되므로 실용적으로 윗식의 제2항을 무시하면

$$E_s \fallingdotseq E_r + I(R\cos\theta_r + X\sin\theta_s)\ [\mathrm{V}] \qquad (15\text{-}16)$$

로 된다. 물론 식 (15-15)에서도 근사적으로 식 (15-16)의 관계를 유도할 수 있다.

그러므로, 식 (15-16)에서 전압 강하는 간단히 구할 수 있다.

$$\text{전압 강하 } e = E_s - E_r = I(R\cos\theta_r + X\sin\theta_r)\ [\mathrm{V}] \qquad (15\text{-}17)$$

또한, 선간 전압에 대해서는

$$\left.\begin{array}{l} \text{단상 2선식 } v = V_s - V_r = 2I(R\cos\theta_r + X\sin\theta_r) \\ \text{3상 3선식 } v = V_s - V_r = \sqrt{3}I(R\cos\theta_r + X\sin\theta_r) \end{array}\right\} \qquad (15\text{-}18)$$

와 같이 된다.

그리고, 전압 강하률은 식 (15-7)을 적용하면 식 (15-8)과 같이 다음의 식으로 계산할 수 있다.

$$\text{전압 강하률} = \frac{I(R\cos\theta_r + X\sin\theta_r)}{E_r} \times 100\,[\%] \qquad (15\text{-}19)$$

또, 전압 강하률은 식 (15-20)과 같이 송전단 전압에 대한 비율로서 나타낼 때가 있다. 특히, 배전 선로의 도중 여러 곳에 부하가 분산하여 접속되어 있는 경우에는 이와 같이 정의한 전압 강하률을 쓰는 것이 편리할 때도 있다. 이 경우에도 E_r에 대한 비율로서 한 것과 똑같이 구할 수 있다.

$$\text{전압 강하률} = \frac{E_s - E_r}{E_s} \times 100$$

$$\fallingdotseq \frac{I(R\cos\theta_s + X\sin\theta_s)}{E_s} \times 100\,[\%] \qquad (15\text{-}20)$$

따라서, 전압 강하의 근사식은 다음과 같이 된다.

$$\text{전압 강하} = \dot{I}(R\cos\theta_s + X\sin\theta_s)\,[\text{V}] \qquad (15\text{-}21)$$

(1) 머어숀도(Mershon-diagram)

배전 선로의 전압 강하률을 일일이 계산에 의해서 구하는 것은 무척 번거로운 일이다. 따라서 이것을 그림에 의해 산출하는 것을 머어숀도식 계산법이라 한다.

그림 15-12

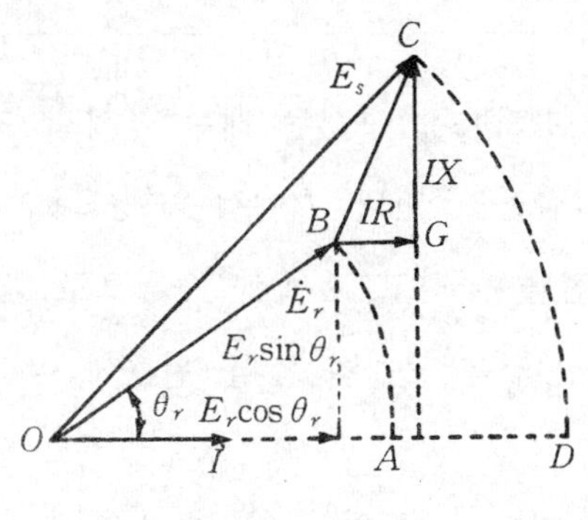

그림 15-2에서 수전단 전압 $\dot{E}_r$및 선전류 $\dot{I}$의 값(절대값)을 일정하게 하고, 부

하의 역률 $\cos\theta_r=1$ 에서 $\cos\theta_r=0$ 까지 이동하면 $\dot{E}_r$은 O를 중심으로 하여 $\overline{OB}$를 반경으로 하는 원주상을 이동하게 된다(전류 벡터 $\dot{I}$가 기준). 또, 선전류를 일정하게 했으므로 임피던스 강하의 3각형 $\triangle BGC$는 그 모양을 그대로 가진 채 이동하며, 이것을 $\dot{E}_r$에 벡터적으로 더하면 $\dot{E}_s$가 구하여 진다.

그러면, 식 (15-15)의 양변을 E_r로 나누면

$$\frac{E_s}{E_r}=\sqrt{\left(\cos\theta_r+\frac{IR}{E_r}\right)^2+\left(\sin\theta_r+\frac{IX}{E_r}\right)^2} \tag{15-22}$$

로 되어서 E_s, IR, IX는 각기 E_r에 대한 비율로 나타내어지고, 이것을 그리면 그림 15-13과 같이 된다. 즉 OA의 길이를 100[%]로 하여 눈금하고 같은 치수의 눈금으로 AD를 표시하면 임의의 E_r의 OA상에 내린 수선의 발은 그 역률을 나타내며, OC를 원호에 따라 내린 D점의 읽음은 전압 강하률을 나타낸다.

그림 15-13 머어숀도의 원리

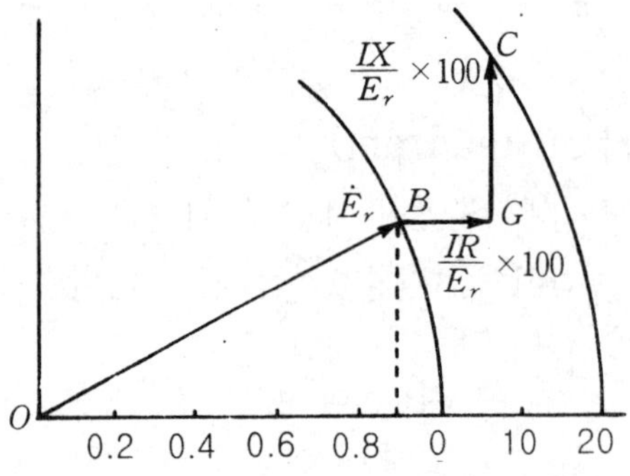

따라서, 그림에서 전압 강하률을 구하는 데는 부하의 역률을 OA 상에서 구하고, 여기에서 수선을 세워 B점을 구한다. B에서 수평으로 저항 강하률($IR/E_r\times100$ [%]) $=BG$를 취하여 G점을 구하고, G에서 수직으로 리액턴스 강하률($IX/E_r\times 100$[%]) $=CG$를 잡아서 C점을 구한다. C를 원호에 따라 내린 D점을 구하여 그 눈금을 읽으면 된다.

그림 15-14는 부하 역률 0.5~1.0 전압 강하률 0~40[%]의 머어숀 그림의 한 예이다.

그림 15-14 머어손도

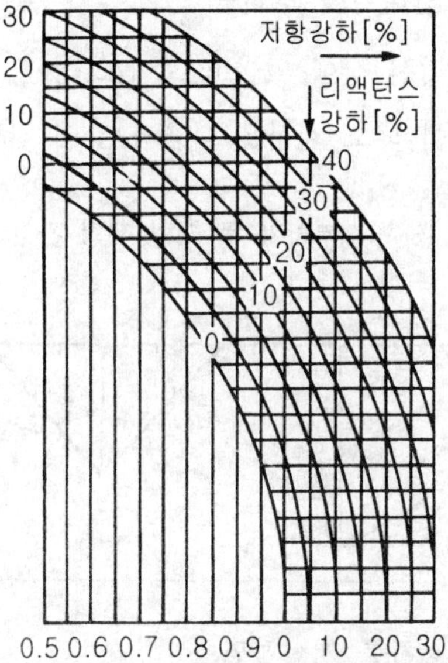

(2) 다수부하의 전압강하

교류 간선에는 일반적으로 많은 부하가 걸려 있어서 여기에 일단에서 급전하기도 하고, 도중의 일점에서 급전할 때도 있으며, 때에 따라서는 양단에서 급전하기도 한다. 그러나, 여기서는 그림 15-15 (a)와 같이 일단에서 급전하는 두 개의 부하에 대하여 생각해 보기로 한다.

그림 15-15 부하가 2개인 경우

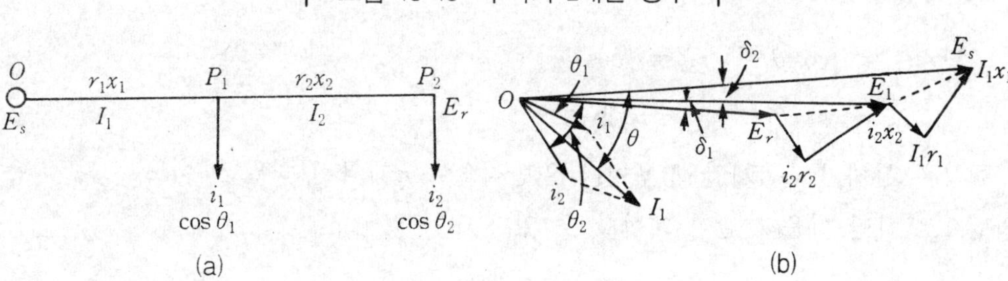

지금 급전점 A에서 두 개의 부하점 P_1, P_2에 i_1, i_2의 부하 전류가 흐르고, 그 역률이 각각 $\cos\theta_1$, $\cos\theta_2$일 때, 같은 굵기의 전선으로 공급할 때의 전압 강하를

계산해 보자. 이 때의 벡터 그림은 그림 15-15 (b)와 같다. 이 벡터 그림은 알기 쉽게 하기 위해서 특히 임피던스 강하를 크게 그린것이나 실제의 경우 $\dot{E}_r$, $\dot{E}_1$, $\dot{E}_2$는 거의 겹쳐져서 일직선 상에 있다고 보아도 상관 없다. 이와 같이 하면 벡터 그림은 그림 15-16과 같이 되고 계산은 다음과 같이 간단히 된다.

그림 15-16 부하가 두 개일 때의 간이 벡터도

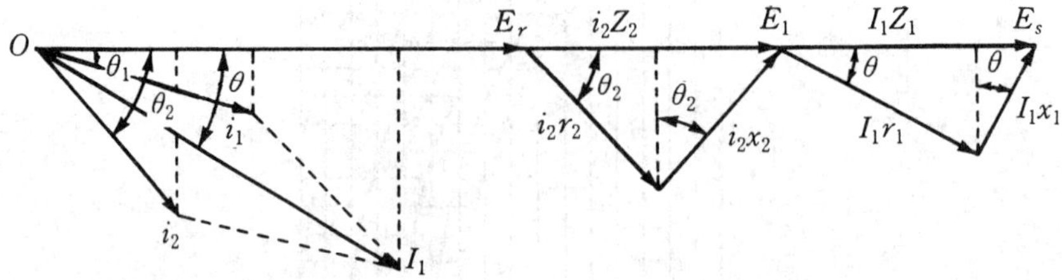

그림 15-16에서 전압 강하를 계산하면

$$e = r_2 i_2 \cos\theta_2 + x_2 i_2 \sin\theta_2 + r_1 I_1 \cos\theta + x_1 I_1 \sin\theta$$

$$I_1 = \sqrt{(i_1\cos\theta_1 + i_2\cos\theta_2)^2 + (i_1\sin\theta_1 + i_2\sin\theta_2)^2}$$

$$\cos\theta = \frac{i_1\cos\theta_1 + i_2\cos\theta_2}{I_1}$$

$$\sin\theta = \frac{i_1\sin\theta_1 + i_2\sin\theta_2}{I_1}$$

$$\therefore e = r_2 i_2\cos\theta_2 + x_2 i_2\sin\theta_2 + r_1(i_1\cos\theta_1 + i_2\cos\theta_2) + x_1(i_1\sin\theta_1 + i_2\sin\theta_2) = (i_{1a} + i_{2a})r_1 + (i_{1r} + i_{2r})x_1 + i_{2a}r_2 + i_{2r}x_2$$

단, $i_{1a} = i_1\cos\theta_1$, $\quad i_{2a} = i_2\cos\theta_2$

$i_{1r} = i_1\sin\theta_1$, $\quad i_{2r} = i_2\sin\theta_2$

이상은 부하가 두 개인 경우이나 일반적으로 n개의 부하일 때에도 위와 같은 방법으로 하면 다음과 같이 계산할 수 있다.

$$e = (i_{1a} + i_{2a} + \cdots\cdots\cdots + i_{na})r_1 + (i_{1r} + i_{2r} + \cdots\cdots\cdots + i_{nr})x_1$$
$$+ (i_{2a} + i_{3a} + \cdots\cdots\cdots + i_{na})r_2 + (i_{2r} + i_{3r} + \cdots\cdots\cdots + i_{nr})x_2$$
$$+ \cdots\cdots\cdots\cdots\cdots\cdots\cdots\cdots$$
$$+ i_{na}r_n = i_{nr}x_n$$

$$\left.\begin{aligned} &= r_1\sum_1^n i_a + r_2\sum_1^n i_a + \cdots + r_n i_n + x_1\sum_1^n i_r + x_2\sum_2^n i_r + \cdots\cdots x_n i_{nr} \\ &= i_{1a}r_1 + i_{2a}\sum_1^2 r + \cdots + i_{nan}\sum_1^n r + i_{1r}x_1 + i_{2r}\sum_1^2 x + \cdots + i_{nr}\sum_1^n x \end{aligned}\right\} \quad (15\text{-}23)$$

【예제 3】 길이 2,000[m]의 3상 배전선이 있다. 저항 $r = 0.3$[Ω/km], 리액턴스 $x = 0.4$[Ω/km]이라 한다. 지금 송전단 전압 $V_s = 3,500$[V]로 하고 송전단에서 1,000[m]의 곳에 $I_1 = 100$[A], 역률 0.8(뒤짐) ; 1500[m]의 곳에 $I_2 = 100$[A], 역률 0.6(뒤짐) ; 종단에 $I_3 = 100$[A], 역률 0(앞섬)되는 3개의 부하가 있다. 종단에서 선간 전압은 몇 [V]가 되는가? 단, 각 부하점 간의 위상차는 무시할 수 있는 것으로 한다.

그림 15-17

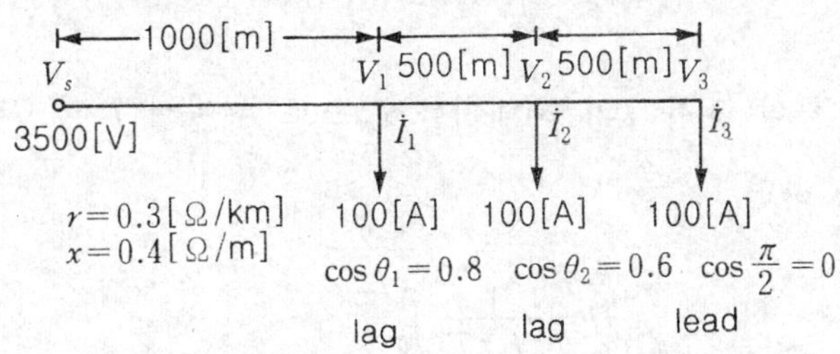

풀이 전압 강하 e는

$$e = I_3\cos\theta_3(r_1 + r_2 + r_3) + I_2\cos\theta_2(r_2 + r_1) + I_1\cos\theta_1 r_1$$
$$+ I_3\sin\theta_3(x_1 + x_2 + x_3) + I_2\sin\theta_2(x_2 + x_1) + I_1\sin\theta_1 x_1$$
$$= 100\times0\times0.6 + 100\times0.6\times(0.3 + 0.15) + 100\times0.8\times0.3 + 100\times$$
$$(-1)\times(0.4 + 0.2 + 0.2) + 100\times0.8\times(0.4 + 0.2) + 100\times0.6\times0.4$$
$$= 27 + 24 - 80 + 48 + 24 = 43\text{[V]}$$

단, $V_3 = V_s = \sqrt{3}e = 3,500 - \sqrt{3}\times43 = 3426$[V]

15.3 전력 손실

배전 선로 중에서 생기는 전력 손실을 분해하면 오옴손과 누설손이 있으며, 이 밖에 배전 변압기의 철손(iron loss)과 동손(copper loss)이 있다.

누설손은 애자 중의 유전손(dielectric loss) 및 애자 표면의 누설 전류에 의한 손실이 있지만, 이 손실은 오옴손에 비해서 지극히 적은 것이므로 보통은 생략해도 무방하다.

15.3.1 오옴손

(1) 말단 집중 부하의 경우

전용선 또는 급전선과 같이 그 말단에 단일 집중 부하가 있어서, 선전류를 I[A]라 할 때의 1선당의 오옴선 p_c[W]는 1선당의 저항을 R[Ω]이라 하면

$$p_c = RI^2 \text{[W]} \tag{15-24}$$

이고, 또 T[시간](예를 들면 1일=24시간, 1년=8,760시간) 중의 전력량 손실 w_c [Wh]는 오움손만을 생각할 때는 다음과 같이 된다.

$$w_c = \int_0^T RI^2 dt \text{[Wh]} \tag{15-25}$$

지금 T시간 중의 전류 I의 최대치를 I_m으로 놓아서 I^2의 T시간 중의 평균치와의 비를 H라 하면

$$H = \frac{1}{I_m^2 T} \int_0^T I^2 dt \tag{15-26}$$

와 같이 되므로, 식 (15-25)는

$$w_c = HRI_m^2 T \text{[Wh]} \tag{15-27}$$

로 된다. 그런데 T시간 중의 I의 최대치 I_m은 실용적으로 30분 또는 1시간의 평균치로서의 최대를 취한다.

식 (15-26)의 H를 손실계수(loss fator)라 부르고, w_c는 최대 전류 I_m이 HT시

간이 흐른 경우의 손실 전력량과 같다. 따라서 $HT = T_c$[시간]을 등가 시간이라 한다. 이상에서와 같이 H 또는 등가시간이 알려지면 식 (15-27)에서 손실 전력량을 구할 수 있다.

또, T시간 중의 전류 I의 평균치와 최대치 I_m과의 비를 F(부하률)라 하면, 이것은 다음 식과 같이 된다.

$$F = \frac{1}{I_m T} \int_0^T I dt \tag{15-28}$$

지금, 전류 I를 단위법으로 나타내어서 (I/I_m)이라 하면, F는 전류 (I/I_m)의 평균치이고, H는 그 제곱 $(I/I_m)^2$의 평균치이므로, F, H, F^2의 관계는

$$1 \geqq F \geqq H \geqq F^2 \geqq 0 \tag{15-29}$$

로 되고, 여기서 $1 \geqq \alpha \geqq 0$ 라 하면

$$H = \alpha F + (1-\alpha) F^2 \tag{15-30}$$

이다. 즉, 어떤 F에 대해서 H는 $\alpha = 0$ 일 때 최소치 F^2, $\alpha = 1$ 에서 최대치 F로 된다. 위 식에 나타낸 α는 0.1~0.4의 사이인데 0.2 내외일 때가 많다.

이와 같이 해서, 부하률 F만 알면 근사적으로 손실 계수 H를 구할 수 있다는 것을 알 수 있다. 그리고, 손실 계수를 근사적으로 구하는 실험식으로는 다음과 같은 Wolf씨의 식도 있다.

$$H = 0.083F + 1.066F^2 - 0.12F^3 \tag{15-31}$$

(2) 분산 부하의 경우

분산 부하의 배전 간선 또는 지선(분기선)에 있어서의 오옴손[W] p는 그 송전단 전류를 I[A], 임의의 점에서의 전선류를 i[A], 송전단에서 그 점까지의 전선 저항을 $r[\Omega]$, 그의 전저항을 $R[\Omega]$이라면(그림 15-18 참조),

그림 15-18

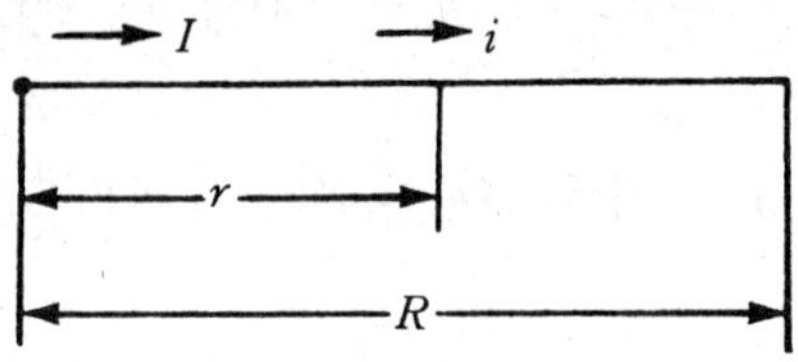

$$p=\int_0^R i^2 dr[\text{W/선조}] \tag{15-32}$$

$$h=\frac{1}{I^2R}\int_0^R i^2 dr \tag{15-33}$$

이다. 즉, 송전단 전류를 1로 하는 단위법으로 나타낸 선전류의 제곱 $(i/I)^2$의 전선 저항에 관한 평균치를 h라 하면 p는 다음과 같이 된다.

$$p=hRI^2[\text{W}] \tag{15-34}$$

그러므로, h는 같은 선로에서 같은 송전단 전류인 경우의 분산 부하에 의한 손실 p와 식 (15-24)의 말단 단일 집중 부하에 의한 손실 p_c와의 비를 나타낸다. 또, p는 송전단 전류 I(선로 중의 최대 전류)가 $hR=R_e$의 저항을 흐르는 경우, 즉 송전단에서의 저항이 hR인 점에 전류 I를 취하는 단일 집중 부하가 있을 때의 손실 전력과 같다.

이와 같이 h는 손실 계수 H에 대응하는 것으로써, H가 부하의 시간적 변동 상황의 여하에 따라 전력 손실의 비율을 나타내는데 대하여 h는 부하의 분산 상태 여하에 따라 전력 손실의 비율을 나타낸다. 그래서, 손실 계수 H에 대응해서 h를 **분산 손실 계수**(dispersal loss factor)라 하기도 한다. 또, 등가 시간 $HT=T_e$에 대응하는 $hR=R_c$를 **전력 손실 등가 저항**이라 하고, 다시 같은 전선으로 된 선로에 대하여 그 실제의 길이 L에 대해서 $hL=L_e$를 전력 손실 등가 저항이라 하고, 다시 같은 전선으로 된 선로에 대하여 그 실제의 길이 L에 대해서 $hL=L_e$를 전력 손실 등가 길이라 부를 때도 있다.

다음에 전력량 손실 w는

$$w = \int_0^T \int_0^R i^2 dr dt = R \int_0^T h I^2 dt \text{[Wh]} \qquad (15\text{-}35)$$

로 되고, h가 T시간 중 불변인 경우는 다음과 같이 된다.

$$w = HhRI_m^{\ 2} T \text{[Wh]} \qquad (15\text{-}36)$$

h가 시간적으로 일정하지 않는 경우에도 그 변화가 심하지 않을 때는 최대부하 시의 h의 값을 취하여 식 (15-36)를 적용해도 그 오차는 실용상 큰 지장이 없을 때가 많다.

그림 15-19

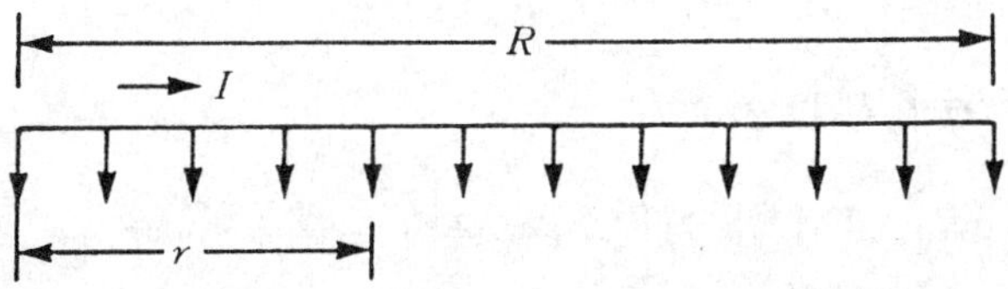

지금, 가장 간단한 경우로서 전선의 굵기가 균일하고, 또, 부하가 송전단에서 말단까지 균일하게 분포되어 있는, 이른바 평균 분산 부하의 경우에 대한 계산 예를 나타내어 보면, 그림 15-19에 있어서 전선 길이의 저항을 R[Ω], 임의의 점까지의 저항을 r[Ω], 그 점까지의 선전류를 I_r[A], 송전단 전류를 I[A]라 하면

$$I_r = I\left(\frac{R-r}{R}\right)$$

로 된다. 따라서, 이 전선의 전력 손실은 각 점에서의 전력 손실을 전길이에 걸쳐서 적분한 것이므로 다음과 같다.

$$p = \int_0^R \left\{\frac{I}{R}(R-r)\right\}^2 dr = \left| I^2 r - \frac{I^2 r^2}{R} + \frac{I^2 r^3}{3R^2} \right|_0^R = \frac{I^2 R}{3}$$

즉, 이 평균 분산 부하에 대한 손실은 송전단에서 전장의 1/3의 곳에 전부하가 집중한 경우라 생각해도 좋다. 따라서, 식 (15-34)에서 이 경우의 $h = 1/3$이다.

연 습 문 제

문제 1. 배전선의 말단에 단일 부하가 있는 경우와 배전선에 따라 균등한 부하가 분포되어 있는 경우에 배전선내의 전력 손실을 비교하면 전자는 후자의 몇 배인가? 단, 송전단에서의 전류는 양자 동일하다.

㉮ 3 ㉯ 2 ㉰ $\frac{1}{3}$ ㉱ $\frac{2}{3}$

풀이 말단에 단일 부하인 경우의 전력 손실 $P_l = 3I^2R$

균등한 부하 분포의 경우 전력손실

$$P_l = \int_0^1 i^2 R dx = \int_0^1 I^2(1-x)^2 R dx$$

$$= I^2 R \int_0^1 (1-2x-x^2)dx = I^2 R\left[x - x^2 + \frac{x^3}{3}\right]_0^1 = \frac{I^2 R}{3}$$

$$\frac{\text{단일 부하 전력손실}}{\text{균등 부하 전력손실}} = \frac{I^2 R}{\frac{I^2 R}{3}} = 3$$

[답] ㉮

문제 2. 배전선로의 전압강하율을 나타내는 식이 아닌 것은?

㉮ $\frac{I}{E_R}(R\cos\theta + X\sin\theta) \times 100[\%]$ ㉯ $\frac{\sqrt{3}I}{V_R}(R\cos\theta + X\sin\theta) \times 100[\%]$

㉰ $\frac{E_s - E_R}{E_R} \times 100[\%]$ ㉱ $\frac{E_S - E_R}{E_S} \times 100[\%]$

[답] ㉱

문제 3. 100[V]에서 전력 손실률 0.1인 배전 선로에서 전압을 200[V]로 승압하고 그 전력 손실률을 0.05로 하면 전력은 몇 배 증가 시킬 수 있는가?

㉮ $\frac{1}{2}$ ㉯ $\sqrt{2}$ ㉰ 2 ㉱ 4

풀이 전력 손실률(K) $= \frac{PR}{V^2\cos\theta^2}$

역률과 저항이 일정하다면

$$P=\frac{KV^2\cos\theta^2}{R}=\frac{0.05}{0.1}\times\left(\frac{200}{100}\right)^2=\frac{1}{2}\times4=2$$

[답] ㉰

문제 4. 송전단 전압 3,498[V], 수전단 전압 3,300[V]일 때 전압강하율은 몇 [%]인가?

㉮ 3 ㉯ 4 ㉰ 5 ㉱ 6

풀이 전압강하율 $\%e=\frac{V_s-V_R}{V_R}\times100=\frac{3498-3300}{3300}\times100=6[\%]$ [답] ㉱

문제 5. 부하 전력 W [kW], 부하 역률 $\cos\theta$, 전압 E[V], 선로 길이 L[m], 전선단면적 S[mm²], 전선의 고유 저항 ρ[Ω · mm²/m]인 2선식 교류 배전 선로의 선로 손실 [W]은?

㉮ $\frac{2\rho LW^2}{SE}\times10^6$ ㉯ $\frac{2\rho LW^2}{SE^2\cos^2\theta}\times10^6$

㉰ $\frac{\rho LW^2}{2SE^2}$ ㉱ $\frac{2\rho LW^2}{SE\cos\theta}\times10^6$

풀이 부하 전력 $W=EI\cos\theta$, $I=\frac{W}{E\cos\theta}\times10^6$

$\therefore$ 선로 손실 $P_l=2I^2R=\frac{2\rho LW^2}{SE^2\cos^2\theta}\times10^6$[W] [답] ㉯

문제 6. 200[V] 단상 2선식 길이 200[m]의 배전선에서 40[kW], 역률 100[%]의 부하에 38[mm²]의 전선을 쓰면 손실률 [%]은 대략 얼마인가? 단, 단면적 1[mm²], 길이 1[m]인 전선의 저항은 1/55[Ω]이다.

㉮ 7.5 ㉯ 10 ㉰ 15 ㉱ 20

풀이 전력 손실 $P_l=2I^2R=\frac{P^2\rho l}{V^2A}\times10^{-3}$[kW]

$$=2\frac{(40,000^2\times200)}{200^2\times38\times55}\times10^{-3}[\text{kW}]=7.66[\text{kW}]$$

전력 손실률 $=\frac{\text{손실 전력}}{\text{부하 전력}}\times100=\frac{7.66}{40}\times100\fallingdotseq20[\%]$ [답] ㉱

문제 7. 지상부하를 가진 3상 3선식 배전선 또는 단거리 송전선에서 선간 전압 강하를 나타낸 식은?(단, I, R, X, θ는 각각 수전단전류, 선로저항, 리액턴스 및 수전단 전류의 위상각이다.)

㉮ $I(R\cos\theta + X\sin\theta)$ ㉯ $2I(R\cos\theta + X\sin\theta)$

㉰ $\sqrt{3}I(R\cos\theta + X\sin\theta)$ ㉱ $3I(R\cos\theta + X\sin\theta)$

[답] ㉰

문제 8. 단상 2선식의 교류 배전선이 있다. 전선 1줄의 저항은 0.15[Ω], 리액턴스 0.25[Ω]이다. 부하는 무유도성으로서 100[V], 3[kW]일 때 급전점의 전압은 몇 [V]인가?

㉮ 100 ㉯ 109 ㉰ 119 ㉱ 129

풀이 $V_s = V_r + 2I(R\cos\theta + X\sin\theta)$, $\cos\theta = 1$

$= 100 + 2\times\dfrac{3000}{100}\times 0.15 = 109[V]$ [답] ㉯

문제 9. 3상 배전 선로의 말단에 역률 80[%](lagging)의 평형 3상의 집중 부하가 있다. 변전소 인출구의 전압이 3300[V]일 때 부하의 단자 전압을 최소 3000[V]로 유지하려면 부하 전력은 몇 [kW]까지 허용 할 수 있는가? 단, 전선 1선의 저항을 2[Ω], 리액턴스를 1.8[Ω]이라 하고 그 밖의 선로 정수는 무시한다.

㉮ 155.5 ㉯ 268.7 ㉰ 366.5 ㉱ 486.7

풀이 전압 강하 $e = V_s - V_r = \sqrt{3}I(R\cos\theta + X\sin\theta)$

$I = \dfrac{300}{\sqrt{3}(R\cos\theta + X\sin\theta)} = \dfrac{300}{\sqrt{3}(2\times 0.8 + 1.8\times 0.6)} = 64.6[A]$

부하 전력 $P = \sqrt{3}VI\cos\theta = \sqrt{3}\times 3000\times 64.6\times 0.8\times 10^{-3} = 268.7[kW]$ [답] ㉯

문제 10. 송전단 전압이 3.4[kV], 수전단 전압이 3.0[kV]인 배전 선로에서 수전단의 부하를 끊은 경우의 수전단 전압이 3.2[kV]로 되었다면 이때의 전압 변동률은 몇 [%]인가?

㉮ 5.88 ㉯ 6.25 ㉰ 6.67 ㉱ 11.76

풀이 전압 변동률 $\delta = \dfrac{V_{r0} - V_r}{V_r} \times 100 = \dfrac{3.2 - 3.0}{3.0} \times 100 = 6.67[\%]$ [답] ㉰

문제 11. 직류 2선식에서 배전선로의 끝에 부하가 집중되어 있는 경우 전선 1가닥의 저항을 $R[\Omega]$, 선로전류를 I[A]라 하면 이 배전선로의 전압강하 e는 몇 [V]인가?

㉮ $e=\frac{1}{2}RI$ ㉯ $e=RI$ ㉰ $e=2RI$ ㉱ $e=3RI$

[답] ㉰

문제 12. 다음 직류 선로에서 B, C, D 각 점의 전압은?

㉮ $B=99$, $C=85$, $D=82$
㉯ $B=95$, $C=80$, $D=77$
㉰ $B=94$, $C=80$, $D=77$
㉱ $B=92$, $C=85$, $D=73$

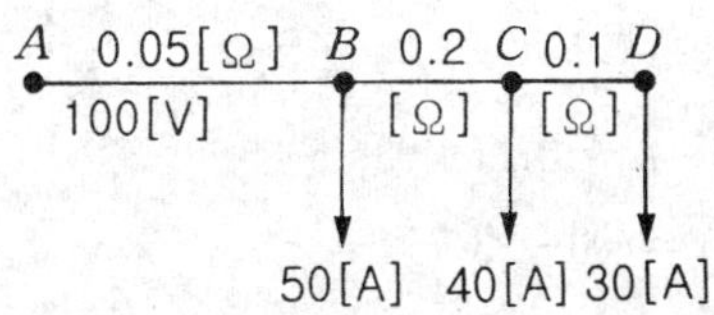

풀이

$V_B = V_A - R_{AB}(I_B + I_C + I_D)$

$V_B = V_A - IR = 100 - 120 \times 0.05 = 94[\text{V}]$

$V_C = V_B - R_{BC}(I_C + I_D)$

$V_C = V_B - IR = 94 - 70 \times 0.2 = 80[\text{V}]$

$V_D = V_C - R_{CD}I_D$

$V_D = V_C - IR = 80 - 30 \times 0.1 = 77[\text{V}]$ [답] ㉰

문제 13. 그림과 같은 단상 2선식 배전에서 인입구 A점의 전압이 100[V]라면 C점의 전압은 몇 [V]인가?(단, 저항값은 1선의 값으로 AB간 0.05[Ω], BC간 0.1[Ω]이다.)

㉮ 90[V] ㉯ 94[V]
㉰ 96[V] ㉱ 97[V]

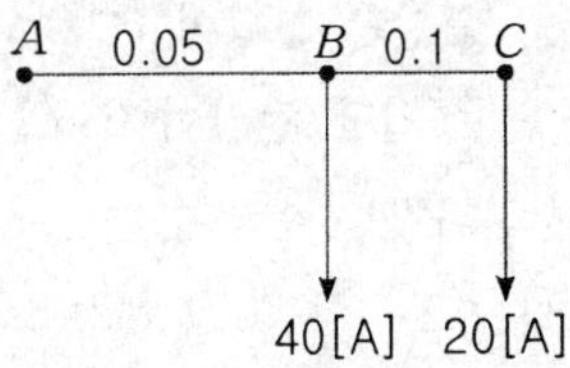

풀이 $V_B = 100 - (40 + 20) \times 0.05 \times 2 = 94[\text{V}]$

$V_C = 94 - 20 \times 0.1 \times 2 = 90[V]$ [답] ㉮

문제 14. 그림에서 단상 2선식 저압 배전선의 A, C점에서 전압을 같게 하기 위한 공급점 D의 위치를 구하면? 단, 전선의 굵기는 AB간 5[mm], BC간 4[mm], 또, 부하 역률은 1이고 선로의 리액턴스는 무시한다.

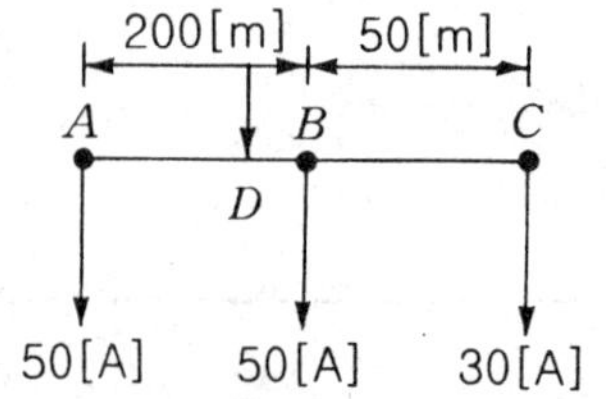

㉮ B에서 A쪽으로 58.9[m]
㉯ B에서 A쪽으로 57.4[m]
㉰ B에서 A쪽으로 56.9[m]
㉱ B에서 A쪽으로 55.9[m]

풀이 F점을 기준으로 해서 양쪽의 전압 강하가 같으므로

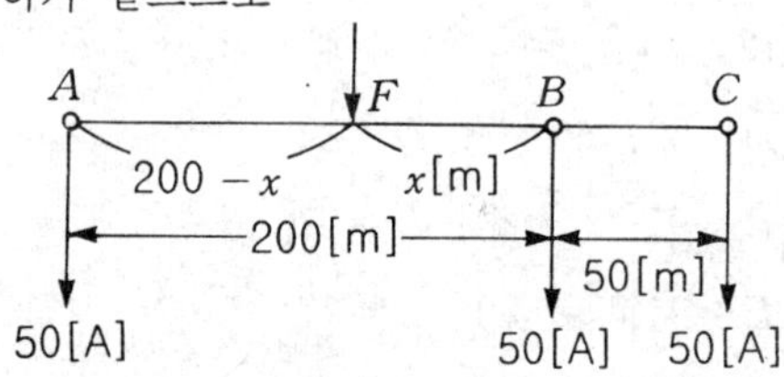

$$50 \times \frac{200-x}{\frac{\pi}{4}5^2} = 80 \times \frac{x}{\frac{\pi}{4}5^2} + 30\frac{50}{\frac{\pi}{4}4^2}$$

$$400 - 2x = 3.2x + 93.75$$

$$5.2x = 400 - 93.75$$

$$x = \frac{400-93.75}{5.2} = 58.89[m]$$

[답] ㉮

문제 15. 송전선의 전압변동률 식 전압변동률 $= \frac{V_{R_1} - V_{R_2}}{V_{R_2}} \times 100[\%]$에서 V_{R_1}은 무엇에 해당되는가?

㉮ 무부하시 송전단 전압 ㉯ 부하시 송전단 전압
㉰ 무부하시 수전단 전압 ㉱ 전부하시 수전단 전압

풀이 V_{R_1} : 무부하시 수전단 전압[V], V_{R_2} : 전부하시 수전단 전압[V] [답] ㉰

문제 16. 송전단 전압이 6600[V], 수전단 전압은 6100[V]이다. 수전단의 부하를 끊는 경우 수전단 전압이 6300[V]라면 이 회로의 전압강하율과 전압변동율은 각각 몇 [%]인가?

㉮ 3.28, 8.2 ㉯ 8.2, 3.28 ㉰ 4.14, 6.8 ㉱ 6.8, 4.14

풀이 전압강하율 $\%e = \frac{V_s - V_R}{V_R} \times 100 = \frac{6600-6100}{6100} \times 100 = 8.26[\%]$

전압변동률 $\%\delta = \dfrac{V_{20} - V_{2n}}{V_{2n}} \times 100 = \dfrac{6300-6100}{6100} \times 100 = 3.28[\%]$ [답] ㉯

문제 17. 3상 3선식의 배전선로가 있다. 이것에 역률이 0.8인 3상 평형 부하 20[kW]를 걸었을 때 배전선로 등의 전압강하는?(단, 부하의 전압은 200[V], 전선 1조의 저항은 0.02[Ω]이고 리액턴스는 무시한다.)

㉮ 1[V] ㉯ 2[V] ㉰ 3[V] ㉱ 4[V]

풀이 부하전류 $I = \dfrac{W}{\sqrt{3}\,V\cos\theta} = \dfrac{20}{\sqrt{3}\times 0.2\times 0.8} = 72.17[\text{A}]$

전압강하 $e = \sqrt{3}I(r\cos\theta + X\sin\theta) = \sqrt{3}\times 72.17\times(0.02\times 0.8 + 0\times 0.6) = 2[\text{V}]$

[답] ㉯

문제 18. P[kW], 역률 $\cos\theta_1$인 부하의 역률을 $\cos\theta_2$로 개선하기 위하여 필요한 전력용 콘덴서의 용량[kVA]은?

㉮ $P\left(\dfrac{\cos\theta_1}{\sqrt{1-\cos^2\theta_1}} - \dfrac{\cos\theta_2}{\sqrt{1-\cos^2\theta_2}}\right)$ ㉯ $P\left(\dfrac{\sqrt{1-\cos^2\theta}}{\cos\theta_1} - \dfrac{\sqrt{1-\cos^2\theta_2}}{\cos\theta_2}\right)$

㉰ $P(\cos\theta_1 - \cos\theta_2)$ ㉱ $P(\sin\theta_1 - \sin\theta_2)$

[답] ㉯

문제 19. 정격용량 P[kVA]의 변압기에서 늦은 역률 $\cos\theta_1$의 부하에 P[kVA]를 공급하고 있다. 합성역률을 $\cos\theta_2$로 개선하여 이 변압기의 전 용량까지 전력을 공급하려고 한다. 소요 콘덴서의 용량은 몇 [kVA]인가?

㉮ $P\cos\theta_1(\tan\theta_1 - \tan\theta_2)$ ㉯ $P\cos\theta_2(\cos\theta_1 - \cos\theta_2)$

㉰ $P(\tan\theta_1 - \tan\theta_2)$ ㉱ $P(\cos\theta_1 - \cos\theta_2)$

[답] ㉮

문제 20. 배전선의 손실 계수 H와 부하율 F와의 관계는?

㉮ $0 \leq F^2 \leq H \leq F \leq 1$　　㉯ $0 \leq H^2 \leq F \leq H \leq 1$

㉰ $0 \leq H \leq F^2 \leq F \leq 1$　　㉱ $0 \leq F \leq H^2 \leq H \leq 1$

[답] ㉮

문제 21. 배전선로에서 부하율이 F일 때 손실계수 H은?

㉮ F와 F^2의 힘　　㉯ F와 같은 값

㉰ F와 F^2의 중간값　　㉱ F^2와 같은 값

풀이 부하율 F와 손실계수 H와의 관계는 다음과 같다.

$0 \leq F^2 \leq H \leq F \leq 1$ [답] ㉰

문제 22. 배전선로에서 손실계수 H와 부하율 F사이에서 성립하는 식은?(단, 부하율 $F<1$)

㉮ $H>F^2$　　㉯ $H<F^2$　　㉰ $H=F$　　㉱ $H>F$

풀이 손실계수 $H=\frac{1}{I_m^2RT}\int_o^T I^2Rdt$, 부하율 $F=\frac{1}{I_mRT}\int_o^T IRdt$로서 $I_m \geq I$의 관계가 있으므로 부하율 F와 손실계수 H와의 관계는 $0 \leq F^2 \leq H \leq F \leq 1$의 관계가 있다. [답] ㉮

문제 23. 단일 부하 선로에서 부하율 50[%], $\alpha=0.2$인 배전선의 손실계수는?

㉮ 0.05　　㉯ 0.15　　㉰ 0.25　　㉱ 0.30

풀이 손실계수 $H=\alpha F+(1-\alpha)F^2=0.2\times0.5+(1-0.2)\times0.5^2=0.3$ [답] ㉱

문제 24. 최대전류가 흐를 때의 손실이 50[kW]이며 부하율이 55[%]인 전선로의 평균손실은 몇 [kW]인가?(단, 배전선로의 부하모양에 의한 손실계수 α는 0.38이다.)

㉮ 7　　㉯ 11　　㉰ 19　　㉱ 31

풀이 평균손실 $P_c=HP_{cm}$(H : 손실계수, P_{cm} : 최대손실전력)

손실계수 $H=\alpha F+(1-\alpha)F^2=0.38\times0.55+(1-0.38)\times0.55^2=0.39655$

$\therefore\ P_c = 0.39655 \times 50 = 19.8[\text{kW}]$ [답] ㉰

문제 25. 연간 최대전류 200[A], 배전거리 10[km]의 밑단에 집중 부하를 가진 6.6[kV], 3상 3선식 배전선이 있다. 이 선로의 연간 손실 전력량은 약 몇 [MWh] 정도인가?(단, 부하율 $F=0.6$, 손실계수 $H=0.3F+0.7F^2$이고, 전선의 저항은 0.25[Ω/km]이다.)

㉮ 685 ㉯ 1135 ㉰ 1585 ㉱ 1825

풀이 손실계수 $H=0.3F+0.7F^2=0.3\times0.6+0.7\times0.6^2=0.432$

따라서 전력손실량 $W=HP_{cm}T$이므로

$W=0.432\times3\times200^2\times0.25\times10\times10^{-6}\times365\times24=1135.29[\text{MWh}]$ [답] ㉯

문제 26. 어느 변전소의 공급 구역 내에 총 설비 용량은 전등 600[kW], 동력 800[kW]이 있다. 각 수용가의 수용률을 전등 60[%], 동력 80[%], 각 수용가간의 부등률을 전등 1.2, 동력 1.6, 변전소에 있어서의 전등과 동력 부하간의 부등률을 1.4라고 하면 이 변전소에서 공급하는 최대 전력은 몇 [kW]인가? 단, 부하나 선로의 전력 손실은 10[%]로 한다.

㉮ 600 ㉯ 550 ㉰ 500 ㉱ 450

풀이 전등 부하의 최대 전력$=\dfrac{\text{수용률}}{\text{부등률}}\times\text{설비용량}=\dfrac{0.6}{1.2}\times600=300[\text{kW}]$

동력 부하 최대 전력 $=\dfrac{\text{수용률}}{\text{부등률}}\times\text{설비용량}=\dfrac{0.8}{1.6}\times800=400[\text{kW}]$

합성 최대 전력$=\dfrac{\text{전등최대전력}+\text{동력최대전력}}{\text{부등률}}=\dfrac{300+400}{1.4}=500[\text{kW}]$

전력 손실을 10[%]로 하므로 변전소 공급 최대 전력은 $500\times1.1=550[\text{kW}]$ [답] ㉯

문제 27. 부하역률 $\cos\theta$인 배전선로의 저항손실과 같은 크기의 부하전력에서 역률 1일 때의 저항손실과 비교하면?(단, 여기서 수전단의 전압은 일정하다.)

㉮ $\sin\theta$ ㉯ $\cos\theta$ ㉰ $\dfrac{1}{\sin^2\theta}$ ㉱ $\dfrac{1}{\cos^2\theta}$

풀이 선로에 흐르는 전류 $I=\dfrac{P}{\sqrt{3}\,V\cos\theta}$[A]이므로 선로손실 P_c은

$$P_c=3I^2 r=3\left(\frac{P}{\sqrt{3}\,V\cos\theta}\right)^2 r=\frac{P^2}{V^2\cos^2\theta}\times\frac{\rho l}{A}=\frac{\rho l P^2}{AV^2\cos^2\theta}$$

[답] ㉱

문제 28. 전력손실을 감소시키기 위한 직접적인 노력으로 볼 수 없는 것은?

㉮ 승압공사 조기 준공　　㉯ 노후설비 교체

㉰ 설로 등가저항 계산　　㉱ 설비 운전역률 개선

풀이 3상 3선식 전력손실 $P_C=3I^2r=\dfrac{W^2 r}{V^2\cos^2\theta}$ 에서 손실방지 대책은 다음과 같다.

① 승압 ② 역률개선 ③ 전선교체 ④ 배전선로 단축 ⑤ 불평형 부하 개선

⑥ 단위기기 용량 감소

[답] ㉰

문제 29. 배전선로의 전력손실 측정방법이 아닌 것은?

㉮ 적산전력계법　㉯ 전류계법　㉰ 전압계법　㉱ 역률계법

[답] ㉱

문제 30. 선로의 부하가 균일하게 분포되어 있을 때의 배전선로의 전력손실은 이들의 전부하가 선로 말단에 집중되어 있을 때에 비하여 몇 배 정도 되는가?

㉮ $\dfrac{1}{2}$　㉯ $\dfrac{1}{3}$　㉰ $\dfrac{1}{4}$　㉱ $\dfrac{1}{5}$

[답] ㉯

부하와 배전 계획 제16장

16.1 수용과 부하

전기의 사용은 모든 방면에 있어서 여러 가지의 수용 설비가 있는데 실제의 사용에 있어서는 각 부하의 사용 상태의 변화이며, 각 부하의 사용 상태에는 변화가 있으므로 설비 용량과 같은 배전 용량을 준비할 필요는 없다.

예를 들면 전등 부하는 야간에, 동력 부하는 주간에 주로 사용되며 또 난방용, 냉방용 등은 계절에 따라 수용 상태가 다르다.

또 수용 설비가 언제나 전부 운전될 수 없는 것이어서 그 일부는 예비 또는 휴지등의 상태에 있어서 같은 수용도 그 사용 시간이 일치하지는 않는다.

또한 수용 설비가 전부하로 사용되는 것은 드물다. 이 수용과 부하와의 관계를 표시하는 것이 수용률, 부등률, 부하률 등이다.

16.1.1 부하 곡선

부하의 시간적 변동 상황을 나타내는 곡선을 부하 곡선(load curve)이라 한다. 부하 곡선은 부하의 종류에 따라 모양이 다르며 부하의 특성을 나타내는 기본적인 요소다.

부하 곡선은 기준으로 잡는 기간에 따라 여러 가지를 생각할 수 있으나 1일간의 부하 전력의 변화를 나타내는 일부하곡선(daily load curve)을 보통 부하 곡선이라 한다. 그림 16-1은 부하 곡선의 예이다.

그림 16-1 전등 변압기 부하 곡선의 보기

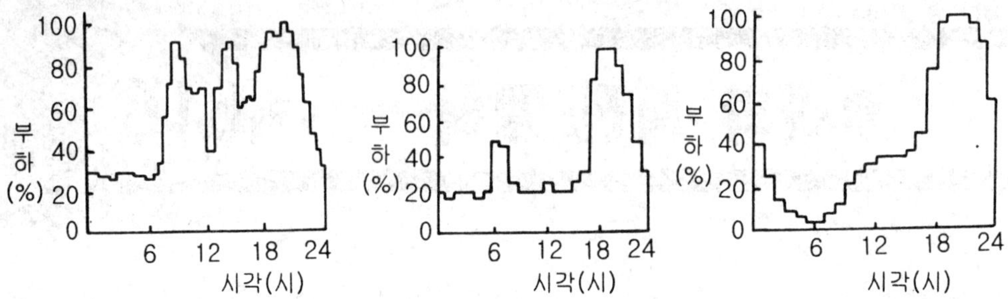

16.1.2 최대 수용 전력

어떤 기간 내, 즉 1일, 1개월 또는 1년간의 수용전력의 최대치를 각각 그 기간 내의 최대 수용 전력(Maximum demand)이라 한다.

이것은 전선의 굵기나 변압기의 용량 등을 결정하는 자료로 많이 쓰이는데 순간적인 큰 전력이 아니고 보통 15분 내지 1시간 사이의 평균값 중 가장 큰 것을 말한다.

16.1.3 부하률

어떤 기간 중에 있어서 평균 수용 전력과 최대 수용 전력과의 비를 부하률(load factor)이라고 하고 보통 [%]로 나타낸다.

$$\text{부하률} = \frac{\text{평균 전력}}{\text{최대 수용 전력}} \times 100[\%] \qquad (16\text{-}1)$$

부하률은 잡는 기간에 따라 일부하률(daily load factor), 월부하률(monthly load factor), 년부하률(yearly or annual load factor) 등으로 생각할 수 있다.

부하률은 수용의 종별, 계절, 그 밖의 여러 가지 조건에 따라 다르다.

16.1.4 수용률

수용가의 최대 수용 전력과 설비 전력과의 비를 수용률(demand factor)이라 하고 보통 [%]로 나타낸다.

$$\text{수용률} = \frac{\text{최대 수용 전력}}{\text{설비 전력}} \times 100[\%] \qquad (16\text{-}2)$$

수용률은 전력 소비 기기가 동시에 사용되는 정도로 나타내는 것이다. 보통은 설치된 기기를 동시에 전부하로는 사용하지 않으므로 수용률은 100[%]보다 적지만 과부하로 사용할 때는 100[%]이상으로 될 때가 있다.

수용력은 수용의 종별, 요금제 그밖의 조건에 따라 다르다. 표 16-1은 전등 수용가의 수용률의 예를 나타낸 것이다.

표 16-1 전등 수용가의 수용률

종 별		표 본 의 크 기	표본평균 (%)	평균치 신뢰구간(%) (신속계수 95%)	표본표준 편차(%)
정액전등		191	90.0	–	18.2
종량전등	주 택	283	49.7	47.2~52.2	21.5
	상점일반	124	67.9	64.4~71.4	19.9
	상점특수	113	57.4	53.2~61.6	22.4
	공 장	114	54.4	50.1~58.7	22.7
	사 무 소	100	45.5	41.1~49.9	22.2
전 등		125	52.9	48.5~57.3	25.0

16.1.5 부등률

한 계통 안의 여러 단위 부하 또는 배전용 변압기에 접속되는 여러 수용가의 부하는 저마다의 특성에 따라 변동하므로 최대 수용 전력을 나타내는 시각은 서로 다른 것이 보통이다. 이 다른 정도를 **부등률**(diversity factor)이라 한다.

부등률은 각 부하의 최대 수용 전력의 총합과 그 계통의 합성 최대 수용 전력과의 비를 말하며, 보통 단위법으로 나타낸다.

$$\text{부등률} = \frac{\text{개개의 최대 수용 전력의 합}}{\text{합성 최대 수용 전력}} \qquad (16\text{-}3)$$

부등률은 보통 1보다 큰 값을 갖는데 정확하게는 계통의 규모, 부하의 성질, 계절 등에 따라 다르며, 부등률이 클수록 설비는 이용도가 높아져서 유리하다.

부등률은 수용가 상호간, 배전용 변압기 상호간, 급전선(feeder) 상호간 또는 배전용 변전소 상호간에서 생각할 수 있으며, 또 전수용가와 배전용 변전소 사이에서도 생각할 수 있다.

16.1.6 수용률과 부등률과의 관계

지금 최대 수용 전력을 P_m, 접속 부하를 P_s, 수용률을 F_{de}, 부등률을 F_{di}로 나타내면,

$$\text{식 (16-2)에서} \quad P_m = P_s \cdot F_{de}(\text{수용율}) \qquad (16\text{-}4)$$

$$\text{식 (16-3)에서} \quad F_{di} = \frac{\Sigma P_m}{P_{mt}} \qquad (16\text{-}5)$$

여기서, P_{mt}는 합성 최대 수용 전력이다.

식 (16-4)에서 각 수용가의 수용률이 거의 같다면 $\Sigma P_m = F_{de} \cdot P_s$로 된다. 이 ΣP_m을 식 (16-5)에 대입하면

$$F_{di} = \frac{F_{de} \cdot \Sigma P_s}{P_{mt}}$$

$$\therefore P_{mt} = \frac{F_{de}}{F_{di}} \Sigma P_s \qquad (16\text{-}6)$$

이다. 수용률 및 부등률을 알면 전 설비 전력에 위 식을 이용하여 수용가의 일군에 대한 합성 최대 수용 전력을 알 수 있다. 따라서 수용에 응하는 데 필요한 전원 용량은 손실을 적당히 계산함으로써 식 (16-6)에서 결정되는 것이다.

【예제 1】 어떤 고층 건물에서 고압으로 전력을 수전하고 저압으로 옥내 배전할 경우 이 건물 내에 설치된 총설비 부하 용량이 850[kW]이고 수용률은 60[%]라고 상정한다면 변압기의 용량은 얼마로 하여야 하겠는가? 단, 여기서 설비 부하의 종합 역률은 0.75라고 가정한다.

풀이 $\text{수용률} = \dfrac{\text{최대 수용 전력}}{\text{접속 부하}} \times 100\,[\%]$이므로

변압기 용량=최대 수용 전력=수용률×접속 부하이다.

$P_T = 0.6 \times 850 = 510[\text{kW}]$

한편 종합 역률이 0.75이므로

$$P_{TO} = \frac{510}{0.75} = 680[\text{kVA}]$$

그러므로 이 경우에는 700[kVA]의 변압기를 선정해서 설치하면 된다.

【예제 2】 그림 16-2와 같이 전등만의 2군 수용가 각각 1대씩의 변압기를 통해서 전력을 공급받고 있다. 각 군의 수용가의 총 설비 부하 용량은 각각 30[kW] 및 40[kW]라고 한다.

각 수용가의 수용률을 0.5, 수용가 상호간의 부등률을 1.2, 변압기 상호간의 부등률을 1.3이라 하면 각 변압기의 소요 용량과 고압 간선에 대한 최대 부하는 얼마로 되겠는가?

그림 16-2

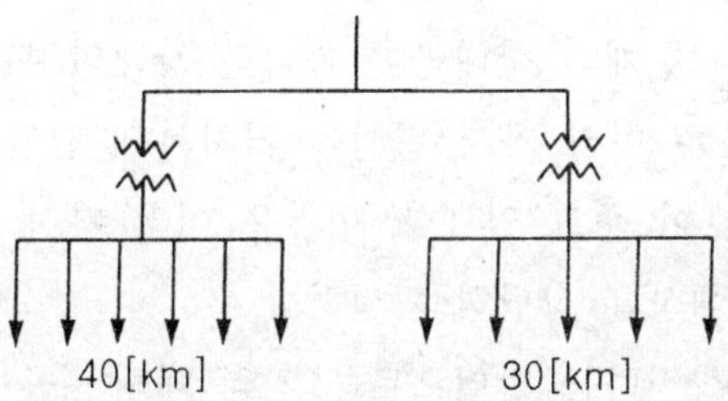

풀이 제1군의 합성 최대 수용 전력 $= 30 \times \frac{0.5}{1.2} = 12.5[\text{kW}]$

제2군의 합성 최대 수용 전력 $= 40 \times \frac{0.5}{1.2} = 16.67[\text{kW}]$

그러므로, 제1군에 대해서는 15[kVA], 제2군에 대해서는 20[kVA]인 표준형 변압기를 사용하면 된다. 또한 변압기 상호간의 부등률은 1.3이므로 고압 간선에 걸리는 최대 부하는

$$\frac{12.5+16.67}{1.3} = 22.4[\text{kW}]$$

즉, 수용가의 설비 부하의 용량은 30+40=70[kW]이지만 간선에는 겨우 22.4[kW]인 최대 수용이 걸릴 뿐이다.

16.2 배전 계획

16.2.1 부하 밀도의 조사

부하 밀도(load density)는 보통 단위 면적에 대한 최대 수용 전력(단위 : kW/km^2)으로 나타내며 저압선은 전주 1본당의 최대 부하 전류로 나타낸다.

부하 밀도는 배전 시설의 계획에 기초가 되는 것이다. 공급 구역의 부하 분포는 그 지형도에 적당한 간격으로 종횡선을 그어서 바둑판의 눈금 모양으로 블럭(block)으로 나누고 각 블럭에 부하를 적어 넣어서 부하 밀도도로 나타내는 것이 편리하다. 기설 구역의 부하 분포의 조사 방법으로는 배전선의 전압·전류의 분포, 배전용 변압기의 분포 및 수용가 설비 등에서 조사한다.

16.2.2 부하 증가의 상정

배전 계획에 있어서는 현재의 상태만이 아니라 장래의 부하 증가의 상정이 중요하다. 종래의 전력 수용은 여러 가지 변천을 거쳐서 배전선에 있어서는 매년 평균 수[%]의 수용 증가를 보여 주고 있으나, 이것은 여러 가지 사회적 변동에 따른 영향을 받으므로 장래의 예상은 상당히 곤란하다.

장래의 부하 증가를 상정하는 방법으로는 지역 내의 수용의 내용을 분석하고 수용별의 부하 증가의 추세를 과거의 실적과 여러 가지 정세를 검토해서 수용별의 증가 예상을 종합하고 전지역의 종합 부하를 상정한다.

16.2.3 배전 계획의 개요

배전 계획은 이상과 같은 기초 자료를 정리해서 경제적 고찰을 주로 하고 다음에 설명할 배전선의 운용 보호 등을 고려하여 결정한다.

배전선은 보통 널리 분포하고 있어서 전혀 새로운 지역에 배전 계획을 세울 기회는 드물고 변경·개선·증설이 주로 되는 경우가 많다.

(1) 배전용 변전소의 계획

각 블럭의 부하 밀도의 자료로서 변전소의 배전 구역·용량·위치 등을 선정한다. 위치에 대하여는 앞에서 설명한 여러 가지 조건 이외에 철도·하천·대도로 등에 의한 제한을 받는 경우가 있고, 그 밖의 주위의 상황도 고려할 필요가 있다.

(2) 배전 방식 및 배전 전압의 선정

변전소 및 간선의 계획에는 배전 방식의 선정이 중요하다. 배전 방식은 위에서 설명한 바와 같이 여러 가지 요소를 고려하여 결정된다. 종래에는 3상 3선식의 수지식 뿐이었으나, 앞으로는 환상식도 채용할 기회가 있게 될 것이다. 배전 전압은 가장 경제적이 되도록 검토해서 선택해야 되는데, 위에서 설명한 바와 같이 점차 높아지는 경향이 있다.

(3) 급전선 수

급전선 수는 panel류 · 개폐기류 등의 결정에 관계하며 변전소 설계의 기본적 요소가 된다. 앞에서 설명한 경제적 관계 이외에 배전선의 사고시의 파급 구역이 너무 커지지 않도록 고려해야 한다.

급전선 수가 많으면 변전소 인출구가 복잡해지고 여러 가지 애로가 생기므로 케이블로 끌어내는 것이 안전하다. 또 전주의 평가 회로수는 여유가 있는 것이 좋다.

(4) 전선 굵기의 선정

앞에서 설명한 가장 경제적인 전류 밀도의 견지에서 생각하고 이에 대하여 전압 강하 · 기계적 강도 · 허용 전류 등에 대하여 지장의 유무를 검토한다. 가장 경제적인 전선의 굵기는 전압 강하를 너무 크지 않게 하기 위하여 다소 불경제라도 굵은 전선을 쓰지 않으면 안 된다. 또 기계적 강도의 견지에서 쓸 수 있는 전선의 굵기에는 최소의 한도가 있고 전기설비기술기준에도 각각의 경우에 대하여 제한이 정해져 있다. 그러나 허용 전류의 견지에서 생각할 때 가공 배전선에서는 손실 계수가 매우 작은 예외적인 경우 이외에는 가장 경제적인 경우가 전선의 허용 전류치보다 크게 되는 일은 거의 없다.

고압선에는 직경 4[mm] 이상의 것이 쓰인다. 허용 전류는 나선에서는 주로 기계적 강도 저하의 견지에서 제한되고 절연 전선에서는 절연물의 열화의 견지에서 제한된다.

앞에서 설명한 가장 경제적인 전류 밀도는 보통 1~2[A/mm^2]인데 허용 전류는 이에 비하면 일반적으로 상당히 크다. 도시의 배전선은 부하 밀도가 높고 선로의 길이가 짧기 때문에 전압 강하에 의하여 제한되는 일은 비교적 적고 경제적인 굵기의 전선을 쓸 수 있다. 그러나 반대로 농촌의 배전선은 부하는 적지만 길이가 보통 길어서 전압 강하에 의하여 굵기의 제한을 받는 경우가 많다. 또 배전선의 말단이나 분기선에서는 주로 기계적 강도에 의하여 정해지는 것이 보통이다.

(5) 배전용 변압기의 배치

도시의 배전선과 같이 부하가 어느 정도 고르게 분포된 경우에는 대체로 앞에서 설명한 경제적 배치의 견지에서 적절히 계획할 수 있다. 그러나 부하 밀도가 적은 농촌 지방에서 변압기를 증설하기 위하여 고압선의 연장이 필요한 경우와 동력 부하와 같이 소수의 부하가 불규칙적으로 분산하고 있는 경우에는 변압기의 간격을 크게 문제삼지 말고 현실에 따라서 계획해야 한다.

(6) 배전용 변압기의 2차측 상호간의 연락

배전용 변전소의 2차측은 원칙적으로 상호간을 연락하고 특히 중요한 부하는 다른 변전소에서도 송전이 가능하도록 하는 것이 보통이다.

연 습 문 제

문제 1. 수용가군 총합의 부하율은 각 수용가의 수용률 및 수용가 사이의 부등률이 변화할 때 다음 중 옳은 것은?

㉮ 수용률에 비례하고 부등률에 반비례한다.

㉯ 부등률에 비례하고 수용률에 반비례한다.

㉰ 부등률에 비례하고 수용률에 비례한다.

㉱ 부등률에 반비례하고 수용률에 반비례한다.

풀이 $\text{부하율} = \dfrac{\text{평균 전력}}{\dfrac{\text{최대 전력의 합계}}{\text{부등률}}} = \dfrac{\text{평균 전력}}{\text{합성 최대 전력}} = \dfrac{\text{평균 전력} \times \text{부등률}}{\text{설비 용량의 합계} \times \text{수용률}}$

$\text{부등률} = \dfrac{\text{합성 최대 전력의 합계}}{\text{합성 최대 전력}}$, $\text{수용률} = \dfrac{\text{최대 전력}}{\text{설비 용량}}$ [답] ㉯

문제 2. 연간 최대수용전력이 70[kW], 75[kW], 85[kW], 100[kW]인 4개의 수용가를 합성한 연간 최대수용전력이 250[kW]이다. 이 수용가의 부등률은 얼마인가?

㉮ 1.11 ㉯ 1.32 ㉰ 1.38 ㉱ 1.43

풀이 $\text{부등률 } F_{di} = \dfrac{\text{개개의 최대수용전력의 합}}{\text{합성최대수용 전력}} = \dfrac{70+75+85+100}{250} = 1.32$ [답] ㉯

문제 3. 부하율이란?

㉮ $\dfrac{\text{피상전력}}{\text{부하설비용량}} \times 100[\%]$ ㉯ $\dfrac{\text{부하설비용량}}{\text{피상전력}} \times 100[\%]$

㉰ $\dfrac{\text{최대수용전력}}{\text{평균수용전력}} \times 100[\%]$ ㉱ $\dfrac{\text{평균수용전력}}{\text{최대수용전력}} \times 100[\%]$

[답] ㉱

문제 4. 평균 수용전력을 A, 합성 최대수용전력을 M, 부등율을 D, 부하율을 L, 수용률을 C라 할 때 옳은 것은?

㉮ $A=\frac{M}{D}$ ㉯ $A=D\cdot M$ ㉰ $A=C\cdot M$ ㉱ $A=L\cdot M$

풀이 부하율 $L=\frac{\text{평균 수용전력[A]}}{\text{최대수용전력[M]}}$ 이므로 $A=ML$이 된다. [답] ㉱

문제 5. 연간전력량 E[kWh], 연간 최대전력 W[kW]인 경우의 연 부하률은?

㉮ $\frac{E}{W}$ ㉯ $\frac{W}{E}$ ㉰ $\frac{8760W}{E}$ ㉱ $\frac{E}{8760W}$

풀이 부하율 $F=\frac{\text{평균전력}}{\text{최대수용전력}}=\frac{\frac{E}{365\times24}}{W}=\frac{E}{8760W}$ [답] ㉱

문제 6. 전력 사용의 변동상태를 알아보기 위한 것으로 가장 적당한 것은?

㉮ 수용률 ㉯ 부등률 ㉰ 부하율 ㉱ 역률

[답] ㉰

문제 7. 수전용량에 비해 첨두부하가 커지면 부하율은 그에 따라 어떻게 되는가?

㉮ 낮아진다. ㉯ 높아진다.

㉰ 변하지 않고 일정하다. ㉱ 부하의 종류에 따라 달라진다.

풀이 부하율은 평균전력과 최대수용전력의 비이므로 첨두부하가 커지면 부하율이 낮아진다. [답] ㉮

문제 8. 다음 중 그 값이 1인 것은?

㉮ 전압 강하율 ㉯ 부하율 ㉰ 수용률 ㉱ 부등률

풀이 부등률 $=\frac{\text{수용 설비 개개의 최대 수용 전력의 합계}}{\text{합성 최대 수용 전력}}\geq1$ [답] ㉱

문제 9. 전력 소비기기가 동시에 사용되는 정도를 나타낸 것은?

㉮ 부하율 ㉯ 수용률 ㉰ 부등률 ㉱ 보상률

풀이 부등율이 적어지면 전력 소비기기는 동시에 사용될 확률이 높아지게 된다. [답] ㉰

문제 10. 전력 수요설비에 있어서 그 값이 높게 되면 경제적으로 불리하게 되는 것은?

㉮ 부하율 ㉯ 수용율 ㉰ 부등율 ㉱ 부하밀도

풀이 수용률이 높아지면 설비용량이 커져서 비경제적이 된다. [답] ㉯

문제 11. 용량 250[kVA]인 단상 주상 변압기가 있다. 이에 걸리는 일 부하는 250[kW] 8시간, 50[kW] 16시간 일 때 이 변압기의 일 부하률[%]은?

㉮ 50 ㉯ 60 ㉰ 70 ㉱ 80

풀이 일 부하율 $= \dfrac{\text{평균 전력}}{\text{최대 전력}\times 24}\times 100 = \dfrac{250\times 8+50\times 16}{250\times 24}\times 100 = 50[\%]$ [답] ㉮

문제 12. 200[V], 10[kVA]인 3상 유도 전동기가 있다. 어느날의 부하실적은 1일의 사용전력량 72[kWh], 1일의 최대전력이 9[kW], 최대부하일 때 전류가 35[A]이었다. 1일의 부하율과 최대 공급전력일 때의 역률은 및 [%]인가?

㉮ 부하율 : 31.3, 역률 : 74.2 ㉯ 부하율 : 33.3, 역률 : 74.2

㉰ 부하율 : 31.3, 역률 : 82.5 ㉱ 부하율 : 33.3, 역률 : 82.2

풀이 부하율 $F=\dfrac{P}{P_m}\times 100=\dfrac{72/24}{9}\times 100=33.3[\%]$

역 률 $\cos\theta=\dfrac{P_m}{\sqrt{3}\,VI}\times 100=\dfrac{9000}{\sqrt{3}\times 200\times 35}\times 100=74.2[\%]$ [답] ㉯

문제 13. 어떤 고층 건물의 부하의 총설비 전력이 400[kW] 수용률이 0.5일 때 이 건물의 변전시설 용량의 최저값은 몇 [kVA]인가? 단, 부하의 역률은 0.8이다.

㉮ 150 ㉯ 200 ㉰ 250 ㉱ 300

풀이 최대 수용 전력=수용률×설비용량=0.5×400[kW]=200[kW]

$$\text{변압기 용량} = \frac{\text{최대 수용 전력}}{\text{역률}} = \frac{200}{0.8} = 250[\text{kVA}]$$

[답] ㉰

문제 14. 설비 A가 130[kW], B가 250[kW], 수용률이 각각 0.5 및 0.8일 때 합성 최대 전력이 235[kW]이면 부등률은?

㉮ 1.11 ㉯ 1.13 ㉰ 1.21 ㉱ 1.23

풀이

$$\text{부등률} = \frac{\text{개개의 최대 전력의 합}}{\text{합성 최대 수용 전력}} = \frac{0.5\times130+0.8\times250}{235} = 1.13$$

[답] ㉯

문제 15. 설비용량 800[kW], 부등률 1.2, 수용률 60[%]일 때, 변전시설 용량은 최저 몇 [kVA]이상 이어야 하는가? 단, 평균 역률은 80[%]이다.

㉮ 444 ㉯ 450 ㉰ 465 ㉱ 544

풀이

$$\text{변전 설비 용량}\ \frac{\text{설비 용량}\times\text{수용률}}{\text{부등률}\times\text{역률}}[\text{kVA}] = \frac{800\times0.6}{1.2\times0.9} \fallingdotseq 444[\text{kVA}]$$

[답] ㉮

문제 16. 일정한 전력량을 공급할 때 부하율이 저하하면?

㉮ 첨두 부하용 설비가 증가하고 신규 화력의 효율이 상승한다.

㉯ 첨두 부하용 설비가 증가하고 신규 화력의 효율이 저하한다.

㉰ 설비 이용률이 상승한다.

㉱ 설비 이용률이 저하하고 전력 원가가 저하한다.

[답] ㉯

문제 17. 반각 수용가의 수용 설비 용량의 합이 각각 16[kW], 8[kW], 8[kW], 수용률이 다같이 50[%], 각 수용가 사이의 부등률이 1.3일 경우 공급 설비량[kVA]을 얼마로 하면 좋은가? 단, 평균 부하 역률은 80[%]이다.

㉮ 12.3 ㉯ 14.6 ㉰ 15.4 ㉱ 16.8

풀이

$$\text{합성 최대 전력} = \frac{\text{최대 전력의 합계}}{\text{부등률}} = \frac{8+4+4}{1.3}$$

$$= 12.3[\text{kW}] = \frac{12.3}{0.8} = 15.4[\text{kVA}]$$

[답] ㉰

문제 18. 전등 설비 250[W], 전열 설비 800[W], 전동기 설비 200[W], 기타 150[W]인 수용가가 있다. 이 수용가의 최대 수용 전력이 910[W]이면 수용률은?

㉮ 65　㉯ 70　㉰ 75　㉱ 80

풀이 $수용률 = \frac{최대수용전력}{설비용량(접속부하)} \times 100[\%] = \frac{910}{250+800+200+150} \times 100[\%]$

$= \frac{910}{1400} \times 100 = 65[\%]$

[답] ㉮

문제 19. 불평형 부하에서 역률은?

㉮ $\frac{유효전력}{각상의\ 피상전력의\ 산술합}$　㉯ $\frac{유효전력}{각상의\ 피상전력의\ 벡터합}$

㉰ $\frac{무효전력}{각상의\ 피상전력의\ 산술합}$　㉱ $\frac{무효전력}{각상의\ 피상전력의\ 벡터합}$

[답] ㉯

문제 20. 다음과 같은 특징이 있는 배전방식은?

- 전압강하 및 전력손실이 경감된다.
- 변압기 용량 및 저압선 동량이 절감된다.
- 부하증가에 대한 탄력성이 향상된다.
- 고장보호방법이 적당할 때 공급신뢰도가 향상되며 플리커현상이 경감된다.

㉮ 저압 네트워크 방식　㉯ 고압 네트워크 방식

㉰ 저압 뱅킹방식　㉱ 수지상 배전방식

[답] ㉰

문제 21. 저압 뱅킹 배전방식에서 저압선의 고장에 의하여 건전한 변압기의 일부 또는 전부가 차단되는 현상은?

㉮ 플리커(Flicker)　㉯ 캐스캐이딩(Cascading)

㉰ 바란서(Balancer)　㉱ 아킹(Arcing)

풀이 ① 플리커 : 전압 동요현상으로 조명의 빛이 흔들리는 현상

② 바란서 : 단상 3선식 배전선로 말단에 설치하는 권선비 1:1인 단권변압기로 부하 불평형시 말단의 전압불평형을 방지 [답] ㉯

문제 22. 저압 뱅킹(banking) 배전방식에서 케스케이딩(cascading) 현상이란?

㉮ 전압 동요가 적은 현상

㉯ 변압기의 부하배분이 불균일한 현상

㉰ 저압선이나 변압기에 고장이 생기면 자동적으로 고장이 제거되는 현상

㉱ 저압선의 고장에 의하여 건전한 변압기의 일부 또는 전부가 차단되는 현상

풀이 케스케이딩현상이란 Banking 배전방식으로 운전 중 건전한 변압기 일부가 고장이 발생하면 부하가 다른 건전한 변압기에 걸려서 고장이 확대되는 현상을 말한다.

[답] ㉱

문제 23. 저압 네트워크 배전 방식의 장점이 아닌 것은?

㉮ 전압강하가 적다. ㉯ 인축의 접지사고가 거의 없다.

㉰ 무정전공급의 신뢰도가 높다. ㉱ 부하의 증가에 대한 적응성이 크다.

[답] ㉯

문제 24. 네트워크 배전방식의 장점이 아닌 것은?

㉮ 사고시 정전범위를 축소시킬 수 있다.

㉯ 전압변동이 적음

㉰ 인축의 접지사고가 적어짐

㉱ 부하의 증가에 대한 적용성이 큼

풀이 네트워크 배전방식의 장점은 다음과 같다.

① 무정전 공급이 가능하고 공급의 신뢰도가 높다.

② 부하 증가에 대해 융통성이 좋다.

③ 전력손실이나 전압강하가 적고 기기의 이용율이 향상된다. [답] ㉰

문제 25. 루프(loop) 배전의 이점은?

㉮ 전선이 경제적이다. ㉯ 증설이 용이하다.
㉰ 농촌에 적당하다. ㉱ 전압변동이 적다.

풀이 루프배전은 전압변동 및 전력손실이 적어지는 것이 장점이나 시설비가 비싸져서 도심지의 번화가나 상가지역에 적당하다. [답] ㉱

문제 26. 다음 중 플리커 예방을 위한 수용가 측의 대책이 아닌 것은?

㉮ 공급 전압을 상승한다.
㉯ 전원계통에 리액터분을 보상한다.
㉰ 전압 강하를 보상한다.
㉱ 부하의 무효전력 변동분을 흡수한다.

[답] ㉮

문제 27. 다음 중 환상식 배전의 이점은?

㉮ 전압강하가 작다. ㉯ 증설이 용이하다.
㉰ 전선이 절약된다. ㉱ 농어촌에 적당하다.

[답] ㉮

배전계통의 운용 제 17 장

17.1 전압조정

17.1.1 전압조정의 한도

양질의 전력을 공급하기 위해서는 수용 지점의 전압 변동을 될 수 있는데로 작게 할 필요가 있다. 일반적으로 변전소와 수용가 사이에는 고압 배전선·주상·변압기·저압 배전선 및 인입선 등이 있으므로 그 각부에는 전압 강하가 생긴다. 전압 강하는 부하에 따라 변화할 뿐만 아니라, 변전소의 모선 전압 자체도 변화한다. 그런데 부하의 전기기기는 일반적으로 정격 전압으로서 사용할 때 가장 고도의 성능을 발휘하며, 단자 전압이 떨어질수록 나쁜 영향을 받는다. 따라서 수용가의 전압 변동은 작아야 한다. 물론 전선 자체를 굵게 하면 전압 강하를 상당히 작게 할 수 있으나, 경제적 견지에서 제한을 받게 된다.

표 17-1 전압 변동의 한계

표준전압	유지해야 할 전압
110[V]	110[V]의 상하로 6[V]이내
220[V]	220[V]의 상하로 13[V]이내
380[V]	380[V]의 상하로 38[V]이내

전압 변동의 한도는 수용가의 인입구를 공급점으로 하여 표 17-1과 같이 정해져 있다.

따라서 배전 선로를 설계하는데 있어서는 전압 변동을 이 범위내로 유지하는 것은 물론이고, 부하의 급격한 변화로 인하여 전등에 플리커가 생겨서는 안 된다.

그런데 일반적으로 배전 선로의 각 부하점의 전압은 다르며, 또 하루 동안에도 아침·낮·저녁에 따라 부하의 변동이 심하므로 그대로는 공급점의 전압이 항상 변동하여 위에서 말한 전압을 유지할 수 없다. 부하의 변동에도 불구하고 공급 전압을 소정의 변동 한도 내로 유지하기 위해서는 변전소 또는 배전 선로에서 전압을 조정할 필요가 있다.

17.2 전압 조정 방법

수용가의 전압 변동을 좁은 범위로 줄이기 위해서는 다음과 같은 방법으로 전압을 조정하여야 한다.

① 배전선의 송전단 전압을 중부하시에는 높게, 경부하시에는 낮게 조정한다.

② 배전 선로 내의 전압 강하를 어떤 한도 이하로 억제한다.

③ 배전 변압기의 사용 탭을 적정하게 선정한다.

④ 필요에 따라 자동 승압기·개폐기가 붙은 콘덴서 등의 전압 조정기기를 사용한다.

17.2.1 변전소에서의 전압 조정

배전 선로의 부하는 중부하와 경부하로 크게 변하므로 변전소에 전압 조정기를 마련하여 배전선의 송출 전압을 조정할 필요가 있다.

일반적으로 변전소에서의 배전선의 전압 조정 방법을 분류하면 ① 모선 전압 조정 ② 급전선 전압 조정 ③①과 ②의 병용 등 3종류가 있다.

같은 모선에 접속된 각 배전 선로의 배전 거리 및 부하 상태가 비슷할 경우에는 모선에 일괄해서 전압 조정 장치를 설치하는 모선 전압 조정이 가장 경제적이나, 특히 배전 거리 또는 부하 상태가 다른 배전 선로에서는 급전선에 전압 조정기를 설치하여 각 급전점마다의 전압 조정을 행할 필요가 있다.

변전소의 전압 조정 방법은 일반적으로 모선 전압 조정 방식이 보급되어 있으나, 근래의 변전소의 대부분은 부하시 탭 바꿈 변압기를 채용하고 있다.

전압 조정 장치 중 유도압 조종기의 조작 방식으로서 수동 조작식·전동기 조작식 및 자동 조작식이 있다. 자동 조작식의 것은 선로 전압 강하 보상기를 갖추고 있어서 배전 선로 내의 어떤 점의 전압을 일정하게 유지하고 중부하시·경부하시에 각각 바람직한 전압치가 되도록 자동적으로 조정된다.

17.2.2 배전 변압기의 탭 선정

고압선 각부의 전압에 응해서 배전 변압기의 탭을 적정하게 이용하는 것은 저압선의 전압을 조정하기 위해서 유효하다. 보통 쓰여지고 있는 배전 변압기에 마련되어 있는 1차 권선의 탭 전압은 3[kV]급에서 3150[V]를 정격으로 하여 3450, 3300, 3150, 3000, 2850[V]의 5탭으로 되어 있고, 6[kV]급은 이것의 배수치로 되어 있다.

주상 변압기의 탭 선정에 다음의 조건을 고려할 필요가 있다.

① 중부하시에 탭 변경점 직전의 저압선 말단 수용가의 전압을 사용 전압 변동의 하한보다 저하시키지 않을 것.

② 중부하시에 탭 변경점 직후의 변압기 직하 수용가의 전압을 허용 전압 변동의 상하보다 초과시키지 않을 것.

③ 경부하시에 변전소의 송출 전압을 저하시켰을 경우, 최초의 탭 변경점 직전의 저압선 말단 수용가의 전압을 허용 전압 변동의 하한보다 저하시키지 않을 것.

④ 경부하시에 탭 변경점 직후의 변압기 직하 수용가의 전압을 허용 전압 변동의 상한보다 초과시키지 않을 것.

17.2.3 선로 전압 조정기

선로 전압을 조정하는 데는 물론 앞의 17.2.1절과 17.2.2절에 의해서 행하여 지지만, 다음과 같은 것들도 사용되고 있다.

(1) 승압기

배전선의 길이가 길고, 전압 강하가 심한 경우, 선로의 도중에 승압기를 설치하여 전압 강하를 보상한다. 이것은 자동적으로 전압을 조정할 수 없으므로 경부하시에는 오히려 전압이 너무 높아지는 일이 있으므로 주의를 요한다.

(가) 단상 승압기 : 보통의 주상 변압기를 이용하여 그림 17-1과 같이 접속하여 2차측의 전압을 선로에 직렬로 가하게 하는 것이다.

그림 17-1 단상 승압기

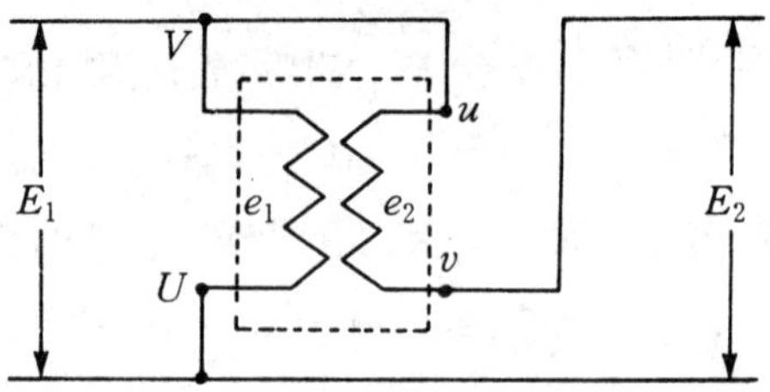

그림에서

E_1을 승압전의 전압[V], E_2을 승압후의 전압[V], e_1을 승압기의 1차 정격 전압[V], e_2을 승압기의 2차 정격 전압[V], i_2을 승압기의 2차 정격 전류[A], n을 e_1/e_2(승압기의 권수비), W을 부하의 용량[kVA], w을 승압기의 용량[kVA]이라 하면

$$E_2 = E_1 + \frac{e_2}{e_1} E_1 = E_1(1 + \frac{1}{n})[\text{V}] \qquad (17\text{-}1)$$

$$W = \frac{E_2 i_2}{1,000} = \frac{E_2}{1,000} \times \frac{1,000w}{e_2} = w\frac{E_2}{e_2} \qquad (17\text{-}2)$$

$$\therefore\ w = \frac{We_2}{E_2}[\text{kVA}] \qquad (17\text{-}3)$$

즉, E_1을 E_2로 승압하여 W의 부하에 응하기 위해서는 변압비가 $1/n$, 용량이 w인 승압기를 필요로 한다.

【예제 1】 단상 교류 회로에서 3,300/220[V]의 승압기를 그림 17-2와 같이 접속하여 60[kW], 역률 0.85의 부하에 공급할 때 몇 [kVA]의 승압기를 사용해야 할 것인가? 단, A, B간의 전압은 3,000[V]라 한다.

그림 17-2

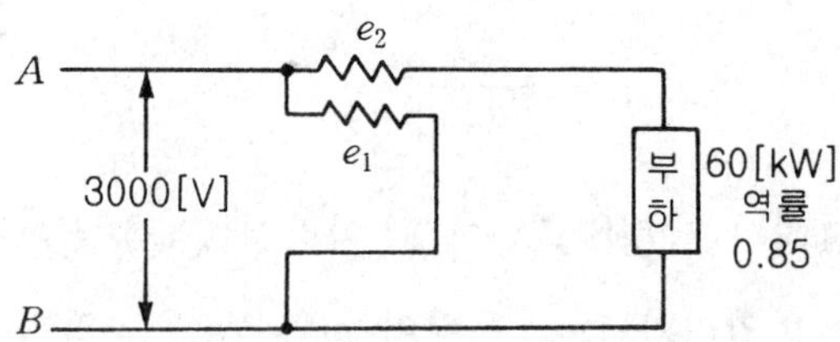

풀이 이 승압기의 변압비 $n=\dfrac{e_1}{e_2}=\dfrac{3,300}{220}=15$

부하측의 선간 전압 $E_2=3,000\left(1+\dfrac{1}{15}\right)=3,200\,[\mathrm{V}]$

부하 전류 $I_2=\dfrac{60,000}{3,200\times 0.85}$

승압기의 최소 용량 $w=e_2\dfrac{W}{E_2}=e_2I_2=220\times\dfrac{60,000}{3,200\times 0.85}\fallingdotseq 4.84\,[\mathrm{kVA}]$

따라서, 승압기의 용량은 5[kVA]의 것을 선정하면 된다.

(나) 3상 V결선 승압기 : 그림 17-3 (a)는 단상 변압기 2대를 V결선으로 접속하여 3상의 승압을 하는 경우의 회로이다.

그림 17-3 3상 V결선 승압기

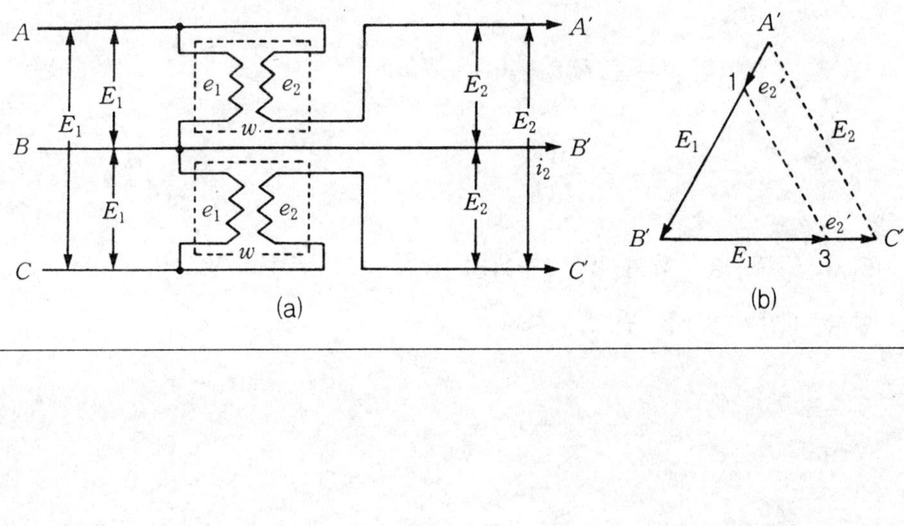

이때

$$E_2 = E_1\left(1+\frac{1}{n}\right) \tag{17-4}$$

$$W = \frac{\sqrt{3}E_2 i_2}{1,000} = \sqrt{3}w\frac{E_2}{e_2} \tag{17-5}$$

$$\therefore w = \frac{We_2}{\sqrt{3}E_2} \tag{17-6}$$

단, w는 승압기 1대의 용량[kVA]이다. 따라서 E_1을 E_2로 승압하여 W의 부하에 응하기 위해서는 변압비가 $1/n$, 용량이 w인 단상 승압기 2대를 필요로 한다.

그림 (b)는 이 경우의 벡터 그림인데 다음 식이 성립한다.

$$e_2' = E_1\frac{1}{n} \tag{17-7}$$

(다) 3상 △결선 승압기 : 그림 17-4 (a)는 단상 변압기 3대를 △결선으로 접속하여 3상의 승압을 할 경우의 결선도이며, 그림 (b)는 벡터 그림인데 다음 식이 성립한다.

$$e_2' = E_1\frac{e_2}{e_1} = \frac{E_1}{n} \tag{17-8}$$

$$E_2 = \sqrt{(E_1 + e_2' + \frac{1}{2}e_2')^2 + (\sqrt{3}/2 \cdot e_2')^2}$$

$$\fallingdotseq E_1 + 1.5e_2' = E_1\left(1+1.5\frac{e_2}{e_1}\right) = E_1\left(1+\frac{1.5}{n}\right) \tag{17-9}$$

$$W = \sqrt{3}E_2 i_2 \times 10^{-3} = \sqrt{3}w\frac{E_2}{e_2} \tag{17-10}$$

$$\therefore w = \frac{We_2}{\sqrt{3}E_2} \tag{17-11}$$

즉, E_1을 E_2로 승압하여 W의 부하에 응하기 위해서는 변압비가 $1/n$, 용량이 w인 단상 변압기 3대를 필요로 한다.

그림 17-4 3상 △결선 승압기

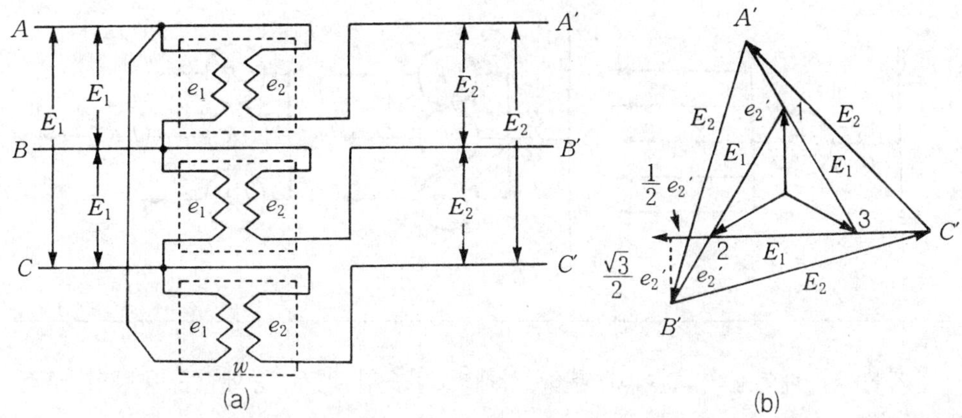

(라) 단권 변압기 : 단권 변압기는 그림 17-5와 같이 한 개의 권선을 1차와 2차에다 공용하고, a, b사이에는 1차 및 2차 전류의 차가 흐른다.

그림 17-5 단권 변압기

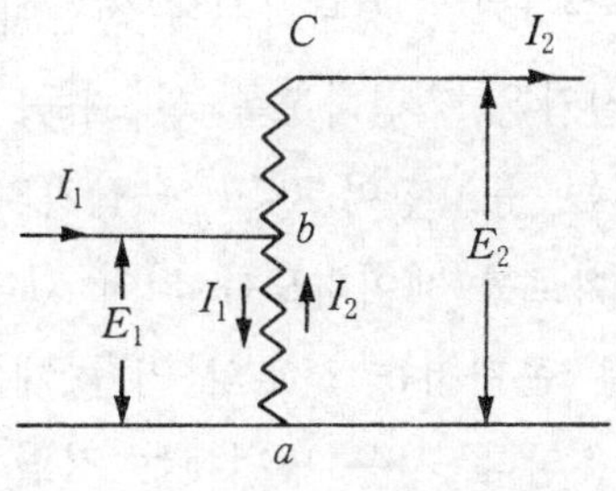

변압비는 a, c간의 권선수와 a, b간의 권선수의 비로 되므로 이것을 승압기를 사용할 때에는 b, c사이의 권선수만의 전압이 가감된다. 승압기로서의 출력은 $E_2I_2 \times 10^{-3}$[kVA]이고, 그 용량은 b, c부분의 용량이며 다음과 같이 된다.

$$\text{용량} = I_2(E_2 - E_1) \times 10^{-3}[\text{kVA}] \qquad (17\text{-}12)$$

(마) 유도 전압 조정기 : 유도 전압 조정기(inducation regulator)는 변전소의 주 변압기의 2차측에 설치하여 모선 전압을 일괄 조정하는 모선 전압 조정기와 각 배전선마다 설치하여 급전선 별로 전압을 조정하는 급전선 전압 조정기가 있다.(그림 17-6 (a), (b))

그림 17-6 유도 전압 조정기의 사용 방법

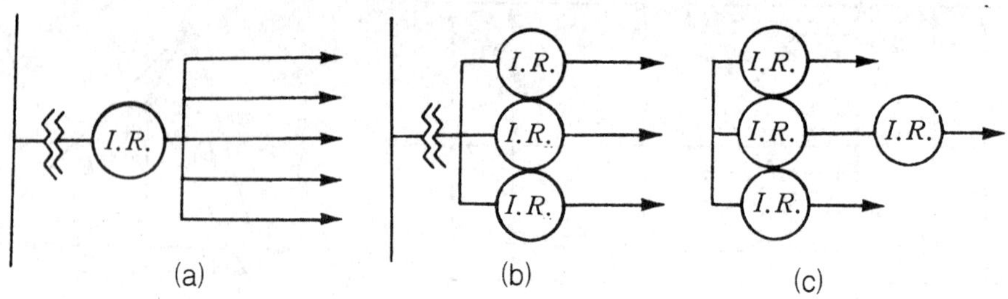

전자는 각 배전선의 길이와 부하 상태가 비슷할 경우 등에 큰 용량의 조정기를 사용하여 모선 전압의 변동을 조정하는 것이며, 후자는 각 배전선에 따라 전압 변동 상태가 커서 일괄 조정으로는 불충분한 경우에 각 선로의 인출구에 작은 용량의 조정기를 설치하여 개별 조정하는 것이다. 또한 선로의 길이가 부하의 크기에 비하여 특히 길 때에는 그림 (c)와 같이 선로의 도중에도 조정기를 설치하여 전압을 2단으로 조절할 때도 있다.

(바) **자동 승압기** : 보통의 승압기는 경부하시에 전압이 많이 올라갈 수 있으므로 자동적으로 탭을 절환해서 전압을 조정하도록 한 자동 승압기가 최근에 사용되는 일이 있다. 전압계 전기로써는 유도형이 많고 승압기의 입력측에 설치되어 출력 전압의 변화에 따라서 조작 회로를 제어하도록 되어 있다.

(사) **전력용 콘덴서** : 전력용 콘덴서는 서로의 역률 개선용으로 사용되는데, 동시에 전압 조정의 목적에도 이용된다. 사용 방법에는 직렬식과 병렬식이 있다.

선로의 리액턴스를 X_L, 직렬 콘덴서의 용량 리액턴스를 X_c라 하면, 이들을 직렬로 한 실효 리액턴스 X는

$$X = X_L - X_c$$

로 된다. 이 식에 있어서 $X > 0$일 때 부족 보상, $X = 0$ 일 때 완전 보상, $X < 0$일 때 과보상이라 한다. 송전선에서는 부족 보상으로 하는 경우가 많으나, 배전선에 있어서는 선로의 저항분이 커서 전압 조정의 목적으로 과보상으로 하는 경우가 많다. 직렬 콘덴서는 그 작용이 직접적 자동적으로 이루어지며, 특히 리액턴스가 크고 역률이 나쁜 선로일수록 효가가 있는 것이다. 직렬 콘덴서의 설치에 있어서는 단락 고장시의 과전압에 대한 보호 및 이상 현상 등에 대한 방지 대책을 강구하여

야 하는 큰 문제점이 있다.

최근에는 자동 개폐 장치가 붙은 병렬 콘덴서의 사용이 증가하고 있다.

자동 개폐 장치의 조작 방식으로는 time relay식, 전압 relay식, 전류 relay식 등이 있다.

【예제 2】 단상 교류 회로에서 AB 두 점간의 전압은 3,000[V]이다. 지금 전압을 높여 주기 위해서 3,300/220[V]의 변압기를 그림 17-7과 같이 접속하여 40[kV]의 전력을 전등 부하에 공급하고자 한다. 이 때 얼마 정도의 승압기를 사용하여야 하는가?

그림 17-7

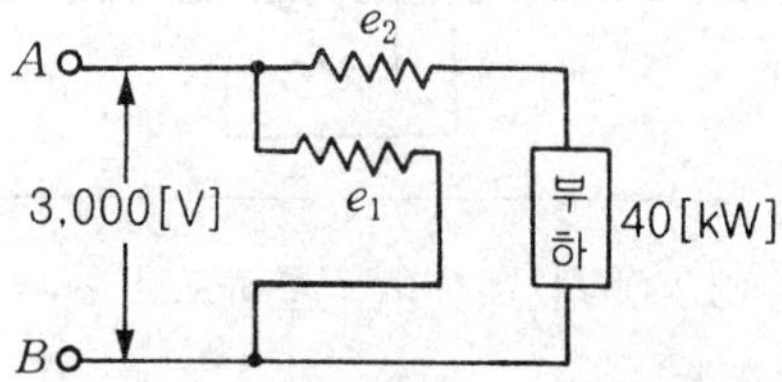

풀이 이 변압기의 변압비는 $\frac{3,300}{220} = 15$

부하측의 선간 전압은

$$E_1 = 3,000\left(1 + \frac{1}{15}\right) = 3,200\,[\text{V}]$$

이다. 전등 부하이므로 역률 = 1.0, 따라서 부하 $W = 40$[kVA]가 된다.

그러므로, 승압기의 최소 용량 w는

$$w = \frac{40}{3,200} \times 220 = 2.75[\text{kVA}]$$

따라서, 승압기의 용량은 3[kVA]의 것을 선정하면 된다.

【예제 3】 3상 3선식 3,000[V], 200[kVA]의 배전 선로의 전압을 3,100[V]로 승압시키기 위해서 단상 변압기 3대를 그림 17-8과 같이 접속하였다. 이 변압기의 1차, 2차 전압 및 용량을 구하여라. 단, 변압기의 손실은 무시하는 것으로 한다.

그림 17-8

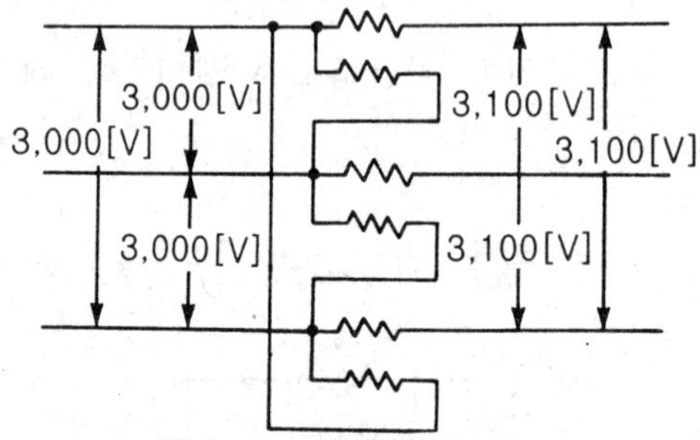

풀이 변압기의 탭 전압은 3,000[V]가 가장 적합하므로 $e_1 = 3,000$ [V]로 한다.

$$3,100 = 3,000\left(1 + \frac{1.5 \times e_2}{3,000}\right)$$

$$\therefore e_2 = 66.7\,[\mathrm{V}]$$

승압기의 용량은

$$w = \frac{200}{\sqrt{3} \times 3,100} \times 66.7 = 2.48\,[\mathrm{kVA}]$$

승압기의 총 용량 $3w = 3 \times 2.48 \fallingdotseq 7.5$ [kVA]

17.3 전력손실의 경감

배전 선로에 발생하는 전력 손실에는 주상 변압기나 전압 조정기 등의 기기에서의 전력 손실, 선로에서 오움손에 의한 전력 손실 등이 주가 되는데 오움손은 선전류의 제곱에 비례하고 또 저항에 비례하므로 전류 밀도를 감소시키는 것이 전력 손실 경감의 근본 대책으로 된다.

배전선의 전력 손실을 경감시키는 방법으로 다음과 같은 방법들이 채용되고 있다.

17.3.1 기기의 효율 상승

방대한 수의 변압기에서의 전력 손실을 경감시키기 위해 권철심 변압기를 표준화해서 무부하손을 적게하며, 전일 효율을 높이도록 설계 제작한다.

17.3.2 전류밀도의 감소와 평형

오옴손을 줄이고 부하가 증가하여 손실이 과대하게 되는 경우는 전선을 대체시키거나 회선을 증가하여 전류 밀도를 줄이고 평형을 유지시킨다.

17.3.3 승 압

이상적인 경우 전력 손실과 전압 강하률은 전압의 제곱에 반비례하여 감소하므로 승압은 손실 경감책으로나 전압 변동의 경감책으로도 극히 효과적인 것이다.

현재 우리 나라에서는 고압선에서 3.3[kV]를 6.6[kV]로, 또는 3.3[kV] 변압기가 그대로 사용되는 5.7[kV]로 승압하고 있고, 이것도 부족하여 6.6[kV] 변압기가 사용되는 11.4[kVY], 또 대부분의 경우 22.9[kVY]로 승압하고 있는 것은 이것 때문이다.

한편 저압선에서도 단상 3선식(2배 승압과 같다)이 추진되고, 또 전등용은 100[V]에서 220[V], 동력용은 200[V]에서 380[V]로 승압하고 있다.

승압의 효과에 대하여 배전 선로를 3.3[kV] 배전 선로를 6.6[kV]로 승압하면 전력 손실률 및 전압 강하률은 다같이 1/4로 감소한다. 또 22.9[kV]로 승압하면 1/48이 된다.(표 17-2 참조)

그러나 실제로 전력 손실 경감책보다도 오히려 긴급한 과대 전압 강하의 감소, 배전 용량의 증가를 주목적으로 계획하는 일도 많다.

표 17-2

전 압	3.3[kV]	11.4[kV]	22.9[kV]
전 압 강 하	1	$1/2\sqrt{3}$	$1/4\sqrt{3}$
전 력 손 실	1	1/12	1/48

17.4 역률개선

17.4.1 역률개선의 효과

같은 전력을 송전하는 경우, 다른 조건을 변경하지 않고 역률을 개선하면 다음과 같은 효과가 있다.

① 선로 · 변압기 등의 저항손은 역률의 제곱에 반비례하여 감소한다.

② 변압기 · 개폐기 등의 소요 용량은 역률에 반비례하여 감소한다.

③ 선로의 송전 용량이 그 허용 전류에 의하여 제한되는 경우는 선로의 송전 용량도 증가한다.

④ 전압 강하는 $1+X/R \cdot \tan\theta$에 비례하여 감소한다.

등인데, 배전 계통의 역률 개선은 손실 경감의 한 요소로 된다. 배전선의 역률 개선은 주로 전력용 콘덴서를 부하와 병렬로 접속시켜서 한다. 이 방법에는 고압 콘덴서를 고압측에 접속하는 경우와 저압 콘덴서를 저압측에 접속하는 경우가 있다.

17.4.2 부하의 역률

부하의 역률은 그 종류 및 용량에 따라 다르며, 전등 · 전열기는 거의 100[%]이지만 유도 전동기 · 용접기 등은 역률이 나쁘며 부하 상태에 따라서도 일정하지 않다.

배전선의 역률을 저하시키는 원인으로서는 유도 전동기 부하의 영향이 크다.(유도 전동기는 역률이 낮은 경부하 상태로 운전되는 시간이 길 때가 많다.) 또 소형 전동기를 사용하는 가정용 전기기기 · 방전등 같은 것도 역률을 저하시키게 되고 또한 주상 변압기의 여자 전류의 영향도 크다. 특히 경부하시에는 보통 선로 전압이 상승하여 여자 전류가 증가하기 때문에 더욱 역률을 저하시킨다.

17.4.3 역률개선용 콘덴서의 용량계산

(1) 정전용량 μF와 kVar 용량과의 관계

(가) 단상의 경우 : 콘덴서의 정격 전압을 V[V], 충전 전류를 I_0[A], 정격 주파수를 f[Hz], 정전용량은 C_1[μF], 콘덴서의 단상용량을 Q_1[kVar]라 하면

$$Q_1 = I_0 V \times 10^{-3} = 2\pi f C_1 V^2 \times 10^{-9} [\text{kVar}] \tag{17-13}$$

$$\therefore C_1 = \frac{Q_1}{2\pi f V^2} [\mu\text{F}] \tag{17-14}$$

(나) 3상의 경우 : 3상의 [kVar]용량을 Q_3, △결선의 전용량을 $C_3[\mu\text{F}]$, Y결선의 전용량을 $C_{3Y}[\mu\text{F}]$라 하면, $Q_3 = 3Q_1$ 이므로

$$C_{3\Delta} = 3C_2 = 3\frac{Q_1}{2\pi f V^2} \times 10^9 = 3\frac{Q_3/3}{2\pi f V^2} \times 10^9 = \frac{Q_3}{2\pi f V^2} \times 10^9 \tag{17-15}$$

또 Y △의 관계에서 $C_{3Y} = 3C_{3\Delta}$ 이다. 즉 Y결선으로 하면, △결선의 3배의 용량을 필요로 하므로 3상 콘덴서는 △결선으로 한다.

(2) 일정역률 · 일정전력 부하의 역률을 개선하는 경우

그림 17-9에서 역률 $\cos\theta_0$, 피상 전력 P_0[kVA], 유효 전력 $OA = W_0 = P_0 \cos\theta_0$ [kW]의 부하를, 유효 전력 W_0를 일정하다고 하고, 역률을 $\cos\theta$로 개선하기 위해서는 무효 전력 $AB = Q_0 = W_0 \tan\theta_0$[kVar]를 $AC = Q_1 = W_0 \tan\theta$[kVar]로 감소시키면 된다. 따라서 전력용 콘덴서의 소요[kVA]용량(앞선 무효 전력) Q는 다음과 같이 된다.

$$\begin{aligned} Q &= Q_0 - Q_1 = W_0(\tan\theta_0 - \tan\theta) \\ &= W_0\left(\frac{\sqrt{1-\cos^2\theta_0}}{\cos\theta_0} - \frac{\sqrt{1-\cos^2\theta}}{\cos\theta}\right) [\text{kVA}] \end{aligned} \tag{17-16}$$

$$\therefore \frac{Q}{W_0} = \tan\theta_0 - \tan\theta_1 = \sqrt{\frac{1}{\cos^2\theta_0} - 1} - \sqrt{\frac{1}{\cos^2\theta} - 1} \tag{17-17}$$

그림 17-9 일정전력의 역률 개선

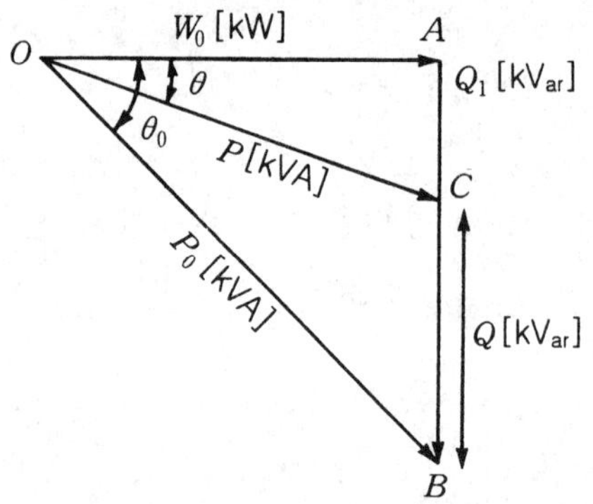

(3) 일정용량의 공급설비에 대한 공급전력을 증가시키는 경우

앞서 설명한 바와 같이 콘덴서를 부하와 병렬로 접속시키고 W_0를 일정하다 하여, 역률을 $\cos\theta_0$에서 $\cos\theta$로 개선하면 피상 전력 P_0가 P와 같이 작게되어 공급 설비에 여유가 생기게 되므로 같은 설비로 더 많은 부하에서 전력을 공급할 수 있게 된다.

그림 17-10 역률 개선에 의한 출력 증가법

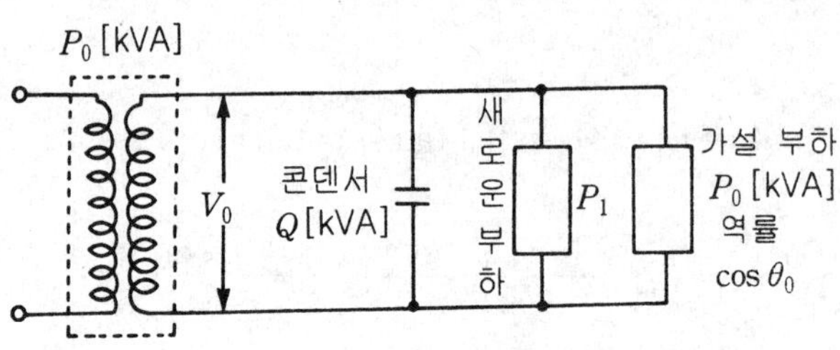

그림 17-10과 같이 정격 용량 P_0[kVA]의 부하에 공급하고 있을 때 이대로는 이 변압기에서 이 이상의 부하에는 공급할 수 없다. 지금 기설 부하와 같은 역률의 피상 전력 P_1[kVA]와 전력용 콘덴서 Q[kVA]를 병렬로 접속시킨 경우 P_0, P_1, Q의 합성치가 P_0와 같은 크기로 되게 하였다고 하면, 이들의 전력의 벡터 관계는 그림 17-11과 같이 된다. 즉 Q[kVA]의 전력용 콘덴서를 접속하면 변압기의 합성 역률은 $\cos\theta$로 개선되고 이 변압기에서는 새로운 부하 P_1[kVA](역률

$\cos\theta_0$)의 전력을 더 공급할 수 있게 된다.

그림 17-11 [kVA] 용량이 일정한 역률 개선

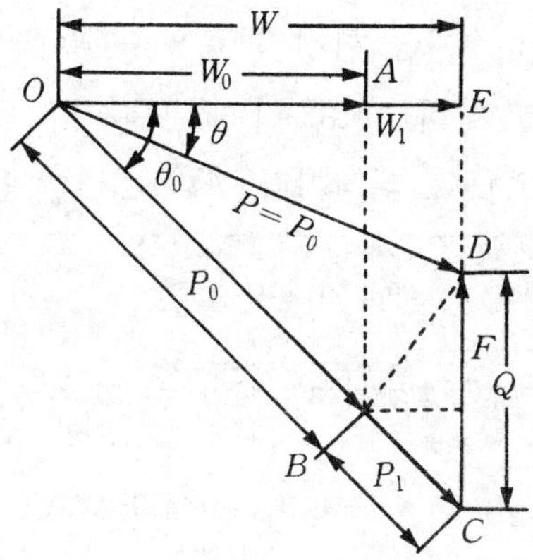

따라서 역률 $\cos\theta_0$의 새로운 부하 P_1[kVA]에 대응하는 전력용 콘덴서의 용량 Q[kVA]는 그림 17-11로부터

$$Q = CE - DE = W(\tan\theta_0 - \tan\theta)$$
$$= P_0\cos\theta(\tan\theta_0 - \tan\theta)$$
$$= P_0\left(\cos\theta\sqrt{\frac{1}{\cos^2\theta_0}-1} - \sqrt{\frac{1-\cos^2\theta}{\cos\theta}}\right)[\text{kVA}]$$

$$\therefore \frac{Q}{P_0} = \cos\theta\sqrt{\frac{1}{\cos^2\theta_0}-1} - \sqrt{1-\cos^2\theta} \qquad (17\text{-}19)$$

또 $W_0 = P_0\cos\theta_0$ 이므로

$$\frac{Q}{W_0} = \frac{\cos\theta}{\cos\theta_0}\sqrt{\frac{1}{\cos^2\theta_0}-1}-1\frac{\sqrt{1-\cos^2\theta}}{\cos\theta_0} \qquad (17\text{-}20)$$

이 경우에 증가할 수 있는 부하 P_1[kVA](역률 $\cos\theta_0$) 및 증가 전력 W_1[kW]는 다음과 같이 된다.

$$P_1 = BC = OC - OB = \frac{W}{\cos\theta_0} - P_0 = P_0\left(\frac{\cos\theta}{\cos\theta_0} - 1\right)[\text{kVA}] \qquad (17\text{-}21)$$

$$W_1 = P_1 \cos\theta_0 = W - W_0 = P_0(\cos\theta - \cos\theta_0)[\text{kW}] \tag{17-22}$$

【예제 4】 정력용량 300[kVA]의 변압기에서 뒤진 역률 70[%]의 부하에 300[kVA]를 공급하고 있다. 지금 합성 역률을 90[%]로 개선하여 이 변압기의 전용량까지 공급하려고 한다. 소요 전력 콘덴서의 용량 및 이 때에 증가할 수 있는 부하(역률은 70[%], 뒤짐이라 한다)는 얼마인가?

풀이 전력 콘덴서의 용량 Q는 식 (17-19)로부터

$$Q = P_0\left(\cos\theta\sqrt{\frac{1}{\cos^2\theta_0} - 1} - \sqrt{1-\cos^2\theta}\right)$$

$$= 300\left(0.9\times\sqrt{\frac{1}{0.7^2} - 1} - \sqrt{1-0.9^2}\right) = 144.9[\text{kVA}]$$

증가 부하의 피상 전력 P_1 및 전력 W_1은 식 (17-22) 및 (17-23)으로부터

$$P_1 = P_0\left(\frac{\cos\theta}{\cos\theta_0} - 1\right) = 300\left(\frac{0.9}{0.7} - 1\right) = 85.8[\text{kVA}]$$

$$W_1 = P_1\cos\theta_0 = 85.8\times 0.7 \fallingdotseq 60[\text{kW}]$$

【예제 5】 어떤 공장의 3상 부하가 20[kW], 역률이 60[%](뒤짐)라고 한다. 이것을 역률 80[%]로 개선하기 위해서 소요되는 콘덴서의 용량[kVA]을 구하여라. 또 이 콘덴서에 걸리는 전압이 200[V]라고 하면 그 정전용량[μF]은 얼마로 되겠는가? 단, 주파수는 600[Hz]라고 한다.

풀이 그림 17-12와 같이 처음의 역률각을 θ, 개선된 역률각을 θ_1라고 하면

역률 개선전의 무효 전력 $Q_1 = ac = 20\tan\theta$

역률 개선후의 무효 전력 $Q_2 = ab = 20\tan\theta_1$

콘덴서의 진상 무효 전력

$$Q_c = bc - ab = 20(\tan\theta - \tan\theta_1)$$

$$= 20\left(\frac{4}{3} - \frac{3}{4}\right) = 20\times\frac{7}{12} \fallingdotseq 11.7[\text{kVA}]$$

다음 콘덴서를 그림 17-12 (b)와 같이 접속하고 각 상간의 정전용량을 $C[\mu\text{F}]$라고 하면

$$3\times 200\times(2\pi\times 60\times C\times 10^{-6})\times 200 = 11.7\times 1,000$$

$$\therefore 3C = \frac{11.7\times10^9}{200^2\times2\pi\times60} = \frac{11,700}{4.8\pi} = 776.3[\text{F}]$$

그림 17-12

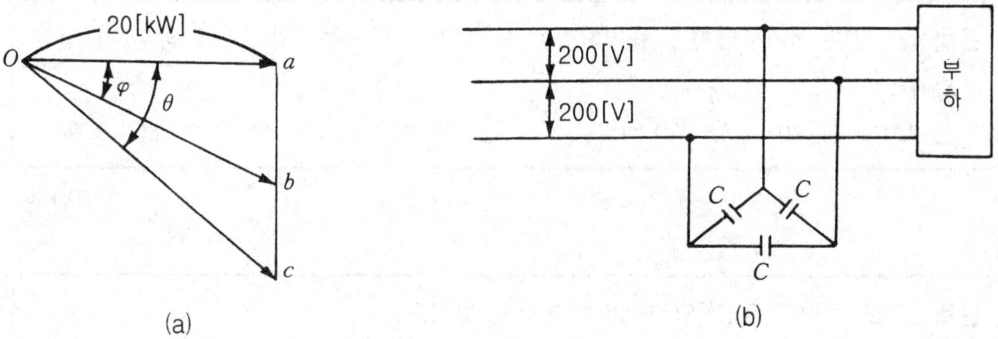

【예제 6】 어느 수용가가 당초 역률(뒤짐) 80[%]로 60[kW]의 부하를 사용하고 있었는데 새로이 역률(뒤짐) 60[%]로 40[kW]의 부하를 증가해서 사용하게 되었다. 이 때 콘덴서로 합성 역률을 90[%]로 개선하려고 할 경우 콘덴서의 소요 용량을 구하여라.

풀이 먼저 각각의 부하 전력에 대한 무효 전력을 구한 다음 합성 부하에 대한 유효 전력과 무효 전력과를 계산해서 역률 개선을 위하여 필요한 진상 무효 전력을 산출하면 된다. 즉,

60[kW] 부하에 대한 무효 전력 $= 60\times\frac{0.6}{0.8} = 45[\text{kVA}]$

40[kW] 부하에 대한 무효 전력 $= 40\times\frac{0.8}{0.6} = 53.3[\text{kVA}]$

합성 부하에 대하여

유효 전력 $= 60+40 = 100[\text{kW}]$

무효 전력 $= 45+53.3 = 98.3[\text{kVA}]$

합성 역률을 90[%]로 개선하였을 경우에는

무효 전력 $= \frac{100}{0.9}\times\sqrt{1-0.9^2} = 48.4[\text{kVA}]$

구하고자 하는 콘덴서 용량 Q는

$$Q = 98.3-48.4 \fallingdotseq 50[\text{kVA}]$$

연 습 문 제

문제 1. 일반 전기사업자가 유지하여야 할 전압으로 표준전압 220[V]의 유지 전압 범위는?

㉮ 220±6[V]이내 ㉯ 220±12[V]이내 ㉰ 220±13[V]이내 ㉱ 220±38[V]이내

[답] ㉰

문제 2. 표준전압 380[V]일 때 유지 전압의 범위는?

㉮ 380[V]의 상하로 10[V]이내 ㉯ 380[V]의 상하로 15[V]이내

㉰ 380[V]의 상하로 19[V]이내 ㉱ 380[V]의 상하로 38[V]이내

[답] ㉱

문제 3. 단상 승압기 1대를 사용하여 승압할 경우 1차 전압을 E_1이라 하면 2차 전압 E_2는 얼마나 되는가?

㉮ $E_2 = E_1 + \left(\frac{e_1}{e_2}\right)E_1$ ㉯ $E_2 = E_1 + e_2$

㉰ $E_2 = E_1 + \left(\frac{e_2}{e_1}\right)E_1$ ㉱ $E_2 = E_1 + e_1$

풀이 $E_2 = e_1 + e_2 = E_1 + \frac{E_1}{n} = E_1\left(1 + \frac{1}{n}\right) = E_1\left(1 + \frac{e_2}{e_1}\right)$

$\left(e_1 = E_1,\quad e_2 = \frac{e_1}{n},\quad n = \frac{e_1}{e_2}\right)$

[답] ㉰

문제 4. 정격 전압 1차 6600[V], 2차 210[V]의 단상 변압기 두 대를 승압기로 V결선하여 6300[V]의 3상 전원에 접속한다면 승압된 전압[V]은?

㉮ 6600 ㉯ 6500 ㉰ 6300 ㉱ 6200

풀이 $E_2 = E_1\left(1 + \frac{1}{n}\right) = 6300\left(1 + \frac{210}{6600}\right) = 6500[V]$

[답] ㉯

문제 5. 배전용 변전소에서 전압 조정 장치로 근래 가장 많이 사용되는 것은?

㉮ 부하시 탭절환 변압기 ㉯ 부하시 전압조정기

㉰ 유도 전압 조정기 ㉱ 전력 콘덴서

풀이 유도 전압 조정기는 전압의 조정률 ±(5~10[%])로 할 수 있는 전압 조정기로써 유입자냉식, 공냉식, 단상, 3상, 수동식, 전동식, 자동식등이 있다. [답] ㉰

문제 6. 배전용 변전소의 주변압기는?

㉮ 단권 변압기 ㉯ 3권 변압기 ㉰ 체강 변압기 ㉱ 체승 변압기

[답] ㉰

문제 7. 배전 계통에서 콘덴서를 설치하는 것은 여러 가지 목적이 있으나 그 중에서 가장 주된 목적은?

㉮ 전압 강하 보상 ㉯ 전력 손실 감소 ㉰ 송전 용량 증가 ㉱ 기기의 보호

풀이 역률 개선의 효과

① 전력 손실 감소

② 변압기, 개폐기 등의 소요 용량 감소

③ 송전 용량 증대

④ 전압 강하 감소

이들 중의 큰 효과는 전력 손실 감소가 된다(전력 손실은 역률의 제곱에 역비례하여 감소한다) [답] ㉯

문제 8. 부하가 P[kW]이고 역률이 $\cos\theta_1$인 것을 병렬로 콘덴서 합성 역률을 $\cos\theta_2$로 개선하려면 필요한 콘덴서의 용량은 몇 [kVA]인가?

㉮ $P(\cos\theta_1 - \cos\theta_2)$ ㉯ $P(\tan\theta_1 - \tan\theta_2)$

㉰ $P(\tan\theta_1 + \tan\theta_2)$ ㉱ $P(\cos\theta_1 + \cos\theta_2)$

[답] ㉯

문제 9. 어떤 공장의 소모전력이 100[kW]이며, 이 부하의 역률이 0.6일 때, 역률을 0.9로 개선하기 위하여 필요한 전력용 콘덴서의 용량은 몇 [kVA]인가?

㉮ 30 ㉯ 60 ㉰ 85 ㉱ 90

풀이 콘덴서 용량 $Q_c = P(\tan\theta_1 - \tan\theta_2)$

$$= 100\left(\frac{0.8}{0.6} - \frac{\sqrt{1-0.9^2}}{0.9}\right) = 85[\text{kVA}]$$

[답] ㉰

문제 10. 역률 80[%]인 10,000[kVA]의 부하를 갖는 변전소에 2000[kVA]의 콘덴서를 설치해서 역률을 개선하면 변압기에 걸리는 부하 [kW]는 대략 얼마쯤 되겠는가?

㉮ 8000 ㉯ 8500 ㉰ 9000 ㉱ 9500

풀이 $\cos\theta_2 = \dfrac{8000}{\sqrt{8000^2 + 4000^2}} = 0.894$

역률개선 후의 유효전력

$P = K\cos\theta_2 = 10,000 \times 0.894 \fallingdotseq 9000[\text{kW}]$

[답] ㉰

배전 선로의 보호 제 18 장

일반적으로 고압 배전 계통은 보호 계전기에 의하여, 저압 배전 계통은 퓨우즈에 의하여 보호되고 있다. 보호 장치는 회로에 단락 또는 지락 사고가 발생한 경우, 혹은 과부하로 되었을 때 신속히 고장 구간을 제거하여, 기기 및 선로를 보호하는 것이다.

18.1 가공 배전 선로의 사고

배전 선로는 그 대부분의 가공 전선로이기 때문에 낙뢰, 바람, 비, 눈 등의 기상 조건에 의한 사고가 많이 일어난다. 최근에는 교통량의 증가와 함께 차량의 충돌 등에 의한 사고, 건조물의 고층화에 의한 다른 물체와의 접촉에 따른 사고도 해마다 증가하고 있다.

이들 사고에 의한 정전이나 전압 강하는 직접 수용가에 미치는 것으로서, 선로 사고는 도로 위에서 발생하는 경우가 많으므로 사람이나 가축에 피해를 줄 위험이 있으며, 또 이 고전압이 수요가 내에 침입하여 기기나 사람, 가축을 손상하는 수가 있으므로 충분한 보호 대책을 수립해서 사고를 미연에 방지해야 한다.

18.1.1 사고의 종류

고압 배전 선로에서 일어나는 사고는 선로 사고, 기기 사고이다. 그 과반수는 선로 사고이고, 선로 사고 중에서도 1선 지락 사고가 가장 많다. 그러나 기기 사고, 변압기 사고도 경시할 수 없는 것으로서, 최근에는 고압 수용가의 옥내 기기 사고도 적지 않다. 기기 사고는 그 기기의 파손에 의하여 단락 사고로 될 때가 많다.

(1) 선로의 사고

선로 사고의 대부분은 단선, 애자 파손, 수목 접촉, 지지물 사고에 의한 1선 지락 사고인데 변압기 사고도 1선 지락 사고로 되는 경우가 많다.

중성점 접지식 배전선은 그렇지 않지만, 비접지식 3상 배전 선로에서는 1선 지락이 생기면, 전압이 그다지 높지 않을 때는 그대로 송전을 계속 할 수 있으나, 전압이 높고 또 배전 거리가 멀어지면 아크 지락의 상태로 되어 건전선에도 고압이 발생하여 2차 사고를 일으켜 상간 단락으로 옮겨질 때가 많다.

그러나, 일반적으로 1선 지락에 의해서 배전선은 사고 즉시 차단되기 때문에 실제로는 2차 지락을 유발하는 일은 드물다. 선로 사고로는 이 밖에 폭풍우, 차량 사고 등에 의한 상간 단락 또는 3상 단락 사고가 있다. 근래에는 병가 회선의 증가로 단락 전류에 의한 전선의 동요 때문에 2차 단락 사고가 많으며 이런 종류의 사고는 전원에 가깝고 회선수가 많은 곳에서 발생한다.

(2) 변압기의 사고

이 사고는 크게 나누어 변압기 자체에 기인한 것과 변압기 이외의 원인에 의한 두 가지가 있다.

변압기 사고의 방지에는 보수·점검이 필요하며, 적정하게 설계되어 있는가의 여부를 검토할 필요가 있다. 변압기 이외의 원인에 의한 사고로는 ① 과부하에 의한 것. ② 뇌해에 의한 것. ③ 저압 배전선, 인입선 등의 혼촉에 의한 것 등이 있다.

(3) 기타 기기의 사고

변압기 이외의 사고로서는 유입 개폐기, 프라이머리 컷아우트 등 개폐기류의 사고, 전력 콘덴서·피뢰기 및 수용가 옥내의 계기용 변성기·인입용 케이블·고압 전동기등의 사고가 있다. 이들 기기의 사고에 대해서도 변압기의 경우와 같이 기기 자체의 사고와 다른 원인에 의한 사고로 나눌 수 있다. 개폐기의 사고는 이 두 가지 원인이 거의 절반씩이고, 피뢰기에 있어서는 피뢰기 자체의 속류 차단 능력의 열화에 의한 사고가 많고, 그 외는 거의가 기기 자체의 열화에 의한 것으로 되어 있다. 이들 기기의 사고는 단락 사고로 되는 것이 많다.

18.1.2 통신선에의 유도 장해

배전 선로의 유도 장해도 크게 나누어 전자 유도 장해, 정전 유도 장해 및 고주파 유도 장해의 세 가지로 나누어 진다. 고압 배전 선로는 시가지 또는 도로상에 건설되는 것이 주이므로 통신 선로에 가까이 접근하는 경우가 많아서, 통신선에 대한 유도 장해를 무시할 수 없다.

고압, 특고 배전 선로 정도의 전압에 있어서는 정전 유도에 의한 장해는 그렇게 문제가 되지 않지만 전자 유도는 지락 사고에 따르는 지락 전류에 의한 유도 장해로서 지락 전류가 클수록 큰 것에 물론이다. 비접지 배전 선로에서는 지락 전류는 그다지 크지 않지만 중성점 접지의 3상 4선식 고압 배전 선로에서는 상당히 큰 지락 전류가 흐르므로 중성점에 저항 또는 리액터를 삽입해서 지락 전류를 억제하는 것이 바람직하다. 현재 우리 나라에서는 모두 직접 접지 방식으로 하고 있기 때문에 문제가 있다.

전자 유도 장해는 배전선의 지락 사고에만 발생하므로 사고의 조기 차단에 의하여 그 장해를 줄일 수 있지만 고주파 유도 장해는 배전 선로의 사고가 생기지 않아도 발생하는 것으로 근래에는 라디오, 텔레비젼 등 무선 설비의 보급과 네온사인, 형광등 등의 방전 현상을 이용한 조명 장치나 전기 드릴, 전기 믹서, 고주파 미싱 등의 소형 전동기 또는 전자석을 이용한 전기기기의 보급이 해마다 증가하는 경향에 있어서 배전선의 유도 장해로써 이 고주파 유도도 생각할 필요가 있게 되었다. 배전 선로에서의 고주파 유도 장해로서는 염해에 의한 애자, 기타 절연물에서의 누설 전류, 개폐기의 접촉 불량에 의한 것도 있다.

18.2 배전 선로의 보호장치

배전 선로에 사고가 발생하면 빨리 검출하여 적정한 처치를 해야 하기 때문에 여러 가지의 보호 장치나 보안 장치가 사용되는데 각종 계전기류 외의 것으로서 다음과 같은 것이 있다.

18.2.1 고압 배전 선로의 구분개폐기

고압 배전 선로에서는 국부적인 선로 작업을 하거나, 화재나 기타 사고가 발생했을 경우에 선로를 부분적으로 정전시키거나, 계통의 절환 등을 하기 위하여 필요한 장소에 구분개폐기(section switch)를 설치한다. 전기설비기술기준에 의하면 시가지에서는 2[km] 이하마다 이것을 마련하여 선로를 개방할 수 있도록 하고 있는데, 보통은 수동식의 것으로서 정격 전류 75, 100, 150, 200, 300[A]의 5종류가 있다.

그림 18-1 유입 개폐기의 구조

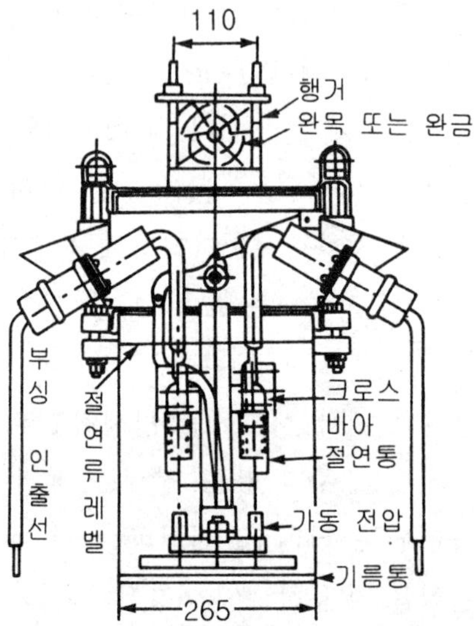

개폐기는 유입 개폐기, 기중 개폐기, 진공 개폐기 등이 있는데, 자동식의 것으로, 고장구간 검출용의 것과 원방 감시제어용의 것으로 분류된다. 주상 개폐기는 그림 18-1과 같은 유입형의 것이 설비되어 왔지만, 유입형은 기름의 열화, 내부 접촉 기구의 일부 열화 등에 의하여 폭발, 인화의 위험성이 있고 정기적으로 점검할 필요가 있어서 안전성, 무보수, 무점검 등의 견지에서 최근은 기중 개폐기나 진공 개폐기가 사용되고 있다.

18.2.2 라인 퓨즈(line fuse)

전력 퓨즈를 배전선의 요소에 설치해서 변전소의 과전류 계전기와 협조를 함으로써 사고의 정전 범위를 국한시킬 수 있다. 또 길이가 긴 말단의 단락 고장을 변전소 계전기로써 검출할 수 없을 때는 효과가 있다.

18.2.3 리클로우저 및 섹쇼너라이저(recloser & sectionalizer)

다중 접지 방식의 배전선에 사고가 생기면 그 배전선 전체가 정전이 되지 않도록 선로의 도중이나 분기선에 리클로우저, 섹쇼너라이저 또는 라인 퓨즈 등을 설치한다.

(1) 리클로우저

이것은 선로를 자동 차단하거나 재폐로 할 수 있는 장치를 내장한 것인데, 수시 고장과 영구 고장의 구별을 못하는 퓨즈와 달라서, 이 두 고장을 구별하여 수시 고장을 직접 제거하거나, 관련된 보호 장치가 제거할 수 있도록 반복된 동작을 할 수 있는 기능을 갖고 있다. 물론 고장이 제거되지 않으면 영구 고장으로 판단하고, 로크 아웃 동작을 하도록 하는데 일반적으로 ① 4회의 지연 동작 ② 1회의 순시 동작과 3회의 지연 동작 ③ 2회씩의 순시와 지연 동작 ④ 3회의 순시 동작과 1회의 지연 동작 등의 지연 동작 등의 반복 동작이 되도록 정정하고 있다.

이와 같이 순시 동작과 지연 동작을 조합시키는 것은 순시 동작에 의하여 순간적인 사고를 제거함과 동시에 퓨즈의 용단을 막고 지연 동작으로써 리클로우저의 부하측에 있는 섹쇼너라이저나 라인 퓨즈를 동작시켜서 사고를 분리하기 위함이다.

(2) 섹쇼너라이저

이것은 배전 계통에서 고장 선로를 자동적으로 분리하는 기계적 장치인데 리클로우저처럼 고장 전류는 차단할 수 없지만 정격 부하 전류는 차단할 수 있다.

그러나 리클로우저는 선로의 자동 구분 장치로써 단독으로 쓸 수 있지만, 섹쇼너라이저는 리클로우저와 연동해서 동작하는 것이므로 언제나 리클로우저의 부하측에 설치된다. 그래서 이것의 부하측에 고장이 생겨서 그 전류치가 크면 내장의 계수기가 검출하여 전원측 리클로우저의 동작회수마다 트립의 위치로 1개씩 이동한다. 만일 고장이 복귀되어 있으면 정상의 위치로 되돌아가지만 고장이 계속중이면 연이어 카운트해서 일반적으로 리클로우저에 가장 가까운 것은 3회, 말단의 것은 2회로써 고장 구간을 차단하도록 하고 있다.

18.3 고압 배전선의 보호방식

대부분 방사상이기 때문에 단락 보호는 과전류 계전 방식을 지락 보호는 비접지식에서는 방향 지락 계전 방식 또는 과전압 계전 방식을, 접지식에서는 과전류 계전 방식을 적용하는 것이 일반적이다.

18.3.1 3상 3선식 배전선의 보호방식

(1) 과전류 계전방식

일반적으로 그림 18-2와 같이 직류 트립식이 많은데, 이것은 단락 사고 발생에 의하여 과전류 계전기가 동작했을 때 변전소의 조작 전원인 직류(보통 110[V])를 차단기의 트립 코일에 흘려서, 차단기를 동작시키는 것으로서 확실성의 점에서는 가장 좋은 방법이다.

그림 18-2 직류 트립식

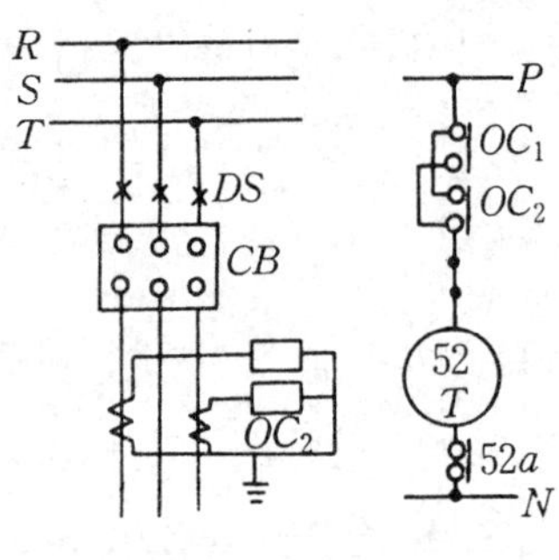

그림 18-3 교류 트립식

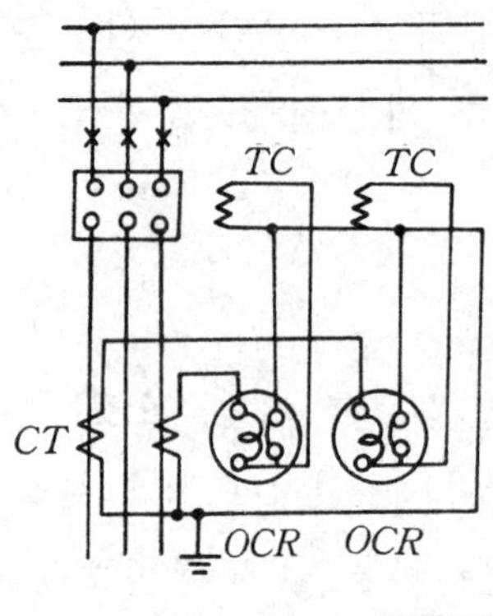

그림 18-4 CT 트립식

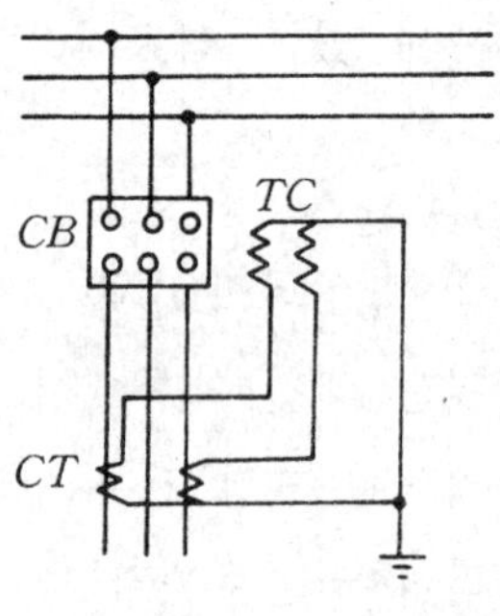

그러나, 직류 조작 전원이 없는 변전소에서는 그림 18-3과 같이 계전기 동작시에 변류기의 2차 전류를 트립 코일에 흐르게 해서 과전류가 흐르면 직접 차단을 하는 방법이 있다.

또 그림 18-4와 같이 정류기를 통하여 항상 콘덴서(200[μF]정도)에 충전해 두어서 단락 고장이 발생하면 계전기 동작에 의하여 콘덴서를 방전시켜 이 때의 방전 전류로써 차단기를 차단시키는 방법도 있다.

(2) 지락 보호방식

비접지식에서는 지락 전류가 대단히 적으므로 영상 변류기(ZCT)와 조합한 고감도의 지락 방향 계전기를 쓰는 것이 일반적이지만 지락 사고시에 나타나는 영상 전압으로써 동작하는 지락 과전압 계전기도 다회선 계통에서는 후비 보호용으로, 단회선 계통에서는 주보호로 쓰이는 수도 있다.

그림 18-5 지락 고장 전류의 분포

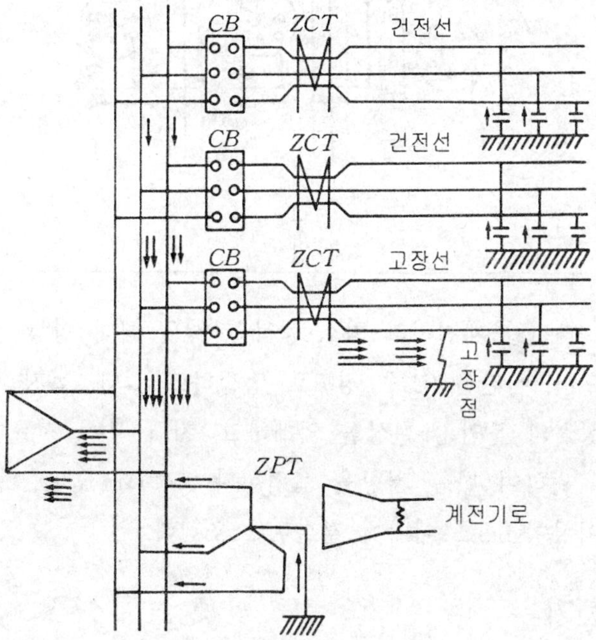

비접지식에서는 지락 사고가 발생하면 지락점에 대지 충전 전류가 흐르는데, 각 배전선에 설치된 영상 변류기에 흐르는 영상 전류는 그림 18-5와 같이 건전선과 고장선이 서로 반대로 되기 때문에 영상 전압과 영상 전류의 위상 관계로써 고장 회선을 선택 차단 할 수 있다. 일반적으로 지락 검출 감도, 즉 지락 저항치는 6000[Ω]정도로 하고 있다.

그러나, 보통의 영상 변류기의 잔류 2차 전류 및 수목 등의 순간 접지에 의한 선로 차단을 피하기 위해서 다시금 영상 전압에 의하여 동작하는 지락 과전압 계전기로써 시한을 취하여, 이 둘의 계전기가 동작했을 때만 차단기를 트립시킬 수 있도록 그림 18-6과 같은 접속을 하고 있다.

그림 18-6 선택 지락 계전 방식

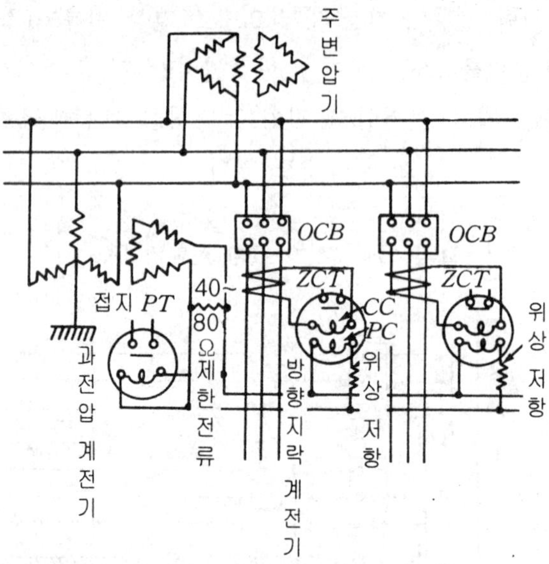

일반적으로 지락 과전압 계전기의 최소 동작 전압은 최대 영상 전압의 30[%]를 표준으로 하고 있으며, 시간은 0.5초 정도로 정정하고 있다. 접지 변압기의 2차측 개방 단자에는 중성점의 불안정 현상을 억제하고, 지락 분상 전류의 유효 성분을 필요량만큼 흘리기 위하여 한류 저항을 삽입한다. 그런데 6000[Ω]이상의 고장은 일반적으로 90[%]이상이 0.5초 이내에 저절로 소호된다.

(3) 분기선 차단기

비접지계의 배전선의 분기선 또는 고압 인입선에 쓰여지는 것으로서, 상규 상태의 부하 전류를 개폐하는 개폐기, 과부하나 단락 고장을 제거하기 위한 라인 퓨우즈, 영상 변류기에 조합시킨 지락과 전류 계전기 등으로 구성되는데 그 한 예를 들면 그림 18-7과 같다. 개폐기는 어느 것이나 하나의 퓨즈가 용단되면 자동적으로 3극이 동시에 열린다.

그림 18-7 분기선 차단기

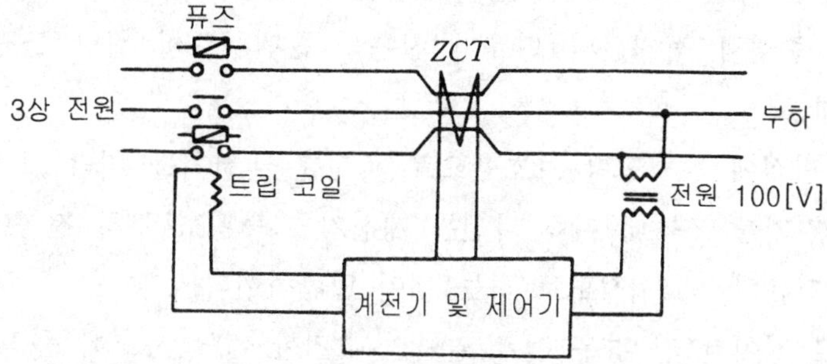

18.3.2 3상 4선식 배전선의 보호방식

다중 접지 계통은 단락 및 지락 보호에 다같이 과전류 계전 방식을 쓸 수 있지만 1선 지락 고장 전류가 계통 전압에 따라 변동이 심하기 때문에 단일 접지로 한 일부 5.7[kV]계통은 별도의 계전 방식을 적용한다.

(1) 5.7[kV]계통

이 계통은 현재 우리 나라에서는 일부는 단일 접지식, 일부는 다중 접지식으로 운전되고 있는데 지락 사고시 지락 저항이 비교적 커서 0.5~100[A]범위에 있기 때문에 선로 말단 고장의 경우 지락 계전기가 동작하지 못할 때도 있으므로 계통 확장이 지양되고 있다.

그림 18-8 단일 접지식(다회선의 경우)

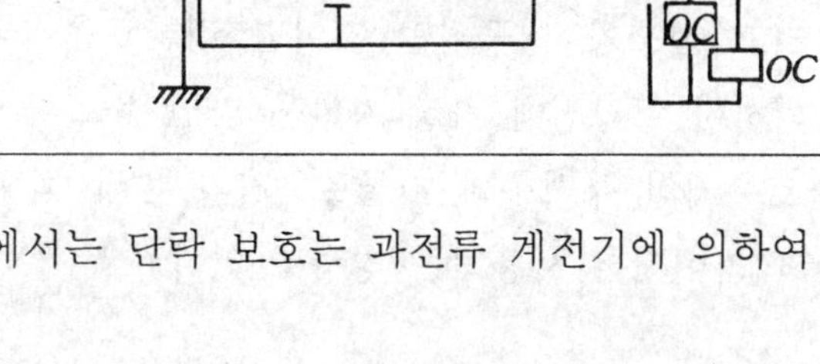

단일 접지 방식에서는 단락 보호는 과전류 계전기에 의하여 지락 보호는 고저항

지락시는 방향 지락 계전기(DG)로, 지락 저항이 적은 범위의 고장은 지락과전류 계전기로 보호한다. 방향 지락 계전기의 전압 코일에는 영상 PT에서 영상 전압을 가하지 않고, 중성점 접지선의 변류기 전류를 콘덴서로써 위상 조정하여 가한다(그림 18-8 참조).

다중 접지 방식에서는 단락 보호용으로 과전류 계전기를 지락 보호용으로는 지락 과전류 계전기를 쓰는데 지락 과전류 계전기는 불평형 부하 전류에 오동작하지 않도록 부하 전류의 30[%]정도로 하는 것이 일반적이다.

그러나 선로 길이가 긴 경우 선로 말단의 고저항 지락 사고에 동작하지 않을 때가 많으므로 이 방식을 적용하려면 부하 불평형률을 줄여서 지락 과전류 계전기의 탭 값을 낮추어 동작 감도를 높이고 지락 전류를 증가시키는 대책을 강구해야 한다.

(2) 22.9[kV] (11.4[kV])계통

우리 나라의 대표적인 배전 방식으로서 모두 다중 접지 방식으로 되어 있기 때문에 고저압 혼촉시의 전위 상승을 억제할 수 있는 방식이다. 다중 접지계에서는 전원의 중성점 및 주상 변압기의 1차, 2차가 공통의 중성선으로 여러 곳에서 직접 접지되어 있으므로 1선 지락 사고, 고저압 혼촉 사고시에는 단락 전류에 상당하는 큰 전류가 흐른다.

그러나 고장 전류가 각 접지 개소를 분류하므로 고감도 지락 계전 방식의 적용이 어렵기 때문에 고장점 저항이 대단히 높은 단선 접지 사고가 문제로 되지만 일반적으로는 비접지식 및 단일 접지식에 비하여 지락 고장 저항이 상당히 낮게 되는 경향이 있다. 이 때문에 1선 지락 사고도 거의 과전류 사고로써 검출 차단할 수 있고 그림 18-9에 보이는 바와 같이 라인 퓨즈·리클로우저 및 변전소 차단기 상호의 협조를 기함으로써 사고 구간만을 국한하여 제거할 수가 있다. 즉 주상 변압기가 사고이면, 그 1차측 퓨즈의 용단에 의하여 변압기를 선로에서 분리하여 영구 사고로 되는 것을 미연에 막을 수 있다. 또 선로 사고의 경우, 사고의 경우, 사고가 일시적인 것이면 리클로우저의 순시 동작 후의 재투입에 의하여 송전의 계속이 가능하여진다. 그리고 사고가 영구적인 것이면 리클로우저의 순시 동작 후의 지연 동작의 반복에 의하여 고장점에 가장 가까운 라인 퓨즈와 리클로우저의 협조가 어려울 때는 리클로우저의 부하측에 리클로우저의 동작 회수를 적산해서 고장 구간을 제거하는 섹쇼너라이저가 사용되는 경우도 있다.

그림 18-9 리클로우저와 퓨즈와의 협조

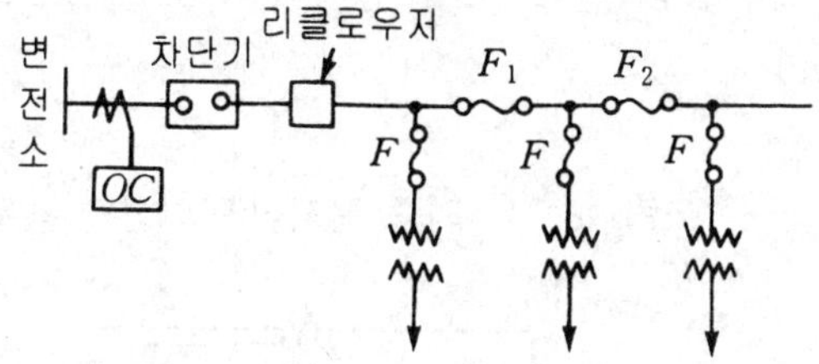

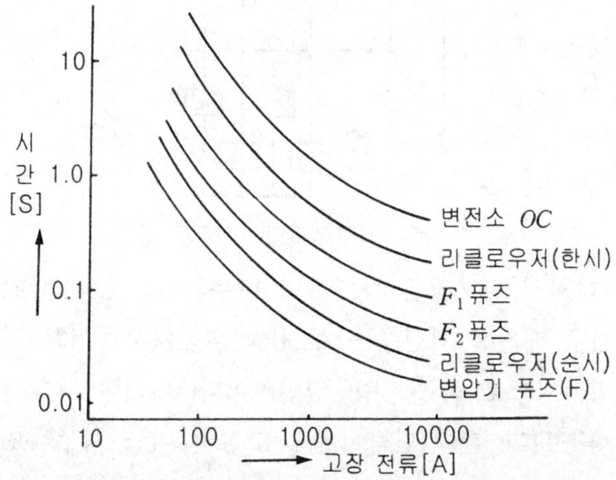

그림 18-10 다중 접지식(단회선의 경우)

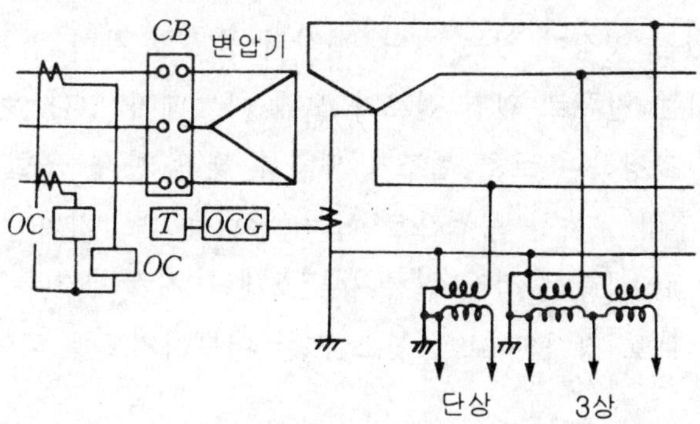

배전선 인출구(변전소)의 보호 방식으로는 단회선인 경우는 드물지만 그한 예로서 그림 18-10과 같이 과전류 보호는 변압기의 1차측 과전류 계전기에 의하고 지락 사고에 대해서는 중성점 전류를 지락 과전류 계전기로 검출하여 한시 계전기와

조합해서 보호한다. 한시 계전기는 배전선의 지락 사고에 대하여 리클로우저 · 섹쇼너라이저 · 라인 퓨즈 등 선로 보호 장치와 협조를 도모하기 위하여 10초 정도로 정정하는 것이 좋다.

그림 18-11 다중 접지식(단회선의 경우)

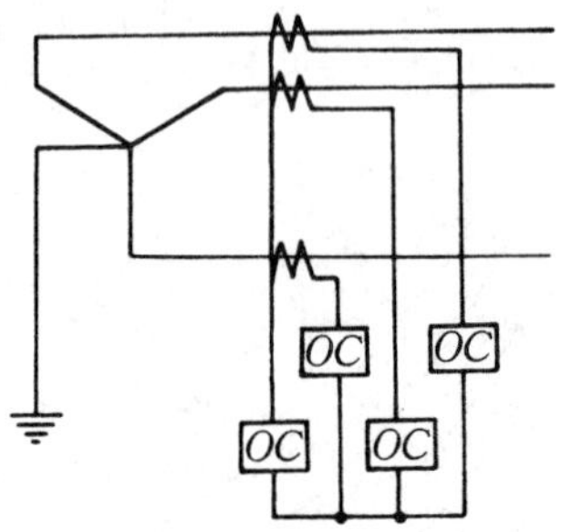

이 배전 방식은 다회선으로 공급하는 것이 대부분인데 30/40[MVA]전력용 변압기에서 공급되는 경우 배전선 회선수는 22.9[kV]계통에서는 4회선, 11.4[kV]계통에서는 4~6회선의 방사상으로 하는 것이 일반적이다. 이러한 다회선의 배전선 인출구의 부호는 그림 18-11과 같이 단락 · 지락 고장의 어느 경우에도 각상의 과전류 요소만으로 보호하기도 하지만 다양한 형태로 발생하는 지락 사고시의 검출 감도를 높이기 위하여 변류기의 3상 잔류 회로에 소세력 지락 과전류 계전기를 접속하여 쓰기도 한다. 지락 과전류 계전기를 사용하면 저항 접지 사고시에 고장 검출을 충분히 할 수 있는 잇점이 있는 반면, 평상시 불평형 부하 전류와 사고시 각 접지 개소에서 분류하는 전류로 건전 선로가 오작동할 때가 있다. 이 때는 지락 계전기의 한시 레버를 조정하여 보호 협조가 되도록 해야 한다. 또한 배전 선로 사고 및 변압기 사고의 후비 보호를 목적으로 하여, 전력용 변압기의 1차에 과전류 계전기와 변압기의 22.9[kV]측 중성점 변류기에 소세력 지락 과전류 계전기를 접속한다. 이 때에도 선로 보호 장치와 보호 협조가 잘 이루어지도록 해야 한다.

18.4 배전 변압기의 보호

주상 변압기는 과부하가 되거나 저압측 선로에서 단락을 일으키거나 하면 대전류가 흘러서 코일을 과열하여 소손할 우려가 있다. 그리하여 그 보호 방법으로 1차측과 2차측에 각각 적당한 퓨즈를 마련하는 것이 일반적이지만 소손 방지기를 설치하는 경우도 있다.

18.4.1 1차측의 보호

고압 배전선에서 변압기에 분기하는 인하선의 도중에 프라이머리 컷아우트를 설치한다. 이것으로써 과전류에 대한 보호라던가, 변압기의 수리 혹은 대치할 경우, 변압기를 전원측에서 분리할 수 있게 된다.

이 프라이머리 컷아우트에는 퓨즈를 장치하여 스위치와 자동 차단의 성능을 겸용시킨다. 퓨즈의 정격 전류는 변압기의 1차 정격 전류와 같게 하는 것이 원칙이지만, 단시간이면 변압기는 얼마만큼 과부하시켜도 지장없이 전일 효율을 향상시킬 수 있기 때문에 20~30[%]의 과부하 상태로 운전하고 있으므로, 반드시 퓨즈와 변압기의 1차 정격 전류와는 일치시킬 필요는 없다.

18.4.2 2차측의 보호

주상 변압기의 2차측 코일과 저압 배전선을 보호하기 위해서 변압기의 2차측의 인출선과 저압 배전선 사이에 접속기를 겸하여 캐치 호울더(catch-holder)를 설치한다. 그림 18-12에서와 같이 이것에는 퓨즈를 장치하는데 퓨즈의 정격 전류는 20, 30, 75, 150, 200[A]의 5종류가 있다. 그런데 주상 변압기의 2차측에는 그 중성점이나 또는 1단자에는 제2종 접지 공사를 해야 하는데, 접지선이나 접지측의 전선에는 퓨즈 등을 넣어서는 안된다.

그림 18-12 캐치 호울더(3A)

18.4.3 CSP 변압기(completely self protecting transformer)

이 변압기는 완전 보호 장치부의 주상 변압기를 지칭하는데 이 변압기의 특징은 다음과 같다.(그림 18-13 참조)

① 고압측 부싱 가까이에 피뢰기를 마련하여 고압 회로를 보호하고, 저압측에는 방전 갭을 마련한다.

② 변압기의 과부하 보호는 저압측에 있는 저압 차단기에 의한다.

③ 변압기의 내부 고장시에는 고압 권선에 직렬로 삽입한 고압 퓨즈의 용단에 의하여 보호한다.

그림 18-13 CSP 변압기

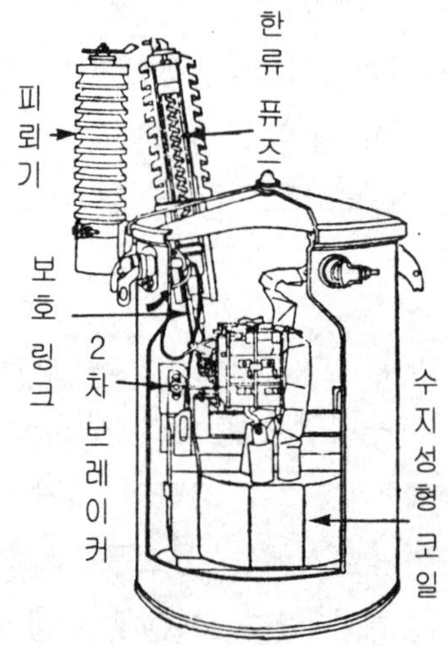

이 CSP 변압기를 저압 뱅킹 방식에 적합하도록 만든 CSPB 변압기라는 것도 있다.

18.5 저압 배전 선로의 보호

배전선만이 아니고 전기 설비의 각 부에서 발생하는 사고는 그 부분에서 개방하여 사고의 영향을 전원측에 미치지 않도록 하는 것이 원칙이기 때문에 각부에 보호용의 차단 장치를 마련하고 있다.

인입선의 보호 장치로는 저압 배전선에서 인입선을 분기하는 장소에 캐치 호울더와 퓨즈를 장치하여 인입선의 단락 사고 및 과부하 전류를 차단해서 인입선을 보호함과 동시에 변압기 및 저압 배전선에 파급되지 못하도록 하고 있다. 그런데,

인입 캐치는 오랫 동안 노출형의 것이 사용되어 왔지만, 천후의 영향을 받기 쉽다. 금속부분의 부식, 진동에 의한 나사의 헐거워짐 등, 장치 자체의 결함에 의한 고장량의 증대 및 충전부 노출에 따르는 작업의 안정성 등의 견지에서, 최근에는 완전 밀봉식의 절연형 캐치 호울더가 사용되어 작업의 능률화나 안전 작업에 기여하고 있다.

또한 전선 보호 퓨즈란 것이 있는데, 이것은 캐치 호울더에 퓨즈를 다는 것과는 그 구조가 다른 것으로서 가용체를 퓨즈에 봉입하고, 퓨즈통은 전선에 붙여서 성형한 구조의 것인데, 외형적으로는 전선의 일부와 같이 되어 있지만, 성능상으로는 단락 특성을 주체로 하여, 인입선이 발연·파열 용단 하기 전에 퓨즈를 용단하도록 한 것이다. 그리고 인입선의 퓨즈의 선정은 물론 인입선의 굵기에 따라 퓨즈 용량을 정하고 있다.

18.6 접지공사

고압선이 저압선에 혼촉되면 저압선이 고전압으로 충전될 위험이 있고, 또 전선로에 이어지는 전기기기·피뢰기 등의 고장에 의한 누전 사고 등에 의하여 사람과 가축에 위해를 주기 때문에 변압기 저압측의 권선·외함·기기의 철대등에 접지공사를 하여 이들과 대지 사이의 전위차를 감소시키지 않으면 안된다.

18.6.1 접지공사의 종류

접지공사는 전기설비기술기준에서 다음과 같이 정하고 있다.

(가) 제1종 접지공사 : 10[Ω]이하.

(나) 제2종 접지공사 : 변압기의 고압측 또는 특별 고압측 전로의 1선 지락 전류의 암페어수로 150(단, 혼촉시 1차이내 자동차단될 경우 600, 2초이내에 자동 차단될 경우 300)을 나눈 값과 같은 오옴수 이하.

(다) 제3종 접지공사 : 100[Ω]이하(접지가 생긴 경우 0.5초 이내에 자동 차단되도록 하면 500[Ω] 이하).

(라) 특별 제3종 접지공사 : 10[Ω]이하(접지가 생긴 경우 0.5초 이내에 자동 차단되도록 하면 500[Ω] 이하).

18.6.2 주상 변압기의 2차측 접지

변압기 내부에서 고저압선이 혼촉되었을 때의 위험을 방지하기 위하여 변압기 저압측의 중성점 또는 1단자에 제2종 접지공사를, 변압기 외함에는 제1종 접지공사를 해야 하는데, 일반적으로 저압측과 외함을 공통으로 이어서 규정에 합당하도록 해야 한다.

연 습 문 제

문제 1. 우리나라의 대표적인 배전방식으로는 다중 접지방식인 22.9[kV]계통으로 되어 있고 이 배전선에 사고가 생기면 그 배전선 전체가 정전이 되지 않도록 선로도중이나 분기선에 다음의 보호장치를 설치하여 상호 협조를 기함으로써 사고구간을 국한하여 제거 시킬 수 있다. 설치 순서가 옳은 것은?

㉮ 변전소 차단기-섹쇼너라이저-리클로우저-라인 퓨즈

㉯ 변전소 차단기-리클로우저-섹쇼너라이저-라인 퓨즈

㉰ 변전소 차단기-섹쇼너라이저-라인 퓨즈-리클로우저

㉱ 변전소 차단기-리클로우저-라인 퓨즈-섹쇼너라이저

풀이 리클로우저는 회로의 차단과 투입을 자동적으로 반복하는 기구를 갖춘 차단기의 일종이며 섹쇼너라이저는 유중에서 동작하는 주 접촉자와 사고전류가 흐르는 것을 계산하는 카운터로 구성되어 있으며, 이 둘은 서로 조합하여 쓰며 리클로우저는 변전소쪽에 섹쇼너라이저는 부하쪽에 설치. [답] ㉯

문제 2. 배전선의 전압을 조정하는 방법은?

㉮ 병렬콘덴서 사용　　　㉯ 중성점 접지

㉰ 영상변류기 설치　　　㉱ 주상변압기 탭 전환

풀이 전압조정방식으로는 변전소에서는 부하시 탭조절장치(ULTC), 선로전압조정기(SVR)을 사용하고 있고 선로 도중에는 주상 변압기 TAP조절 장치 및 승압기가 사용되고 있다. [답] ㉱

문제 3. 부하에 따라 전압변동이 심한 급전선을 가진 배전변전소의 전압 조정장치는?

㉮ 단권변압기　　　㉯ 전력용콘덴서

㉰ 유도전압조정기　　　㉱ 직렬리액터

[답] ㉰

문제 4. 배전선로의 손실경감과 관계없는 것은?

㉮ 승압 ㉯ 역률개선
㉰ 대용량변압기 채용 ㉱ 동량의 증가

풀이 전력손실은 $P_C = \frac{\rho l P^2}{A V^2 \cos^2\theta}$ 의 관계가 있으므로 대용량 변압기를 채용하면 부하전력이 커져 전력손실은 2승에 비례하여 증가해 진다. [답] ㉰

문제 5. 배전용 변압기의 과전류에 대한 보호 장치로써 고압측 설치에 적합하지 않은 것은?

㉮ 고압 컷아웃 스위치 ㉯ 애자형 개폐기
㉰ CF 개폐기 ㉱ 캐치홀더

[답] ㉱

문제 6. 배전 선로의 고장 또는 보수 점검시 정전 구간을 축소하기 위하여 사용되는 기구는?

㉮ 단로기 ㉯ 컷아웃 스위치 ㉰ 계자 저항기 ㉱ 유입 개폐기

풀이 유입 개폐기 : 고장, 보수 점검시 정전구간을 작게하기 위한 개폐기 [답] ㉱

문제 7. 주상 변압기의 고장 보호를 위하여 그 1차측에 설치하는 기구는?

㉮ O.S 또는 A.S ㉯ C.O.S ㉰ L.S ㉱ Catch Holder

풀이 주상 변압기의 1차측 보호에는 컷아웃 스위치(C.O.S)를, 2차측 보호에는 캐치 호울더를 설치한다. [답] ㉯

문제 8. 주상변압기의 2차측 접지는 다음 중 어느 것에 대한 보호를 목적으로 하는가?

㉮ 1차측의 단락 ㉯ 2차측의 단락
㉰ 2차측의 전압강하 ㉱ 1차측과 2차측의 혼촉

[답] ㉱

문제 9. 주상변압기에 시설하는 캐치홀더는 어느 부분에 직렬로 삽입하는가?

㉮ 1차측 양선　　㉯ 1차측 1선

㉰ 2차측 비접지측선　　㉱ 2차측 접지된 선

[답] ㉰

문제 10. 주상변압기의 고압측 및 저압측에 설치되는 보호장치가 아닌 것은?

㉮ 피뢰기　　㉯ 캐치호울더

㉰ 보호시험기　　㉱ 1차 컷아웃 스위치

[답] ㉰

문제 11. 배전용 변압기의 과전류에 대한 보호장치로써 고압측에 설치하는데 적당하지 않은 것은?

㉮ 고압 컷아웃 스위치　　㉯ 애자형 개폐기

㉰ CF 차단기　　㉱ 캣치홀더

풀이 캣치홀더는 주상변압기 2차측 비접지측에 설치하여 사용한다. [답] ㉱

문제 12. 주상변압기의 1차측 전압이 일정할 경우 2차측 부하가 변동하면, 주상변압기의 동손과 철손은 어떻게 되는가?

㉮ 동손과 철손이 모두 변동한다.　　㉯ 동손과 철손이 모두 일정하다.

㉰ 동손은 변동하고 철손은 일정하다.　　㉱ 동손은 일정하고 철손은 변동한다.

풀이 여자전류가 변하면 부하손(동손)은 변동하고 무부하손(철손)은 전압이 인가되어 있으면 일정하다. [답] ㉰

문제 13. 배전 선로의 손실 경감과 관계 없는 것은?

㉮ 승압　　㉯ 다중 접지 방식 대책

㉰ 역률 개선　　㉱ 부하의 불평형 방지

풀이 손실 경감 대책 : 승압, 역률 개선, 연가에 의한 선로 평형 부하의 불평형 방지

[답] ㉯

문제 14. 과부하 또는 외부의 단락사고시에 동작하는 계전기는?

㉮ 자동 계전기 ㉯ 과전압 계전기 ㉰ 과전류 계전기 ㉱ 부족 전압 계전기

[답] ㉯

문제 15. 영상 변류기와 가장 관계가 깊은 계전기는?

㉮ 과전류 계전기 ㉯ 과전압 계전기

㉰ 선택 접지 계전기 ㉱ 차동 계전기

풀이 영상 변류기(ZCT)는 배전 선로나 지중 케이블 등에 사용되며 고감도 지락 계전기가 접속된다. 선로 중에 흐르는 정상 및 역상 전류는 철심내에 자속을 만들지 않고 영상 전류만에 의해 자속을 만들므로 접지 계전기나 지락 계전기 등에 쓰인다. [답] ㉰

문제 16. 옥내배선의 보호방법이 아닌 것은?

㉮ 과전류 보호 ㉯ 지락 보호 ㉰ 전압강하 보호 ㉱ 절연 접지 보호

[답] ㉰

문제 17. 옥내배선 시설공사에서 과부하 또는 단락사고로부터 전선이나 기구를 보호하기 위하여 설치하는 것이 아닌 것은?

㉮ 전류절환스위치 ㉯ 전자개폐기

㉰ 브레이커(breaker) ㉱ 퓨우즈(fuse)

[답] ㉮

문제 18. 전기설비의 절연열화 정도를 판정하는 측정 방법이 아닌 것은?

㉮ Megger 방법 ㉯ tan δ ㉰ Corona방법 ㉱ 보이스 Camera

[답] ㉱

문제 19. 제1종 접지공사의 접지 저항은 몇[Ω]이하로 유지하여야 하는가?

㉮ 10 ㉯ 25 ㉰ 30 ㉱ 100

[답] ㉮

문제 20. 가공 배전 선로에 있어서 고압선과 저압선과의 혼촉에 의한 위험을 방지하는데 필요한 시설은 무엇인가?

㉮ 제1종 접지공사 ㉯ 제2종 접지공사

㉰ 제3종 접지공사 ㉱ 특별 제3종 접지공사

풀이 제1종접지 : 고압측

제2종접지 : 고·저압 혼촉방지

제3종접지 : 저압측

[답] ㉯

문제 21. 제3종 접지공사의 접지 저항은 몇[Ω]이하로 유지하여야 하는가?

㉮ 5 ㉯ 10 ㉰ 100 ㉱ 200

풀이 제3종 접지 저항은 100[Ω]이하, 특별 제3종 접지 저항값은 10[Ω]이하이다. [답] ㉰

문제 22. 제 3종 접지를 실시하지 않는 곳은?

㉮ 고압계기용 변성기의 2차측 전로

㉯ 저압전로에 시설하는 기계기구의 철대 및 금속제 외함

㉰ 고압전선로에 결합되는 변압기 저압측의 중성점 또는 1단자

㉱ 특별고압 가공전선이 삭도의 하방에 접근하는 경우 상호간에 설치하는 방호장치의 금속부분

풀이 고압전로와 결합되는 변압기 저압측 중성점을 제 2종 접지공사를 실시해야 한다.

[답] ㉰

문제 23. 절연내력을 시험하기 위해 시험용변압기를 사용하였다. 이때 전압조정을 하기 위하여 일반적으로 가장 많이 사용되는 것은?

㉮ 수저항 전압조정기　　㉯ 유도전압조정기

㉰ 소형발전기의 변속장치　　㉱ 다단식 저항조정기

풀이 수저항 전압조정기는 이동이 간편하여 절연내력시험용 전압조정기로 가장 많이 사용되고 있다.

[답] ㉮

문제 24. 일반적으로 행하여지고 있는 저압옥내 배선의 준공검사 종류의 조합이 적절한 것은?

㉮ 절연저항 측정, 접지저항 측정, 절연내력 측정

㉯ 절연저항 측정, 온도상승 시험, 접지저항 측정

㉰ 온도상승 시험, 도통 시험, 접지저항 측정

㉱ 절연저항 측정, 접지저항 측정, 도통 시험

[답] ㉱

가공 배전 선로의 구성 제 19 장

가공 배전 선로는 전선, 전주, 완목, 고압 애자, 저압 애자, 배전 변압기, 구분 개폐기 및 그 부속들로 이루어진다.

19.1 전 선

19.1.1 전선의 종류

가공 배전 선로는 대개 시가지나 도로를 따라서 건설되므로 건축물 또는 약전류 전선 등과 접촉될 우려가 많다. 이러한 이유로 종전에는 절연 전선을 쓰는 것을 원칙으로 하였으나, 절연 전선은 오랜 기간이 지나면 절연 피복이 열화되어 그 성능이 떨어지므로, 요즈음은 거의 나전선을 쓰고 있다.

(1) 나전선

가공 배전선은 기계적 강도가 커야 되므로 보통은 경동선이 쓰이며, 단선과 연선의 두 가지가 있다. 특별한 경우로서, 경간이 길고 전선의 인장 강도가 큰 것이 요구될 때에는 동복강선을 쓰는 경우도 있다.

(2) 피복전선

절연물로 나전선의 바깥을 쌓아서 만든 절연 전선으로서 면 절연 전선, 고무 절연 전선, 각종 비닐 절연 전선들이 있다.

(가) 면 절연 전선 : 면 절연 전선에는 무명실로 짠 피복에 검은 색깔의 절연성 내수질 혼합물을 스며들게 한 것과 절연 피복을 2중으로 하여 절연 내력을 높게 한 것이 있다. 요즈음에는 면 절연 전선은 잘 쓰지 않는다.

(나) 고무 절연 전선(RB) : 나동선 위에 고무 혼합물의 피복을 씌우고 그 위에 고무 또는 면으로 된 테이블를 감은 후에 무명실로 편조된 피복을 하고, 이것에 내수성 혼합물을 칠하여 만든다. 고압 가공선이나 저압 옥내 공사에 쓰이며, 절연 내력을 더욱 높이기 위해서 무명실로 된 편조 피복을 2중으로 한 고무 절연 전선도 있다.

(다) 비닐 절연 전선(IV) : 비닐 절연 전선은 경동선에 염화비닐 수지를 주성분으로 한 혼합물을 피복한 것으로 내약, 내연, 내수등의 성질이 우수하고 착색도 하기 쉬운 장점이 있으나 열에는 약하다. 면으로 절연 피복을 한번 한 단권 면 절연 전선과 같은 정도의 절연 내력을 가지게 하더라도 성능이 매우 좋기 때문에 최근에 배전용으로 많이 쓰이게 되었다.

비닐 전선에는 옥외용 비닐 절연 전선(OW), 인입용 비닐 절연 전선(DV), 600[V] 비닐 절연 전선(IV) 등이 있다. 옥외용 비닐 절연 전선은 경동선에 600[V] 비닐 절연 전선의 약 $\frac{1}{2}$의 두께가 되게 비닐을 피복한 것으로 OW(outdoor wea-ther proof) 전선이라고 한다.

인입용 비닐 절연 전선은 경동선에 600[V] 비닐 절연 전선과 같은 두께로 비닐 수지를 피복한 심선 2개 또는 3개를 꼬아 만들든지 또는 납작한 모양으로 만든다. 이것은 인입선으로 쓰이며 DV(drop wire vinyl insulation)전선이라고도 한다.

표 19-1 자주 쓰이는 가공 배전선의 상수

전선의 종류	지름 또는 공칭 단면적	소선 수 /소선의 지 름 [mm]	바 깥 지 름 약[mm]	인 장 하 중 [kg]	무 게 [kg/km]	전 기 저 항 20[℃] [Ω/km]
나 경 동 선 (연선)	60[mm²]	19/2.0	10.0	2,410	537.0	0.301
	22[mm²]	7/2.0	6.0	889	197.9	0.818
나 경 동 선 (단선)	5.0[mm]	–	5.0	817	174.9	0.905
옥외용 비닐 절연 전선 (연선)	100[mm²]	19/2.6	16	4,010	1,030	0.180
	60[mm²]	19/2.0	13	2,410	630	0.304
	38[mm²]	7/2.6	11	1,480	410	0.488

전선의 종류	지름 또는 공칭 단면적	소선 수 /소선의 지 름 [mm]	바 깥 지 름 약[mm]	인 장 하 중 [kg]	무 게 [kg/km]	전 기 저 항 20[℃] [Ω/km]
옥외용 비닐	5.0[mm^2]	–	7.4	759.8	210	0.920
절 연 전 선	3.2[mm^2]	–	4.4	333.0	81	2.27

표 19-1은 가공 배전 선로에 주로 쓰이는 몇 가지 전선의 여러 상수들을 비교한 것이다.

이 밖에도 고압 배전 선로에서는 사고 방지상 필요한 곳에는 폴리에틸 절연 전선 또는 가교 폴리에틸렌 절연 전선을 쓰기도 한다.

19.1.2 전선의 굵기

가공 배전선의 굵기는 전선로의 전압 강하, 전력 손실, 전선의 허용 전류 및 기계적 강도를 고려하여 결정한다.

배전 선로의 설계에 있어서는 인축에 대한 안전이나 가옥 등의 접촉장해에 대한 예방을 충분히 하여야 하므로, 전선의 기계적 강도에 특히 유의하여 전선의 굵기를 선정하여야 한다.

(1) 선로의 전압 강하

선로의 전압 강하가 어느 한도 이내로 유지되는 굵기의 전선중에서 가장 가는 전선을 선택한다. 보통 선로에서의 전압 강하는 공칭 전압에 대해서 고압 배전 선로에서는 10[%], 저압 배전 선로에서는 4[%] 정도로 보아 이러한 조건에 맞는 굵기의 전선을 쓰지만, 일일이 계산하기가 번잡하므로 간단하게 여러 가지 표를 써서 선정하고 있다.

(2) 허용전류

전선의 굵기가 허용될 수 있는 전압 강하의 범위 안에 있다 하여도 전선에 흘릴 수 있는 전류의 세기에는 일정한 한도가 있으므로 사용되는 전선은 충분한 허용 전류 용량을 가지게 선택하여야 한다.

(3) 기계적 강도

가공 배전선의 기계적 하중은 기상의 영향을 많이 받으므로 단선이나 혼촉에 의한 사고 발생의 위험이 있어 경과지의 환경, 배전 전압에 따라서 충분한 기계적 강도를 가지는 굵기의 전선이 요구된다. 선로의 전압 강하나 허용 전류 등의 조건이 충분히 만족되는 전선이라 하더라도 일정한 기계적 경도가 없으면 안 되므로, 실제로는 사용되는 배전선의 최소 굵기를 표 19-2에서와 같이 제한하고 있다.

표 19-2 가공 배전 선로에 쓰이는 전선의 최소 굵기

구 분	사용 전압	시설 장소	전선의 종류	최소 굵기[mm]
저 고 압 가공배전선	300[V] 이상	시 가 지	경 동 선	5
		시 가 지 외	경 동 선	4
저 압 가공배전선	300[V] 이하	시가지 또는 시 가 지 외	경 동 선	3.2
			절 연 전 선	2.6

19.1.3 전선의 접속

그림 19-1 접속용 슬리이브와 접속된 모양

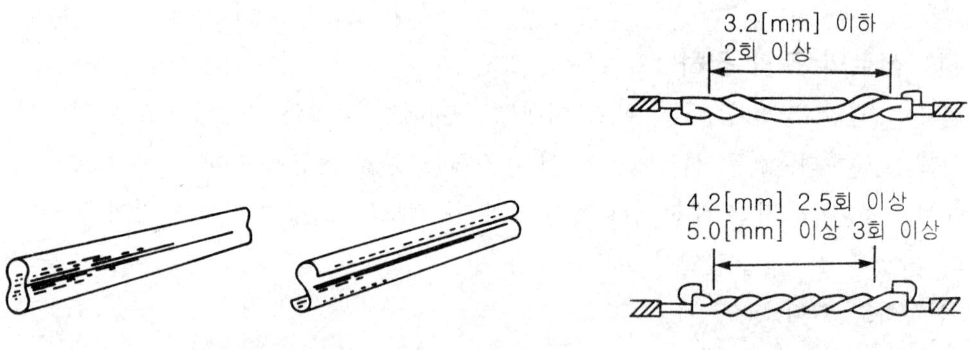

(a) 접속용 슬리브　　(b) 접속된 모양

전선의 접속에는 그림 19-1과 같이 동으로 된 슬리이브(sleeve)를 써서 접속하는 슬리이브 접속(sleeve joint)이 보통 쓰이지만, 큰 장력이 가하여지지 않는 경우에는 그림 19-2의 (a)와 같이 전선 자체를 그대로 꼬아서 접속하는 연합 접속(twist joint)과, 그림 (b)와 같은 바인드 선(bind wire)을 써서 감아 만드는 브리

타니아 접속(britannia joint) 방법이 있다.

그림 19-2 전선의 접속

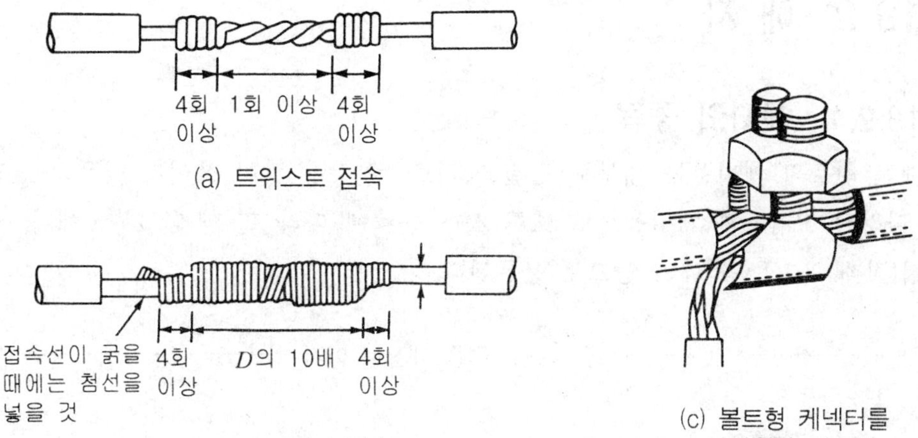

(a) 트위스트 접속

(b) 브리타니아 접속

(c) 볼트형 케넥터를 사용한 접속법

트위스트 접속은 보통 2.6[mm] 이하의 가는 전선의 접속에만 쓰이고, 브리타니아 접속은 3.2[mm] 이상 되는 굵은 전선에 지름 1[mm] 또는 1.2[mm]의 조인트선을 감아서 접속하는 방식이다.

너무 큰 장력이 가하여지지 않는 부분의 접속에는 보울트형 커넥터를 써서 그림 19-2의 (c)와 같이 접속하는 경우도 있다.

가공 전선의 접속에는 접속부의 기계적 강도를 저하시키지 않을 목적으로 접속부를 다음에 접속 부분에 비닐 테이프나 고무 테이프를 감아서 전선과 동등 이상의 절연 내력을 가지도록 한다.

19.1.4 전선 지표상의 높이

저압 또는 고압 가공 전선의 지표상의 높이는

① 도로를 횡단하는 경우에는 지표상 6[m] 이상.

② 철도 또는 궤도를 횡단하는 경우에는 궤조면상 6.5[mm] 이상.

③ 횡단 보도교에 설치하는 경우에는 전압 및 전선에 따라 노면상 3, 3.5, 4[m] 이상.

④ 선박의 항해에 위험이 없게 하여야 하며, 또 빙설이 많은 지방은 눈이 쌓인

곳에서 전선까지의 높이가 교통에 지장이 없어야 한다. 라고 규정되어 있다. 이것은 최저를 표시한 것으로 최대 이도점의 지표상 높이이다.

19.2 애 자

19.2.1 애자의 종류

배전 선로의 애자로는 대부분 경질 자기로 된 것이 많이 쓰이며 사용되는 전압에 따라서 고압용과 저압용으로 또한 사용 목적에 따라 핀 애자, 가지 애자, 인류 애자(잣대 애자), 옥 애자 등으로 분류된다.

그림 19-3 각종 배전용 애자

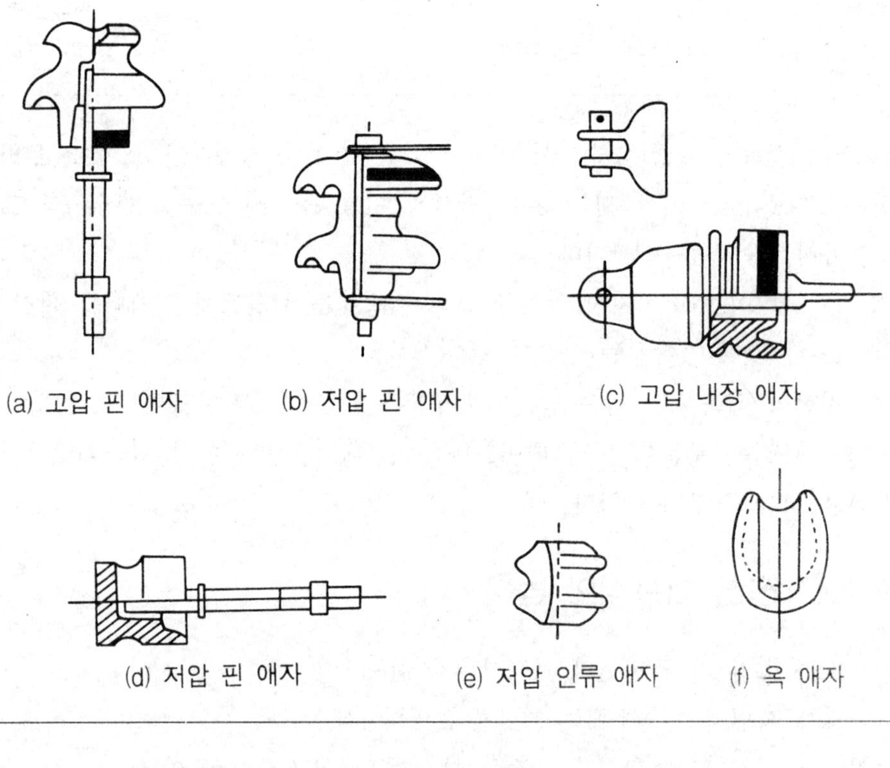

그림 19-3은 이들 애자의 모양을 나타낸 것이다.

핀 애자는 전선의 직선 부분에 쓰이며, 애자의 꼭지 홈이나 옆홈에 바인드 선으로 전선을 잡아 맨다.

가지 애자는 고압 전선을 매어 방향을 돌릴 때 쓴다.

인류 애자는 지지물의 경간이 길 때 또는 가선을 끝맺음하는 인류 장소 등에 쓴다. 이러한 곳에 쓰이는 애자에는 비교적 큰 인장력이 걸린다.

보통, 옥 애자는 지선의 절연에 쓰이며, 지선 애자라고도 한다.

고압 애자는 그 표면의 일부에 붉은 칠을 하여 저압용 애자와 식별하기 쉽게 표시한다.

19.2.2 애자의 성질

일반적으로 배전 선로에 쓰이는 애자는 기계적 강도가 약하고 제작 과정에서 불완전한 곳이 있기 쉬우며 다룰 때에는 파손되기 쉽다. 이런 애자들은 누전의 위험이 있으며 그 고장을 발견하는 데 어려울 경우가 많다.

따라서 애자의 전기적 및 기계적 강도는 상당한 안전율을 가지도록 할 필요가 있다.

19.3 지지물

과거에는 배전 선로의 지지물로는 목주가 많이 사용되었으나 요즈음에는 철근 콘크리트주가 널리 사용된다. 장소에 따라서는 철주나 철탑을 쓰는 경우도 있다.

19.3.1 목 주

목주는 대부분 방부제를 주입한 주입주를 쓴다. 주입주가 아닌 것은 땅에 파묻히는 부분에만 방부제를 칠하거나 또는 불로 표면을 태워 사용하기도 한다.

목주의 꼭지에는 아연 도금한 철제의 갓을 씌우든지 또는 꼭지를 비스듬히 잘라서 빗물이 잘 스며 들지 못하게 한다.

19.3.2 철근 콘크리트주

철근 콘크리트주는 단면이 원형이며 중심부가 빈 것과 콘크리트로 메운 것이 있다. 어느것이나 바깥쪽 가까운 곳에 철근을 넣어 강도를 크게 하고 있다.

철근 콘크리트주의 지름의 증가율은 2[%]이며 콘크리트의 배합비는 시멘트 1, 모래 1.5~2, 자갈 3~4이다.

19.3.3 지지물의 부속

배전 선로에서 지지물에 애자나 전선을 매어 달기 위해 완목 또는 완금을 쓴다.

완목으로는 기계적 강도가 비교적 크고, 쉽게 부식되지 않는 전나무 등의 각목이 많이 쓰인다. 완목 대신에 두께 6~12[mm] 정도의 아연 도금을 한 철제 앵글을 쓰는 경우가 있으며, 이것을 **완금**이라 하고 완금은 고압 활선 작업에 불편하기 때문에 특별한 경우 이외에는 쓰지 않는다.

그림 19-4 완목, 완금을 매단 전주의 모양

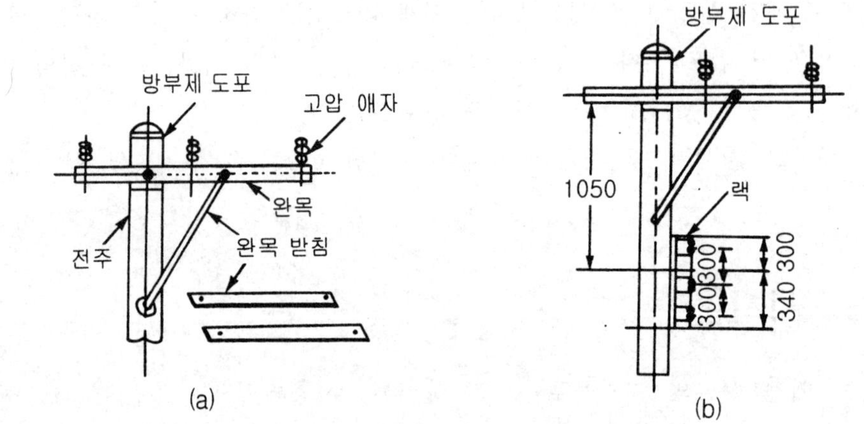

완목이나 완금이 위 아래로 기우는 것을 방지하기 위하여 그림 19-4와 같은 철제의 평판이나 앵글로 된 받침을 사용하기도 한다.

저압 가공 선로에서 완목 위에 애자를 달아서 배전선을 가선하는 대신 그림 19-4와 같이 링(rig)형의 찻대 애자를 수직으로 배열하고, 래크(rack)라는 쇠붙이를 써서 전주 옆에 붙여 래크 배선하는 방법도 있다.

(1) 지선 및 지주

지선 및 지주는 전주의 강도를 보강하기 위해서 사용된다. 따라서 이들은 ① 인장 또는 압축 강도가 클 것. ② 부식되기 어려울 것. ③ 공작이 용이할 것. ④ 값이 쌀 것 등이 필요하다.

보통 지선으로는 2.6[mm]이상의 금속선 또는 4.31[kN]이상의 인장강도를 가지는 소선을 3본 이상 꼬아 모은 아연도철연선 또는 아연도강선이 사용되며 단선으로는 사용하지 않는다.

(2) 지선의 강도계산

지선은 전주의 강도를 보강하고 지지물에 가해지는 하중의 1/2을 분담하게 설계하는 것이 보통이다.

그림 19-5에서 T는 전선의 수평 장력을 T_0는 안전율을 본 지선의 허용 하중이라 하고 지선이 전장역에 대응한다고 하면

$$T = T_0 \cos\theta = T_0 \frac{a}{\sqrt{H^2 + a^2}} \tag{19-1}$$

지선 총 길이를 L, 지선부의 길이를 l, 소선수를 n이라 하면

$$L = nl = \frac{T_0}{K}\sqrt{H^2 + a^2} = \frac{T\sqrt{H^2 + a^2}}{Ka}\sqrt{H^2 + a^2} = C\frac{H^2 + a^2}{a}$$

여기서 K, C는 상수라 한다. 따라서 일정한 H에 대한 지선의 총길이 L을 최소로 하는 a의 값은 $dL/da = 0$으로 놓고 구하면 $a = H$, 즉 $\theta = 45°$일 때 지선의 총길이는 최소로 되어 가장 경제적으로 된다. 그러나 배전선에 있어서는 H가 매우 크므로 $\theta = 45°$로 하면 a가 길게 되어 지장이 많으므로 $\theta = 60°$정도로 하는 경우가 많다.

그림 19-5 지 선

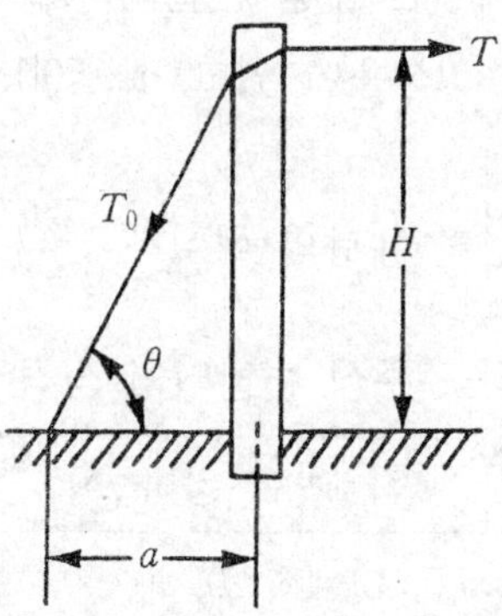

지선의 소선수를 구해 보자. 지선의 선수를 n, 인장력을 T_0', 안전율을 K라 하면

$$T_0 = n \times \frac{T_0'}{K} = \frac{T}{\cos\theta}$$

$$n = \frac{KT}{T_0' \cos\theta} = \frac{KT}{T_0'} \cdot \frac{\sqrt{H^2 + a^2}}{a} \tag{19-2}$$

지금, 지선으로 4[mm]의 아연 도금 철선을 n개 사용한다고 하고 그 인장력을 35[kg/mm^2], 안전율을 3.0이라 하면 지선에 작용하는 응력은

$$T_0 = \frac{35}{3} \times \frac{\pi}{4} \times 4^2 n = 146\,n\,[\mathrm{kg}]$$

$$\therefore \frac{T}{146\cos\theta} = \frac{T}{146} \times \frac{\sqrt{H^2 \times a^2}}{a} \tag{19-3}$$

19.4 주상기기

전주 위에 설치하는 배전용 기기로는 주상 변압기, 개폐기, 전력 콘덴서, 피뢰기 등이 있다.

19.4.1 주상 변압기

고압 배전 선로의 전압을 낮추어서 수용가에 공급하는 변압기를 배전용 변압기라 하며, 전주 위에 설치 될 때에는 주상 변압기라고 한다.

배전용 변압기에는 단상용과 3상용이 있고, 1~50[kVA]의 것이 가장 많이 쓰이는 기종이다.

표 19-3은 주상 변압기의 정격 용량의 예이다.

표 19-3 주상 변압기의 정격 용량

정 격 용 량 [kVA]
3, 5, 7.5, 10, 15, 20, 30, 50, 75, 100

최근에는 변압기 제작 기술이 상당히 발전되어 가볍고 용량이 큰 것도 제작 사용되고 있다.

배전 변압기를 써서 일정한 구역에 배전하는 경우, 큰 용량의 변압기를 쓰면 변압기의 댓수가 적어져 변압기의 [kVA]당의 경비는 감소되지만, 저압 배전 선로의

길이가 길어질 뿐만 아니라 배전 선로의 손실이 증가하므로 전체적인 경비는 증가한다. 반대로 작은 용량의 변압기를 여러 대 사용하면 배전선의 길이는 짧아지지만 변압기의 시설비가 많이 들게 되어 전체적인 경비는 역시 증가한다.

따라서, 배전 구역의 부하 밀도에 따라 경제적인 변압기의 용량과 저압선의 길이가 결정되어야 한다.

19.4.2 개폐기

배전 선로의 보호, 고장 수리 및 선로의 보수 등을 하는 데 편리하도록 선로의 분깃점 또는 시가지에서는 가공 배전 선로의 2[km]이하마다 전주 위에 개폐기를 설치한다. 이것을 **구분** 개폐기라고 한다.

그림 19-6 유입 개폐기

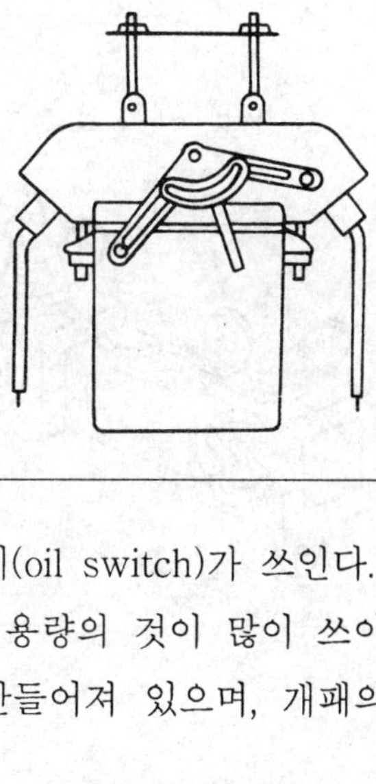

주상 개폐기로는 유입 개폐기(oil switch)가 쓰인다. 이것은 배전 선로의 구분용, 절환용으로 보통 100~500[A] 용량의 것이 많이 쓰이며, 그림 19-6과 같다. 방수와 개폐 조작이 편리하도록 만들어져 있으며, 개패의 표시가 똑똑히 나타나도록 되어 있다.

19.4.3 그 밖의 주상기기

(1) 1차 컷아우트 스위치(C.O.S)

1차 컷아우트 스위치(primary cutout switch)는 고압 컷아우트 스위치라고도 하며 보통 주상 변압기의 1차측에 변압기의 보호 및 선로의 구분 계폐기로서도 쓰이며 그림 19-7과 같이 뚜껑 속에 고압 퓨즈를 내장하고 있다.

그림 19-7 1차 컷아우트 스위치

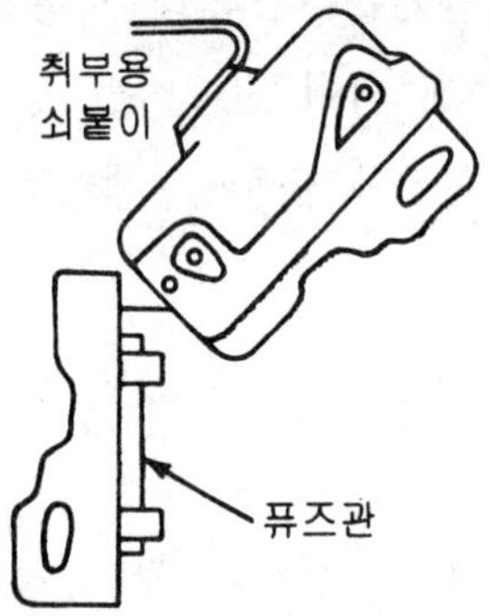

(2) 캐치 호울더

그림 19-8과 같은 구조의 기구이다. 주상 변압기의 2차측이나 저압 분기 회로로의 분깃점등에 설치하고, 변압기나 부하의 정격 전류에 맞는 퓨즈에 끼운다.

그림 19-8 캐치 호울더

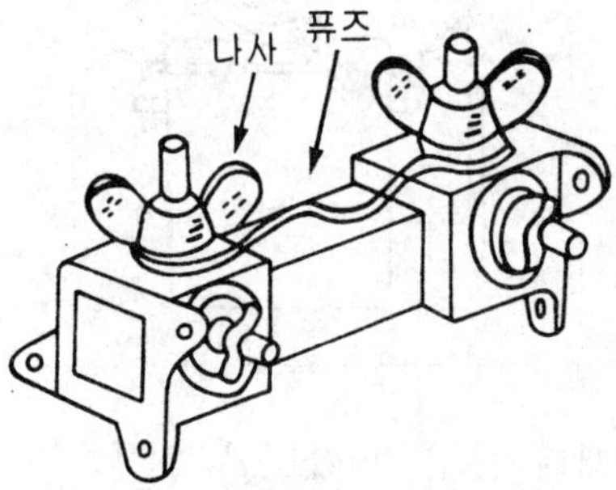

(3) 전력 콘덴서

진상 콘덴서라고도 하며 부하 역률을 개선하고, 전압 강하나 전력 손실을 적게 하기 위하여 적절한 곳의 위치에 설치한다.

(4) 피뢰기

배전 선로에 벼락으로 인한 이상 전압이 내습하였을 때 고압 선로 및 주상 변압기를 이로부터 보호하기 위하여 쓴다. 배전선에서의 사고 발생 중 벼락에 의한 사고로 크므로 피뢰기는 이러한 사고의 방지 대책으로 중요한 역할을 한다.

연 습 문 제

문제 1. 다음 각호의 전선의 표시 기호를 위에서부터 순서적으로 표시한 것은?

"보기" 1) 옥외용 비닐 절연 전선　　2) 내열 비닐 절연 전선
3) 접지용 비닐 절연 전선　　4) 비닐 외장 케이블

㉮ OW, HIV, GV, VV　　㉯ IV, DV, GV, VV
㉰ OW, VV, IV, DV　　㉱ IV, GV, HIV, VV

풀이 ① OW전선 : 옥외용 비닐 절연 전선
② HIV전선 : 내열 비닐 절연 전선
③ GV전선 : 접지용 비닐 전선
④ VV전선 : 비닐 외장 케이블　　[답] ㉮

문제 2. 인입선용 자재 전용에서 옥외 전용선은 OW전선을 사용하는데, 인입선 전용에는 어떤 전선을 사용하는가?

㉮ FL 전선　　㉯ PD 전선　　㉰ IV 전선　　㉱ DV 전선

풀이 FL : 형광 방전등용 전선　　PD : 고압 인하용 전선
IV : 600[V] 비닐 절연 전선　DV : 인입용 비닐 절연 전선　　[답] ㉱

문제 3. 옥내 배선에 사용하는 전선의 굵기를 결정하는데 고려하지 않아도 되는 것은?

㉮ 기계적 강도　　㉯ 전압 강하　　㉰ 허용 전류　　㉱ 절연 저항

풀이 전선의 굵기는 허용 전류에 크게 영향을 받고 절연 저항과는 무관하다.　　[답] ㉱

문제 4. 고저압 가공 전선이 도로를 횡단할때의 지표상의 높이의 최저값은 얼마인가?

㉮ 4[m]　　㉯ 5[m]　　㉰ 6[m]　　㉱ 7[m]

풀이 저고압 가공 전선의 도로 횡단시 높이는 6[m]이상이어야 한다. [답] ㉰

문제 5. 전선을 다른 방향으로 돌리는 부분에 사용되는 애자는?
㉮ 구형 애자 ㉯ 저압 곡핀 애자 ㉰ 옥 애자 ㉱ 고압 가지 애자

[답] ㉱

문제 6. 옥 애자의 용도를 옳게 나타낸 것은?
㉮ 지선 중간 부분에 취부하는 애자
㉯ 저압 가공인입시 변압기 2차측의 리드선을 지지하는 애자
㉰ 옥외 변대 설치시 고압 또는 특고압의 모선 지지용 애자
㉱ 옥내 노출배선에 필요한 저압지지 애자

풀이 지선 애자라고도 하며 지선 중간 부분에 취부하여 절연을 목적으로 한다. [답] ㉮

문제 7. 지선으로 사용되는 전선의 종류는?
㉮ 강심 알루미늄선 ㉯ 아연 도금철선
㉰ 경동선 ㉱ 알루미늄선

풀이 전기설비기준에 의거 소선의 지름 2.6[mm]이상인 금속선을 사용한 것일 것.
다만 소선의 지름이 2[mm]이상인 아연도금 강연선으로서 소선의 인장강도가 70[kg/mm^2]이상인 것을 사용하는 경우에는 그러하지 아니하다. [답] ㉯

문제 8. 그림과 같이 지선을 가설하여 전주에 가해진 수평 장력 800[kg]을 지지하고자 한다. 지선으로서 4[mm] 철선을 사용한다고 하면 몇 가닥 사용해야 하는가? 단, 4[mm] 철선 1가닥의 인장 하중은 440[kg]으로 하고 안전율은 2.5이다.

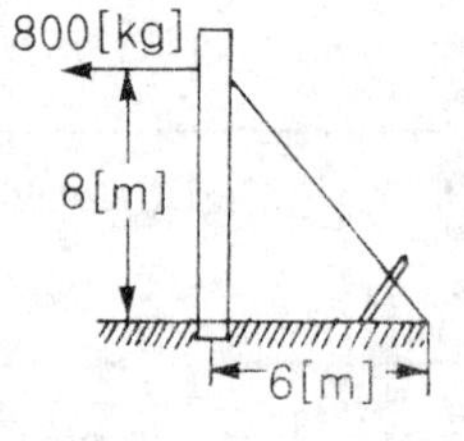

㉮ 7 ㉯ 8 ㉰ 9 ㉱ 10

풀이 $T = T_0 \cos\theta$ $\quad T_0 = \dfrac{T}{\cos\theta} = \dfrac{800}{\dfrac{6}{\sqrt{8^2+6^2}}} = \dfrac{8000}{6}$

철선의 가닥 수을 n이라 하면

$\frac{8000}{6} = \frac{440}{2.5} \times n$ $\therefore n = \frac{8000 \times 2.5}{6 \times 440} = 7.6$개 ≒8개 [답] ㉯

문제 9. 시가지의 고압 가공 전선로에 구분 개폐기를 설치하는 이유는 무엇이며 설치 간격은 얼마인가?

답 이유 : 시가지에 사고 구간 검출, 부하 차단 및 작업시 정전 구간의 단축, 선로을 구분하기 위해 구분 개폐기를 설치한다.

간격 : 2[km] 이하

문제 10. 주상 변압기에 시설하는 캐치 호울더는 다음 어느 부분에 직렬로 삽입하는가?

㉮ 1차측 양선 ㉯ 1차측 1선 ㉰ 2차측 비접지선 ㉱ 2차측 접지된 선

풀이 주상 변압기의 1차측 보호는 프라이머리 컷 아웃 스위치를, 2차측 보호는 캐치 호울더를 사용한다. [답] ㉰

전력시스템

2015. 2. 20 인쇄
2015. 2. 25 발행

판 권
소 유

저 자 : 이대희 · 이종갑 · 김준홍 공저

발행자 : 이진권

발행처 : 도서출판 **태영문화사**

주 소 : 서울특별시 강서구 초원로 38

전 화 : 2661-8751

F A X : 2661-8798

등 록 : 1998년 11월 12일 제 2-2682호

정가 24,000원